建材行业特有工种职业技能培训教材

建筑涂装工

（初、中、高级汇编）

中国建筑装饰装修材料协会建筑涂料分会
中国建筑装饰装修材料协会硅藻泥材料分会 组编

中国建材工业出版社

图书在版编目(CIP)数据

建筑涂装工：初、中、高级汇编/中国建筑装饰装修材料协会建筑涂料分会，中国建筑装饰装修材料协会硅藻泥材料分会组编. —北京 ：中国建材工业出版社，2016.8

ISBN 978-7-5160-1439-4

Ⅰ. ①建… Ⅱ. ①中… ②中… Ⅲ. ①建筑工程一工程装修一涂漆 Ⅳ. ①TU767

中国版本图书馆 CIP 数据核字（2016）第 080263 号

建筑涂装工（初、中、高级汇编）

中国建筑装饰装修材料协会建筑涂料分会
中国建筑装饰装修材料协会硅藻泥材料分会 组编

出版发行：中国建材工业出版社
地　　址：北京市海淀区三里河路 1 号
邮　　编：100044
经　　销：全国各地新华书店
印　　刷：北京雁林吉兆印刷有限公司
开　　本：787mm×1092mm　1/16
印　　张：20.25
字　　数：500 千字
版　　次：2016 年 8 月第 1 版
印　　次：2016 年 8 月第 1 次
定　　价：93.00 元

本社网址：www.jccbs.com.cn　　公众微信号：zgjcgycbs
本书如出现印装质量问题，由我社市场营销部负责调换。联系电话：（010）88386906

本书编审委员会

序　言

近年来，我国传统涂料行业在产品结构、技术水平、生产能力和推广应用等方面均取得了较大进步，品种不断增多，整体产业飞速发展，我国已成为世界第一大传统涂料生产国。建筑涂料作为传统涂料的一个分支，是国民经济发展不可缺少的材料之一，生产技术和装备已实现全面升级。在整个行业朝向更健康、更环保、更高要求发展的同时，旧房重涂也成为行业新的增长点，因此对整个行业涂装工人的个人素质和施工水平提出了更高的要求。为了更好地落实国家人才发展战略目标和高技能人才培养计划，加快在建筑涂料行业培养一大批高素质的技能型人才，中国建筑装饰装修材料协会建筑涂料分会和中国建筑装饰装修材料协会硅藻泥材料分会共同组织行业专家，依据国家职业技能标准《建筑涂装工》，编写了配套的“建材行业特有工种职业技能培训教材”之《建筑涂装工初、中、高级汇编》。

2013 年伊始，中国建筑装饰装修材料协会建筑涂料分会就针对国内建筑涂料、硅藻泥生产企业，建筑涂料、硅藻泥流通过程，建筑涂装施工工人现状，建筑涂装施工单位等做了全面调研，深刻认识到高技能涂装人才对行业发展的重要性，也进一步印证了行业内一直盛行的“三分涂料、七分涂装”的说法。2014 年，在人力资源和社会保障部国家建材行业职业技能鉴定指导中心的指导下，中国建筑装饰装修材料协会建筑涂料分会组织起草、申报了国家职业技能标准《建筑涂装工》，并于同年成功得到批复和发布。建筑涂料行业期盼已久的施工人员职业技能培训、职业资格鉴定拉开了帷幕！

为了满足建筑涂装行业人才的培训、鉴定以及自我提高的需求，中国建筑装饰装修材料协会建筑涂料分会及硅藻泥材料分会组织全国行业内众多专家学者、生产企业、施工单位、技术人员参与编写了本书，保证了教材的权威性和全面性。该教材编写依据国家职业技能标准《建筑涂装工》，而又不拘泥于标准，比标准更宽泛、全面，且对地坪涂料、当前最流行的艺术涂料、高装饰性涂料及装饰壁材新贵——硅藻泥的施工，进行了细致讲解，满足了全国建筑涂料行业内人才细分市场的需要。这部教材突出创新、实用，重在深入浅出地教会读者掌握必需的专业知识和技能。

国家职业技能标准《建筑涂装工》为迎合政策要求而出台，为行业高素质、高技能的涂装人才提供了专业参照，为行业技术鉴定提供了权威依据。这也将有效促进建筑企业用人制度的改革，推动劳动岗位在应有的水平上进行，并充分发挥科学技术和设备的高效益，规范建筑涂装工的职业技能，实现择优用人。

受编者水平所限，教材中难免存在一些欠缺和不足，诚恳希望从事职业教育的老师以及建筑涂料行业的专家和广大读者不吝赐教，积极提出宝贵意见，以便使本教材得到进一步的完善和补充，服务全行业。

在此感谢国家职业技能标准《建筑涂装工》的编写单位及人员：师华（中航百慕新材料技术工程股份有限公司），唐颖（立邦投资有限公司），寇辉（广东华润涂料有限公司），高原（山西浩腾科技有限公司），王太昇（山西壁虎涂料有限公司），周显元（浙江厦光涂料有限公司），方晓旗、卞新海（上海华生化工有限公司），刘洪亮（河北晨阳工贸集团有限公司），张喜强（紫荆花制漆〈上海〉有限公司），白燕波（科温士〈北京〉投资顾问有限公司），王存军（陕西宝塔山油漆股份有限公司），范丽荣（山西北辰涂料有限公司），吴新惠（杭州法莱利化工涂料有限公司），方仁龙（浙江华德新材料股份有限公司），李振海（河北品致涂料有限公司），朱格平（桂林刷刷装饰工程有限责任公司），王治鑫（秦皇岛市龙风化工涂料有限公司），黄定华（东莞市康博士装饰材料有限公司）等。感谢他们为本教材编写提供的支持和帮助！

中国建筑装饰装修材料协会建筑涂料分会

中国建筑装饰装修材料协会硅藻泥材料分会

2016年7月

前　言

《建筑涂装工初、中、高级汇编》培训教材是根据国家职业技能鉴定培训和资格认定的要求，在中国建筑装饰装修材料协会建筑涂料分会及硅藻泥材料分会的指导下，组织全国建筑涂料、硅藻泥与涂装专业的诸位学者、专家和企业家，根据多年涂装工程实践，并参考以往出版的相关培训教材，经全体编委一年的辛勤工作，五易文稿，终于面世。

本书由赵石林（南京工业大学）担任主编，咸才军（北京首创纳米科技有限公司）担任副主编，其中编写分工如下：

第一章由赵石林、项尚林（南京工业大学）和黄永汉（广东涂料工业协会涂装专业委员会）编写；

第二章由咸才军编写；

第三章由李昆鹏（中国新型涂料网）编写；

第四章和第八章由黄伟林（佛山福派涂装系统有限公司）编写；

第五章由郭宪强（北京方元绿洲高新技术有限公司）和葛刚（天津恒实通工程技术发展公司）编写；

第六章由何安荣（南京华丽化工涂料有限公司）和宁店坡（北京建筑技术发展有限公司）编写；

第七章和第九章由周子鹄（广东东方雨虹工程有限公司）编写；

第十章由方增伦（东北师范大学）、赵广全（欧亚绿邦科技有限公司）和黄维林（中山市阿里大师化工实业有限公司）编写；

第十一章由张佩珍（江苏省建筑材料研究院）编写；

第十二章由王治鑫（秦皇岛市龙凤化工涂料有限公司）编写；

中国新型涂料网的张晓娜、姚玉华、唐灵珊担任文字编辑工作。

本书是一本通用性教材，其内容适用于涂装初级工、中级工、高级工的培训。本书以建筑涂装技能培训为基础，着重介绍建筑涂料、硅藻泥和涂装的基础知识，建筑涂装基本操作技能，安全文明生产和涂装现场管理。本书系统介绍了外墙涂料、内墙涂料、地坪涂料、防水涂料的施工技术。对于新型的建筑涂料如反射隔热涂料、艺术涂料、硅藻泥壁材、玻璃用隔热涂料的施工技术，本书也作了较详细的介绍。

限于编者的专业及实践水平，本书难免存在错误及不足，望读者和学员指正，以备我们今后不断修订完善。

编者

2016 年 7 月

目　　录

第一章　建筑涂料的基本知识

第一节　建筑涂料的种类和特征

一、定义与基本组成

1. 定义与特征

涂料，在中国传统名称为油漆。所谓涂料是涂覆在被保护或被装饰的物体表面，并能与被涂物形成牢固附着的连续薄膜。“涂料是一种材料，这种材料可以用不同的施工工艺涂覆在物件表面，形成黏附牢固、具有一定强度、连续的固态薄膜。这样形成的膜通称涂膜，又称漆膜或涂层”。建筑涂料则是指在建筑物相关结构部位使用的涂料，例如墙面涂料、地面涂料等。由于建筑涂料使用场合的特殊性，建筑涂料具有自身的特殊性或特征。

1）建筑涂料多以水性为主

由于水的廉价性和环保性以及建筑涂料的用量和性能等条件，建筑涂料多以水性为主。建筑涂料的用量很大，占全部涂料用量的40%～60%；与其他类涂料相比，其装饰性和某些物理力学性能的要求相对较低，这些都使得建筑涂料能够大量地使用水作为分散介质。这既大大降低了涂料的制造成本，又不会对环保和健康产生影响，并能够节省大量的资源。粗略估算，我国建筑涂料的水性化程度要占80%以上。世界上建筑涂料水性化最高的是德国，达到90%。美国为80%，法国较低，为40%。

2）建筑涂料商品多以白色为主

建筑涂料的应用以内墙为多，白色内墙涂料占使用量的绝大多数，外墙涂料虽不以白色为主，但销售时也多是白色涂料，使用时根据要求使用色浆调色，这类情况完全不同于木器涂料和工业涂料。

3）建筑涂料多以平光（无光）为主

建筑涂料通常要求淡雅者居多，这要求其不具有光泽。当然，以平光为主的特征也是由几种情况确定的：一是健康要求，内墙涂料光泽高时对人的健康不利，一般来说，国家标准对健康型建筑内墙涂料要求为：内墙涂料的60°光泽小于或等于15%；二是涂料的光泽高意味着在涂料配方中需要使用更多的基料，这是不经济的；三是对于合成树脂乳液涂料来说，光泽较高对涂膜的耐沾污性能不利。

4）建筑涂料多以有机为主

我国目前使用的建筑涂料90%以上是有机的，这是由涂料的综合性能所决定的，无机涂料虽然在耐候性、耐水性等方面存在一定的优势，但其装饰效果、施工性能和贮存性能等方面不如有机涂料。因而，目前建筑涂料仍然以有机涂料，尤以合成树脂乳液涂料为主导产品。

5）功能性建筑涂料是重要组成部分

同其他类涂料的重要差别是功能性涂料成为建筑涂料重要的组成部分。如前所述，功能性建筑涂料品种繁多，涉及面广泛，其使用对建筑涂料有重要影响。

2. 基本组成

涂料是由基料（也称成膜物质）、颜料（包括填料）、分散介质和助剂四大基本组分组成的。其中，基料决定涂料的基本特性（或固有性能），例如涂料的耐候性、各种物理力学性能和施工性能等；颜料则是赋予涂膜一定的颜色，是涂料装饰性能的主要提供组分，并有助于提高涂膜的耐久性；分散介质是赋予涂料形态所必不可少的组分；助剂则是改善或提高涂料性能的组分，对于某些功能性涂料来说，助剂又是赋予涂料某种特殊功能的涂料组分。表 1-1 中列示出建筑涂料的组成及其作用。

表 1-1　建筑涂料的组成及其作用

涂料组分	主要功能	品种举例
基料	构成涂料的主要物质并决定涂料的主要性能，在涂装后分别能够粘结颜料、填料和基层等，而在基层上形成连续的涂膜	丙烯酸树脂、聚氨酯树脂、合成树脂乳液、氟树脂、硅溶胶等
颜料、填料	颜料能够赋予涂膜颜色而增加装饰性能并增加涂膜厚度以及提高涂膜的各种性能；填料起到填充作用，能够增大涂膜的体积，改善涂膜的某些性能，如耐光性、耐候性和遮盖率等	颜料如氧化铁红、锌黄、酞氰蓝等；填料如碳酸钙、高岭土、云母粉、滑石粉、石英粉、重晶石粉和硅灰石粉等
助剂	因品种不同而能够起到众多的作用，如消泡、湿润、分散、防霉、增稠、成膜、流平、消光、增光和防沉等	如消泡剂、润湿剂、分散剂、防霉剂、增稠剂、成膜助剂、流平剂、消光剂、增光剂和防沉剂等
分散介质	溶解或分散树脂、分散颜料和填料等，为涂料提供液体组分，使之具有流动性而赋予涂料施工性能	水和各种溶剂，如醋酸乙酯、丙酮、二甲苯和溶剂汽油等

二、建筑涂料的基本生产过程

1. 液体涂料

现代涂料生产往往是将基料作为原材料外购，在这种情况下，涂料的生产过程是一个物理混合过程（或称加工过程），该过程中一般不涉及复杂的化学反应。建筑涂料的生产过程是由预分散（也称混合）、研磨、调配（也称调漆）、过滤和包装等过程所组成的。

以建筑涂料中用量最大的乳胶漆为例，其生产过程为：向分散罐中投入水、各种助剂，搅拌均匀后再投入颜料和填料搅拌均匀，得到预混合料浆。将预混合料浆通过砂磨机研磨至要求细度成为料浆，再将乳液投入料浆中混合均匀，用增稠剂调整乳胶漆的黏度至要求值并加入适量消泡剂消泡，即可通过过滤筛过滤，再包装而得到成品乳胶漆。

2. 粉状建筑涂料

粉状建筑涂料的种类有复层建筑涂料、仿瓷涂料、一些功能性建筑涂料和各种内、外墙腻子等，其基本的生产过程也是物理混合过程。但在混合之前，各种原材料应当符合要求，否则需要进行预处理。例如，对含水率过大的原材料进行干燥、对不符合细度要求的原材料进行粉化处理等。此外，在对混合材料进行计量时，对于用量悬殊大的不同材料，应达到不同的计量精度。

三、涂料的分类和名称

1. 涂料的分类

为了规范涂料产品分类和命名的管理工作，国家标准 GB/T 2705—2003《涂料产品分类和命名》规定了涂料产品的两种分类方法。第一种方法主要是以涂料产品的用途为主线，并辅以主要成膜物质对涂料进行分类。该法将涂料产品划分为四个主要类别：建筑涂料、工业涂料、专用涂料、通用涂料及辅助材料。第二种方法是除建筑涂料外，主要以涂料产品的主要成膜物为主线，并适当辅以产品，该法将涂料产品分为两个主要类别：建筑涂料、其他涂料及辅助材料，建筑涂料的类别见表 1-2。

表 1-2　建筑涂料的类别

主要产品类型			主要成膜物质类型
建筑涂料	墙面涂料	① 合成树脂乳液内墙涂料 ② 合成树脂乳液外墙涂料 ③ 溶剂型外墙涂料 ④ 其他墙面涂料	丙烯酸酯类及其改性共聚乳液，醋酸乙烯及其改性共聚乳液，聚氨酯，氟碳等树脂，无机粘合剂等
	防水涂料	① 溶剂型树脂防水涂料 ② 聚合物乳液防水涂料 ③ 其他防水涂料	EVA、丙烯酸酯类乳液、聚氨酯、沥青、PVC 胶泥或油膏、聚丁二烯等树脂
	地坪涂料	水泥基等非木质地面用涂料	聚氨酯、环氧树脂等树脂
	功能性建筑涂料	① 防火涂料 ② 防霉涂料 ③ 保温隔热涂料 ④ 其他功能性建筑涂料	聚氨酯、环氧树脂类、丙烯酸酯类、乙烯类、氟碳等树脂

注：主要成膜物质类型中树脂类型包括水性、溶剂型、无溶剂型。

2. 涂料的名称

1）涂料的名称一般是由颜色或颜料名称加上成膜物质名称，再加上基本名称（特性或专业用途）而组成。对于不含颜料的清漆，其全名一般是由成膜物质名称加上基本名称而组成。

2）颜色名称通常由红、黄、蓝、白、黑、绿、紫、棕、灰等颜色，有时再加上深、中、浅（淡）等词构成。若颜色对漆膜性能起显著作用，则可用颜料的名称代替颜色的名称，例如铁红、锌、黄、红丹等。

3）成膜物质名称可适当简化，例如聚氨基甲酸酯简化成聚氨酯；环氧树脂简化成环氧；硝酸纤维素（酯）简化成硝基等。基料中含有多种成膜物质时，选取其起主要作用的一种成膜物质命名。必要时也可选取两种或三种成膜物质命名，主要成膜物质名称在前，次要成膜物质名称在后，例如红环氧硝基磁漆。

4）基本名称表示涂料的基本品种、特性和专业用途，例如清漆、磁漆、底漆、锤纹漆、罐头漆、甲板漆、汽车修补漆等。

5）在成膜物质名称和基本名称之间，必要时可插入适当词语来表明专业用途和特性等，例如白丙烯酸酯内墙乳胶漆、浅黄聚氨酯外墙涂料（双组分）、红过氯乙烯防静电磁漆等。

6）双（多）组分的涂料，在名称后应增加“（双组分）”或“（三组分）”等字样，例如聚氨酯木器漆（双组分）。除稀释剂外，混合后产生化学反应或不产生化学反应的独立包装的产品，都可认为是涂料组分之一。

四、水性建筑涂料的特征与种类

以水为分散介质的涂料称为水性涂料，分水溶性和水乳型两种。建筑涂料以水性类为主，目前使用的建筑涂料有80%以上为水性，其中绝大多数为水乳型，即通常所说的合成树脂乳液类建筑涂料。合成树脂乳液涂料是建筑涂料的主导产品，但是，该类涂料因乳液合成过程中和涂料生产中引入的表面活性剂、增稠剂等在涂料施工成膜后仍留在涂膜中，使涂膜的性能受到影响，是其性能不利的主要因素。目前，正研究用新型技术生产合成树脂乳液，以克服性能不足的问题。例如，自交联乳液、无皂聚合乳液、核-壳乳液等。除此之外，水溶性的建筑涂料主要是指聚乙烯醇类和无机类建筑涂料。前者属于淘汰产品，后者被认为较有发展潜力，水性涂料具有许多性能优势，例如环保、节能等，代表着涂料未来的发展趋势。水性涂料的性能不足之处在于低温施工困难、应用范围受限制（例如应用于木质基材尚存在较多问题）等。

五、溶剂型建筑涂料的特征

以溶剂为分散介质的涂料称为溶剂型涂料，这类涂料的品种最多、性能全面，并集中了许多品种的高档建筑涂料，例如有机硅-丙烯酸复合涂料，聚氨酯-丙烯酸酯复合涂料和氟树脂涂料等。溶剂型涂料的优势在于涂料的性能好，施工环境条件要求宽。但是，由于溶剂型涂料需要使用大量的溶剂，消耗能源、污染环境和危害健康，因而虽然有许多性能优势，但迫于环保和涂料有害物质限量的压力，其用量将会逐步减小。此外，目前国家政策强制性推行建筑节能，大力应用外墙外保温技术，由于溶剂型涂料中的很多溶剂对外墙保温层中的有机保温材料（例如聚苯乙烯泡沫）和耐碱玻纤网格布表层的涂塑层具有强烈的溶解作用，因而溶剂型涂料不能在这类场合应用，使其使用受到极大的限制。

六、功能型建筑涂料的特征

涂料向高性能化、水性化和多功能化的方向发展，因而功能性建筑涂料近年来发展很快，并越来越受到重视。功能性建筑涂料品种多，其特征因品种而异。

功能性建筑涂料的特征可从其组成、性能和应用等方面体现。在功能性建筑涂料的材料组成中可以发现具有明显的特征，可谓之组成特征。一般来说，组成建筑涂料的材料组分中，基料（或称成膜物质）是最基本的涂料组分。但是，在功能性建筑涂料中，除了基料以外，还有一种基本的、能够为功能性建筑涂料提供特定功能的材料组分，没有该种组分，涂料就不能称为功能性建筑涂料。这种特定的材料组分对于不同的功能性建筑涂料是不同的，在大多数情况下可能是一种功能型的涂料助剂（例如防火涂料的防火助剂、防霉涂料的防霉剂、杀虫涂料的杀虫剂等），有时也可以是基料本身（例如防水涂料、弹性涂料、超耐久性涂料等），也可能是基料和其他某种组分的组合，例如耐磨地面涂料、一些防腐涂料、具有阻燃性能的防火涂料的基料和具有杀菌性能的防霉涂料的基料等。

功能性建筑涂料的性能特征主要在于，对于大多数功能性建筑涂料来说，在满足某种特定功能的同时，还必须满足普通涂料的装饰性指标和各种物理化学性能指标（也有对装饰性指标或物理化学指标没有要求的，例如防水涂料、混凝土防中性化涂料、某些防腐涂料等）。

功能性建筑涂料的应用特征如下：一是功能性建筑涂料只有在一定的应用场合或结构场合才能发挥最好的作用，甚至于才有使用意义。离开其特定的应用场合，使用功能性建筑涂料可能是没有意义的。例如，钢结构防火涂料只有在各种钢结构表面使用才有意义；防霉涂料只有在易受霉菌感染的工业车间或仓库或温、湿地带的内外墙面才有意义。其他多数功能性建筑涂料都是这样，不一而足。二是有些功能性建筑涂料只有在一定的时间内或在一定的情况下才能发挥其功能作用，或者所发挥的功能作用才有意义。例如，防火涂料只有在发生火灾的情况下才能发挥其阻燃和保护被涂覆基材的作用；建筑物外墙防粘贴涂料只有在受到外来物黏附的时候才有意义；蓄光（夜光）涂料只有在没有光源的黑暗中才能送来光明；弹性外墙涂料只有在墙体产生裂缝或墙体的裂缝闭合时才能产生伸缩并遮蔽裂缝等。

此外，有些功能性建筑涂料只有在外界提供一定的条件下才具有所需要的功能作用。例如，电热涂料只有通电（即涂膜中具备电能）时才能将电能转换成热能；荧光涂料只有受到紫外线照射的情况下才能产生荧光；蓄光（夜光）涂料也只有在受到紫外线照射而蓄存有光能后，才能在移去光源后将所蓄存的光能释放出来。这也是功能性建筑涂料应用中的一个性能特征。

七、辅助性材料

除了以上介绍的各种主要建筑涂料以外，建筑涂装中还需要使用一些辅助性的材料，例如清漆、罩光剂、封闭底漆、腻子和稀释剂等。

1. 清漆

清漆中不含颜料和填料，清漆是由成膜物质和分散介质（或溶剂）及适量助剂组成的一类涂料。清漆的最主要特征在于涂装于物体表面而成膜后，能够显现出物体原有的颜色与纹理，清漆主要用于地板、高档家具和其他高档木质物件的涂装，以显现其原有的木质颜色、纹理；也用于覆盖于其他面漆之上以提高涂膜光泽。清漆分溶剂型和水性两种，目前广泛使用的是溶剂型清漆，水性清漆在涂膜硬度、耐磨性和装饰效果等方面还达不到溶剂型清漆的效果，因而尚处于开发应用的初期阶段。

从成膜物质种类来说，清漆有醇酸清漆、酚醛清漆、硝基漆、丙烯酸酯清漆、聚酯清漆和聚氨酯清漆等；从涂膜效果来说，溶剂型清漆分有光清漆和无光清漆。其中，聚氨酯清漆、醇酸和丙烯酸酯清漆的涂膜性能比较全面，能够耐水、酸、碱和盐等化学物质的侵蚀，且涂膜耐紫外光照射，不粉化、不脆化、不黄变，光泽不会明显降低等，是广泛应用的清漆，硝基清漆因漆膜丰满光亮也得到较多应用。无光清漆在清漆的组成材料中加有消光剂，涂膜没有光泽，能够显现出古朴、自然的质感效果。

由于清漆中的溶剂含量较高，因而其生产和涂装过程中都会有溶剂挥发，对环境造成污染。聚氨酯清漆中的游离 TDI 还会对人体健康产生危害，因而清漆也是朝着水性化方向发展的。

2. 罩光剂

与清漆不同，罩光剂主要用于水性墙面涂料（例如复层涂料、拉毛涂料和真石漆等）表面的罩光。罩光剂的作用是增强这类涂膜的装饰效果和物理力学性能。常用的罩光剂是丙烯酸酯乳液类或丙烯酸酯乳液和硅溶胶复合类，涂膜具有较好的性能，例如耐水性、耐碱性、耐光性、耐化学物品的腐蚀性、耐大气腐蚀性和光泽保留性等，罩光剂为水性，环保性能好。从定义上来说，清漆和罩光剂大都属于透明涂料。

3. 封闭底漆

封闭底漆有两大类：一类应用于木质基材或钢质基材的封闭，主要是溶剂型；另一类应用于外墙面，为水性或溶剂型。封闭底漆组成中颜料的含量少（用于墙面的封闭底漆也有的不含颜料），用于填平腻子的打磨痕迹，为涂装面漆提供最大的光滑度，使之丰满而减少面漆的用量；用于木材表面时，一般作为头道底漆；用于钢铁表面，大多涂装于二道底漆表面；用于墙面，则直接涂装于墙面基层或涂装于腻子层表面。

用于外墙面的封闭底漆，主要起封闭和阻隔功能、加固和稳定功能以及粘结和过渡功能等作用。封闭和阻隔功能是指对基层的封闭作用，使基层中的碱、盐等类物质难以随着水分迁移到表面而造成“泛碱”和使涂面变色、发花等；加固和稳定功能是指对墙面的粉化、疏松和脆化的基层起到表面处理和稳定的功能；粘结和过渡功能是指封闭底漆能够渗透到基层中，对基层有很好的粘结作用，对后道涂料也有很好的粘结力。一般认为，溶剂型封闭底漆在渗透性、附着力和抗泛碱性等方面比水性底漆性能优异；不管是水性底漆还是溶剂型底漆，涂料组成材料中含有颜、填料的底漆的耐碱性均优于组成材料中不含颜、填料的底漆；组成材料中含有颜、填料的溶剂型底漆的耐碱性则优于组成材料中含有颜、填料的水性底漆的耐碱性。

4. 腻子

建筑涂装使用的腻子有墙面腻子和木器腻子等，前者为水性，后者以溶剂型为主。腻子的主要作用是填平基层，尚处于较粗糙状态的基层通过刮涂腻子并经打磨后，变成平整、光滑的表面，既能够减少涂料的用量，也能够使涂膜具有好的装饰效果。腻子的组成材料中体质颜料占有很大的比例，其颜料体积浓度可达 80%甚至更高。这种材料组成特征使得腻子膜能够刮涂得很厚而不会干燥开裂，这对腻子的填平作用十分有利。

1）墙面腻子

墙面腻子有内墙腻子、外墙腻子、瓷砖腻子、马赛克腻子等，用于不同基层的腻子组成和性能都不相同。各种墙由于外墙外保温系统需要使用柔性腻子，因而普通型外墙腻子（粉状或膏状）目前应用已很少。

2）木器腻子

木器腻子也称钉眼腻子、填泥等，主要是溶剂型的，例如醇酸木器腻子、硝基木器腻子等，其作用是将被涂装物表面上的洞眼、裂缝、砂眼、木纹鬃眼等各种缺陷填实补平，以得到平整的物面，既节省涂料，又能增加美观。

木器腻子的批刮性、打磨性、填平性和抗开裂性等均应能够满足建筑木工涂装的要求。传统上木器腻子以溶剂型为主，但随着新材料的出现和建筑木工涂装技术的需要，水性腻子的使用比例逐步增大。随着材料技术的进展，现在有多种类型的腻子商品供应市场。

和墙面腻子的显著不同是，木器腻子有透明型和不透明型两大类。透明型木器腻子在配制技术和成本上都显著高于不透明型。

5. 稀释剂

建筑涂料在生产过程中为了某些性能的要求，在工厂生产时可能将黏度调整得较高，需要稀释后才能适合涂装。例如，为了防止沉淀分层，合成树脂乳液涂料都是将黏度调整得很高，在施工时必须加水稀释。此外，某些涂料经过较长时间的贮存后，其黏度也可能会提高，在涂装时也需要进行稀释。因而，许多涂料都配套有稀释剂或在其产品说明书中说明使用何种稀释剂进行稀释，以便将涂料的黏度调整得符合涂装要求。对于水性涂料来说，稀释剂就是水，但要求所使用的水要清洁、无杂质和化学成分；对于溶剂型涂料来说，稀释剂一般需要与涂料配套。对稀释剂的性能要求是色泽要浅，以便不会影响涂料的颜色；毒性要小，不会对施工人员造成健康危害；成本相对要低。不同的涂料往往要求不同的稀释剂，没有通用的稀释剂。常用的商品类稀释剂有松香水、香蕉水、天那水等。稀释涂料时，可使用涂料的配套稀释剂，或者按照涂料说明书中指定的稀释剂品种进行稀释。下面介绍一些常用稀释剂的组成：

1）硝基漆用稀释剂

硝基漆用稀释剂通称为香蕉水，因其组成中含有类似于香蕉气味的醋酸丁酯而得名。配方：醋酸丁酯 25％；醋酸乙酯 18％；丙酮 2％；丁醇 10％；甲苯 40％。

2）油基漆稀释剂

一般采用 200# 溶剂汽油或松节油即可。若涂料中的树脂含量较高而油含量低，则可以将 200# 溶剂汽油和松节油混合使用，并加入少量的二甲苯或醋酸丁酯。

3）醇酸树脂漆稀释剂

醇酸树脂漆稀释剂主要是 200# 溶剂汽油和二甲苯。长油度的醇酸树脂漆可以使用 200# 溶剂汽油稀释；中油度的醇酸树脂漆可以使用 200# 溶剂汽油和二甲苯按 1∶1 混合进行稀释；短油度的醇酸树脂漆可以使用二甲苯稀释。

4）氨基漆稀释剂

醋酸丁酯 10％；丁醇 10％；二甲苯 80％。

5）环氧树脂涂料稀释剂

环己酮 10％；丁醇 30％；二甲苯 60％。

6）聚氨酯漆稀释剂

无水环己酮20%；无水二甲苯70%；无水醋酸丁酯10%。

7）过氯乙烯漆稀释剂

环己酮5%；醋酸丁酯20%；甲苯65%；丙酮10%。

8）乳胶漆稀释剂

乳胶漆是水性涂料，水性涂料以水为稀释剂。用于稀释剂的水，应无电解质离子、无杂质等，通常为可饮用的水。

6. 固化剂

固化剂也称硬化剂，是决定各种双组分涂料干燥固化的重要配套材料，在固化剂的分子结构中含有活性基团，该活性基团能够与涂料成膜物质分子结构中的活性基团进行反应，使成膜物质的分子产生交联而使涂料固化成膜。对于双组分固化型涂料来说，如涂料中不加入固化剂，则涂料可以存放很长时间而不干燥；而当涂料与适量的固化剂混合后，不管涂膜刷涂多厚，都能够彻底干燥。不同类型的涂料使用的固化剂不同。例如，聚氨酯涂料应使用含羟基材料的固化剂；环氧树脂涂料应使用乙二胺或聚酰胺类固化剂；不饱和聚酯涂料可以使用苯乙烯类固化剂等；无机硅酸钾涂料可以使用缩合磷酸铝类固化剂；无机硅酸钠涂料可以使用氟硅酸钠类固化剂等。

7. 增韧剂

增韧剂又称增塑剂，是合成树脂涂料的重要材料组分，它能够增加涂膜的柔韧性，也有助于色漆中颜料的分散，但使用量大时会影响涂膜的附着力和机械强度等。常用的增塑剂有邻苯二甲酸二丁酯、蓖麻油和氯化石蜡等。其中氯化石蜡既不会被氧化，又具有阻燃性、耐酸碱性，耐候性也很好，可以用作多种涂料的增塑剂。

8. 抛光剂

抛光剂是使涂膜平整、光滑、光亮、耐久和美观的施工辅助材料，常用的抛光剂主要有砂蜡和抛光蜡。砂蜡又称去污蜡、磨光蜡等，是由矿物油、植物蜡或虫蜡（如巴西蜡、蜂蜡）、磨料、乳化剂、有机溶剂和水等配制而成的，外观为乳白色至浅棕色膏状物，有溶剂的挥发性气味。砂蜡能够填平涂膜表面的针孔，有助于将涂膜表面的“橘皮”颗粒等磨掉，使涂膜平整光滑，且不会对涂膜造成损伤。可以应用于多种涂膜表面的抛光。

抛光蜡又称上光蜡、汽车蜡等，是由蜂蜡、巴西蜡与松节油等混合制成的白色或浅黄色软膏状物。抛光蜡中不含磨料，因而不能将涂膜磨平，而主要用于涂膜表面的上光。

9. 脱漆剂

脱漆剂是能够清除旧涂膜的一种涂装辅助材料。在一些金属物件、家用器具和建筑构件等的翻新涂装中，有时需要先将旧涂膜彻底消除才能够得到好的翻新效果。清除旧涂膜时可以采用机械方法、手工方法，但有时使用脱漆剂可能更为方便和有效。使用脱漆剂脱除旧涂膜的原理是脱漆剂中具有能够溶解或溶胀旧涂膜中成膜物质的成分，将脱漆剂涂覆于旧涂膜表画，脱漆剂和旧涂膜产生作用，使涂膜溶胀而脱离基层。下面介绍几种脱除不同旧涂膜用脱漆剂的组成。

1）脱除丙烯酸酯、酚醛、环氧、聚酯、聚氨酯等类旧涂膜用脱漆剂的组成为：二氯甲烷65%～85%；甲酸1%～6%；苯酚2%～8%；乙醇2%～8%；乙烯树脂0.5%～2%；石蜡0.5%～2%；平平加O乳化剂1%～4%。

2）脱除油性涂料、酯胶涂料、酚醛涂料等用脱漆剂的组成为：醋酸丁酯 7.5%；二甲苯 68%；丙酮 2.5%；乙醇 20%；石蜡 2%。

如上所述，脱漆剂的原理是溶解或溶胀旧涂膜，因而使用脱漆剂脱除旧涂膜时，必须将脱漆剂彻底清除干净后再涂装新涂膜，否则会对新涂膜产生影响。

10. 填孔腻子

填孔腻子分水性和油性两种。水性填孔腻子主要用于木器涂装时的底层处理（如用于涂装前的木器着色和填平木鬃眼等），由老粉和颜料（染料）加水溶性胶（如羧甲基纤维素胶）配制而成。调配时先将老粉加水调成稀糊，再按样板色调深浅，加入颜料着色。由于颜料粉难以分散，可先用水润湿成糊后再用。最后加入 30%的牛皮胶液或聚乙烯醇胶液混匀。配好后先试涂样板，检查颜色深浅程度，若深浅满意，可加入颜料或老粉和水调整。

油性填孔腻子是用老粉、颜料粉与清油、酯胶或酚醛清漆等粘结材料混合而成，主要用作中高档家具的填孔料，其着色效果好、透明度高、立体感强，填充于毛细孔中时附着力也很高。

八、建筑涂料品种综述

为了更好地选用、使用建筑涂料，很有必要了解建筑涂料产品、品种的概貌。表 1-3 中按照用途的分类介绍建筑涂料品种和产品。

表 1-3　建筑涂料品种和产品概述

类别	涂料品种	商品实例
内墙涂料	丙烯酸酯类乳胶漆	平光、亚光（半光、蛋壳光）、有光丙烯酸酯乳胶漆
	改性或共聚的丙烯酸酯类乳胶漆	平光、亚光（半光、蛋壳光）苯丙乳胶漆，平光、亚光（半光、蛋壳光）醋丙乳胶漆
	叔醋类乳胶漆	平光、亚光（半光、蛋壳光）叔醋乳胶漆
	醋酸乙烯类乳胶漆	平光醋酸乙烯乳胶漆
	VAE 类乳胶漆	平光 VAE（乙烯-醋酸乙烯）乳胶漆
外墙涂料	丙烯酸酯类乳胶漆	平光、亚光（半光、蛋壳光）、有光丙烯酸酯乳胶漆，弹性丙烯酸酯乳胶漆（高弹、低弹）
	改性或共聚的丙烯酸酯类乳胶漆	平光、亚光（半光、蛋壳光）苯丙乳胶漆，平光、亚光（半光、蛋壳光）硅丙乳胶漆，弹性苯丙乳胶漆（高弹、低弹），弹性硅丙乳胶漆
	水性氟碳漆	氟碳外墙乳胶漆
	无机涂料，复合类涂料	无机硅酸钾外墙涂料（双组分或单组分），合成树脂乳液-硅溶胶复合涂料
	溶剂型	有机硅-丙烯酸酯复合外墙涂料，聚氨酯-丙烯酸酯复合外墙涂料（双组分），聚酯-丙烯酸酯复合外墙涂料（双组分），氯化橡胶外墙涂料，氟树脂外墙涂料

续表

类别	涂料品种	商品实例
木器涂料	溶剂型	双组分聚酯涂料（清漆、磁漆），双组分聚氨酯涂料（清漆、磁漆），丙烯酸酯涂料（清漆、磁漆），硝基清漆、醇酸涂料（清漆、磁漆、调和漆），酚醛涂料（清漆、磁漆、调和漆）
	水性	双组分聚氨酯水性涂料（清漆），丙烯酸酯水性涂料（清漆）
铁器涂料	溶剂型	铁红酚醛防锈涂料，铁红醇酸防锈涂料
	水性	丙烯酸酯防锈涂料，苯丙防锈涂料
地面涂料	环氧类	环氧耐磨地面涂料，自流平环氧耐磨地面涂料，环氧导静电地面涂料，无溶剂环氧耐磨地面涂料，环氧防滑地面涂料
	聚氨酯类	聚氨酯弹性地面涂料，聚氨酯防滑地面涂料
高装饰性建筑涂料		丙烯酸酯乳液类复层（浮雕）涂料，水泥类复层（浮雕）涂料，无机类复层（浮雕）涂料，合成树脂乳液砂壁状建筑涂料，拉毛弹性建筑涂料，金属光泽外墙涂料
功能型涂料	防火涂料	氯化橡胶膨胀型防火涂料，高氯化聚乙烯膨胀型防火涂料，过氯乙烯膨胀型防火涂料，丙烯酸酯乳胶膨胀型防火涂料，各种膨胀型钢结构防火涂料等
	弹性涂料	弹性苯丙乳胶漆（高弹、低弹），弹性硅丙乳胶漆（高弹、低弹），弹性丙烯酸酯乳胶漆（高弹、低弹），聚氨酯弹性外墙涂料等
功能性建筑涂料	防水涂料	弹性丙烯酸酯防水涂料，聚氨酯-煤焦油防水涂料，聚氨酯-沥青防水涂料，氯丁胶改性沥青防水涂料，SBS改性沥青防水涂料，硅橡胶防水涂料，聚合物乳液防水涂料，聚合物乳液改性水泥防水涂料等
	建筑保温隔热涂料	硅酸盐保温隔热涂料，日光热反射型外墙涂料，防辐射热建筑涂料，胶粉-聚苯乙烯颗粒外墙外保温涂料（胶粉聚苯颗粒保温浆料）等
	防结露涂料	无机防结露涂料，丙烯酸酯乳胶防结露涂料等
	防霉涂料	丝光丙烯酸酯乳胶防霉涂料，无机防霉抗菌涂料，纳米防霉抗菌涂料等
	建筑防腐涂料	环氧树脂防腐涂料，聚氨酯防腐涂料，氯化橡胶防腐涂料，高氯化聚乙烯防腐涂料，玻璃片防腐涂料和无机防腐涂料，混凝土表面防碳化保护涂料等
	具有卫生功能的建筑涂料	防蚊蝇涂料（杀虫涂料），吸收二氧化碳涂料，防氡内墙涂料，可净化空气的内墙涂料等
	其他功能性建筑涂料	建筑物外墙防粘贴涂料，电热涂料，可逆变色涂料，夜光涂料，荧光涂料等
辅助材料	涂料调配用辅助材料	稀释剂，固化剂，增塑剂，消泡剂，促进剂等
	涂装用辅助材料	封闭底漆，粉状、膏状内墙腻子，粉状、膏状外墙腻子，双组分瓷砖、马赛克腻子，罩光剂，醇酸木器腻子，硝基木器腻子，透明木器腻子等

第二节　新型建筑涂料及特征

本节要介绍的新型建筑涂料有：建筑节能涂料，硅藻泥装饰涂料和艺术涂料。目前解决建筑节能问题的建筑节能涂料有四种：外墙反辐射隔热涂料，内墙保温涂料，冷屋面涂料，建筑门窗用透明隔热玻璃涂料。硅藻泥装饰涂料是一种环保和功能性涂料，艺术涂料则在涂料的装饰性方面有其独特魅力。

一、外墙反辐射隔热涂料

反辐射型隔热保温涂料最初是为满足军事和航天需求而发展起来的。20 世纪 40 年代，美国人 Alexander Schwartz 将导热系数极低的空气引入多层铝膜之间，制成了新型反辐射隔热复合材料。这一发明标志着反辐射隔热涂料的诞生。反辐射型隔热保温涂料于 50 年代在国外研制成功并投产，70 年代至 80 年代其理论表述已经形成，至 90 年代后期，反辐射型隔热保温涂料技术已发展得相当完善。反辐射隔热涂料涂层结构与传热导路如图 1-1 所示。

隔热涂料作用原理如下：

太阳的能量主要集中在可见光区（400～760nm，占 45%）和红外光区（760～2500nm，占 50%）。这些照射到涂层上的能量有 3 种响应方式：反射、吸收和透过。若定义涂层的表面总反射率为 ρ、吸收率为 ε、透过率为 τ，则有

$$\rho+\varepsilon+\tau=1 \tag{1-1}$$

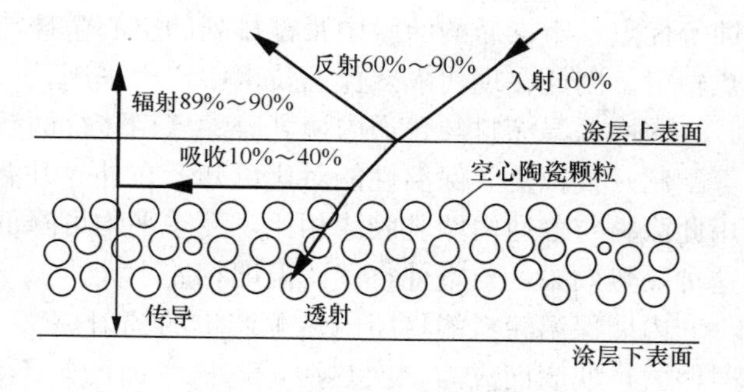

图 1-1　隔热涂料涂层结构与传热导路图

建筑外墙涂料一般都是不透明涂层，因此，可近似认为其透过率 $\tau=0$，故而上式可简化为

$$\rho+\varepsilon=1 \tag{1-2}$$

因此，要制备出理想的隔热保温涂层，就必须要对可见光和红外波段具有较高的反射率 ρ 和较低的吸收率 ε，这就需要涂层在这两个波段具有尽可能高的太阳反射比和尽可能低的导热系数，全面阻止太阳热能通过涂膜向建筑物内传递，实现主动式和智能型隔热。这样在夏季就能驱散进入居室的热量，而在冬季将室内的热量折回到原处，勿使热量外泄。

反射型隔热保温涂料的技术标准如下：

目前行业内普遍认可的反射型隔热保温涂料的技术标准是 GB/T 25261—2010《建筑用反射隔热涂料》与住房和城乡建设部发布的行业标准 JG/T 235—2014《建筑隔热反射涂料》。这两个标准都规定了水性反射型隔热保温涂料的太阳光反射比和半球发射率的性能指标及测定方法，其中行业标准 JG/T 235—2014《建筑隔热反射涂料》还规定了涂层的隔热温差指标，这为水性反射型隔热保温涂料的工业化提供了简便可行的参照方法。这

三项隔热性能指标的规定如表 1-4 所示。

表 1-4 反射型隔热保温涂料的隔热性能指标

项 目	指 标
光阳太反射比（白色）	≥0.80
半球发射率	≥0.80
隔热温差/℃	≥10

二、内墙保温涂料

内墙保温涂料是一种新型的保温材料，由硅藻土、镁橄榄石粉、纳米氧化锡、硼硅酸岩空心微珠、水滑石粉、硫酸镁和高温胶粘剂组成，经过制浆、入模、定型、烘干、成品、包装等工艺制造而成，集封闭微孔结构与耐碱玻璃纤维网格布结构为一体，在使用温度范围内可长期使用，不易老化、不变质、无毒无味、保温性能长期不减。内墙保温涂料组分中的硼硅酸岩空心微珠内部包裹的 N_2 和 CO_2 低压气体能产生一定的真空度，是一种中空、轻质、高强的玻璃微球，玻璃质表面具有对光和热的反射作用，可以承受－268～482℃的温度和 1.72～27.6MPa 的工作强度，具有耐水汽、不吸湿、耐腐蚀和抗微生物侵蚀等优点，干燥后的涂膜中紧密排列的空心微珠能有效地阻隔热传导，抑制热对流和减少热辐射。因此在现代隔热保温技术中广为采用。

内墙保温涂料与普通内墙乳胶漆（用传统的颜填料，如钛白粉、重钙、轻钙、高岭土等配制）模拟夏天保温性能对比可知：在外界升温的同一条件下（类似于夏天高温天气），用此涂料与普通内墙乳胶漆相比，夏季平均可降低 6～10℃，而普通内墙乳胶漆则达不到这种隔热效果，与室外空气的温度相差不大。

内墙保温涂料能将屋内热源产生的辐射热（主要是 2～25μm 的中远红外辐射热）反射回去，使墙面成为二次热源，这样室内的热不但不能散发出去，热量还有所“增加”。这类似于目前最先进的第三代隔热玻璃中所谓“热镜”的原理。这种“热镜”玻璃，其相对于室内的那一面能将房间内热源产生的中远红外辐射（4～25μm 波长）反射回室内，故名“热镜”。

三、冷屋顶涂料

城市化进程使得原来覆盖在土地上的植被面积逐步变小，人类活动加剧了都市温度升高，使得夏季用电高峰值不断提高。用电量升高会导致火力发电过程中温室气体排放量增加，而温室气体增加又会加剧环境升温的进一步恶化。所以在城市化进程中，如何进行建筑节能，建造可持续性的绿色建筑成为我们不可回避的课题。可持续性建筑不但在建造过程中成本投入少、对环境造成负担小，而且在建筑整个使用寿命周期内，包括日常维护、运营等过程中的成本投入和对环境造成的负担也都不大。

在整个建筑结构中，屋面直接接收阳光辐射，对建筑在使用周期内的节能影响很大。图 1-2 是太阳光照射到建筑物的屋顶时，被屋面反射的能量和通过屋面进入屋内能量的示意图。为了减少进入屋内的太阳能量，我们需要通过某种方式把阳光能量挡在房子外面。

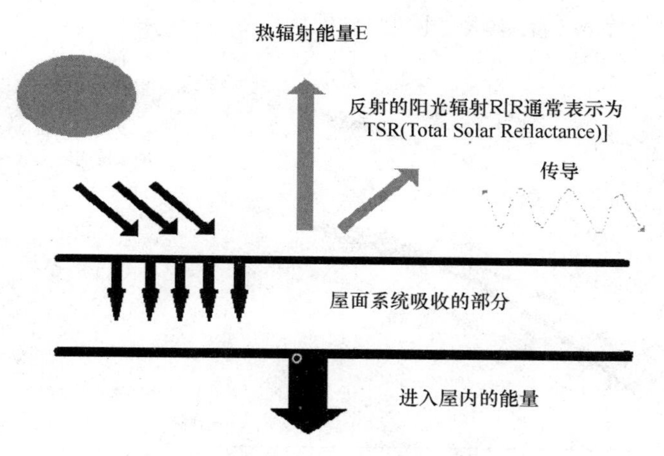

图 1-2　屋面的阳光发射和热传导

为了减少城市热岛效应、降低夏季室内制冷成本，一般有两种屋面解决方案可以考虑：一种是在屋面上种植植被，通过植被遮蔽太阳辐射及通过植物生长过程中的水气蒸发循环带走屋面的热量，但是不是所有的屋面都适合种植植被，而且植被种植对屋面的相关要求也比较高。另外一种方式是采用冷屋面解决方案，通过屋面反射太阳光内的大部分能量，减少进入屋内的热量。冷屋面的作用可以通过具有冷屋顶效果的涂料来完成。

冷屋面涂料涂覆于屋顶（也可以用在外墙）形成一层高红外反射涂层，俗称“冷屋面”。白色的丙烯酸酯系列高级外墙涂料就是一种“冷屋面”涂料。但若冷屋面涂料要求是彩色的，则需用各种反射颜料（具有近红外反射功能的颜料）调色，配制成的彩色冷屋面涂料用于屋面，使屋面少吸收热而达到隔热节能效果。这种冷屋面涂料有特别的技术指标要求（如冷屋面涂料标准规定的各种明度条件下近红外反射率的指标值）。

在美国，能源部和环保部正大力推广屋面防水隔热系统，这种涂层防水系统较使用屋面防水卷材更为节能环保。在美国、日本等发达国家，这种节能环保隔热防水涂料可以占到屋面防水材料市场 30%～40%的份额，尤其在屋面维修和翻修市场方面。

四、透明隔热玻璃涂料

纳米透明隔热玻璃涂料是近年发展起来的新型节能环保材料，引起了学术和工业界的高度关注。这种涂料引入了具有光谱选择性的无机半导体纳米粒子（如 SiO_2、ITO、ATO、AZO 等），对紫外光及近红外光具有较好的屏蔽效果，阻止了对视觉没有贡献的紫外光区和近红外光区的能量传递，阻隔了一半以上的太阳光能量；同时，由于纳米粒子的粒径在纳米级内，远小于可见光波长范围，对可见光透过率影响不大，因此可制备出高透明的隔热涂膜，具有很好的应用前景和经济价值。

在两个箱体上分别放置空白玻璃和纳米透明隔热玻璃，用同样的光源照射两个箱体，分别测试底板和箱体内温度，画出温度随时间的变化曲线，如图 1-3 所示。图中显示空白玻璃和纳米透明隔热玻璃之间的升温速度差异很明显，开始时二者温度呈线性增加，随着时间的增加温度逐渐接近平衡，到 60min 时二者底板温差达到 19℃，空气温差达到 8℃，这说明纳米透明隔热涂料具有显著的隔热效果。

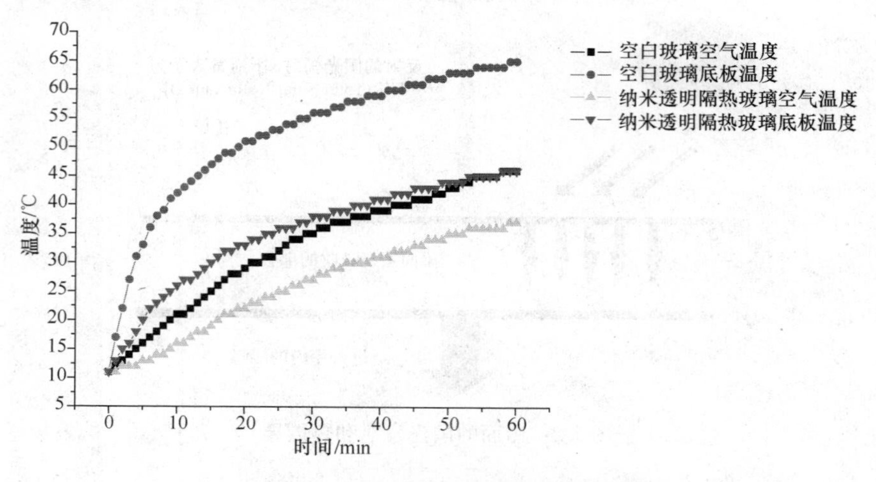

图 1-3 纳米透明隔热玻璃隔热效果测试结果图

纳米透明隔热涂料物理性能如表 1-5 所示。

表 1-5 纳米透明隔热涂料性能

检验项目	检验结果	参照标准
容器中状态	搅拌后易于混合均匀	JG/T 338—2011
漆膜外观	正常	
附着力（划格法，1mm）级	1	
耐划伤性	100g 未划伤	
低温稳定性	不变质	
干燥时间 常温干燥型（表干）/h	1 外观，24h 不起泡	
耐紫外老化性	粉化/级，0 附着力/级，1	
耐水性	96h 无异常	
涂层耐温变性（5 次循环）	无异常	
硬度（划破）	2H	
隔热温差/℃	降低 8℃	JG/T 402—201

由表 1-5 可以看出，纳米透明隔热涂料具有优良的综合物理性能，硬度高，附着力好，耐热性、耐水性等都达到了行业标准 JG/T 338—2011 的规定，实际隔热效果可降

低 8℃。

由上述可知，纳米透明隔热涂料可见光透过率高、红外屏蔽率高，能够有效隔绝太阳热辐射，具有很好的节能效果，可应用于多种领域：

1）应用于汽车、火车、飞机的风挡玻璃和建筑物玻璃等，起到了很好的隔热降温作用，且无反射光污染。

2）涂覆于玻璃上，制成纳米透明隔热玻璃，包括单层玻璃、中空玻璃以及夹层玻璃。透明隔热玻璃透光率高，可适用于各地域的高通透性外观设计的建筑，使建筑物透明、通透，且具有很好的隔热效果。

3）涂覆于聚碳酸酯等透明树脂上，制成纳米透明隔热板材，应用场合非常广泛，可做成汽车站顶上的透明隔热板等。

4）涂覆于聚酯薄膜，制成透明隔热贴膜，可用于建筑及汽车窗玻璃。

纳米透明隔热涂料的市场前景非常乐观。全国的玻璃年产量约 1344 万平方米，约 82%～84%用于建筑装饰，也就是说，约需求 1102 万平方米的隔热玻璃用于建筑装饰中。全国现有建筑玻璃量为 14.9 亿平方米，若有 30%的家庭和公共建筑玻璃采用纳米透明隔热涂料进行隔热处理，则需要 5 万吨纳米透明隔热涂料，生产 5 万吨涂料的产值将达 300 亿。

五、硅藻泥装饰涂料

硅藻泥装饰涂料是以硅藻土为主要原料，添加多种助剂而成的粉末涂料。硅藻土是由生活在数百万年前的水生浮游类生物——硅藻沉积而成的天然物质。主要成分为蛋白石，富含多种有益矿物质，质地轻软，电子显微镜显示其粒子表面具有无数微小的孔穴，孔隙率达 90%以上。

硅藻泥装饰涂料是我国近几年新兴的一种功能型内墙装饰环保材料，具有调节湿度、净化空气、防火阻燃、吸音降噪、保温隔热、保护视力、墙面自洁等多种功能。硅藻泥装饰涂料不但功能多样，还可以做出各种颜色的肌理，造型丰富、样式齐全，因此硅藻泥装饰涂料引入中国短短几年便迅速发展起来，受到了广大客户的认可和青睐。各种硅藻泥装饰涂料品牌也如雨后春笋般出现，目前比较有名气的硅藻泥装饰涂料品牌有北京的大津、长春的兰舍、杭州的彩工坊、成都的斯米利亚、青岛的大秦、上海的氧宜多、青岛的泉佳美等。

硅藻泥装饰涂料具有以下特点：

1. 净化空气

硅藻泥装饰涂料特有的微孔结构能够有效地吸收、分解、消除从地板、家具等散发游离到空气中的甲醛、苯、氨、氡、TVOC 等有害物质，还能够消除生活污染产生的各种异味，时刻保持室内的空气清新。

2. 调节湿度

硅藻泥装饰涂料能够主动调节空气湿度，确保空气中的离子平衡。当室内潮湿时，硅藻泥装饰涂料特有的超微细孔能吸收空气中的水分，并存储起来；当空气干燥时，又可以将水分释放出来，保持室内湿度在人体最舒适的 40%～70%范围内。

3. 防潮防霉

硅藻泥装饰涂料中不含有机成分，材料自身呈弱碱性，微生物难以存活，加之良好的透气性，可以确保墙面不会潮湿，不会发霉。

4. 防火阻燃

硅藻泥装饰涂料可以耐高温，而且只有熔点没有燃点，遇明火绝不燃烧。在温度达到1200℃时开始熔解，但不会燃烧、冒烟，更不会产生任何有毒物质。

5. 吸声降噪

硅藻泥装饰涂料的无数微孔可以吸收、阻隔声量，其效果相当于同等厚度的水泥砂浆和石板的两倍以上，大大地降低了噪声的传播。

6. 清洁方便

硅藻泥装饰涂料是天然的矿物质，自身不含重金属，不产生静电，不吸附灰尘，并具有优异的耐水性和耐污性，日常清洁保养方便，可用海绵清洗。

7. 节能环保

硅藻泥装饰涂料由天然无机化合物构成，不含任何有机成分，不含有害物质，是安全放心的绿色建材，而且硅藻泥装饰涂料的热传导率很低，保温隔热性能好，有利于节能环保。

8. 耐久性好

硅藻泥装饰涂料寿命长达 20 年以上，不翘边、不脱落、不褪色、耐氧化，始终如新。

六、艺术涂料

艺术涂料是一种新颖的环保型建筑涂料，具有仿天然花岗石、壁纸等高档装饰材料的花纹和色彩，更具有普通涂料所无法比拟的高弹性、高抗裂等涂装特性。还可以根据新旧建筑物的不同形状，以及依照客户的需求，提供花纹大小不一、色彩缤纷的花色图案，达到了装饰效果和功能性的完美统一。采用艺术涂料，可避免天然石材、墙面砖使用后脱落引起的安全事故以及难以修补的缺陷，同时弥补了乳胶漆色彩单调的不足，而且还具有环保方面的突出性能。

艺术涂料具有以下特点：艺术涂料不仅克服了乳胶漆色彩单一、无层次感及墙纸易变色、翘边、起泡、有接缝、寿命短的缺点；而且又具有乳胶漆易施工、寿命长的优点和墙纸图案精美、装饰效果好的特征，是集乳胶漆与墙纸的优点于一身的高科技产品。其独特的装饰效果和优异的理化性能是其他涂料和壁纸所不能达到的。

艺术涂料与传统涂料之间最大的区别在于：传统涂料大都是单色乳胶漆，所营造出来的效果相对较单一，产品所用模式也相同；而艺术涂料即使只用一种涂料，由于其涂刷次数及加工工艺的不同，却可以达到不同的效果。

效果更自然、更贴合与使用寿命更长，可以说是艺术涂料的另外两大优点。简单说，壁纸和涂料都是装饰墙面用的。壁纸是贴在墙上的，是经加工后的产物，就像一个人化了妆，总会有些痕迹让你觉得不那么自然了。但艺术涂料是涂刷在墙上的，就像腻子一样，完全与墙面融合在一起。因此，其效果会更自然、贴合；另外，与其他饰面材料相比，艺术涂料不会有变黄、褪色、开裂、起泡、发霉等问题的出现，使用寿命很长。对于施工人员要求严格及需要较高的技术含量，是艺术涂料较难被国内消费者认同的主要原因。艺术涂料的施工过程并不像壁纸那么简单，由于最后效果的好坏跟施工人员的素养和专业技术都有着很大的联系，因此要慎选技工。

艺术涂料可以应用于以下场合：

1）装饰设计中的主要景观：门庭，玄关，电视背景墙，廊柱，吧台，吊顶；

2）宾馆、酒店、会所、俱乐部、歌舞厅、夜总会、度假村以及高档豪华别墅、公寓和住宅的内墙装饰。

越来越多的消费者选择用艺术涂料装点墙面，关键原因在于，人们对五光十色的装饰材料的硬性充塞和过度表现财富的浮躁心态已逐步摈弃，转而崇尚自然、朴实的风格，注重装饰的文化内涵，希望进一步获得深层次的情感关爱。居家装饰要注重室内装饰的风格要素，必须在符合时代特色的同时，体现出与众不同的个性特点，显示出独具风采的艺术风格和魅力。随着中国与世界的全面接轨以及家居装饰理念的不断创新，单纯的产品功能已经无法满足消费者的家居装饰需求；此外，随着顾客消费能力和消费品位的提升，包含设计元素的个性化、时尚化的整体家居装饰艺术涂料会受到越来越多的消费者青睐。

七、各种新型建筑涂料特点和作用

外墙反辐射隔热涂料、内墙保温涂料、冷屋顶涂料和建筑门窗用透明隔热玻璃涂料四类隔热涂料和硅藻泥装饰涂料、艺术涂料两种新型涂料的特点及其作用原理可概括如表1-6所示。

表1-6　各种新型建筑涂料的原理及其特点

新型涂料类型	原　理	特　点
外墙反辐射隔热涂料	多反射（太阳光热），少吸热；吸热（中远红外）后，多散热，涂层表面散热快；中空隔热	涂层表面温度低，向室内传导热量少
内墙保温涂料	内墙表面多反射中远红外光，是一种“热镜”原理	内墙面成二次热源，保温节能
冷屋顶涂料	靠反射性颜料，屋面多反射（太阳光热），少吸热	涂层表面温度低，向屋内传导热量少
透明隔热玻璃涂料	可见光能透过，近红外光（被吸收或反射均可）受到阻隔	红外热不能透进室内，隔热节能
硅藻泥装饰涂料	密度低、多孔隙，对气体和液体都具有较强的吸附性	具有调节湿度、净化空气、防火阻燃、吸音降噪等多种功能
艺术涂料	利用新型聚合物乳液，借助于特殊的设备进行喷涂，成膜后形成具有特殊色彩效果	提供花纹大小不一、色彩缤纷的花色图案，达到装饰效果和功能性的完美统一

第三节　涂料的颜色调配

一、配色的基本原理和人工配色技术

建筑涂料的配色是涂料生产技术的一个重要组成部分，配色技术要求经验丰富，在电脑配色尚未普及时，主要靠人工配色。在较短的时间内配制出指定色卡的涂料颜色，可以说是一项技术性很强的工作，配色技术是生产除白色涂料以外的彩色涂料的一道不可缺少的重要工序，它直接影响涂料生产的质量、销售和施工性能。

1. 配色的基本原理

1）色彩三原色

色彩配制可选取三种颜色，由它们相加混合产生任意颜色，这三种颜色称为三原色。三原色可以任意选定，但三原色中任何一种原色，不能由其余两种原色相加混合得到。最常用的是红、黄、蓝三原色。各种色彩不外乎由三个基本颜色组成，它们是相互关联的。将其中的两个颜色等量相互调和，则形成其中间颜色，如红与黄相互调和形成橘色；黄与蓝相互调和形成绿色；红与蓝相互调和形成紫色。若再将这 6 个中间颜色与相邻的颜色相互调和，又形成 12 个中间颜色，这样继续调和下去就形成了无数不同的颜色。由原色相互调和成的彩色称为复色。原色或复色用白色冲淡，可得出深浅不同的颜色，如红加白配成粉红、浅红色系列。当原色或复色中加入不同分量的黑色时，可以得到明度不同的各种色彩，如棕色、灰色、墨绿色等。

2）颜色的互补

配色时要注意调色、成色和补色的关系。在调色时，两种原色拼成一种复色，而与其对应的另一种色则为补色，补色加入复色中会使颜色变暗，因此需要注意三者的关系。如调色为红加蓝，成色为紫，补色为黄；调色红加黄，成色为橙，补色为蓝；调色黄加蓝，成色为青绿，补色为橙红。

3）颜色的色相

调色时应注意颜色的色相，由于原色常常带有各种不同的色相，如蓝颜色有带红相蓝或绿相蓝、红颜色有带黄相红或蓝相红、黄颜色有带红相黄或绿相黄等，所以配色时应选用正确的原色，否则配出的颜色在明度上有所下降。通常先制备一套色卡，将每一种常用的原色浆按不同比例加入到白色中，再涂刷存卡片上，看其颜色深浅变化的幅度，此外，将原色加入到黑色中，也涂刷存卡片上，看其明暗变化幅度。

2. 人工配色技术

1）光线

日光随着天空云层、季节、时间、地点的不同，它的光谱分布会有显著的差别。灯光是人造光源，种类繁多，它们的光谱分布有很大的差别。同一种颜色在不同光线下会呈现不同颜色，因此调色时必须在同一光线下进行观察。用眼睛直接观察色卡与样品时，照明和观察条件按 CIE 规定的标准照明和观测条件，光线从样品表面法线 45°方向照射样品，观察者从样品表面的上方进行观察，根据需要照明和观察角度也可以倒换过来。光源采用来自北方的间接日光或标准日光，在北半球地区，一般在室内北面窗口的自然光下进行匹配，找出在色调、明度和饱和度上与待测样品相同的色样。此外，在配色时对颜料的选择也很重要，除考虑颜色的色调外，颜料的着色力、遮盖力、密度等都应掌握，只有综合考虑各种颜料的物理特性，才能配出理想的色调。

2）小样的调配

人工配色主要是凭经验，按需要的色漆样板来确定其中由哪几种单色组成、比例关系怎样。然后进行试配，先配小样，确定参配色漆的重量比，作为调配大样的参考。步骤如下：

①确认涂料样品或涂膜样板内是含几种颜色的复色，再估计各种单色的含量比例多少，作为配色的依据。

②用减量称重的方法，先将参加配色的几种原色浆或原色涂料分别装入罐中，并在每个罐中放入一根调色棒，称量并记录。

③将配色中用量最多的一种颜色作为基本色，例如白色，再在其中加入其他各原色浆调色，调色完成后再将各原色浆称量一次，算出两次称量之差，即为各原色浆的用量。

④再按小配方放样扩大几倍重复配一次，与小配方分别涂刷样板，比较色差并适当调整到与小配方颜色一致，确定配方并计算出每种原色浆的用量。

3）生产调色

①据小样确定的配方准备各种色浆的用量，先将主色（如白色）加入到调漆缸，再以颜色的重量从大到小分别慢慢地、间断地加入副色，并不断搅拌，随时观察颜色变化，并取样与样板对比，直到颜色符合为止。

②观察、比较样板和调配色漆时，应在较好光线下进行，并由专人担任，以免发生色差。

③调大样时，应将主色和副色预留一部分作为备料，以便在调过头时有调整的余地。

④参配的色漆其基料必须相同，例如丙烯酸类不能与硝基类相配。

⑤必须考虑到湿涂料的颜色与干涂膜的颜色不完全相同，一般乳液型涂料比涂膜色深；溶剂型涂料比涂膜色浅，因此在配色过程中，要根据具体涂料种类掌握配色技术。

⑥有些双组分的涂料在涂色卡时，应将固化剂加入调匀再涂刷，否则会影响色调。

4）复色涂料中的颜料配比

表 1-7 中给出的复色涂料的颜料配比，可以作为配色工作的参考。如果需要调配一种浅杏红，则可以根据表中的颜色配方调配小样，并制板与标样进行对比，然后根据色调、明度和饱和度的差别进行调整。对于初涉涂料配色或配色经验不足者来说，该表可以作为配色工作的起始点。

表 1-7　各种复色涂料的颜料配比参考表/%

颜色	钛白粉	铁红	铁黑	中铬黄	甲苯胺红	铁蓝	炭黑
樱红				77.12	22.88		
浅肉红	95.40			4.36	0.24		
铁红		100.00					

续表

颜色	钛白粉	铁红	铁黑	中铬黄	甲苯胺红	铁蓝	炭黑
蔷薇红	91.70			6.76	1.54		
浅猩红	47.03			38.63	14.34		
浅杏红	72.72			26.27	1.01		
橘黄			67.46		32.54		
浅稻黄		58.81	41.19				
珍珠白	99.64		0.36				
奶油白	93.77	0.35		5.88			
方乳黄	86.32			13.68			
米黄	93.36	2.71		3.93			
中驼	34.88	27.91	0.65	36.56			
稻黄		68.75		31.25			
浅棕		54.75		45.25			
黄棕		60.31	9.60	30.09			
酱色		67.80	1.94	30.26			
紫酱色		64.95	1.25	33.80			
棕色		72.94	2.18	24.88			
紫棕		93.07	0.91	6.02			
紫棕		97.05	2.30				
栗色		84.65	6.30	9.05			
浅驼	66.88	13.92	0.50	18.70			
浅灰驼	67.68	8.32	10.40	13.60			
中灰驼	35.49	31.50		31.22			1.79
深灰驼	49.25	26.87		22.24			1.64
深驼	25.73	34.71	1.94	37.62			
珍珠灰	99.40	0.36		0.17			0.07
浅紫丁香	92.69	6.19		0.87			0.25
浅紫丁香	89.41	10.08					0.51
紫丁香	80.76	18.16					1.08
丁香灰	88.86	9.26		1.16			0.72
中绿				76.26		23.74	
绿色				70.39		29.61	
墨绿		13.60		35.97		50.43	
车皮绿	5.40	19.18		32.59		36.31	6.52
军绿		30.03		62.56		7.41	
茶青		34.84		55.05		10.11	
草绿		38.45		44.22		16.37	0.76

续表

颜色	钛白粉	铁红	铁黑	中铬黄	甲苯胺红	铁蓝	炭黑
浅翠清	89.17			5.49		5.34	
灰绿	55.38			32.88		10.50	1.24
湖绿	79.86			18.21		1.94	
浅灰绿	95.72			3.57		0.71	
芽绿	44.37			51.52		4.11	
浅绿				86.74		13.26	
浅橄榄绿	85.18			10.00		3.29	1.53
深橄榄绿	90.50			4.49			5.01
浅驼灰	86.21	7.14		6.28			0.37
浅灰蓝	98.68					0.73	0.61
豆灰	76.81			19.69		2.05	1.45
沙灰	86.42					11.39	2.19
水蓝	94.12			4.20		1.68	
青绿	93.79			0.28		5.93	
电机灰	90.24			4.59		0.71	4.46
浅海蓝	89.40			5.12		5.40	
灰蓝	91.40					7.82	0.78
深灰蓝	85.97					12.22	1.81
天蓝	96.56					3.44	
中蓝	71.75					28.25	
蓝色	17.78					82.22	
深蓝	15.22					82.39	2.39
灰色	98.17						1.83
淡灰色	92.71			4.71		1.52	1.06
浅灰色	95.80					0.70	3.50
中灰	86.57					3.10	10.33
蓝灰	85.36					7.03	7.61
深灰	76.79					3.57	19.64
红灰					100.00		
苹果绿	74.51	9.54		15.95			
浅豆绿	64.36	20.71		14.52			0.38
灰杏绿	72.70	8.31		18.99			
中蓝灰	96.89					1.83	1.28
翠绿	69.67			13.66		16.67	
深青绿	65.52			20.81		13.67	
青绿	80.29			14.63		5.08	

5）常用乳胶漆色浆型号

常用乳胶漆色主要品种和性能见表1-8、表1-9。

表1-8 PPA系列乳胶漆色浆主要品种和性能

产品牌号	颜色	产品名称	颜料组分（%）	固体组分（%）	耐化学性		耐光性		耐候性	
					酸	碱	1∶1	1∶25	1∶1	1∶25
PPA -IY -1	黄	氧化铁黄	50	55	5		8	8	5	5
PPA-YE-1	黄	耐晒黄	40	48	5	5	7～8	6	4～5	3～4
PPA-YE-3	黄	标准黄	35	42	5	5	7～8	7～8	5	3～4
PPA-IR-1	红	氧化铁红	65	70	5	5	8	8	5	4～5
PPA-IR-2	红	乐彩红	65	70	5	5	8	8	5	5
PPA-OR- 2	红	永固红	35	40	5	5	7～8	6	4～5	5
PPA-OR-4	红	标准大红	30	35	5	5	7～8	7	4～5	3～4
PPA-OR-5	红	鲜佳红	40	48	5	5	8	7～8	5	5
PPA-S-1	蓝	酞菁蓝	35	42	5	5	8	7～8	5	5
PPA-CR-1	绿	酞菁绿	42	50	5	5	8	7～8	5	4～5
PPA4-IV-1	紫	永固紫	30	3	5	5	5	8	7～8	5
PPA- BL-1	黑	炭黑	30	37	5	5	8	7～8	5	5

注：1∶1或1∶ 25指1份颜料和1份或25份金红石型钛白冲淡；

耐光性：采用甘汞灯暴晒，等级分为1～8级，8级最高；

耐候性：天然暴晒12个月，等级分为1～5级，5级最为高；

耐化学性：等级分为1～5级，5级为最高。

表1-9 科莱恩公司Colanyl系列水性色浆品种及性能表

Colanyl系列	颜料含量	固含量/%	耐光性		耐候性	
			5%浓度	ST1/25	5%浓度	ST1/25
黄10G130	50	55	7	6	4	3
黄FGL130	41	55	7	7	4～5	3～4
黄H3G100	33	41	8	8	5	4～5
铁黄R131	65	70	8	8	5	5
红FGR130	45	58	7	5	4	3
红E3B130	32	47	7～8	7～8	4	4～5
铁红B130	72	77	8	8	5	5
紫RL130	30	44	7～8	7	4～5	4
蓝A2R100	40	53	8	8	5	5
绿GG130	50	63	8	8	5	5
黑N130	40	48	8	8	5	5

6）乳胶漆色漆配方

目前国内大多数涂料厂都是生产白色基准涂料，然后按用户要求用色浆调配颜色。实践证明这种办法是可行的，因为乳胶漆多数用于内、外墙的涂装，一般要求的颜色多为浅色，很适合在遮盖力强的白色基准涂料中用色浆调配颜色。鉴于此，表1-10中给出以白色乳胶漆为基准、采用色浆调色的参考配方（采用汽巴精化公司Ciba优壁色系列水性色浆配制）。

表1-10　浅色乳胶漆调色配方

色浆颜色	白色涂料	铁黄	铁红	铬绿	酞菁绿	酞菁蓝	紫	黑
白玉	99.25	0.681	0.046			0.023		
珠白	98.64	1.31	0.022			0.028		
白云	98.42	0.370	0.130	1.08				
琥珀	99.30	0.501	0.139					0.060
米色	95.19	2.083	0.407	2.32				
茶菊	93.37	4.30		2.30				0.030
如意	92.19	2.33	0.59	4.89				
贝灰	95.59	4.14				0.096		0.174
玉灰	98.74	0.965				0.109	0.186	
兔灰	96.88		0.362	2.47				0.288
淡湖绿	96.87			2.75		0.355		0.025
淡蓝	98.28		0.045	1.41		0.265		
蛋青	98.34	1.41			0.070	0.090		
玉青	96.83	2.63				0.484		0.056
秋绿	66.72			32.52	0.432			0.328
橄榄绿	38.23	35.43	13.65		12.69			
米黄	91.27	5.03	0.600	3.10				
深米黄	76.00	21.60	2.012		0.388			
肉色	98.68	1.007	0.313					
驼红	78.54	13.16	8.15					0.15
砖红	11.41	62.70	25.89					
中驼	79.83	12.26	6.88					1.03

3. 人工配色的局限性

以人的眼睛目测配色法是目前我国各涂料厂普遍使用的涂料配色方法，即将配制的涂料涂刷成样板，在自然光照射下与色卡或标准色卡进行比较，判断颜色是否一致。这完全是一种凭经验的评色方法，每个人对颜色的感受是不同的，分辨颜色也是有差别的，因此人工目测配色法在实际应用中存在着很大的局限性。

1）目测法评定颜色的结果是含糊不清的概念，相互之间很难沟通。对色差要求严格的产品很难保证配制的颜色符合标准颜色。

2）用目测的方法评定颜色随操作人员、光照条件、对比视场的不同，对颜色的评定都会导致不可避免的误差。

3）涂料厂生产配方是固定的，而每一批颜料的特性指标是有变化的。在实际应用中，不能及时对配方进行调整，使色漆的配方对涂膜的颜色失去技术保证。

4）标准色卡或标准样板是目测评定颜色的基准物，而其自身的颜色也会随着时间的延长和保存条件的不同，出现不同程度的色度变化。导致标准不稳定，使评定有偏差。

5）批量生产过程中，不同操作者调制的产品、同一操作者调制的不同批次的产品颜色都会有差别，难以确定颜色的确切色度偏差。

6）依目测法建立起来的各涂料品牌的颜色色谱不全、缺乏系列化，不能满足用户的各种要求，而涂料厂生产时又感到十分繁琐。因此，有必要发展简捷、准确、量化的颜色测量及表达方法。

二、电脑配色特点、原理及操作要点

1. 现代调色技术简介

采用现代调色技术生产涂料是当今国际上流行的生产方式，近年来，国外先进的调色技术及与调色技术有关的产品不断进入中国，有越来越多的国内涂料生产及应用企业了解并采用现代调色技术，还有一些生产厂在采用现代调色技术中已经开始使用通用色浆，并在实践应用中逐渐了解和掌握现代调色技术，国内涂料行业采用现代调色技术将进入实质性阶段。

既最大限度地满足市场对多种颜色色漆的需要，又减少生产过程的繁琐性；既提高商店小批量销售多种颜色色漆的应变能力，又不过多地积压库存，这一直是国内涂料企业长期探索以求解决的难题。现代配色技术的成功应用解决了以上问题，克服了传统涂料生产工艺中的许多弊端，被涂料行业专家和生产厂商评为是对传统色漆生产和销售方式的一次革命性改变。

1）传统涂料生产工艺的概述

世界涂料发展经历了近一个半世纪的历史，生产方式发生了从传统生产工艺到现代调色的转变，如果从颜料形态和生产方式的关系来分析，涂料生产工艺经历了从干粉颜料、液态颜料（又称色浆）和通用色浆的变化。传统的色漆生产方式是将干粉颜料与部分树脂、助剂、溶剂相混合，分散研磨制成色浆，再将色浆与各种基料调配制成色漆，这种使用干粉颜料的色漆生产工艺存在很多弊端，可以概括为以下几个方面：

（1）生产成本高：根据统计和调查，采用传统涂料生产方式直接和间接生产成本较高。由于品种复杂原料库存成本要高出 50%，产品库存量较大，增加投资近 50%；运输成本和罐装成本至少要高出 20%。由于库存量较大，带来部分颜色漆积压、周转期较长、占用大量资金等问题。

（2）生产管理复杂：接单扩产比较麻烦，生产管理和生产流程比较复杂，小批量订单生产成本高、浪费大，而且扩产能力有限。

（3）质量控制方面：由于颜色需要多次校正，产生过多不必要的浪费，而且颜色有限，不能满足用户要求，颜色准确性和重现性较差。

（4）产品营销方面：分销成本较高，交货时间较长，对市场反应慢，服务不及时，客户满意率较低，产品增值性和综合效益较差。

（5）环境保护方面：由于生产过程中设备需要大量的清洗等原因，生产损耗较高，环保性能和“三废”处理较差。上述难题和弊端通过现代调色技术的应用都可获得基本解决。

2）现代调色技术生产涂料的基本特点

现代调色技术是伴随着颜料工业、精密机械工业和电子计算机软件工业的发展所产生的。颜料工业的发展使得制备通用色浆成为可能；精密机械工业的发展给高精密度体积式色浆注入提供了必要条件；电子计算机和软件工业的发展给调色配方和电脑配色功能铺平了道路。采用现代调色技术生产涂料的基本特点是：

（1）对每个品种涂料生产厂家只需批量生产 2～3 种基础白漆，生产批量可大大增加，在不增加现有设备投入的情况下，可提高 30%～50%的产量。

（2）在电脑管理软件的帮助下，可实现色漆制造无限的色差，电脑颜色管理软件在分光光度仪的配合下可准确完成配色功能，实现无限的颜色选择。

（3）减少了生产环节，提高管理水平，降低了质量控制成本。

（4）加快生产流程，提高生产活性，增强了对市场和用户需求的反应能力。

（5）由于准确的生产量，避免了不必要的损失浪费，减少“三废”的产生，实现了环保型的生产。

（6）缩小了库存量，降低了库存成本，基本杜绝了产品积压，减少了流动资金的需求，加快了资金周转。

（7）使中、小批量生产的订单实现最优化生产，并且实现包装桶内调色，甚至实现远距离零售店调色，颜色准确并重现性好。

（8）由于及时服务和多色彩的选择提高了为客户服务的水平，提高了产品和服务的综合效益以及企业的形象。

3）颜色准确性和重现性的实现

涂料制造过程中颜色的准确性和重现性是很重要的，在用传统生产工艺制浆、配色、调色以及应用过程中，总会遇到色差的问题。采用现代调色技术生产涂料和色漆，可从根本上解决颜色的准确性和重现性问题，但如不严格按照现代配色技术要求操作，也会影响颜色的准确性和重现性，主要影响因素有以下几点：

（1）基础白漆的质量稳定性。

（2）色浆的流变性和批次之间颜色的稳定性。

（3）色浆注入设备（统称调色设备）的精度和稳定性。

（4）调色和配色管理软件的稳定性。

（5）基础白漆在包装桶内灌装量。

（6）注入色浆以后涂料的混匀效果。

在现代科技发展的条件下，目前世界主要调色技术的主要调色设备的精度、调色软件的稳定性、通用色浆的专业化供应、产品的稳定性和混匀效果基本上能够保证，所剩下的问题是生产厂生产的批次之间的质量均一性和稳定性。

4）通用色浆及其应用

为克服传统涂料生产工艺中存在的难以解决的配色问题，长期以来一些专业生产厂家商业化生产和提供各种常用色浆（也称液体颜料）供给涂料生产厂家选用，这些常用色浆一般是用于内墙涂料的配色中，已经给用户带来了很多方便。涂料生产厂家可以减少研磨色浆设备的投入，还可减少干粉颜料的贮存量，在一定程度上减少生产厂家的资金占用和使用上的方便，但由于这些常用色浆不能完全通用于各类外墙涂料的配色中，因此其使用范围受到很大的限制。

通用色浆是指颜色、色强度、流变性经过严格控制的颜料浓缩液体，具有较高的稳定性和批次之间的一致性，可应用于现代调色系统中。通用色浆的最大特点是可解决色浆在涂料中的通用性，目前，国外一些公司推出的水性建筑色浆，可适用于各类内、外墙乳胶漆；而推出的溶剂型色浆，可适用于各类溶剂型涂料的配色，能基本解决色浆的通用性。

通用色浆所使用的颜料经过优选，批次之间质量稳定、流变性好，批次之间调色不需要多次校正，颜色精确度较高，色强度与颜色管理软件相配合可实现颜色的多样性和准确性。实际配方调色成本并不明显高于传统调色成本。为使通用色浆更能适合中国国情，使其调色配方更以经济，芬兰迪古里拉公司最近正着手在中国就地生产通用色浆。

2. 调色技术中的数据法调色、配色功能

二十世纪八十年代以来，世界涂料市场出现了一些自动调色、配色系统，随着计算机技术的发展，应用于调色和配色方面的服务专业化越来越强，给涂料生产提供了越来越简便的颜色配制手段。目前，世界上电脑配色大体上有这几种方式：一种是选用几种常用的颜料作为基本颜色，在大量实验的基础上得出调色配方输入计算机，使用时计算机从中检索出相近的配方。这种方法简单可靠，但只限于几种固定的常用颜料，实际使用中时常受到限制。另外是以芬兰迪古里拉集团（TIKKURLLA）一体化调色系统所代表的配方数据法颜色管理软件的配色方式，以美国奥丽（ALTAIR）国际有限公司代表的色度值计算法色彩管理系统配色软件的电脑调色系统及颜色管理软件组成的电脑配色方式。

二十世纪八十年代初开始，世界上主要几家颜色管理业务的公司研究开发了具有配色功能的颜色管理软件，使配色更加简便、快捷、实用，其基本工作原理是通过分光光度仪读取任意颜色的色度值，由配色软件进行比较与计算，给出（若干）颜色的基本配方供调色使用。根据颜色配方产生的方法不同，配色软件有两种：

1）配方数据法

依据采用的色浆系统，在颜色数据库中可贮存数万个颜色配方，每个配方表达着色空间的一个点。当分光光度仪读取颜色样板的色度值并传递给颜色管理软件，软件就会按照设定的 dE 容许度，在数据库中搜索出若干配方并修改给出。此方法的特点：

（1）须使用通用色浆、色卡等必要的组成产品以及配套的颜色管理软件。

（2）由配方库给出的配方，符合涂料诸多性能的要求。

（3）颜色准确性较高、重现性好、误差较小。

（4）数据库稳定。

采用以通用色浆为基础的一体化调色系统，是将通过实验获得调色配方作成数据库后存入电脑。使用时刷户只需将某种特定的颜色编号或代码输入电脑中，即可检索出所需的颜色配方。同时输入的包装桶尺寸或需要调色的数量以及产品品种等基本数据后，色浆注入机（调色机）根据电脑配方的指令，按体积注入的方式准确注入实现这种颜色所需的色浆，经混匀后调色过程结束，整个过程只需几分钟时间。世界主要的调色设备生产厂家都可在调色配方的方向给了计算支持，调色设备的颜色管理软件可与世界上主要几种高品质通用色浆兼容。使用时只需将这种色浆系统的配方数据输入到该设备的管理软件中，即可实现其调色电脑基本功能。

以通用色浆为基础的一体化调色系统的颜色管理软件，提供了较实用和方便的配色功能，在分光光度仪的测色功能帮助下，将所检测的颜色样板的有关颜色和光谱以数据形式输入电脑，然后与电脑软件数据库中预先贮存的几种参考数据标准进行比较，搜索出色差最小、颜色最准确的颜色配方。这种配色管理软件在分析检索的样品数据同时，提供各种不同光源下的数据和若干种价格条件下所能选用的特殊参考配方，配方管理软件的对话框及时显示出所需配色的配方直观效果，供用户参考。

以通用色浆为基础的一体化调色系统的配色管理软件还提供了配方校正等功能。通过使用该功能，用户可灵活地调整新配方的各种指标，如经济性、色强度、遮盖力等不同指标，配色管理软件还可帮助用户建立自己的颜色配方库，将用户常用的颜色按照自己的编号存入数据库中，以备以后直接使用。配色管理软件还提供统计功能、价格计算功能、区域网络功能以及在一定范围内，根据涂料生产厂家生产的基础白漆不同质量、档次调整色浆注入量的特殊功能。

除调色和配色功能外，配色管理软件还向涂料生产厂家提供颜色设计软件，使用这种软件，用户可在所提供的各种外墙或内墙的画面上改变各个不同位置的颜色，以帮助用户观察配色搭配和设计的整体效果，并通过彩色打印机打印出效果图来供用户选择涂料色彩，效果图产生后，各部分颜色的配方随时可得出，各部分的颜色配方可供调色使用。

现代调色技术应用中，采用以通用色浆为基础的一体化调色系统的涂料厂家，需要购置调色设备、混匀设备、通用色浆以及色卡等必要的组成产品。目前，世界上现代调色技术应用中存在两类应用方式：一类方式是调色系统所需要的所有组分由一个涂料生产厂家提供，被称为“一体化的调色系统”。其优势在于极大地方便了用户，全方位的服务解决了生产厂家对技术支持和质量保证方面的后顾之忧。目前，在世界市场上，有几个专业化生产和提供色浆的公司、调色设备的公司以及专门提供色卡的公司，但以上这些公司中大多数没有生产涂料的历史。芬兰迪占里拉公司生产和提供一体化调色系统，可向涂料生产厂家提供高品质通用色浆、调色设备、混合设备、颜色管理软件、各种色卡和颜色展示材料，并可对用户进行较系统的技术培训；另一类方式是色度值计算法电脑配色系统。

2）色度值计算法

首先，通过分光光度仪将采用的颜料或色浆系统及其一系列不同冲淡色的色度值，输入电脑中建立相应的色度值数据库。由分光光度仪读取颜色样板的色度值，配色软件计算出颜色配方。此方法的特点是：

（1）可以任选颜料或色浆，配色系统及软件适用性强。

（2）配色的准确性取决于数据库的建立。

（3）颜料或色浆变化时，数据库需作适当修正。

（4）建立数据库时需做每个原色浆的色卡制作，有一定的工作量。

在现代调色技术应用中，采用以色度值计算法电脑配色系统的涂料厂家及用户，同样可得到全面系统的技术培训。

3. 色度值计算法电脑配色系统的组成及其应用

1）电脑配色系统的组成

该电脑配色系统由色卡涂刮仪、分光光度仪、电脑（包括色彩管理系统配色软件）、打印机、自动调色装置等组成。具有配色功能的颜色管理软件，使配色更为简便、快速、实用。其基本工作原理是通过分光光度仪读取任意颜色的色度值，用配色软件进行比较与计算，给出（若干）颜色的基本配方，供调色使用。

（1）色卡涂刮仪是一台自动样板制备仪器，配有不同的刮棒，可制作薄质型、厚质型、腻子等厚度要求不同的涂料色卡样板，使用方便，制作的样板涂膜均匀美观。该仪器可单独使用，不必与电脑连接。

（2）分光光度仪是一台专门测量色卡颜色的仪器，通过软件与电脑连接，被测色卡通过测量孔测定，数据自动输入电脑文件中，是建立电脑颜色资料库、色卡配方预测及配方修正等必需的仪器，与电脑软件匹配使用。

（3）电脑（包括色彩管理系统配色软件）是配色的必备仪器，色卡通过分光光度仪输入的数据、建立的颜色资料库、预测的色卡配方等都贮存在电脑内，供配方计算、配方修正计算等使用，同时可连接打印机提供打印配方及有关数据。

（4）自动调色装置是由电脑控制的色浆自动加料机。系统程序由电脑控制，调色装置配有料罐，可装入不同的色浆供涂料配色用，色浆及涂料罐的各种特性由电脑通过参数设置来控制。调色配方可通过软件与另一台电脑连接或通过人工输入配方来确定，根据输入的配方，电脑控制调色装置自动将各种色浆加入到涂料罐中，速度很快。使用该配色仪加料调色的优点是可连续配制同样配方的涂料，颜色加量准确，使调出的每一刮涂料没有色差。通常涂料罐内按配方先装入白色涂料，这样当颜色加入搅拌均匀后即为配方所配制的彩色涂料了。

2）电脑配色系统的应用

电脑配色操作应用必须做到以下步骤：参数的正确设置，数据库的正确建立和调用，以及测量颜色并加以配色和修正。

（1）分光光度仪程序操作及参数设置

进入“程序参数设置模式”，在这一状态下允许用户按需要对分光光度仪的光源、视场、操作模式、程序操作模式参数进行设置。如：改变视场、选择光源、读取测量点的点数、选择读取颜色记录方法、优先考虑的配方色种等。以上选项的设置是通过软件控制而无需对分光光度仪进行物理调节。

①改变视场：系统设有 2 种视场供选择，即 2 度视场标准和 10 度视场标准。不同视场下预测的色卡配方是不同的。

②选择光源：按 CIE 规定的标准来实现标准照明体的光谱分布，系统设有 5 种光源供选择，即 D65 平均北方日光、A 白光、TI.84 商业用荧光、CWF 冷白荧光和 C 平均日光，每次可选取 4 种光源。光源的选择是很重要的，在不同光源下测量的色卡颜色配方也是不同的。CIE 优先推荐标准照明体 D 代表各时相的相对光谱功率分布，也叫做典型日光或重组日光。

③多点测量：系统设有 1～9 的测量点，用户根据需要选择色卡测量点的数字，系统在读取色卡各测量点后，按平均值自动输入配方预测数据。

④选择读取颜色的记录方法：系统设有 3 种读取颜色的记录方法，即通过分光光度仪测量得到样品的数据，允许用户通过键盘输入发射率值和允许输入 L、a、b 标准的纯原色数据。读取颜色记录方法可以通过分光光度仪测得，也可以通过人工输入法得到。

⑤优先考虑的配方色种数：配方色种参数的设置用于对配方程序的计算次数进行调

整，即电脑根据参数给出若干个在色调上接近被配颜色的色种，并在进行配色前用光带打亮以提示用户。通常默认值为3，在必要时可提高或降低此参数值。例如：要配制一个绿色调的颜色，在数据库中有多于3个的绿色和黄色，就应相应提高此参数。设置的色种越多，配方计算次数越多，电脑计算时间相对长一些。

（2）颜色样卡的制作（为便于理解，以三种色浆为例）

①色浆采用红、黄、蓝3种原色浆，并注意留有足够的备用量以备复样及增加基础数据。

②白浆采用生产上较大用量的白浆（或成品的白色涂料），并注意留有足够的备用量，以备复样及增加基础数据。

③样卡纸采用生产上常用制备色卡的纸，并注意留有足够的备用量，以备复样及增加基础数据。

基础数据小样制作方法如下：

a. 单色样卡的制作

目的：为获得各原色浆的光谱反射率及 K/S 系数曲线，这是电脑配色的关键。

方法：按工艺制作由浅到深的单色系列样卡，浓度比例见表1-11。

表1-11　单色系列样卡浓度比例

编号	1#	2#	3#	4#	5#	6#	7#	8#	9#	10#
单色浆	0.1	0.5	1.0	2.5	5.0	10.0	15.0	30.0	50.0	100.0
白色浆	99.9	99.5	99.0	97.5	95.0	90.0	85.0	70.0	50.0	0.0

b. 空白样卡的制作

目的：为获得白色浆的光谱反射率及有关数据。

方法：用白色浆按工艺制作白色样卡。

④注意事项

a. 每套样卡由专人制作，配色浆时比例一定要精确，以保证色卡的均一性；

b. 所有样卡应注上色浆名称、编号、浓度；

c. 一套基础数据代表一种牌号的涂料，制作基础样卡的色浆、白浆与样卡纸要有足够的备用量，以备复样及增加数据，保持数据的准确连续性。

（3）基础数据库的建立及检查

对于电脑配色系统来说，数据库的正确建立是配色计算中最重要的一个部分，若资料库未被正确建立，则配色就不能进行。

通过分光光度计测量制作各色样卡，并将测量的相关数据输入电脑贮存，即建成基础数据库，亦即用户配色用色库。测量光谱反射率是建立数据库的关键，测量的精度直接关系到配色的结果。

保存在资料库中的每一种颜色的特性信息，都是通过同一组颜料在不同比例下制成的样板，由分光光度仪测定，从波长400nm到700nm中的反射率值，每隔20nm一个数据输入资料库获得的。系统将按反射率数据计算颜色的 K 和 S 值，这里的 K 值是颜料吸收光线的系数，S 值是颜料反射光线的系数，电脑根据这些信息对配方进行预测。因此，在制备样板时应尽量做到准确，并将有关数据准确记录下来。

在电脑配色软件中可建立55个涂料品牌的颜色资料库，每个资料库中可存放25个颜料的信息。对于一种颜料来说，又可存放10种不同含量所制样板的反射率数据。

建立资料库时，重要的一点在于必须应保证所有颜色批量相同，特别是钛白浆、黑色浆和树脂。所有样板必须是全遮盖的。

（4）配色及修正操作

① 配色：这一程序是根据当前数据库所含颜料的有关信息、通过分光光度仪对色卡进行配方预测，预测配方被保存在电脑硬盘上的文件中，电脑会通过大量的计算寻找出最接近于标准色的配方并存放在文件中，预测配方的L、a、b色差值必须小于或等于极限值，最初这个极限值为10.00，每次计算后会得到一个新值来取代它（且越来越小），一直到配方与标准色差值等于或小于5.00。色差值的大小取决于资料库中颜料（或色浆）的色种以及设置的参数等。如果适合配方的色种少，则配方色差大；若适合配方的色种多，配色结果色差就小。颜色的偏差是用于鉴别配色系统质量优劣的参数，它是用户在选择不同光源条件下测量值的最小色差和最佳配方。电脑将计算的配方根据色差的大小进行排序，色差最小的配方被记录在当前工作文件中并保存下来，最接近的20种配方被保存在相关文件内。如果设置了打印要求，它们都可以被打印出来。通过“查看记录”方式可对其加以显示和调用。

② 修正：事实上每一批量所用的颜料（或色浆）在颜色上总是有些差异，因此有时需要对配方进行修正。配方修正程序可以根据现有颜色的特点，通过调节已有配方中各种颜料含量的百分比对配方进行修正，修正程序可提供两种修正配方：一种是根据现有颜料给出一个全新的配方；第二种是在原有的配方基础上加入颜色，以达到要求的加色配方。为了得到最佳的修正配方，电脑会自动调出该配方的详细信息以提供用户确认，用户可将实际的调配比例输入，系统将会根据以上的信息来自动进行修正计算，寻找色差最小的配方，最接近的10个修正配方将保存在配方修正文件中。如果设置了打印要求，最佳配方与批量修正配方会被自动打印出来。

（5）自动调色装置使用

自动调色装置的使用有其优越性，可提高生产能力、减少差错和浪费、提高产品质量、低成本小批量地生产、降低库存。

① 将一组12～16种颜色的精确配制好的黏稠状或半浆状标准颜色浓缩浆料，加入到调色装置上的贮罐中。一组白色或无色的基料浆，用来调入浓缩颜料浆的基本色浆，其质量必须均一且与贮罐中浓缩色浆匹配。

② 根据用途来确定配方体系、色调布局是配制规定颜色的依据，在自动调色装置中，配方均贮存在电脑中。配方中的各类原材料都必须保持长期的一致性。

③ 调色装置能精确地将各色浓缩色浆调配成用户指定产品的颜色，或能精确地用装置上贮罐里的色浆进行调色。这些调色装置可以测量的色浆滴加量最少应达到1/100盎司（约0.296mL）。

④ 调色装置的色浆注入方式可设置为体积注入式或重量注入式，可实现体积或重量两种方式的精确注入。

⑤ 用来均混已经进行调色的混合浆料时，其运动方式可分为滚动式及振动式。至于采用何种形式的混合设备，则要考虑产品的黏度。大型料罐可以采用搅拌设备。

（6）电脑配色的优越性及前景

① 电脑配色可利用异谱同色同时产生多个配方，分别由不同的色浆组成，用户可根据使用要求选择价格最低的色浆配方，以降低涂料成本。

② 电脑配色速度快，减少了打样次数，缩短了接单交货周期。

③ 电脑配色准确性高，提高了实验室生产率。

④ 电脑配色可简化工艺，提高复配精度，可基本消除成品的批次间色差。

⑤ 电脑配色减少了能耗，降低了原料消耗，减少不必要的色浆库存和停机等待时间。

⑥ 电脑配色系统与国际色差标准统一，增强了出口产品的信任度。

随着涂料工业的不断发展，我国涂料生产厂越办越多，市场竞争也愈趋激烈，在这种情况下，生产涂料的质量和生产能力显得尤其重要，因此，采用电脑配色，解决涂料配色中的色差问题是目前发展的方向。

三、涂料色彩的配置及注意事项

建筑涂料是用于建筑物表面，使其具有某种色彩及某些功能的装饰材料。在选择几种颜色的涂料同时用于某建筑物表面装饰时，首先要考虑颜色配置的调和性。如果几种颜色配置在一起使用后看上去不调和，就会给人造成一种厌恶感，配置颜色就是要避免产生厌恶感而达到调和的目的。使颜色配置调和的几种方法如下：

1. 近似调和法

即在配置颜色时选择比较接近的几种涂料颜色，互相配合起来达到调和效果。在使用这种调和法时，应该注意不同颜色的涂料应使用不同的面积比例。平淡的颜色可用于较大面积，鲜艳的颜色可用于较小面积，这样可以避免单调。

2. 对比调和法

即以两个相对的颜色相配置，如蓝绿色和橘色。在这种情况下，不同颜色采用不同面积就显得更加重要。应该以一种颜色为主色调，另一种颜色为陪衬，其主体颜色和陪衬颜色在亮度上应有区别，一般主体颜色应亮些、鲜艳些，而陪衬颜色可以在亮度上暗些。否则，两种对比颜色同样面积、同样亮度就会显得“跳”。

3. 单色调和法

即以一种颜色的不同色调和亮度相配置，也可达到较好的调和效果。例如，彩绿色、绿灰及墨绿色配在一起，在一些小面积加上一个强烈的对比色，就可达到很好的效果，这种调和给人一种安静朴素的感觉。

4. 配置颜色还应考虑的几个因素

1）色彩的变化

颜色有冷、暖之分，一般红、橙、黄色会使人感到温暖与欢乐，故称为“暖色”；蓝、绿、紫使人感到安静与清新，故称为“冷色”。由于暖色与冷色在人们的心理上造成不同的温度感觉，因此在颜色的配置中要注意冷、暖颜色的对比及调和。比如在寒冷地区、冷藏库、地下室及不朝阳的房间一般采用暖色，这样可以达到温暖、明朗的效果；而在炎热地区、热加工车间、冷饮店及朝阳房间等，一般采用冷色，这样可达到凉爽、清净的感觉。另外，黑色和白色对于太阳能的吸收是不同的。目前，国外有些建筑物一年涂刷两次房子，冬天用黑色或深色的涂料以保持房子温暖，夏天则使用白色或浅色的涂料，以保持房子凉快。

2）亮度的变化

运用不同颜色的时候，应注意采用不同的亮度（即深浅）。物体由于表面颜色的不同，看上去会使人感到轻重有别。一般来说，表面为浅色的物体看上去显得轻些，表面为深色的物体看似重些。通常，室内色彩的处理是自上而下由浅到深，如房间的天花板最好采用较地板浅的颜色，给人以高爽的空间感觉；反之，就容易给人以压抑感，在视觉上造成层高降低的感觉。

3）表面材料的变化

表面材料的毛糙和光滑也可形成对比，毛糙的材料有墙面涂刷真石型（仿石型）涂料、拉毛墙面刷涂料、凹凸花纹（浮雕状）、复层涂料等等；光滑的材料有大理石、花岗石、玻璃幕墙、彩钢板等等，墙面装饰毛糙与光滑的对比也可形成调和及美的感觉。

色彩的配置还应考虑不同地区、不同传统习惯和风俗、不同场合等问题，色彩的配置是颇有学问的，在选用时一定要慎重考虑，一旦涂饰完毕便不易轻易地改变，否则就会破坏环境的协调，造成“颜色污染”。

第二章　建筑涂装的基本知识

第一节　概　　述

一、建筑涂装的功能作用

涂料的基本功能是装饰作用、保护作用、赋予建筑物以特种功能作用，甚至于能够改善建筑物的使用功能和促进新型建材的应用等。但一般来说，不同的建筑涂料所起到的主要功能是不同的。例如，对于常见的内、外墙涂料，就有明显不同的特性与功能作用。

外墙涂料需要具有装饰、耐候、耐沾污等功能；内墙涂料的主要功能是装饰和保护室内墙面，给室内创造出美观、整洁的墙面环境，因此，需要满足良好的装饰效果、符合环保要求、具备耐水性和耐洗刷性、良好的透气功能、施工性能好等特征。

二、涂装在建筑施工中的地位

建筑施工分为土建（包括结构）施工、水电安装施工和建筑装饰装修施工等。建筑装饰装修施工分为门窗工程、抹灰工程、吊顶工程、轻质隔墙工程等。建筑装饰装修施工工种很多，包括木工、泥灰工（例如进行地面石材的铺贴和墙面抹灰）和油漆工等。因而，建筑涂装属于建筑装饰装修施工的范畴。

建筑涂装在建筑物的施工中占有重要地位。第一，从经济方面来说，不同建筑物的建筑装饰在整个工程造价中所占的比例不同，可占1/4～1/2，有的甚至占整个工程造价的60%，而涂料工程在建筑装饰中的比例也很大；第二，从涂装范围上来说，建筑涂装涉及建筑物本身（如内、外墙面），建筑物内的各种构件、物品、家具、装潢、装饰品等，因而涉及范围十分广泛，为社会就业、经济发展提供了一个大舞台；第三，从技术意义上来说，由于建筑涂装涉及面广，不同的涂装对象需要使用的涂料不同，对涂装技术的要求也不同。由于建筑涂装是一种美化涂装对象的工作，这就要求涂装工人具有高超的技艺，以便创造出使别人和自己都满意的作品。可以断言，未经过专门培训或未经过技术熟练的工匠传授的工人是不可能涂装出满意的工程的。

三、建筑涂料施工的分类

建筑涂料施工的分类也称为涂饰工程的分项工程，共分为三类，即共有三个分项工程，分别是水性建筑涂料的施工、溶剂型建筑涂料的施工和涂料的美术涂饰。水性建筑涂料的施工是指合成树脂乳液型涂料、无机涂料和水溶性涂料等涂料的施工；溶剂型建筑涂料的施工是指应用于墙面的丙烯酸酯涂料、聚氨酯丙烯酸酯涂料和有机硅丙烯酸酯涂料的施工，以及应用于木质、钢材等基层的醇酸涂料、酚醛涂料、丙烯酸酯涂料、聚氨酯丙烯酸酯涂料、氯化橡胶涂料的施工；美术涂饰主要指套色涂饰、辊花涂饰和仿花纹涂饰等室内、外美术涂饰工程。

随着建筑涂料应用的普及和品种的增多，建筑涂料的施工范围也更为广泛。特别是功能性建筑涂料的应用，扩大了建筑涂料施工的范围。例如，应用于钢结构、木结构和钢筋混凝土结构的防火涂料的施工技术及质量验收标准完全不同于常用的建筑涂料施工；防霉涂料施工技术虽然与普通建筑涂料施工技术相似，但也有其特殊的地方；各种功能性地面涂料更是为建筑涂料的施工范围增加了一个全新的品种；现在正处于普及增长阶段的外墙保温涂料，其施工工艺与质量要求与普通外墙涂料全然不同。如此等等，不一而足。

第二节　墙面条件及其对涂装质量的影响

一、墙面基层种类

建筑墙面涂料施工中常见的基层材料有混凝土、水泥砂浆、混合砂浆等。除木质、石膏和金属基层外，其他基层的一个共同特点是吸水率高、碱性大。石膏基层的酸碱性虽然接近中性，但吸水率也大。表 2-1 中列出了常见墙面基层及其特征。

表 2-1　常见墙面基层及其特征

基层种类	特　征
混凝土（包括轻混凝土、加气混凝土、预制混凝土等）	表面多孔、粗糙、吸水率大、碱性较大，经长时间才能中和，内部渗出的水分也呈碱性；干燥较慢，并受厚度影响；强度高、坚固
水泥砂浆	层厚在 10～25mm 范围不等；表面状态有粗糙的、平整光滑的以及不规则的；碱性比混凝土更强，内部渗出的水分也呈碱性；表面干燥快，内部的含水率受主体结构的影响；强度高，坚固
混合砂浆	碱性比水泥砂浆更强，强度不如水泥砂浆高，其他同水泥砂浆
石棉水泥板（TK 板等）	表面光滑，厚度 5mm 左右，干燥快，吸收不均匀，含水量很大；碱性极强，中和非常缓慢
石膏板及石膏类材料	表面平滑，吸收率大，易受水影响，碱性低
硅酸钙板	表面强度低，并有粉化性，吸收率很大，碱性低
水泥木丝板	碱性大，表面极粗糙，部分吸水不均匀，吸水后容易渗出暗淡颜色的渗出物
胶合板及木质基层	易翘曲变形，易吸水且吸水不均，因木材材质不同受水及潮湿状态体积变形大
金属	表面不吸水，一般平整度好，可能有锈斑，除锈后再次接触水分很快又会生锈

二、墙面基层涂装时的技术条件

国家建工行业标准 JGJ/T 29—2015《建筑涂饰工程施工及验收规程》规定，在涂装涂料前应对基层进行验收，合格后方可进行涂饰施工。并规定基层质量应符合下列要求。

1）基层应牢固，不开裂、不掉粉，不起砂、不空鼓、无剥离、无石灰爆裂点和无附着力不良的旧涂层等。基层是否牢固，可以通过敲打和刻画检查。

2）基层应表面平整，立面平直，阴阳角垂直、方正和无缺棱掉角，分隔缝深浅一致且横平竖直。允许偏差应符合表 2-2 的要求且表面应平而不光。基层表面是否平整，可用 2m 直尺和楔形尺检查；立面是否平直可用质量检查尺检查；阴阳角是否垂直可用 2m 托线板和方尺检查；阴阳角是否方正可用 200mm 方尺检查；有无缺棱掉角可目视检查；分隔缝是否深浅一致和横平竖直可用小线和量尺检查。

表 2-2　基层抹灰质量的允许偏差单位/mm

平整内容	普通级	中级	高级
表面平整	≤5	≤4	≤2
阴阳角垂直	—	≤4	≤2
阴阳角方正	—	≤4	≤2
立面垂直	—	≤5	≤3
分格缝深浅一致和横平竖直	—	≤3	≤1

3）基层应清洁，表面无灰尘、无浮浆、无油迹、无锈斑、无霉点、无盐类析出物和无青苔等杂物。是否清洁，可目测检查。

4）基层应干燥，涂刷溶剂型涂料时，基层含水率不得大于 8%；涂刷乳液型涂料时，基层含水率不得大于 10%。基层含水率的要求，根据经验，抹灰基层养护 14～21d，混凝土基层养护 21～28d，一般能够达到此要求，含水率可用砂浆表面水分测定仪测定，也可用塑料薄膜覆盖法粗略判断。

5）基层的 pH 值不得大于 10。pH 值可用 pH 试纸或 pH 试笔通过湿棉测定，也可直接测定。国家标准 GB 50210—2001《建筑装饰装修工程质量验收规范》中，规定了基层处理应达到的要求。

（1）新建筑物的混凝土或抹灰基层在涂装涂料前应涂刷抗碱封闭底漆。

（2）旧墙面在涂装涂料前应清除疏松的旧装修层，并应涂刷界面剂。

（3）混凝土或抹灰基层涂装溶剂型涂料时，含水率不得大于 8%，涂装乳液型涂料时，含水率不得大于 10%；木材基层的含水率不得大于 12%。

（4）基层腻子应平整、坚实、牢固，无粉化、起皮和裂缝；内墙腻子的粘结强度应符合 JG/T 298—2010《建筑室内用腻子》的规定。

（5）厨房、卫生间墙面必须使用耐水型腻子。

三、墙面条件对涂装质量的影响

墙体结构主要有混凝土类（包括水泥砂浆）、金属类和木结构等。墙面涂装时所面对并需要进行处理的是混凝土和水泥砂浆基层。下面介绍这类基层的质量问题、其可能带给涂装质量的影响以及涂装的条件要求等。

1. 墙面平整度

1）对涂装质量的影响

由于混凝土墙面和模板的连接部位的接缝不平整和错位现象，使水泥砂浆层不平整、厚度差别较大。这会导致涂装时墙面吸收水分的性能差别较大，涂膜易产生色泽不均匀现象，而对于高光泽型和金属质感的溶剂型涂料，则会造成喷涂不均匀，发花现象更为明显。抹灰层表面粗糙多孔，对涂料中基料组分吸收量大，造成涂膜的 PVC 升高，粉化变色加快，涂料的耐候性变差。

2）处理措施

对混凝土的施工缝、横板接缝等处的不平整，使用磨光机进行打磨平整，然后使用合成树脂乳液改性的水泥砂浆进行找平处理，修补平整。找平时每次施工的找平层的厚度不宜过厚。经过养护，确认无空鼓现象后再进行涂料施工。

对墙面出现的直径大于 2.5mm 以上的气泡、砂孔，也应使用合成树脂乳液改性的水泥砂浆进行嵌填。脆弱部分应使用磨光机和钢丝刷进行清除，然后使用合成树脂乳液改性的水泥砂浆修补平整。

对于粗糙多孔的墙面，应先使用封闭底漆进行封闭处理，然后使用粘结强度高的外墙腻子进行满批 1～2 遍，使墙面平整光滑。经过处理的基层应达到表面平整，阴阳角垂直、方正，在符合允许偏差后进行涂料施工。

2. 墙面含水率

1）对涂装质量的影响

墙面的含水率过高，对涂装质量的最直接影响就是使涂料干燥缓慢，并可能因此带来一些涂装质量问题，例如涂料干燥缓慢、泛白。通过试验研究，在墙面基层含水率不同时进行涂装所得到的涂膜质量变化情况见表 2-3。

表 2-3　在墙面基层含水率不同时涂装所得到涂膜的性能

涂料种类	墙面含水率/%			
	20	15	10	5
合成树脂乳液型涂料	涂膜干燥缓慢，泛白	涂膜轻微泛白	无异常现象	无异常现象
溶剂型涂料	涂膜成膜速度缓慢，涂膜硬度降低、轻微变色、鼓泡	涂膜成膜速度缓慢，涂膜硬度降低、轻微变色	涂膜成膜速度缓慢，涂膜硬度降低	无异常现象

2）预防和处理措施

（1）基层的干燥速率

在春、秋季节的正常气候条件下，混凝土和水泥砂浆层的干燥与其龄期（龄期是混凝土和砂浆施工中的常用术语，指施工后的时间，一般以天数表示）有关。

（2）混凝土和砂浆内部的干燥速率

混凝土和砂浆层的干燥速率与其所处的位置有关。可以想象，越接近表面，干燥速率越快；反之则越慢。

（3）墙面含水率的测量

一般来说，可以采取以下几种方法测量墙面的含水率：

① 塑料薄膜法（ASTM4263 规定的方法）

取 45cm×45cm 的塑料薄膜放在混凝土表面，用胶带纸密封周边。16h 后，薄膜下出现水珠或混凝土表面变黑，说明混凝土基层过湿，不宜施工。

② 无线电频率测定法

通过仪器测定传递、接收透过混凝土基层的无线电波的差异，来确定基层的含水率。

③ 仪器测定法

使用便携式水分测定仪能够快速地测定混凝土中含有的水分，这种方法测定简单、快捷。

（4）涂装时基层的合适含水率

基层过于干燥和过于湿润时进行涂装，都会对涂装质量产生不良影响，因而涂装时基层应处于合适的含水率状态。涂料种类不同，适宜于涂装的基层含水率也不一样，见表 2-4。

表 2-4　适宜于涂装的基层含水率

涂料种类	含水率要求/%	基层施工后的干燥时间/d	
		冬季	夏季
合成树脂乳液类涂料	≤10	≥14	≥10
溶剂型涂料	≤8	≥21	≥14

3. 墙面的 pH 值

1）对涂装质量的影响

混凝土墙体或使用水泥砂浆抹灰的基层因氢氧化钙的存在而呈现很强的碱性。这会对涂料基料产生破坏作用，使涂料的附着力降低；氢氧化钙还会对涂料中的颜料产生破坏作用，使涂膜颜色变浅、发花；此外，氢氧化钙溶解于水后会随着水分的迁移而透过涂膜，水分蒸发后白色的氢氧化钙留在涂膜表面，使涂膜发花、变色，即常见的“泛碱”。在不同 pH 值时涂装涂料，所得到的涂膜效果见表 2-5。从中可以看出基层 pH 值不同时对涂料施工所产生的影响。

表 2-5　不同 pH 值时涂装涂料所得到的涂膜效果

涂料品种	涂装涂料时基层的 pH 值			
	14	12	10	9
合成树脂乳液类涂料	涂膜干燥缓慢，涂膜表面的 pH 值=10	涂膜干燥缓慢，涂膜表面的 pH 值=12	无异常现象	无异常现象
溶剂型涂料	泛碱，涂膜表面的 pH 值=10	泛碱，涂膜表面的 pH 值=8	无异常现象	无异常现象

2）预防和处理措施

（1）混凝土和砂浆的 pH 值的降低

水泥水化生成的氧氧化钙会逐渐和空气中的二氧化碳反应，生成中性的碳酸钙，材料的 pH 值随之逐渐降低。此过程称之为水泥基材料的“中性化”或“碳酸盐化”。“碳酸盐化”在水泥基材料表面和靠近毛细孔隙表面缓慢地进行。墙体抹灰层随着“碳酸盐化”的逐渐进行，pH 值逐渐降低。

（2）基层碱性的中和

采用经过稀释的盐酸、磷酸、醋酸或硫酸锌、氟硅化锌溶液等中和基层的碱性。

使用稀酸溶液中和的方法只能中和表层的碱，很难达到较深的部位。因而，对经过稀酸溶液中和处理的基层，必须选用封闭性能好的封闭底漆对基层进行封闭，以防止基层内部的碱过早渗出，影响涂膜质量。

（3）pH 值的测定

对已经干燥的基层表面，在局部用水湿润约 $100cm^2$ 的面积之后，将一张测定范围为 8～14 的 pH 试纸贴在湿润的基层表面，使之湿润。在 5s 内和 pH 值样板比较，读出 pH 值。对尚未完全干燥的表面，则直接将同样测定范围的 pH 值试纸贴在基层表面，使之湿润。在 5s 内和 pH 值样板比较，读出 pH 值。

（4）涂装时基层的合适 pH 值

不管是合成树脂乳液型涂料还是溶剂型涂料，当 pH 值超过 10 时，对于涂装涂料都会产生不良作用。因而，应在基层的 pH 值小于 10 时，开始涂料的施工。在 pH 值自然降低的情况下，一般应在基层抹灰施工 10d 以后方可施工。

4. 墙面吸水率

某些轻质多孔的墙体基层吸水率过大，如不加处理地涂装涂料，会导致合成树脂乳液型涂料中的水或溶剂型涂料中的溶剂被过度吸收，造成涂料的 PVC 升高，改变涂料的原有配方组成，使涂膜的光泽降低以至于粉化和开裂等。对于这类墙面，在涂装时可以采取适当的水湿润措施，以降低涂装时基层的吸水率；并选用高质量的封闭底漆进行封闭处理。

第三节　涂装环境对涂装质量的影响

环境条件一般包括温度、空气相对湿度、风力、降雨、降雪、出雾和太阳光的照射等自然条件。涂料施工时的环境条件不但影响涂装质量，特殊情况下还会造成严重的质量事故。

一、温度对涂料施工质量的影响

温度可能对涂料施工造成的影响见表 2-6。从表 2-6 中可以看出，施工温度不同，会对涂膜质量产生重要影响。为了保证涂料的施工质量，应保证溶剂型涂料的施工温度为 5～35℃；合成树脂乳液涂料和其他水溶性涂料的施工温度为 10～40℃。在该温度范围以外，如果因为工期等原因而需要施工时，可以先对涂料进行特殊处理然后再施工。例如，对于合成树脂乳液涂料，适当地外加一些成膜助剂和防冻剂，可以在5℃甚至更低温度下施工；对于溶剂型涂料，适当地调整溶剂中高沸点溶剂的用量，降低沸点溶剂的用量，则可以在40℃时，涂装出符合质量要求的涂膜。但一般涂料在正常生产时因为贮存和其他性能的需要，没有考虑这些特殊情况，因而应按照施工环境要求进行施工。

表2-6　施工温度可能对涂膜质量的影响

涂料种类	可能造成的影响	原因分析
合成树脂乳液类	在较低温度时施工，涂膜可能出现粉化、裂纹等涂膜病态，情况严重时甚至会使涂膜脱落、起皮。但当温度较高时（例如高于40℃），涂料涂装后水分很快会被基层吸收和快速挥发，从而不能很好地流平以及出现气泡、皱皮、刷痕严重和颜色不均匀等涂膜病态	合成树脂乳液类涂料一般有最低成膜温度，在最低成膜温度以上，乳液涂料中的水分挥发后，乳液粒子通过凝聚、变形和扩散等形成微观上连续的涂膜。在低于最低成膜温度时乳液粒子坚硬而难以成形，在涂料中的水分挥发后不能凝聚融和形成连续涂膜，而仍处于离散状态。当温度太高时，则会因为水分的挥发太快，乳液粒子扩散时间短、涂料流平时间变短
溶剂类	温度低时涂料的干燥速率缓慢、而双组分的溶剂型涂料（如聚氨酯涂料、环氧树脂涂料、氟树脂涂料等）固化反应速率明显减慢，成膜时间延长，当温度低于规定值时甚至不能成膜，并可能导致涂膜附着力下降等涂膜病态。但当温度较高时（例如高于40℃），除了出现乳液型涂料可能出现的情况外，当喷涂时还会影响涂料的雾化效果，使涂料表面出现颗粒、针眼等病态，而在辊涂施工时则会出现刷痕、流挂、咬底、辊筒掉毛和拉丝等现象	单组分涂料靠溶剂挥发而聚合成膜，当温度低时，溶剂挥发得慢，使涂料的干燥速率慢。对于双组分涂料来说，涂料中的树脂组分和固化反应时间延长。例如聚氨酯涂料，在低温时异氰酸酯基和羟基的反应缓慢。而当温度较高时，溶剂挥发太快，涂料流平时间短，囊入的气泡来不及逸出，涂膜已经干燥或固化成膜，从而导致各种涂膜病态

二、空气湿度对涂料施工质量的影响

空气湿度可能对涂料施工造成的影响见表2-7。从表2-7中可以看出，在空气湿度较高时施工，会使涂膜质量产生严重影响。为了保证涂料的施工质量，溶剂型涂料施工时的空气湿度应不高于80%；水性涂料施工时的空气湿度应不高于85%。为了保证施工时环境湿度处于适当的范围，还应在温度高于露点温度3℃时再施工。同时，在空气湿度接近饱和状态时（例如大雾、降雨期间），应停止户外工程的施工。湿度过大，可能对涂膜质量产生严重不良影响。

表 2-7 环境湿度可能对涂膜质量产生的影响

涂料种类	可能造成的影响	原因分析
合成树脂乳液类	在较低湿度时施工，涂料涂装后，水分很快会被基层吸收和快速挥发，使得涂料不能很好地流平以及出现气孔、皱皮、刷痕严重和颜色不均匀等涂膜病态。这是在气温高、空气干燥和风速大的夏季施工时常常遇到的情况；相反，在湿度过高时施工，涂膜可能出现光泽降低、附着力下降和耐水性变差等涂膜病态，情况严重时甚至会出现涂膜脱落、起皮。	水分在空气中的挥发直接受空气相对湿度的影响。空气相对湿度越高，水分的挥发越慢，反之则越快。当湿度太低时，会因为水分的挥发太快，乳液粒子扩散时间短、涂料流平时间变短，因而引发涂膜病态现象。相反，当湿度较高时，涂膜因为长时间地处于不干燥的状态，乳液粒子之间的水分不能够及时地逸出，甚至在乳液粒子已经凝聚变形后，仍然有部分水分留在粒子之间，从而导致各种涂膜病态。
溶剂类	湿度高时施工，会引发涂膜不干、发花、泛白、失光、起泡以及附着力降低等，而双组分的溶剂型涂料（如聚氨酯涂料、氟树脂涂料）还会出现涂膜变软、出现气泡和耐溶剂性变差等涂膜病态。湿度低时，溶剂可能会挥发得太快，使涂料的流平性变差，并由此而引发一些涂膜病态。	当湿度高时，溶剂挥发得慢，使涂料的干燥速率减慢。对于双组分聚氨酯涂料来说，涂料中的异氰酸酯组分和空气中的水分反应放出二氧化碳，从而使涂料产生气泡。由于异氰酸酯基和羟基的反应不能进行完全，涂膜硬度降低，耐溶剂性下降。当湿度较低时，溶剂挥发太快，涂膜性能也会受到影响。

三、风速、降雨和日照对涂料施工质量的影响

风速和降雨主要影响外墙涂料的施工质量，因为外墙涂料施工时直接处于自然环境中，而内墙涂料施工时处于适当的围护结构中，受风速和降雨的影响较小。

1. 风速

外墙涂料在施工时，一般要求风速小于 5m/s。风速过高，空气流动快，使溶剂或水的挥发加快，并因此而引发相应的涂膜病态，例如涂膜表层的水分或溶剂已经干燥，涂膜内部尚处于可流动状态，这时涂膜可能出现橘皮和开裂等，强风时施工还会降低涂膜强度，喷涂时会引起飞溅，并引起涂膜雾化不良，导致喷涂不均匀，涂膜发花等。此外，风速大时有可能吹起空气中的灰尘而污染湿涂膜。因而大风天气状况下不宜施工。

一般来说，风速超过 5m/s（风力为 3 级时风速为 3.5～5.5m/s）时不宜进行喷涂施工；在风速超过 10m/s（风力为 5 级时风速约为 10.5m/s）时不宜进行辊涂施工。还应注意，建筑物的高度每增高 10m，风速增加 1m/s。

2. 降雨

涂料涂装后 12h 内若受到雨水的侵蚀，根据受侵蚀程度的不同可能会导致涂膜流淌、成膜不良、泛白、发花、受污染、光泽降低、附着力下降以及耐溶剂性不良等现象。引起这类涂膜质量事故的原因是明显的。对于乳液型涂料来说，涂膜还没有完全成膜，受到雨水的侵蚀时，涂膜的强度还很低（或者还没有强度），对水的侵蚀还很敏感，并且因为其

亲水性而更容易受到水的侵蚀，使涂膜中的某些材料成分溶出、流失，从而出现上述问题。对于溶剂型涂料来说，虽然这类涂膜是憎水的，但水的侵蚀会引起涂膜泛白、发花等。双组分的聚氨酯涂料还会由于异氰酸酯基和羟基的反应不能够进行完全，而引起涂膜硬度降低、耐溶剂性下降。

为了保证新施工涂膜免受雨水等的侵蚀，一般来说，涂料在施工后的24h以内不应当受到水的直接侵蚀。这就要求在施工涂料前了解可能出现的天气变化情况，并尽量安排在晴天施工。若施工后天气可能出现变化，则应提前做好准备。例如，涂装后24h以内可能受到雨淋时，应及时做好遮挡保护。

3. 日照

太阳光的强烈照射会对新涂装涂膜的质量产生重要影响，这种影响往往出现在夏季。在夏季，由于气温较高，太阳光直射到墙面，会使涂膜的温度显著升高。这时，新涂装的湿涂膜中的水分或溶剂会快速地挥发而加速涂膜干燥和固化，并因此而引发涂膜病态，例如橘皮、接搓等，严重时可能使涂膜粉化。由于涂膜中的水分或溶剂挥发的不均匀，涂膜的干燥速度产生差异，从而使涂膜的色泽不均。对于溶剂型涂料来说，若基层的含水率过高，因为温度的升高，墙面基层的水分蒸发顶起涂膜，会导致涂膜起泡。可见，外墙涂料施工时，在涂膜未干燥之前，应避免强烈的太阳光直接照射涂膜。在夏季特别应避开中午的高温时间施工。若工地现场无法避免时，应使用塑料薄膜进行遮挡。

第四节　涂装体系设计

一、涂装体系设计及其基本内容

1. 涂装体系设计

建筑装饰材料如同建筑物的服饰，既要具有装饰性和功能性，又要具有时代精神。若进一步要求，还要具有民族特色和地域特点，能够体现文化氛围。随着建筑业的快速发展，建筑装饰材料不断推陈出新，充分体现材料与时俱进的特点。建筑涂料是众多装饰材料中发展较快、应用范围广的装饰材料品种。

建筑涂装是建筑物表面的最终施工工序，涂料工程的质量直接影响建筑物的美观，能够对建筑物起到保护作用。建筑涂装是一个体系，并非由单一因素实现最终装饰的高质量目的，而是由多种因素综合作用实现的。

影响建筑涂料工程质量的主要因素是涂料、施工技术（方法、工艺、施工设备和施工环境）、施工管理三种因素。三者相辅相成，忽视了哪一种因素都不可能得到满意的效果。综合考虑三种因素，为最终实现高质量的建筑涂料工程而进行的预先设计被称为建筑涂装设计。

2. 建筑涂装设计程序和主要内容

建筑涂装设计的主要内容包括涂料的选用、施工方法的选定和制定施工工艺等。

建筑涂装设计通常可以分为以下四个阶段。

1）明确建筑涂装标准或者等级（类型），了解建筑涂装的条件、底材的种类和被涂装建筑物的条件等。例如被涂装建筑物的使用条件（被涂装建筑物的用途、造型、涂膜使用年限、涂装经济造价等）、环境条件及建筑物自身条件（底材的种类和性质、表面状况等）。

2）选择满足性能要求，造价经济的建筑涂料品种。该项工作应在第一阶段的基础上进行。所选择的建筑涂料应与被涂装建筑物的装饰等级一致，应能够适应所处的环境。

3）选择合适的施工方法，根据涂装场所、环境、基材、所选择的建筑涂料品种和施工工期条件确定。选择建筑涂料的施工方法时，还应考虑到施工的安全性和劳动保护等。

4）制定建筑涂装方案。可选择多种涂装方案进行比较，通过价值工程核算，最后选定最佳方案。

二、建筑涂装设计的基本内容

建筑涂装设计需要考虑涂膜的使用寿命、涂装体系配套和涂膜的色彩三个方面的基本内容。

1）涂膜的使用寿命设计

涂膜的使用寿命目前还没有标准的直接测试方法，所以还不能根据测试结果准确地设计涂膜的使用寿命。但是，可以根据建筑设计使用寿命和建筑物业主的要求，将涂膜的使用寿命大概的设计成 5 年、10 年、15 年、20 年和 20 年以上等不同等级。

2）涂装体系配套设计

首先是涂膜配套体系设计，可分为封闭底漆、中涂层涂料、面涂料和罩光涂料等，也可以是其中的几项组合；其次是涂膜设计，可分为平面涂膜和非平面涂膜两大类。其中，平面涂膜可以选择不同的光泽，非平面涂膜中又可以从拉毛、浮雕、砂壁状等涂膜中选择。

3）涂膜色彩设计

涂膜色彩可分为单色、套色、复色（多彩）、金属光泽和珠光色泽等。色彩丰富是涂料的最大优势，能够满足各种各样的颜色设计要求。

三、建筑涂装设计中涂料的选择要素

在建筑涂装设计过程中，对建筑涂料的选择要从装饰效果、耐久性、环保性和经济性四方面要素考虑。但对于不同用途的涂料选择时，需要考虑的侧重点不同。

1. 装饰效果

建筑物的装饰效果是由质感、线条和色彩三个要素确定的。其中，线条是由建筑结构和设计方案决定的，而质感和色彩则可以由涂料来确定。

2. 耐久性

耐久性对建筑涂料，尤其是外墙建筑涂料特别重要。耐久性包括耐候性、耐沾污性和耐水性等。外墙涂料从涂装后就始终暴露于大气环境中，要经受时节交替的作用，在阳光、风雨、冷热等条件的持续影响下，涂膜存在着产生开裂、粉化、变色、起泡、脱落和沾污等的可能，使之失去原有的装饰效果和保护功能。不同涂料品种的耐久性会产生非常大的差别。

3. 环保性

环保性对建筑涂料，尤其是内墙建筑涂料特别重要。内墙涂料必须环保，外墙涂料也不应对环境产生显著不良影响。

4. 经济性

经济性能与装饰等级相关。多数情况下，只有技术、经济综合性能好的涂料才是人们选择的目标。

第五节　墙面基层处理

一、基层处理的重要性和目的

1. 基层处理的重要性

涂料是一种依附性材料，其使用性是通过涂装在其他物件上所形成的涂膜来体现的。涂料如果施工不当，发挥不出涂料的良好性能。因而，对于形成最终产物——涂膜并使之具有使用价值方面来说，涂料施工是非常重要的。

涂料施工并不是简单的在被涂物件表面刷涂涂料，而是包括多方面。一般认为，涂料涂装至少包括对被涂物件表面的预处理、涂料涂装和涂膜干燥三个过程。对被涂物件表面的预处理在建筑涂装中一般称为基层的处理。也就是说，基层处理是涂装的第一道工序，是涂料涂装的基础。

基层处理对整个涂膜的质量有重要影响，尤其是对于涂膜的耐久性的影响。在工业涂料涂装所涉及的各种因素中，其所占的比例最大，见表 2-8。这对建筑涂料的涂装是有参考意义的。

表 2-8　涂膜质量的影响因素及其比例

影响因素	所占比例/%	影响因素	所占比例/%
基层表面处理质量	49.0	涂装方法和技术	20.0
涂膜的层次和厚度	19.0	环境条件	7.0
选用的涂料品种的差异	5.0		

2. 基层处理的目的

基层处理应针对不同的基层情况分别对待，并无严格的统一规定。概而言之，基层处理的目的有三个：一是清除被涂装物件表面的污迹，使涂膜能够很好地附着于基层上；二是修整基层表面，去除各种表面缺陷，使之具有涂装涂料所需要的平整度，使涂料具有良好的附着基础；三是对基层进行各种化学处理（主要指金属类基层、木质基层和塑料质基层），以增强涂料与基层的粘结力。

二、墙面基层的常见缺陷及处理措施

1. 墙面基层处理的基本工序

墙面基层处理分基层检查、基层清理和基层修补等工序，见表 2-9。

表 2-9　基层处理的基本工序

工序名称	主要内容
检查基层	检查基层的状况时，应注意：①检查基层的表面有无裂缝、麻面、气孔、脱壳、分离等缺陷；②检查基层表面有无粉化、硬化不良、浮浆以及有无隔离剂、油类物质等；③检查基层的含水率及碱性状况。
基层清理	对基层表面进行清理，主要是清理去除表面附着物和不符合要求的疏松部分、粉化层、旧涂层、油迹、隔离剂、密封材料沾染物、锈迹、霉斑等缺陷。
基层缺陷修补	对基层进行检查、清理后，对所发现的各种缺陷应根据具体的基层情况和缺陷种类，采取相应的措施进行修补。

2. 墙面基层常见缺陷及其处理

基层处理的情况和涂料施工前基层表面状态的好坏对于涂料的涂装质量以及耐久性等影响很大，必须认真对待与处理。下面就常见的一些基层现象，分析其可能产生的问题，并给出相应的处理措施。

1）基层不平整

（1）可能产生的问题

a. 涂膜较薄或由于基层吸水而易于产生涂膜不均匀等问题；

b. 增大腻子的用量。

（2）处理措施

批刮腻子前，先用与基层相类似的材料将基层进一步找平。

2）表面浮浆、油脂

（1）可能产生的问题

基层如存在粉化、析白、浮浆皮、尘埃、油脂、隔离剂以及混凝土浇筑时漏出的水泥浆、砂浆和抹灰灰浆等的附着物，会影响涂料的附着强度。

（2）处理措施

必须根据具体情况，采取相应措施。清除掉这些表面缺陷（例如彻底铲除或用钢丝刷清除等）后再进行基层处理，在进行剔凿清理或刮除的过程中，如果产生局部凹陷不平应进行基层处理，使表面平整。

3）表面疏松层

（1）可能产生的问题

影响腻子或涂料的附着强度，情况严重时可能引起涂装的涂料（腻子）膜的脱落。

（2）处理措施

清除后可一次或多次（应视厚度）用聚合物乳液水泥腻子刮涂平整并打磨。

4）不宜铲除的水泥砂浆分离层

（1）可能产生的问题

在涂料涂装以后，因为温度和（或）湿度的变化可能引起分离层进一步加重，情况严重时甚至引起脱落，导致涂料工程失败。

（2）处理措施

用电钻钻直径约5mm的孔，将环氧树脂胶粘剂或者聚合物水泥浆注入分离层间隙，使其粘结牢固。环氧树脂胶粘剂粘结强度高，但为溶剂型，施工不易操作，且成本高；聚合物水泥浆早龄期强度低，但为水性，易操作，成本低。

5）基层表面强度低

（1）可能产生的问题

加气混凝土板、硅酸钙板等的表面强度低，会使涂料因表面的凝聚破坏而剥落。

（2）处理措施

对于加气混凝土板、硅酸钙板等，可使用加气混凝土界面处理剂进行表面处理，或者将封闭剂用水稀释一倍后，在基层面上涂刷两道；对于固化不良的现浇混凝土表面，将脆弱部分剔除，使表面平整，再用聚合物水泥砂浆或腻子修补至表面平整。

6）现浇混凝土表面固化不良

（1）可能产生的问题

这种情况下的基层表面强度低，也会使涂料因表面的凝聚破坏而剥落。

（2）处理措施

根据固化不良的具体情况，采取与“基层表面强度低”的相同措施进行处理。

7）旧混凝土外墙面起砂、粉化等

（1）可能产生的问题

可能引起新施工的涂料在涂装不久出现脱落、起鼓等，在涂装后遇到雨天而造成涂膜受水侵害时，尤其会出现这种情况。

（2）处理措施

对于起砂的情况，可以使用水泥基材料修整；对于表面粉化的情况，可以用钢丝刷清除，在情况不严重时，可以用经稀释的封闭剂涂刷处理或者用加气混凝土界面剂处理。

8）旧混凝土墙面霉点

（1）可能产生的问题

旧墙面如有绿色或黑色霉点，在涂料涂装后将会破坏涂膜色泽的均匀感，甚至进一步腐蚀新的涂膜。

（2）处理措施

把霉点铲除后，用稀的氟硅酸镁或漂白粉溶液、7%～10%的磷酸三钠水溶液进行清洗杀菌，待干燥后再涂装涂料。

9）基层裂缝、蜂窝及其他缺陷

（1）可能产生的问题

引起腻子层开裂，并导致涂膜开裂。

（2）处理措施

表面裂缝用填缝剂或者弹性腻子填补裂缝后，再用聚合物乳液水泥腻子或用与基层相同的材料修补、抹平并打磨平整；对较深的大裂缝需先切成V形，填充密封防水材料，再用聚合物乳液水泥腻子抹平表面并打磨平整；对于蜂窝，则需用聚合物乳液水泥腻子或聚合物乳液水泥砂浆修补至表面平整。如果裂缝是由于干燥收缩引起的，因为要经过很长时间才能稳定，可根据各种基层的具体情况处理。

10）基层孔、洞

（1）可能产生的问题

影响腻子的批刮和涂料的涂装现象，可能由于温度和湿度的变化而引起涂膜、腻子膜的质量劣化。

（2）处理措施

直径大于3mm的孔洞应填充聚合物乳液水泥砂浆，小孔可以填充聚合物乳液水泥腻子，表面打磨平整。

11）表面凹凸、麻点

（1）可能产生的问题

因表面平整度的需要而造成腻子的用量大，并由此引起腻子膜或涂膜的质量问题，或在涂装后引起涂膜质量问题。

（2）处理措施

凸处用砂纸或砂轮打磨或铲隙、凿除；凹处及麻点等则视情况是否严重，可用聚合物乳液水泥腻子或聚合物乳液水泥砂浆分次刮抹并打磨平整。

12）砂浆及灰泥等抹灰基层的空鼓及损坏等

（1）可能产生的问题

空鼓部位可能在涂料涂装后脱落，或者因损坏加剧而造成涂膜破坏。

（2）处理措施

如空鼓情况不严重，可以向空鼓处注射聚合物水泥浆（例如用苯丙乳液加普通硅酸盐水泥调制）；如果空鼓情况较严重，应彻底凿除空鼓及损坏部位并用与基层相同的材料修补至表面平整。

13）基层潮湿

（1）可能产生的问题

腻子膜或涂膜干燥收缩开裂、脱落等；对于水泥质基层，则可能引起涂料起皮、起泡等。

（2）处理措施

必须把基层含水率和表面的碱性物质因素合在一起予以考虑。待基层干燥后且基层的pH值降到低于9时再施工。虽然pH值可能因龄期的延长而自然降低，但这可能需要很长的时间。若工期紧，则可以采取措施降低。例如，用5%～10%的稀盐酸涂刷基层后再用水清洗；或者用15%～20%的硫酸锌或氯化锌溶液、氨基磺酸溶液涂刷表面数次，待干燥后除去析出的粉质和浮粒。

14）基层碱性较高

（1）可能产生的问题

涂料施工后从混凝土表面蒸发的水分使基层碱性成分溶解而对涂膜造成影响，对于耐碱性不良的涂料，可能导致涂膜起皮、起泡等现象；对于深颜色的涂膜，碱性物质留在涂膜表面，形成“白霜”（也称“泛碱”）。

（2）处理措施

根据具体情况，采取与“基层潮湿”相同的措施进行处理。

15）基层裸露铁件

（1）可能产生的问题

预制板材类基层表面上的五金铁件及安装板材所用的木螺钉和钉子等，会在涂装涂料后生锈，铁锈会影响涂膜，对涂膜产生污染或造成其剥落。安装室内的墙壁和顶棚的板材类的钉子等，也常常由于钉子帽镀锌层被锤击损伤而产生锈蚀污染。

（2）处理措施

进行涂料工程施工前，先对铁件采取防锈或封闭措施，例如用溶剂型清漆刷涂铁件表面。

16）模板错位棱

（1）可能产生的问题

影响涂料工程的表面平整度。

（2）处理措施

用手提式电动砂轮机打磨平整，填平凹处。

17）板材接缝

（1）可能产生的问题

在涂料涂装后裂缝进一步扩大，使涂膜表面出现较大的裂缝。

（2）处理措施

根据板材的种类而采取不同的措施。例如，对于胶合板类板材的接缝，用黏结强度较高的胶粘剂和纤维织物（布）粘贴进行加固处理；对于石膏板接缝，将接缝处凿成V形槽后，再使用专用石膏砂浆分多次进行填补处理，并配合使用黏结强度较高的胶粘剂和纤维织物（布）粘贴进行加固处理。

三、混凝土基层某些缺陷的修补方法

1. 混凝土基层表面状态的处理

混凝土基层的表面状态因浇筑时使用的模板材料不同而有很大差别。使用表面为合成树脂材料的模板以及钢模板、铝合金模板等浇筑的混凝土基层，表面除了有一些气泡外，一般比较平整光滑。使用一般胶合板模板并于施工现场涂刷隔离剂所浇筑的混凝土其表面比较粗糙。清水混凝土表面由于使用平整度不好的模板而产生的表面不平整、模板接缝部分连接错位、凸起以及黏附混凝土和水泥砂浆等情况，必须于涂料施工前进行处理。对于薄质涂层，必须将接缝连接错位、凸起等缺陷部分的基层处理至平整光滑；对于厚度大于5mm的厚涂层，因其受基层的影响不大，则不必进行细致的处理。

对于影响涂料施工的钢筋、定位卡具、绑扎钢丝和木片等物件，必须进行彻底清除。基层表面露出的钢筋类铁件，即使不影响涂饰工程，由于竣工后铁件生锈，会使饰面涂层剥落或污染装饰表面，因而必须进行防锈处理，例如涂饰防锈漆或者涂布环氧树脂或聚合物水泥砂浆等措施。清除木片等杂物后形成的孔洞经过认真清扫后，使用掺有合成树脂乳液的水泥砂浆抹补平整。

2. 穿墙螺栓孔洞的处理

穿墙螺栓的顶帽孔洞应在模板拆除后填充合成树脂乳液改性水泥砂浆，但由于拆除室内一侧的穿墙螺栓拉杆时的震动，常常会使填充的水泥砂浆剥落，成为漏雨渗水的原因，因而必须先拆除室内一侧的穿墙螺栓拉杆，再填充砂浆。填充的砂浆可以与基层表面相平，也可以低 2～3mm，以了解模板所留孔洞的位置和间距。

3. 蜂窝麻面、门窗洞口、空洞和施工缝等的修补

模板拆除后，对于混凝土表面可能出现的蜂窝麻面、门窗洞口、底部空洞和临时施工缝等缺陷部位以及新旧混凝土连接部分的接缝附近，在下雨时检查有无漏雨渗水等情况，对于漏雨的部位和门窗洞口周围等处的裂缝，以及由于干燥收缩而产生的裂缝和在竣工后常常成为漏水原因的临时施工缝等，均应进行适当的处理。

1）蜂窝麻面

处理蜂窝麻面时，应首先将蜂窝麻面及砂、石疏松的部分剔凿干净，并用合成树脂乳液改性水泥砂浆仔细填嵌密实。范围较大的蜂窝麻面和混凝土硬化不良的部位，应剔凿干净，在需要修补的结合面上，涂布合成树脂乳液改性水泥砂浆，然后补灌混凝土。填充时应根据不同的情况采取相应的措施填充密实，避免竣工后的开裂漏水。

2）门窗洞口底部空洞

处理洞口部位的底部出现的空洞时，应彻底清扫干净，在两侧安装模板，然后补灌混凝土，拆除模板后，用合成树脂乳液改性水泥砂浆或水泥浆将新旧混凝土补抹平整。其后安装门窗框时，应在门窗框的周围嵌填水泥砂浆，然后取出底框下面的衬垫楔块，用合成树脂乳液改性水泥砂浆仔细填补密实。

3）施工缝干缩裂缝

由于混凝土干缩收缩的原因，在外墙等处的临时施工缝周围易于产生裂缝，并导致以后使用过程中的漏水。修补这类裂缝时，用手持砂轮机等将缝隙修磨成“V”形，然后嵌填密封材料，再用合成树脂乳液改性水泥砂浆补抹，硬化后用磨光机等磨平。

4）其他裂缝

对于缩裂缝洞口部位的角部、跨中部以及其他由于干缩而产生的裂缝，在建筑物其后的使用过程中会成为渗漏水的渠道。处理时，必须用砂轮机修磨成“V”形，然后按下述工序修补。

（1）基层混凝土的干燥

应待混凝土达到一定的干燥程度，即混凝土浇筑后应干燥两个星期以上，且如果两星期后遇雨，应使表面充分干燥。

（2）涂刷底层涂料

用砂轮机修磨成“V”形缝后并彻底清理干净，沿着嵌填密封材料的缝隙涂刷底层涂料。所使用涂料应能够和所用密封材料相溶。

（3）嵌填密封材料

用嵌缝枪沿着缝隙嵌填密封材料，然后压抹平整。

（4）抹补合成树脂乳液改性水泥砂浆

使用的砂浆配比为：水泥：细砂：合成树脂乳液＝1：2.5 ：1.1～1.4，将缝隙用该砂浆补抹平整。待水泥砂浆硬化后，用磨光机磨平。

4. 其他缺陷的修补

1）混凝土面层强度低

有时候，冬季浇筑的混凝土由于受冻，形成强度较低的面层。在这种基层上涂装涂料时，由于基层表面产生凝聚破坏，饰面涂层可能会出现剥落现象，因而必须预先进行认真的检查，用钢丝刷和磨光机等将强度较低的部分清除掉，再以合成树脂乳液改性水泥浆进行基层处理。

2）隔离剂的影响

使用胶合板模板或者钢模板时，常常是使用油性或乳化石蜡作为隔离剂。这类隔离剂在混凝土脱模后，会有部分残留在混凝土表面而严重影响涂料的附着力。这种情况下，应采取相应的清洗措施，例如用淡碱液、弱酸液或者洗涤剂等进行清洗，并将清洗物质冲洗干净。或者用钢丝刷将表面彻底清理干净。

第六节　涂料涂装新技术

一、新型材料

1. 新型装饰产品（详见前面章节介绍）

2. 新型涂料的配套产品

1）柔性腻子（单组分柔性腻子、双组分柔性腻子）

（1）单组分柔性腻子

简介：单组分柔性腻子粉是用弹性聚合物、优质无机粉料及相关的功能性助剂精制加工而成的。它具有一定的柔性，适用于细微裂缝墙体的批嵌，具有极强的附着力和粘结力。产品无毒安全，属绿色环保产品。执行 JG/T 157—2009 标准。

产品特点：对墙面及涂料有极强的粘结力，能经受住外墙的恶劣环境，防止干裂，消除微裂纹，耐老化性优异，确保涂料饰面持久亮丽。

适用范围：适用于墙面的防裂和细裂缝墙面修补，以及建筑物内、外墙的批嵌及特殊要求的墙面，也可用于马赛克、旧墙瓷砖面的翻新。特别适用于外墙外保温体系的配套使用。

配料方法：先在搅拌桶中加入适当清水，再加入外墙柔性腻子粉搅拌均匀，静置 5～6min，再次搅拌均匀即可。

施工方法：刮涂。

参考用量：2.0～3.0kg/m^2。

稀释：清水（黏度根据施工工艺要求确定）。

干燥时间：4h（表干）。

储存：存放于 0 ～40 ℃阴凉干燥处，密封保存。

基层条件：要求基层表面清洁、干燥、坚固、无污物，水泥墙面 pH 小于 10，含水率小于10%，新墙面用封闭底漆打底后效果更佳。

施工条件：施工温度5～40℃，大风、雾天、雨天、雾霾等天气不宜施工。

（2）双组分柔性腻子

简介：采用弹性丙烯酸树脂，改变水泥刚性结构，可以吸纳轻微垂直应力变化，抵抗一般裂纹，并达到很好的防水功能，为外墙弹性涂料等提供一个亲和力极强的柔性基面，同时增加腻子层整体附着力和强度。双组分柔性腻子执行JG/T 157—2009标准。

产品特点：

① 柔韧性佳，很好地解决了普通腻子不抗裂的缺点，同时附着力优异；

② 批刮随意，施工性优良；

③ 干燥过程收缩性小，平整性好；

④ 防水性能好，耐久性好；

⑤ 不含建筑胶水类的甲醛成分和汞、铅等重金属，有利于环保。

适用范围：适用于新墙体基面，外墙保温墙面，瓷砖、马赛克等旧饰面翻新批刮腻子，尤其适用于水性多彩漆、质感涂料、真石漆等高档涂料基层找平。

配料方法：先在搅拌桶中加入适当清水，再加入双组分柔性腻子粉搅拌均匀，静置5～6min，再次搅拌均匀即可。

施工方法：刮涂。

参考用量：A组分∶B组分=1∶2，2～3kg/m^2。

储存：存放于0～40℃阴凉干燥处，密封保存。

干燥时间：4h（表干）。

基层条件：要求基层表面清洁、干燥、坚固、无污物，水泥墙面pH小于10，含水率小于10%，新墙面用封闭底漆打底后效果更佳。

施工条件：施工温度5～40℃，大风、雾天、雨天、雾霾等天气不宜施工。

注意事项：搅拌好的浆料应在2h内用完，浆料存放过程如有分层现象，使用前搅均匀。

2）抗碱封闭底漆（透明封闭底漆、抗碱抗盐析封闭底漆）

（1）透明封闭底漆

简介：透明封闭底漆是用专用抗碱封底乳液调制而成，是一种理想的透明封闭建筑涂料，也称透明抗碱底漆。透明封闭底漆执行JG/T 210—2007标准。

产品特点：

① 封闭墙面防止墙面泛碱；

② 极强的渗透力，提高涂料与墙面的附着力；

③ 增强涂层的遮盖力，防止涂层发花。

适用范围：各种水性内外墙漆的抗碱封底。

施工方法：辊涂、刷涂或喷涂。

参考用量：5～8m^2/kg（一遍）。

稀释：不许稀释，直接使用。

储存：存放于0～40℃阴凉干燥处，密封保存，严防暴晒或霜冻。

干燥时间：2h。

基层处理：墙面应清洁干燥，平整坚固，无油污浮尘，无裂痕；新粉刷的墙面要求有15d的保养期；基层pH值<10、含水率<10%时方可施工。

施工条件：环境温度为5～35℃，相对湿度<85%，避免在雨、雪、雾、霜、霾及风沙天施工。

（2）抗碱抗盐析封闭底漆

简介：采用高级水性合成树脂乳液研制而成，是新型环保外墙抗碱封闭底漆。抗碱抗盐析封闭底漆执行JG/T 210—2007标准。

产品特点：具有较强的防水抗碱抗盐析性能，能够抗霉菌和藻类的滋长，具有透气性好、封闭性能优异、渗透力强等特点。

用途：主要用于外墙水泥墙面涂装前封闭基层，防止泛碱和盐析发生，增加漆膜附着力。

施工方法：可刷涂、辊涂或喷涂，2～3遍即可。

参考用量：6～7m^2/kg（一遍）。

稀释：一般无需加水，若特殊情况加水应小于5%，且需充分搅拌均匀。

储存：在0～40℃阴凉干燥条件下密封保存，严禁曝晒、霜冻。

干燥时间：常温表干2h，实干24h，重涂时间至少4h。

基层条件：要求基层表面清洁、干燥、坚固、无玷污物，水泥墙面pH小于10，含水率小于10%。

施工条件：施工温度5～40℃，大风、雾天、雨天、雾霾等天气不宜施工。

3）中层涂料（柔性中层平涂漆、柔性中层拉毛漆或弹性中层拉毛漆）

（1）柔性中层平涂漆

简介：是以特殊性合成树脂和丙烯酸乳液为主要粘合剂的中层弹性涂料，是水性多彩漆施工专用的配套材料。产品执行GB/T 9779—2005、GB/T 24408—2009标准

产品特点：具有良好的附着力和透气性；色彩可以任意调配，保证主色调；柔性适中，配套适用性强；遮盖力高，保证整体涂装效果。

适用范围：主要用于增强水性多彩漆光面效果，主导水性多彩漆颜色的主色调，也可作为仿面砖漆、质感漆、真石漆等高档建筑涂料的配套中涂装使用。

施工方法：辊涂或刷涂。

参考用量：5～6m^2/kg（一遍）。

稀释：一般不用稀释，也可用少量清水稀释，但需搅拌均匀。

储存：存放于0～40℃阴凉干燥处，密封保存，严防暴晒或霜冻。

干燥时间：表干时间2h。

基层条件：要求基层表面清洁、干燥、坚固、无污物，水泥墙面pH小于10，含水率小于10%，新墙面用封闭底漆打底后效果更佳。

施工条件：环境温度为5～35℃，相对湿度<85%，避免在雨、雪、雾、霜、霾及风沙天施工。

（2）柔性中层拉毛漆

简介：由弹性丙烯酸共聚物、优质助剂、粉料等精制而成，是外墙保温墙体常见的装饰材料，是既能体现质感、又能防止涂膜干裂的中层涂料。产品执行GB/T 9779—2005、

GB/T 24408—2009 标准。

产品特点：具有良好的附着力和透气性；质感突出，增强装饰效果；柔韧性好，防止漆膜开裂；施工方便，花纹塑造效果好。

适用范围：适用于橘皮纹、浮雕状等质感效果突出的建筑涂料，是做拉毛造型的配套材料。

施工方法：辊涂（拉毛辊）。

参考用量：1～2m²/kg（一遍）。

储存：存放于 0～40℃阴凉干燥处，密封保存，严防暴晒或霜冻。

干燥时间：表干时间 2h。

基层条件：要求基层表面清洁、干燥、坚固、无污物，水泥墙面 pH 小于 10，含水率小于 10%，新墙面用封闭底漆打底后效果更佳。

施工条件：环境温度为 5～35℃，相对湿度<85%，避免在雨、雪、雾、霜、霾及风沙天气施工。

（3）弹性中层拉毛漆

简介：由弹性丙烯酸共聚物、优质助剂、粉料等精制而成，是外墙保温墙体常见的装饰材料，是既能体现质感、又能防止涂膜干裂的中层涂料。产品执行 GB/T 9779—2005、GB/T 24408—2009 标准。

产品特点：极佳的伸展性能，能有效遮盖墙体细纹裂缝开裂；良好的耐沾污能力；优质的防霉抗藻性能，质感装饰效果好；施工性好，花纹塑造效果好。

适用范围：适用于高级酒店、会所、高尚住宅、别墅、写字楼、学校、厂房等外墙装饰，包括各种砂浆面、混凝土面等。

施工方法：辊涂（拉毛辊）。

参考用量：1～1.5m²/kg（一遍，辊涂拉毛）。

储存：存放于 0～40℃阴凉干燥处，密封保存，严防暴晒或霜冻。

基层条件：底层必须坚实牢固，含水量<10%，pH 值<10。

施工条件：环境温度为 5～35℃，相对湿度<85%，避免在雨、雪、雾、霜及风沙天气施工。

4）罩光面漆（高光罩光面漆、亚光罩光面漆）

简介：采用高透明的弹性纯丙有机硅乳液加以高性能助剂研制而成，具有较高的柔韧性和延伸性，在基层墙体产生裂纹时，漆膜不断裂，具有高强的耐污染性和高强的自洁能力。也称外墙罩光清漆，分为高光面漆和亚光面漆，能够有效地保护漆膜。

产品特点：防霉抗藻及耐洗刷性强，具有持久的耐候性、耐碱性，超强的耐污染能力和自洁性，涂层可经受自然界的恶劣条件依然保持优异的功能。

适用范围：用于各乳胶漆、功能性涂料的罩面，起到加强保护漆膜和增强功效的作用。

施工方法：辊涂、刷涂或喷涂。

参考用量：4～6m²/kg（两遍）。

稀释：不许稀释，直接使用。

储存：存放于 0～40℃阴凉干燥处，严禁暴晒、霜冻；密封保存。

干燥时间：2h。

重涂时间：2h。

罩面要求：

（1）所需罩面的乳胶漆或功能性建筑涂料，必须完全干透方可进行罩面，但也不能间隔太久，一般干透后一两天就必须罩面，防止污染。

（2）基层 pH 值<10，含水率<10%，环境温度为 5～35℃，相对湿度<85%。

（3）避免在雨、雪、雾、霜、霾及风沙天气施工。

二、新型涂装工具

1. 高压无气喷涂设备

高压无气喷涂，也称无气喷涂，是指使用高压柱塞泵，直接将油漆加压，形成高压力的油漆，喷出枪口形成雾化气流，作用于物体表面（墙面或木器面）的一种喷涂方式。

相对于有气喷涂而言，漆面均匀，无颗粒感。由于与空气隔绝，油漆干燥、干净。无气喷涂可用于高黏度油漆的施工，其喷涂边缘清晰，甚至可用于一些有边界要求的喷涂项目。根据机械类型，分为气动式无气喷涂机、电动式无气喷涂机、内燃式无气喷涂机等多种。

2. 多彩专用喷枪

详见第四章第二节介绍。

3. 艺术涂装专用工具

详见第四章第二节介绍。

三、涂装辅助材料

1. 涂装保护膜

特点：体积小，便于携带，膜与美纹纸带连为一体，具有自粘功能，施工方便，省时省力，不增加成本，是新一代的高级遮蔽材料。广泛应用于室内装修时的门、窗、家具、五金、楼梯、衣柜、地板的保护。为了防止二次污染，亦可用于汽车修补油漆或其他工业用途。

2. 厚浆涂料专用分格胶带

简介：厚浆涂料专用分格胶带主要用于真石漆、仿面砖漆、质感涂料等厚浆涂料。它与砂壁状涂料同厚，分格时边缘整齐美观，施工方便。这种胶带的特点是：不易撕断，撕去不留胶，不易变形。传统美纹纸厚度不够，仿面砖视觉效果差，容易撕断，且撕不干净，操控度差，涂层厚薄难控制，浪费工时。

1）成分

基材：EVA（乙烯-醋酸乙烯共聚物）。

颜色：白色、黑色、灰色

隔离层：白色或黄色离型纸。

胶水系：亚克力胶、热熔胶。

2）用途和性能

（1）用途：外墙面的分格线处理，可根据客户图纸要求，切割成各种规格。

（2）性能：具有良好的撕裂强度和韧度，黏性适中，保持力佳，厚度均匀，不易变形，撕去不留胶，不会毛边。

3）形态与规格

（1）形态：单面胶卷材。

（2）规格：厚度 0.8～3.0mm，宽度 0.2～1.5cm，长度 10m。

第三章　安全文明生产

第一节　安全使用设备设施

一、安全用电

涂料属于易燃易爆品，因此在进行涂装时，要特别注意安全用电，防止火灾的发生。

1. 在任何用电范围内，均须接受电工的管理、指导，不得违反。

2. 一切临时电路均要架在 2m 高度以上，严禁拖地电线长度超过 5m。

3. 照明灯泡悬挂，严禁近人或靠近木材、电线、易燃品。

4. 凡用电工种均须配备测电笔、胶钳等常用工具，严禁任何危险操作。

5. 手持电动工具均要求在配电箱装设额定工作电流不大于 15mA，额定工作时间不大于 0.15s 的漏电保护装置，电动工具定期检验、保养。

6. 电动工具须经专门培训、持供电局核发的操作许可证的工人才能上岗操作，非电气操作人员不准擅动电气设施，电动机械发生故障，要找电工维修。

7. 各种电气设备均须采取接零或接地保护。单相 220V 电气设备应有单独的保护零线或地线。严禁在同一系统中接零、接地线两种混用，不准用保护接地线做照明零线。

二、高空作业安全

在离地面 2m 以上的操作，称为高空作业。而外墙涂装施工一般均为高空作业，要搭设脚手架或使用吊篮等设备进行作业。为确保设备安全、高效运行，操作人员需严格遵照上海市技监局颁布的《高处悬挂作业安全规程》（DB 31/95—2008）及如下操作规程，使用高处作业吊篮及脚手架等。

1. 操作人员必须佩戴好安全帽、系好安全带并将其挂扣在安全绳上。

2. 患不宜高空作业疾病及酒后人员严禁操作吊篮。

3. 高处作业使用的工具及物品必须采取防坠措施。

4. 严禁将吊篮当做材料及人员的垂直运输工具使用并严格控制吊篮荷载。

5. 在使用吊篮设备时，应划出安全区，并设置护栏、安全网等防护设施。

6. 设备发生故障时，须立即停止使用并通知专业人员进行修理。

7. 设备在升降作业时，操作人员应密切注意电缆线是否挂卡在墙面或障碍物上。

8. 在阵风风力大于 6 级（相当于风速 10.8m/s）以上时，应停止吊篮使用。

9. 每天下班停用时，将设备停放至地面或用绳索将设备固定在建筑物上。

10. 每天下班停用时，应切断电源、锁好电箱门，以免他人擅自使用。

11. 吊篮操作人员须经有关部门培训，持劳动部门颁发的资格证书上岗。

12. 吊篮设备应经有关部门检测合格后方可投入使用。

13. 每天使用设备前，吊篮操作人员按《高处作业吊篮日常检查表》的内容进行检查，并做好检查记录。

14. 凡患有严重的心脏病、高血压、眩晕症等病症者，均不宜从事高空作业。

15. 施工人员应经常检查梯架、脚手架和索具等的强度，确定其是否能承受所要求的负载。如发现梯架出现松动的梯级或横杠，变松的螺丝，螺杆、金属支柱（杆）开裂或破坏，变松或弯曲的铰链支柱等，都应及时修理。当问题严重而不能修复时，应将梯架毁掉。如发现脚手架和跳板已损伤，特别是锈蚀的设备，严禁使用。

16. 高度超过 6m 时，一般不用梯架，而选用脚手架，并应装有索具，用人身保护装置进行有效的防护，脚手架铺板旁搭设护栏网。

17. 脚手架应装配阶梯，而且从顶部到底部都要平直。脚手架的框架上要铺设铺板，要求牢固并可负载。

18. 使用金属或高档竹梯时，需将绳子扎牢，梯子不可放置得太斜或太直，并做好防滑工作。

19. 严格检查操作范围内，是否有高压线或裸露的电线等，应注意维护或停止作业。

20. 在高空作业的人员应与地面人员保持良好的联系，以便及时供给所需涂料等相应物品，并确保人员安全。

第二节　职业安全控制

一、防毒安全技术

涂料中使用的溶剂材料可降低涂料的黏度，以便于进行涂装。涂料干燥时，涂料中的溶剂并不留在涂膜中，将全部挥发并扩散在周围环境中。

1. 溶剂的毒害作用

涂装施工时挥发出来的溶剂蒸气，易使操作者急性和慢性中毒，患职业病和皮肤疾病等。

溶剂含量高时，对人体神经有严重的刺激和伤害作用，能造成抽搐、头晕甚至昏迷等症状。溶剂含量低时，也使人产生头晕、恶心、呕吐、疲劳和腹痛等症状。芳香烃类溶剂（如苯、甲苯和二甲苯）的挥发蒸气能破坏血液循环和血液组成。

2. 涂装工的防护

无论采用刷涂方法还是采用喷涂方法，都应保持良好通风，并且戴好防毒面具和防护帽，以防止吸入溶剂蒸气。戴上防毒面具后，有毒溶剂在防毒面具内被活性炭吸收。同时还要戴好手套、穿好工作服和工作鞋，尽量避免溶剂直接接触皮肤。外露的皮肤应涂医用凡士林进行防护。溶剂的沸点越低，其挥发速度越快，毒性越大。在施工中应特别注意防护措施，避免溶剂中毒。

部分涂料中含有有毒颜料，如红丹、铅铬黄等，这些涂料能引起急性或慢性铅中毒。当与这种涂料接触时，铅的化合物会从皮肤侵入人体内。所以，在使用这些涂料时必须采取预防措施。

由于涂料中的颜料含有铅化合物，因此最好不采用喷涂法，应改用刷涂法。有些基料的毒性较大，如聚氨酯漆中含有游离的异氰酸酯，能引发呼吸系统过敏反应；环氧树脂涂料中的有机胺固化剂可能引起皮炎；大漆中的漆酚对人体皮肤的刺激较严重，接触后会引发红疹肿胀，使皮肤呈水痘状或因感染而溃烂。在涂装这些涂料时，必须采取预防措施，防止吸入或接触。

涂料不仅会被人吸入肺部，还会通过皮肤和胃进入人体而产生危害。若人体表面长期与涂料溶剂接触，则皮肤上的油脂会被溶去，造成皮肤干燥、开裂、发红，并能引起皮肤病。操作人员在涂装后感到气管干燥，是由于吸入了漆雾中的溶剂蒸气，这时应多喝温开水。在有条件的情况下，喷枪、漆刷等涂装工具的清洗工作应在带盖溶剂桶内进行。带盖溶剂桶不使用时可自动密闭。有通风设备的，应打开排风机进行清洗工作。

操作酸和碱时，操作人员应穿戴专用工作服和橡胶手套、橡胶护袖、人造革围裙、防护眼镜。此外，在涂装现场严禁吃东西，更不要用未洗过的手接触食物。涂装完毕后，去除皮肤上的凡士林，用温水和肥皂洗净手上和脸上的污物，有条件的最好淋浴。另外，定期对从事涂装施工的人员进行体检（每年至少一次）。

二、防火安全技术

1. 溶剂的危险性

1）闪点

可燃性液体蒸气在液体表面附近和使用的容器中与空气形成可燃性混合气体，遇到明火后引起闪电式燃烧，这种现象称为闪燃。引起闪燃的最低温度称为闪点。

根据闪点，可将溶剂和涂料的火灾危险等级分为三级：

（1）一级火灾危险品，闪点在21℃以下，极易燃。

（2）二级火灾危险品，闪点为21～70℃，较易燃。

（3）三级火灾危险品，闪点在70℃以上，难燃。

2）着火点

溶剂蒸气遇火能燃烧5s以上的最低温度，温度比闪点略高。

3）自燃点

不需借助火源、自行燃烧的最低温度称为自燃点。它比闪点高得多。

4）爆炸范围

可燃性气体与空气混合形成的混合性气体产生爆炸的最低含量称为爆炸下限，产生爆炸的最高含量称为爆炸上限。在爆炸上限和爆炸下限区域内都能产生爆炸，称为爆炸范围。为确保安全，易燃气体的体积分数控制在25%以下。常用溶剂的闪点和爆炸极限见表3-1。

表 3-1　常用溶剂的闪点和爆炸极限

序号	溶剂名称	闪点/℃(闭杯法)	爆炸下限/(g/m³)	爆炸上限/(g/m³)	卫生许可含量/(rag/L)
1	甲醇	−1～10	46.5	478	0.05
2	正丁醇	27～34	51	309	0.2
3	丙酮	−17	60.5	218	0.2
4	环已酮	40	44	—	—
5	乙基溶纤剂	40	9.5	574	0.2
6	乙酸丁酯	25	80.6	712	0.2
7	苯	−8	48.7	308	0.05
8，9	甲苯	6～30	38.2	264	0.05
10	二甲苯	29～50	130	330	0.05
11	松节油	30	体积分数为0.8%	体积分数为44.5%	0.3
12	溶剂汽油	＞28	体积分数为1.4%	体积分数为6.0%	0.3

5）蒸气密度

易燃性溶剂蒸气的密度一般比空气的密度大，有积聚在地面和低处的倾向，因此要求将通风换气口设置在接近地面处。

2. 涂装时常见的火种

1）自燃火种

若不及时清理浸有清油、油性漆或松节油的破布、棉纱而任其自然堆积，则将导致产生热量的化学反应，当温度达到自燃点时，就会“自动着火”。所以，擦过涂料和溶剂的破布、棉纱，必须放在专用的有水的金属桶内，定期进行处理。

2）明火

在涂装车间内和涂装现场严禁吸烟，禁止携带火种，严禁任意使用直接火种和易于燃烧的用具及设备。若必须使用喷灯、烙铁、电焊机、气焊等，则应按规定在有关职能人员和部门的监督下，在动火规定的区域内操作。当可燃物体刚起火时，应用泡沫灭火器扑灭，或用铺盖物将其罩上，以隔绝空气，消除火灾。

3）电气火花

电气设备开关在关、开时，会产生火花；电源线超负荷时，也会产生过热和剧热现象。这些都是产生火灾的潜在隐患。

涂装车间或涂装现场必须采用防爆型照明装置，应定期检查电路及设备的绝缘有无破损，电动机是否超负荷，电气设备的接地是否牢固可靠等，插头必须采用三线结构，严禁使用能产生火花而导致火灾的电气设备和仪器。在使用溶剂的工作场所，禁止安装开关、配电箱、断路器及普通电动机。

4）冲击火花

用铁器敲打或开启金属油漆容器，铁器互相敲击或穿有铁钉的鞋子撞击铁器，都很容易产生冲击火花。因此，在开启金属桶时，应使用铜制的工具或专用工具，操作者应穿无鞋钉的鞋子。

5）静电

静电是火种的来源之一，但常被人们忽视。在生产中，两个良好的绝缘体之间的摩擦是产生静电的主要原因，也是火灾和爆炸事故的根源。

在批量大的涂装生产中，倾倒溶剂时也会产生静电。假设溶剂从乙桶倒入甲桶，溶剂从空气中落下时分散成小滴，小滴在空气中摩擦，聚集了电荷并储积在甲桶中，在甲桶与流出液体后的乙桶之间形成电位差，达到一定条件后产生火花，点燃溶剂的蒸气。所以，涂装车间的设备、管道、容器应接地，这样形成的电位差就会消失了。

涂装车间静电的来源很多，电动机传动带与带轮、打磨与抛光设备，甚至人们穿的化纤衣服也可能产生静电。所以，要防止静电火花的产生，必须将设备有效地接地，并力求消除产生静电的根源。

3. 灭火方法

（1）隔绝空气，切断氧气，或将不燃烧气体（如二氧化碳等）喷射到燃烧物体上，使空气中氧气的体积分数降到16%以下，就能熄灭火势。

（2）移去或隔离已燃烧的火源，然后将其扑灭。

（3）用冷却法使被燃烧物质的温度降低到着火点以下，即可灭火。

常用的灭火器类型及适用范围见表3-2，火灾类型及灭火方法与原理见表3-3。

表3-2　常用的灭火器类型及适用范围

序号	灭火器类型	药液化学组分	适用灭火类型
1	酸碱式	H_2SO_4、$NaHCO_3$	用于非油类及电器的一般灭火
2	泡沫式	$Al_{12}(SO_4)_3$、$NaHCO_3$	适用于液体溶剂、涂料类灭火
3	高倍数泡沫式	脂肪醇、硫酸钠加稳定剂、抗燃烧剂	适用于火源集中、泡沫容易堆积等场合的灭火，以及大型油池、室内仓库、涂料类、木材纤维等的灭火
4	二氧化碳	液体二氧化碳	适用于电器灭火
5	干粉灭火（以二氧化碳作为喷射动力）	$NaHCO_3$等盐类并加有适量润滑剂和防潮剂	适用于涂料类、可燃气体、电气设备、精密仪器、文件记录等遇火燃烧等的灭火
6	四氯化碳	液体四氯化碳	适用于电气灭火
7	1211	CF_2ClBr	灭火效率高，适用于有机溶剂、高压电气设备、精密仪器等的灭火

表3-3　燃烧物类型及灭火方法与原理

序号	燃烧物	灭火方法	灭火原理
1	有机纤维类普通燃烧材料（如擦漆用的废纱头和纱布之类）	用黄沙扑灭 用水或酸碱式泡沫灭火器	冷却降温、隔绝空气
2	有机溶剂、涂料类不溶于水的燃烧性液体（如稀释剂、清漆、色漆）	用一氧化碳灭火器扑灭 用泡沫灭火器和石棉毯压盖	隔绝空气
3	有机溶剂（如醇和醚类可溶于水的燃烧性液体、酒精、丁醇、乙醚）	用水扑灭	冲淡溶液或将容器盖严而隔绝空气

续表

<table>
<tr><th>序号</th><th>燃烧物</th><th>灭火方法</th><th>灭火原理</th></tr>
<tr><td>4</td><td>电气设备、仪器上或附近的燃烧物（如空气压缩机、输漆泵、静电设备等仪器和仪表）</td><td rowspan="2">用四氯化碳、溴甲烷、二氧化碳灭火器</td><td rowspan="2">蒸气密度比空气大，可在物体上形成隔绝空气的气体并冲淡氧气，但只能适用于通风之处，因其蒸气有毒</td></tr>
<tr><td>5</td><td>电动机（如各种开口或封闭式电动机）上的燃烧物</td></tr>
</table>

涂装车间的职工应熟知防火安全技术知识、火灾类型及其灭火方法，还应会使用各种消防工具。一旦发生火灾，尤其是在电器附近着火时，应立即切断电源，以防火势蔓延和产生电击事故。当工作服上着火时，切勿惊慌奔跑，应就地打滚将火熄灭。当粉尘着火时，不能用水灭火，否则火情会随着水流动而蔓延，造成火灾面积扩大的后果。

第三节　安 全 管 理

一、安全管理措施

1. 落实安全生产制度，实施责任管理

2. 项目全员安全教育与训练

1）一切管理、操作人员应具有一定的基本条件与较高的素质。

2）安全教育、训练。包括知识、技能、意识三个阶段的教育。

3）安全教育的内容随实际需要而确定。

4）加强教育管理，增强安全教育效果。

二、安全检查

安全检查是发现不安全行为和不安全状态的重要途径；是消除事故隐患、落实整改措施、防止事故伤害、改善劳动条件的重要方法。安全检查的形式有普遍检查、专业检查和季节性检查三种。

1. 安全检查的组织

1）建立安全检查制度，制度要求的规模、时间、原则、处理、报偿全面落实。

2）成立以第一责任人为首，业务部门人员参加的安全检查组织。

3）安全检查必须做到有计划、有目的、有准备、有整改、有总结、有处理。

2. 安全检查方法

常采用的有一般检查方法和安全检查表法。

1）一般检查方法

看：看现场环境和作业条件。

听：听汇报、听介绍、听反映、听意见或批评、听机械设备的运转响声。

问：对影响安全的问题，详细询问、寻根究底。

查：查明问题、查对数据、查清原因、追查责任。

测：测试、监测。

2）安全检查表法

安全检查表法是一种原始的、初步的定性分析方法。它通过事先拟定的安全检查明细表或清单，对安全生产进行初步的诊断和控制。

安全检查表通常包括检查项目、内容、检查方法或要求、存在问题、改进措施、检查人等内容。

表 3-4 为检查表格式的示例：

表 3-4　安全检查表

检查内容	检查项目	检查方法或要求	检查结果（存在问题、改进措施）	检查人
安全管理制度	安全生产管理制度是否健全并认真执行	制度健全，切实可行，进行了层层贯彻，各级主要领导人和安全技术人员知道其主要条款		
	安全生产计划编制执行得如何	计划编制切实、可行、完整、及时，贯彻认真，执行有力		
	安全生产管理机构是否健全、人员配备是否得当	有领导、执行、监督机构，有群众性的安全网点活动，安全生产管理人员不缺员，没有被抽出做其他工作		
安全教育	是否坚持新工人进场进行安全教育	有教育计划、有内容、有记录、有考试或考核		
	特殊工种的安全教育坚持得如何	有安排、有记录、有考试，合格者发操作证，不合格者进行补课教育或停止操作		
	对工人日常教育进行得如何	有安排、有记录		
安全技术	有无完善的安全技术操作规程	操作规程完善、具体、实用，不漏岗、不落人		
	安全技术措施计划是否完善、及时	单项、单位、分部、分项工程都有安全技术措施计划，进行了安全技术交流		
	各种机具、机电设备是否安全可靠	安全防护装置齐全、灵敏，闸阀开关、插座等均安全，不漏电；有避雷装置，有接地接零，保护设施齐全		
	防尘、防毒、防爆、防冻等措施是否妥善	均达到安全技术要求		
	安全帽、安全带及其他防护用品及设施是否妥当	性能可靠，佩戴和搭设均符合要求		

续表

检查内容	检查项目	检查方法或要求	检查结果（存在问题、改进措施）	检查人
安全检查	安全检查制度是否坚持执行	按规定进行安全检查，有安全记录		
	是否有违纪、违章现象	发现违纪违章，及时纠正或进行处理，奖罚分明		
	隐患处理得如何	发现隐患，及时采取措施，并有信息反馈		

3. 安全检查的形式

安全检查的形式分为：

1）定期安全检查。

2）突击性安全检查。

3）特殊检查。

安全检查的目的是发现、处理、消除危险因素，避免事故伤害，实现安全生产。消除危险因素的关键环节，在于认真整改，确实把危险因素消除。

三、涂装的“三废”处理

工业生产中，涂装时不可避免地会出现“三废”，即废水、废气、废渣，给环境造成一定的危害性。因此，在生产的同时必须进行三废的治理。

1. 水污染的处理

工业废水的分类：

第一类工业废水是指含有能在周围环境或动物体内蓄积、对人体健康产生长远影响的有害物质的工业废水。第一类工业废水最高允许排放质量浓度见表 3-5。

表 3-5　第一类工业废水最高允许排放质量浓度

序号	有害物质名称	最高允许排放质量浓度/（mg/L）
1	汞及其无机化合物	0.05（按汞计）
2	铬及其无机化合物	0.1（按铬计）
3	六价铬化合物	0.5（按六价铬计）
4	砷及其无机化合物	0.5（按砷计）
5	铅及其无机化合物	1.0（按铅计）

第二类工业废水是指含有的有害物质对人体健康产生的影响小于第一类工业废水所含有害物质的工业废水。第二类工业废水最高允许排放质量浓度见表 3-6。

表 3-6　第二类工业废水最高允许排放质量浓度

序号	有害物质或项目名称	最高允许排放质量浓度/（mg/L）
1	pH 值	6～9
2	悬浮物（水力排灰、洗煤水、水力冲渣、尾矿水）	500

续表

序号	有害物质或项目名称	最高允许排放质量浓度/（mg/L）
3	生化需氧量（5d，20℃）	60
4	化学耗氧量（重铬酸钾法）	100
5	硫化物	1
6	挥发性酚	0.5
7	氰化物（以游离氰根计）	0.5
8	有机酸	0.5
9	石油类	10
10	铜及其化合物	1
11	锌及其化合物	5
12	氟的无机化合物	10
13	硝基苯	5
14	苯胺类	3

2. 废水的三级处理

1）一级处理主要是预处理，采用机械方法或简单的化学方法，使废水中的悬浮物或胶状物沉淀下来，并初步中和溶液的酸碱度。

2）二级处理主要是解决可分解或可氧化的有机溶解物或部分悬浮固体物的污染，常采用生物处理方法，或添加凝聚剂使固体悬浮物凝聚分离。经二级处理后的水质能得到明显改善，大部分可以达到排放标准。

3）三级处理又称为深度处理，主要是用来处理难以分解的有机物和溶液中的有机物，处理方法有活性炭吸附、离子交换、电渗析、反渗透和化学氧化处理等。通过三级处理，可使废水达到地面水、工业用水或生活用水的水质标准。

3. 废水处理方法

1）物理处理法

有分离法、过滤法、离心分离法等。废水的物理处理法主要用于去除悬浮物、胶状物等物质；蒸发结晶和高磁分离法主要用于去除胶状物、悬浮物和可溶性盐类以及各种金属离子，若投放磁铁粉和凝聚剂，则还能去除其他非金属杂质。

2）化学处理法

有中和法、凝聚法、氧化还原法等。

（1）中和法

中和法是将废水进行酸碱中和，调整溶液的酸碱度（pH 值），使其呈中性或接近中性，或达到适宜下一步处理的 pH 值范围的方法。

酸性废水中和采用的中和剂有废碱、石灰、电石渣、石灰石、白云石等。碱性废水中和采用的中和剂有废酸液，以及烟道气体中的二氧化硫、二氧化碳等。一个工厂或一个工业区，有条件时，应尽量采用酸性废水和碱性废水互相中和，以废治废，降低生产成本。

（2）凝聚法

在废水中加入适当的絮凝剂，使废水中的胶粒互相碰撞而凝聚成较大的粒子，从溶剂中分离出来，其中包括一系列物理化学和胶体化学反应的复杂过程。

① 电荷作用

采用氯化铝作絮凝剂时，若废水的碱性太高，则可加入酸性白土作助凝剂；若废水的碱性不高，则可采用石灰乳作助凝剂。碱式氯化铝水解后，生成带正电荷的物质，而废水中的胶体杂质带负电荷，因此碱式氯化铝的加入就可吸附中和胶体物质的带电离子，使其电位降低。当电位降低到一定程度时，各个微粒就会相互碰撞、吸附而凝聚沉淀下来。

② 化学作用

即凝聚剂中的金属离子和胶体杂质的特性官能团形成配位键结合而凝聚。

③ 机械作用

通过机械搅拌、离心碰撞，使颗粒互相结合而增大，重力增加而沉淀、凝聚。胶体溶液中的微粒受方向相反的两种力作用，一种是物质的重力，另外一种是扩散力。后一种力是由质点微粒的布朗运动引起的，这个力使质点由浓度高的部分向浓度低的部分移动，当两种力相等时，微粒就会达到平衡状态，无法沉淀。当外加机械力时，这种平衡就会被破坏，从而使微粒下沉。通过这种方法，可达到废水净化的目的。

（3）氧化还原法

在氧化还原反应中，参加反应的物质会改变其原有的特性，在水质控制和处理技术中常采用这种方法。

① 药剂法

在废水中加入适当的氧化剂或还原剂，使之与水中的无机物杂质进行反应，重点用于工厂的工业废水的处理。例如，氰化物用氯氧化、六价铬用亚铁盐还原为三价铬等。

② 过滤法

将颗粒状的氧化剂或还原剂材料填充成层，形成滤池，使待处理的废水透过滤层，废水中杂质即进行氧化还原反应而被除去。例如，使汞还原后留在滤层中而被除去。

③ 暴气法

将有压力的气体通到废水中，使废水中的物质得以氧化而除去。例如，废水中的二价铁离子经暴气后，可氧化为三价铁离子；高浓度的硫化铵石油废水，经暴气再加热，其中的硫化物可氧化为硫代硫酸盐或硫而被除去。

（4）物理化学法

有离子交换法、电渗析法、反渗透法、气浮分离法、汽提法、吹脱法、吸附法、萃取法等。物理化学法主要用于分离废水中的溶解物质，回收有用的物质，废水得到深度处理。

① 离子交换法

离子交换法是利用离子交换剂上的离子和废水中的离子进行交换，进而除去废水中有害离子的方法。离子交换法的特点主要是吸附离子化的物质，并进行等量的离子交换。

离子交换法广泛用于回收废水中的金属离子，如金、银、铂、汞、铬、镉、锌、铜等。除此之外，在净化放射性废水和有机废水方面也有应用。

② 吸附剂和吸附法

固体表面与液体表面一样，存在剩余的表面自由能，同样具有自动降低这种能量的趋势。固体表面自动降低自由能的趋势往往表现为对气体或液体中某种物质的吸附作用。固体表面是由固体和气体或固体与液体组成的，在此界面上常会出现气体组分或溶质组分浓度升高的现象，这就是固体表面的吸附作用。

a. 吸附剂

用来进行吸附的固体材料，被吸附的物质称为吸附物。吸附作用常常是综合产生的，如有时候在温度低时产生物理吸附作用，而在温度升高时产生化学吸附作用。有时在同一温度对被吸附物先进行物理吸附，再进一步发生化学作用，转化为化学吸附。常用的吸附剂有活性炭、活化煤、磺化煤、腐殖酸、硅藻土、白陶土、硅胶、活性铝、分子筛等。

b. 吸附法

利用吸附剂处理废水、废气的方法。吸附法可除去废水中的酚、染料、农药、有机物、各种重金属离子等，还可吸附废气中的有害物质。吸附法在三废治理中是一种较为实用的水处理方法。

（5）生物处理法

生物处理法又称为生化法，是利用微生物群的新陈代谢过程，使废水中复杂的有机物氧化分解成二氧化碳、甲烷和水的处理方法。生物处理法的种类很多，按基本类型可分为4大类，即自然氧化法、生物滤池氧化法、活性污泥法、厌氧发酵法。

4. 废弃物的处理

1）废弃物的来源

（1）废涂料

废涂料仍呈液体状，其组成和性能与原涂料无大的差别，仅因各色混合、弄脏或变质而成为废弃物。

（2）废溶剂

废溶剂是用于清洗设备和洗净容器的溶剂，仅含少量的油、树脂和颜料。

（3）涂料废渣（固态或半固态状）

① 已没有或失去流动性的腻子、已胶凝的涂料等。

② 喷涂室的废漆渣、刷落的旧漆点等。

③ 蒸馏、再生废溶剂的残渣。

④ 水性沉渣，如磷化处理的沉渣、水处理后的沉渣、废水性涂料。

⑤ 废的涂料桶、废的油布、脏手套、旧漆刷以及修补涂装遮蔽用的胶带和纸类。

2）废弃物的处理技术

禁止挖坑深埋和禁止投入海洋、河流的废弃物，必须采取焚烧处理。与涂装和涂料有关的废弃物多是易燃的，因而也可以采用焚燃方法处理。

在处理废弃物时应注意以下事项：

（1）要考虑回收或再利用。

（2）废弃物应分类收集，以方便按固体和液体的废弃物种类进行最适宜的处理。

（3）要防止焚烧废弃物时产生二次污染。例如，在焚烧氯化橡胶涂料、聚氯乙烯树脂涂料时会产生有毒的氯气，涂料中含有的颜料成为灰尘会飘入大气中等。

（4）焚烧时要防止发生火灾事故。

（5）涂料和废渣焚烧后残留的灰分中，不含有害物质的，可直接挖坑深埋；含有害物质的，在符合有害物质污泥标准的情况下，才能进行深埋处理。

5. 空气污染的处理

1）涂装时空气污染物的来源

（1）喷涂时烟雾中的有机溶剂（如二甲苯、甲基异丁基酮、异佛尔酮等）。

（2）放出恶臭的涂料挥发分、热分解生成物和反应生成物，如三乙基胺、丙烯醛、甲醛等。

（3）涂料喷雾粉尘。

2）涂装废气的来源

（1）喷涂室排气

为维持喷涂室内的作业环境，喷涂室内的换气风速应控制在0.25～1m/s。一般喷涂室内的排风量很大，溶剂蒸气浓度很低。喷涂室排气内还含有过喷产生的漆雾粉尘。这些粉尘（漆雾滴）的直径约为20～200μm，没有一定的排风量，它们飞散不到远处，会停留在施工现场，成为废气处理的障碍。

（2）晾干室的排气

晾干室的作用是在被涂物涂装后、烘干或强制干燥前，使涂膜中的一部分溶剂先挥发掉而形成良好的涂膜。在晾干过程中排出的气体中含有溶剂蒸气，几乎不含有漆雾。

（3）烘干室的排气

从烘干室排出的废气包括涂料系统排出的废气。其中，涂料系统排出的废气中含有涂膜中未挥发完的溶剂、部分增塑剂或树脂单体等挥发物、热分解生成物、反应生成物等。

3）涂装废气的处理方法

处理涂装废气时常采用直接燃烧法、触媒氧化分解法、活性炭或油吸附法、水洗或化学处理的气体洗净法等。涂装废气处理方法比较见表3-7。

表3-7 涂装废气处理方法比较

序号	处理方法	原理及主要控制条件	优点	缺点
1	吸附法	用活性炭吸附，处理气体流速为0.3～0.6m/s，活性炭层厚度为0.8～1.5m	可回收溶剂： 可净化低含量、低温废气； 不需要加热	需要预处理以除去漆雾、粉尘、烟、油等杂质，高温废气需要冷却 仅限于低含量废气
2	直接燃烧法	在600～800℃下燃烧，停留时间为0.3～0.5s	操作简单，维护容易； 不需要预处理，有机物可完全燃烧； 有利于净化高含量废气； 燃烧热可作为烘干室热源	NO_x 的排量增大； 当单独处理时，燃烧费用较高，为触媒氧化法的3倍
3	触媒氧化法	在200～400℃下靠触媒催化氧化，停留时间为0.14～0.24s	与直接氧化法相比： 装置较小； 燃料费用低； NO_x 生成少	需要有良好的预处理； 触媒中毒和表面的异物附着易失败； 催化剂和设备价格较高

第四章　建筑油漆工涂装常用工具和设备

涂装用工具和设备直接决定了涂料的涂装方法。过去，施工方法只局限于手工的刷涂、擦涂等，施工工具非常简单，只是各种毛刷、铲刀、砂纸（布）和纱头等，涂膜效果极大地受制于施工工人的技术技艺。

随着时代的进步、科学技术的发展和工业技术水平的提高，以及涂料品种与质量的迅速发展，涂料施工工具得到快速发展。先是绒毛辊筒的出现以及花样辊筒的增多，继之出现各类空气喷涂喷枪。接着，随着复层涂料、砂壁状涂料（真石漆）的研发，出现了与之相应的喷涂施工用喷斗，近年来，施工效率高、涂膜质量好的无气喷涂喷枪也得到了广泛应用。

同时，各种相应的新型辅助工具（如各种脚手架、吊篮）或设备（如各种空气压缩机及其连接设备、手持式搅拌器等）也给建筑涂料施工带来极大方便，使得各种新的施工技术得以实施。

除此之外，建筑涂料施工的劳动保护器具（包括服装）也得到重视并发展，使施工人员能够更方便地施工，人身安全得到保证，并逐步走向文明化施工。因而，建筑油漆工的涂装施工工具伴随涂料技术（生产技术、施工技术）同步发展，并成为涂料技术不可分割的一部分。

第一节　基层处理用工具

一、墙面基层处理用工具

墙面基层处理用工具包括清理面层的各种刷子，如图 4-1 所示。图 4-1 中，(a)是长毛刷，又称软毛刷，可用于基层浮灰的清理；(b)是猪鬃刷，用于刷洗混凝土或水泥砂浆面层；(c)是鸡腿刷，可用于长毛刷刷不到的地方，如阴角；(d)是钢丝刷，很坚硬，用于清刷基层的浮浆层、疏松层等。

基层修补用的工具，包括各种抹子和木制工具，如图 4-2 所示。图 4-2 中，(a)是铁抹子，用于抹底层灰及修理基层；(b)是压子，用于水泥砂浆面层的压光和纸筋灰罩面层的施工等；(c)是铁皮，是用弹性较好的钢皮制成，可用于小面积或铁抹子伸不进去的地方抹灰或修理，如用于门窗框的嵌缝等；(d)是塑料抹子，是用聚氯乙烯硬质塑料制成，用于压光某些面层；(e)是木抹子，用于搓平砂浆面层；(f)是阴角抹子，也称阴角抽角器、阴角铁板，主要用于阴角压光；(g)是圆阴角抹子，也称明沟铁板，用于水池阴角以

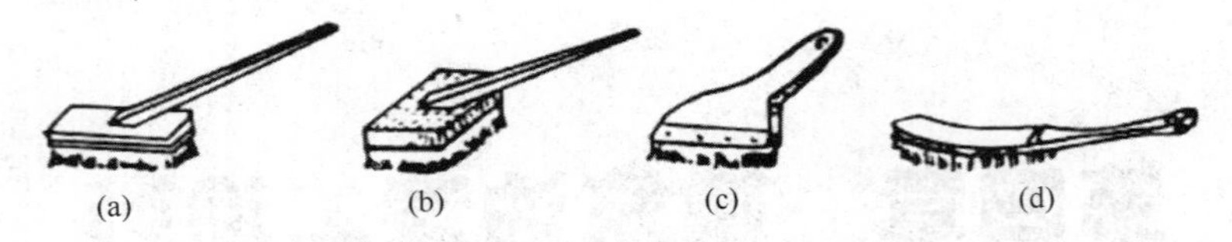

图 4-1　建筑油漆工施工常用刷子示意图

(a)长毛刷；(b)猪鬃刷；(c)鸡腿刷；(d)钢丝刷

及明沟的压光；(h)是塑料阴角抹子，可用于纸筋白灰等罩面层的阴角压光；(i)是阳角抹子，也称阳角抽角器、阳角铁板等，主要用于阳角压光，做护角线等；(j)是圆阳角抹子，可用于楼梯踏步防滑条的捋光压实；(k)是捋角器，用于捋水泥抱角的素水泥浆；(l)是小压子，也称抿子，用于某些细部的压光；(m)是大、小压嘴，用于细部抹灰的处理。

除了刷子和抹子外，下面介绍的木质基层处理用工具，例如铲刀、砂纸和刮刀等，在墙面基层的处理中也是需要经常使用的。

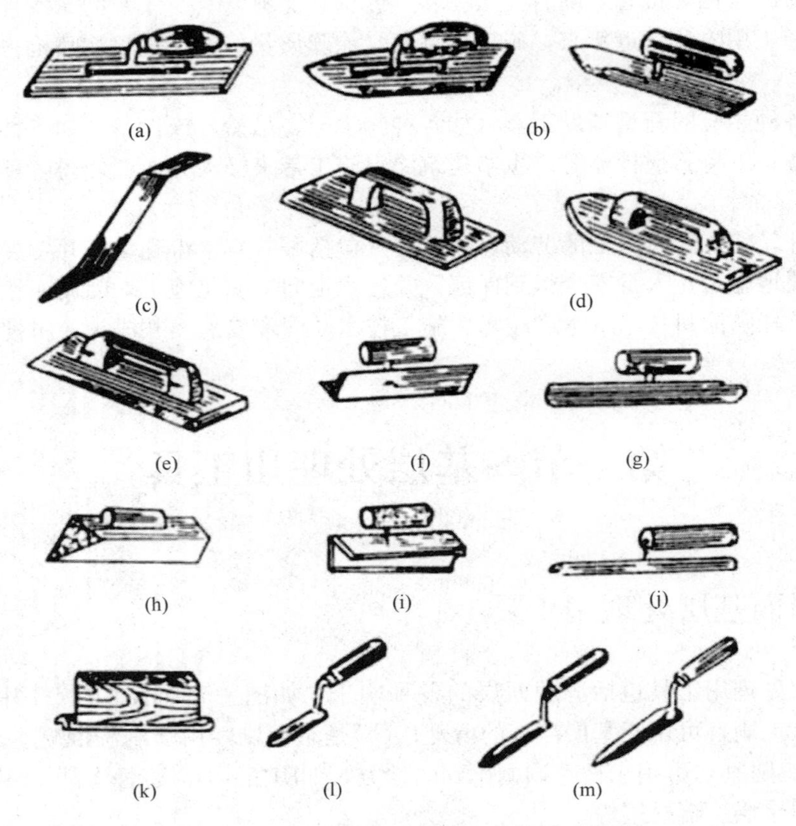

图 4-2　建筑涂装工施工常用的抹子示意图

(a)铁抹子；(b)压子；(c)铁皮；(d)塑料抹子；(e)木抹子；(f)阴角抹子；
(g)圆阴角抹子；(h)塑料阴角抹子；(i)阳角抹子；(j)圆阳角抹子；
(k)捋角器；(l)小压子；(m)大、小压嘴

二、木质基层处理工具

1. 品种

铲刀是最常用的基层处理工具，也称涂料刮刀、油灰刀等。可用于清除灰土、刮铲涂料、铁锈以及调配腻子等。铲刀有多种大小规格，例如 5cm、6.5cm、7.5cm 等，如图 4-3(a)所示。

除铲刀外，在涂料的精施工时还经常使用刻刀，分大刻刀和小刻刀等，其形状如图 4-3（b）所示。

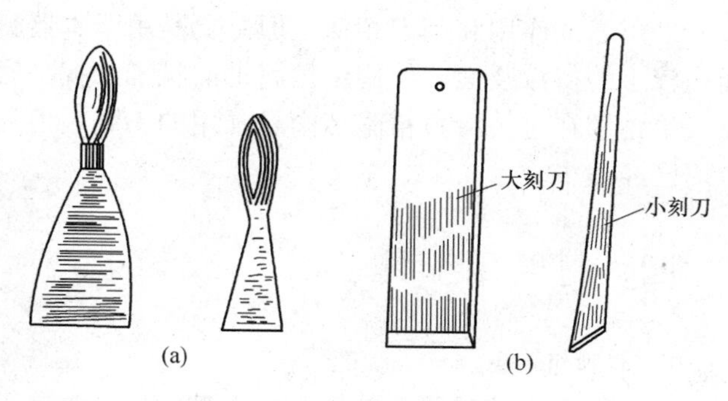

图 4-3　铲刀和刻刀示意图

（a）铲刀；（b）大刻刀和小刻刀

通常，大刻刀用于刮铲较硬的腻子膜和旧漆膜，例如，黏附于木材上的较坚硬的水泥砂浆或者金属面层上的铁锈等都可以使用大刻刀来清除。其钢火好，铲刮起来较容易。大刻刀是用报废的钢锯条制成。用砂轮将断锯的锯齿磨掉，再将刀口磨快即成。

小刻刀又叫扦脚刀，一般为铁制，有双头和单头两种，用于将腻子嵌填于小钉眼和缝隙中。

2. 铲刀的使用方法

铲刀主要用于清理基层上的灰土、铲除硬物和调配腻子等。用于清理灰土前，先将铲刀刃面 45°角磨快，两角磨整齐，以便清除木材表面上的少许机油。

铲刀经过长时间使用后，可能会出现两角变秃、刀刃倾斜和刀把活动等毛病，应及时进行维修。当铲刀两角变秃时，可将 1 号铁砂布垫在玻璃板、平塑料板或平木板上，一手按住砂布的边沿，一手紧捏住铲刀的下部，使刀柄与刀面保持垂直，然后用力均匀地在垫平的砂布上来回磨刃，直至磨平齐为止。对于角秃严重的，可先在砂轮上或粗石上将两角大致磨齐，再在热平的砂布或细平磨石上磨平齐。当铲刀的刀刃变倾斜时，可先在砂轮上或粗石上将高的一角磨得与低的一角基本平齐，然后再用砂布包一块木板磨刀，或在平整的油石上将刀刃磨平磨直。当铲刀的刀柄脱落时，可将刀头拔出，往木柄的仓眼中灌少许配好固化剂的环氧树脂或其他结构胶，将刀头或木柄按紧放置，待胶粘剂凝固后即可使用。也可往木柄仓眼中灌少许水，再用薄木劈、细砂布条和麻丝等物，顺仓眼一侧塞入，或随刀头一起用力插入，然后用锤将木柄与刀头楔紧再用（一般使用时，刃口 45°，使用时手握刮刀 45°倾斜，刃口就刚好与基材平面平行受力，腻子更容易刮涂）。

三、批刮腻子或厚质涂料用工具

批刮腻子或厚质涂料用的工具主要是刮刀以及批嵌木器腻子的牛角翘。

1. 刮刀

刮刀也称刮板、刮子等，主要用于刮涂腻子和某些厚质涂料，分弹簧钢片刮刀、橡皮刮刀和塑料刮刀等。弹簧钢片刮刀是用弹性好、刚度大的薄钢片制成，能够承受批刮时所施用的批刮刀且具有一定的弹性，适合于涂膜厚度薄、表面光滑的末道涂料的批刮，例如末道腻子、仿瓷涂料的批刮以及收光等；橡皮刮刀适合于批刮较厚的涂膜，例如头道找平腻子、地坪涂膜等；塑料刮刀适合于批刮黏度较低的涂料，例如某些流平性不好的乳胶漆，辊涂后流平性不好，得不到平滑的涂膜，可以使用橡皮刮刀刮涂，能够得到十分满意的效果。

2. 牛角翘

牛角翘的作用和刮刀相似，但主要是用于木器腻子的批嵌。对于一些形状不规则、表面积较小的待涂装面，使用牛角翘批嵌腻子、找平底层是很好的方法。

牛角翘在过去涂料精施工中是常用的工具，但随着施工技术的变化，目前这类工具的应用已经很少。

四、打磨用工具

1. 木砂纸

木砂纸也叫砂纸或木砂皮，是由骨胶或皮胶等水性粘结料，将研磨至一定规格粗细的砂粒粘在木浆纸上而成。这种纸质强韧、耐折、耐磨，但不耐水。故在使用或保存时要注意防潮，并注意避免与水接触。木砂纸的特点是价格便宜，去除木毛、木刺效果好。主要用于打磨木家具表面上的刨痕、飞棱、木毛等。木砂纸的规格代号表示为 0、1、$1\frac{1}{2}$、2、$2\frac{1}{2}$、3、$3\frac{1}{3}$等，其代号数越大，砂纸越细，打磨面越细腻。

2. 水砂纸

水砂纸是由醇酸或氨基等水砂纸专用漆料将磨料（刚玉砂、金刚砂等）粘结在浸过熟油（桐油、亚麻油等）的纸上制成。其特点是所用磨料无尖锐棱角（秃形），耐水。主要用于磨平漆膜表面上的橘皮、气泡、刷痕及沾污的颗粒杂质，或磨平油性腻子、滚基腻子等（水性腻子除外）。使用时需蘸温水、肥皂水或其他溶剂湿润；若直接干磨，很快就将砂粒之间的空隙填满而失去磨平效能，同时易折断，造成损料误工。另外，水砂纸的型号也以代号表示，例如 180、220、240，280、320、400、500、600、700、850 等，号数越大，水砂纸越细。

3. 铁砂布

铁砂布是由骨胶等粘结料将金刚砂、刚玉砂等磨料粘结在布上制成的。它的特点是质地坚韧耐磨、耐折、耐用，但不耐水，价格贵。多用于打磨钢家具或其他金属材质的物件或器具表面的锈层，或用于磨平钢、木家具的底漆、头道腻子等。铁砂布的号数越大，其单位面积内的粒数越少，则粒度越粗。铁砂布的规格有 0000、000、00、0、1、$1\frac{1}{2}$、2、$2\frac{1}{2}$、$3\frac{1}{3}$、4 等。

第二节　常用涂装工具

一、手工施工基本工具

涂装内、外墙涂料的基层处理工具已经在上面作了介绍。此外还有施工工具和施工过程中可能用到的一些辅助工具等。

1. 刷涂施工工具

1）刷涂施工的特征

刷涂施工就是用漆刷（鬃刷）或排笔将涂料均匀地涂装于基层上的施工方法。刷涂法是最古老、最简便的施工方法。许多建筑涂料都可以使用这种方法施工，例如各种乳胶漆、溶剂型涂料和水性涂料等。对于溶剂型涂料来说，该法的缺点是劳动强度大、作业效率低，不适合施工快干性涂料的涂装。对于水性墙面涂料来说，该法的施工速率太慢，很难满足墙面涂料的工时要求，因而很少单独使用。但在建筑涂料施工中，除了墙面涂料以外，其他溶剂型涂料还广泛采用刷涂法涂装，这能够体现其节省涂料、工具简单、施工方便、易于掌握和灵活性强等特点。有些木器由于涂装面不规则，形状复杂，因而刷涂是最合适的涂装方法，有些底漆最适合采用刷涂法施工。例如用刷涂法在金属上涂刷油基漆时，漆液能够更容易渗透到金属表面的细孔隙中，因而增加了涂层对金属表面的附着力。刷涂法所得到的涂膜质量取决于操作者的实际经验和熟练程度。

2）漆刷

常用的漆刷有扁形、圆形和歪脖形三种，均由硬猪鬃制成，根据宽度分为20mm、25mm、40mm、50mm、65mm、75mm、100mm多种。图4-4（a）示出三种漆刷的形状。

使用漆刷的方法是用右手的拇指、食指和中指紧捏刷柄下部，拇指捏正面，食指与中指捏背面，如图4-5（a）所示。刷水平面时，每次蘸涂料至毛长的1/2～2/3；刷垂直面时，每次蘸涂料至毛长的1/2；刷小件时，每次蘸涂料至毛长的1/3。每次蘸涂料后，应将刷子的两面在装涂料容器的内壁上各拍一下，这样刷涂料时，涂料不易滴落。蘸一刷子涂料刷40～50cm，先将刷子落在刷涂区域的中间位置，然后先上后下、均匀行刷。刷涂料时手的运力要从轻到重地移动，或配合身躯来回移动。

2. 排笔

对于建筑涂料的涂装来说，排笔是重要的手工涂装工具，是用单根竹管羊毛笔穿排而成的，根据宽度的需要，每支排笔可由10～24根笔穿排，如图4-4（b）所示。

新排笔使用前，要先用手指来回拨动笔毛，使未粘牢的羊毛掉出，然后用热水浸湿，将毛头捋平，再用纸包住，让它自干。新排笔刷涂时，应先刷不易见到的部位，等刷到不再掉毛时，再刷易见部位或正面、平面等地方。

使用排笔的方法是，用右手担住排笔的右上角，一面用大拇指，另一面用四个手指夹住，如图4-5（b）所示。刷涂时要用手腕运笔，蘸涂料时要把大拇指略松开一点，蘸涂料后将排笔在桶边轻轻地拍两下，使涂料能集中在笔毛头部，蘸涂料量要合适，不可过多，下笔要稳，轻重一致，用力均匀。起笔落笔要轻快，两次刷涂的搭接部分不要太多。

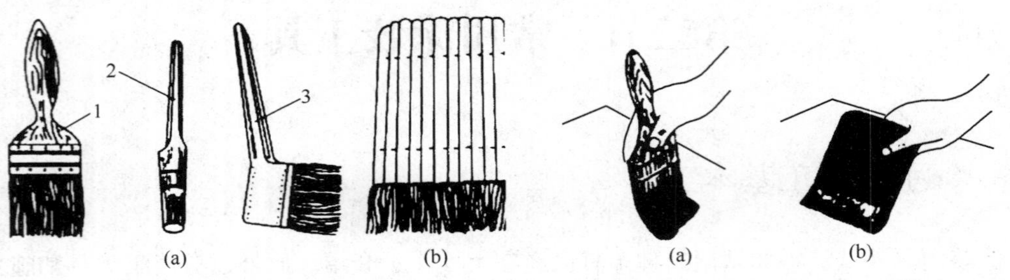

图 4-4　漆刷和排笔示意图

1—扁形刷；2—圆形刷；3—歪脖形刷

图 4-5　漆刷和排笔的使用方法

（a）排笔；（b）排笔拿法

3. 刷涂施工操作要点

刷涂溶剂型涂料时，施工前，先将涂料搅拌均匀，如有要求，使用配套稀释剂将涂料调整到适合于涂刷的黏度（一般 12～20s）。刷涂操作时，先用刷子蘸少许涂料，然后按照从上向下、从左向右、从里向外的顺序刷涂。最后还需要轻轻修饰边缘和棱角，使涂料在被涂装面上形成薄而均匀的涂膜，操作的要点是刷子蘸涂料要少，要勤蘸，刷涂时保持涂膜不流挂、无皱纹、涂装面无漏刷等。

水性墙面涂料目前主要是乳胶漆的施工。施工时，由于涂装面积大，绝大多数为平面，易于涂装，因而乳胶漆很少单独用刷子涂刷，而是采用辊筒辊涂，然后再采用排刷（排笔）紧跟着顺刷（或称排刷）。排刷时应注意用力要轻而均匀，要在辊涂之后紧跟着排刷，否则涂料因失水而黏度升高，会影响涂料的流平。

为了保证刷涂溶剂型施工的涂膜质量，刷涂施工应有合适的施工环境条件，例如温度、湿度、光线和卫生条件等。

第一，刷涂时的温度最好为 15～25℃，温度太低涂料干燥慢，有些涂料甚至不能够固化；温度过高（例如超过 35℃），涂刷性能受到影响。第二，空气湿度对某些涂料施工和干燥性能的影响很大。除了大漆、潮固化的聚氨酯漆外，湿度大对大多数涂料都不利。尤其在涂装水老粉、水色、酒色、拼色以及硝基漆、虫胶漆等挥发性涂料时，应尽量避免在潮湿的阴雨天施工，以免造成涂膜发白或因干燥缓慢而产生涂膜病态。第三，光线对于刷涂施工也有影响。在光线充足的情况下进行刷涂能够得到纯正的色泽，能够避免涂膜流挂或漏刷。第四，施工场所应当通风，保持有适量的新鲜空气，既有利于人员健康，又不至于溶剂浓度积累高而产生火灾。但空气流通的速率不能太快，否则会影响涂膜的质量。

对于水性涂料，例如乳胶漆，在涂装时也要注意避免一些容易出现的施工质量问题，尤其是冬季，应当特别引起注意的是乳胶漆的施工温度和环境温度。此外，涂装时一般用排笔顺排一道即可，不能反复顺排，否则会造成涂膜的不平整。

4. 辊涂施工工具

1）辊涂施工的特征

建筑涂料，尤其是内墙建筑涂料以辊涂施工为多。根据涂料的不同类型和装饰质感，辊涂分为一般辊涂与艺术辊涂两大类。一般辊涂是采用羊毛辊筒施工，其上蘸以涂料，辊涂到建筑物的表面上能形成均匀的涂层，其作用与刷涂基本相同，但施工工效高。将辊涂法和刷涂法结合起来施工，是目前墙面及顶棚的平面型簿质涂层最常用的施工方法。

艺术辊涂是使用各种不同形式的辊筒，在墙面印上各种图案花纹或形成立体质感强的凹凸花纹的一种施工方法。主要使用的工具有内墙辊花辊筒、硬橡皮辊筒和拉条辊筒（刻花辊）等。使用不同花纹的辊筒可以达到立体质感的装饰效果。例如，使用辊花辊筒施工，能在施工面上辊涂出各种印花图案，其装饰效果近似于印花墙布，适用于内墙涂料的辊花施工；使用平滑状硬橡皮辊筒可以在凹凸型花纹厚质涂层上进行套色，亦能将厚质喷涂涂层辊压成表面凹凸形花纹，适用于外墙涂料的施工；使用刻有立体花纹的硬橡皮辊筒（刻花辊）能将厚质涂料在施工面辊涂出立体感十分强烈的花纹来，适用于外墙涂料的施工。

2）辊筒的种类

辊涂施工所采用的工具是带柄辊筒，它由手柄、弯曲的铁支架及套有短毛筒套的笼形筒芯构成，如图 4-6 所示。筒芯要有一定的刚度和弹性以便能支撑筒套，不会因中间形成塌陷而在辊涂时产生遗漏。筒芯两侧的端盖内装有轴承，使筒芯可以平衡地转动。即使辊筒转动速率较快时，也不会出现筒套脱落、涂刷面被沾污的现象，手柄的端部带有丝扣，可以连接加长的手柄。

辊筒的品种很多，最常见的是平面辊，宽度为 7～9in（1in＝25.4mm），大都用合成纤维绒毛制作，此外还有用塑料制成、表面呈蜂窝状的筒套，用这种辊筒辊涂斑纹漆时，能在墙面或顶棚上压出美观的花纹。筒套上的蜂窝网纹越深，辊涂出来的纹理效果越明显。除了用于辊涂平面的普通辊筒外，还有许多用于辊涂不规则平面的异形辊筒，如铁饼辊筒可用来辊涂墙角或镶板上的凹槽，2～3mm 的窄辊辊筒可辊涂门框、窗棂等细木饰件，带花纹的橡皮辊筒可用来辊花纹。

目前使用的辊筒，其刷毛一般多是丙烯酸类纺织品，因纤维的种类、粗细和弯曲程度的不同可纺织成多种长毛纺织品，用其做成的辊筒从外观、手感和弹性看起来没有什么不同，但使用效果可能相差很大。大小相同的新辊筒，其吸浆量也不相同，原因是吸浆量取决于辊筒的外径和刷毛巾的空隙容积。簇绒栽毛的密度会有差异，但整个辊筒外围毛与毛间空隙的总容积则相差不多，所以事实上吸浆量与辊毛的尺寸相关。但还有一点值得注意，在开始蘸涂料时，有时辊筒毛间的空气不易一下子排除而使人产生某个辊筒吸浆量少的错觉。虽然新辊筒在开始使用时吸浆量相同，但在反复用的过程中吸浆量将逐步减少，如果辊筒的毛细长，则在吸饱涂料后的辊涂过程中，特别是在使用高黏度涂料时，这些毛倒下后不容易竖起来。刷毛重新竖起来有一个互相协力的因素，少数倒下去起不来，若多数竖起来时，少数也跟着竖起来；但若多数竖不起来时，辊筒就不好用。从这一点来看，选择毛粗一些、易于竖起来的为好，但有些情况也不尽然。例如，为了刷毛的复原性好，若

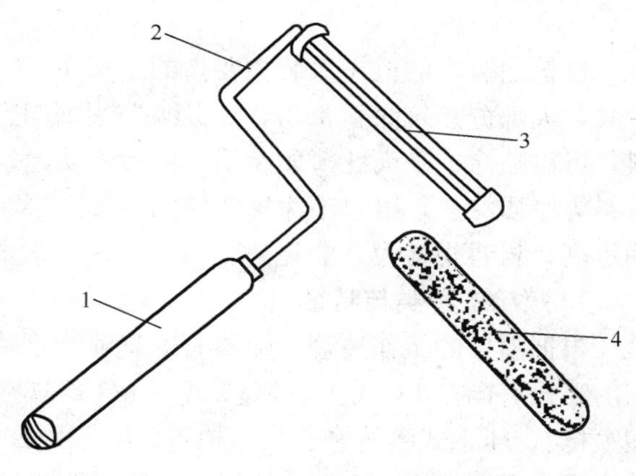

图 4-6　辊筒的结构示意图

1—手柄；2—支架；3—筒芯；4—带绒毛的筒套

使用断面粗10倍的刷毛做辊筒，则刷毛的根数只剩下1/10，毛间的空隙大大增多了，吸进去的浆稍微辊压一二转，涂料就会全部逸出来，导致辊涂不均匀。实际上，选择刷毛的粗细、长短和涂料的黏性关系很大，因而，应按照涂料不同用途选用辊筒。

5. 辊涂操作

辊涂施工时，先将涂料的黏度调整至适宜辊涂的黏度，辊涂施工的涂料黏度应比刷涂时的稍低。辊筒在料斗中蘸少量涂料，再在墙面上施以轻微而均匀的力在被涂面（墙面或顶棚）上辊涂。用辊筒蘸涂料时，辊筒浸入涂料中不可太深，以免涂料渗入辊筒轴中，涂料干燥后会影响辊筒的转动。辊涂时，为了保持长时间的布料均匀，应注意不要过度用力辊压，也不要将辊筒上的涂料全部辊尽（挤出）再蘸涂料。例如，用毛长为13mm的7in（1in＝25.4mm）辊筒辊涂合成树脂乳液涂料，刚开始的吸料量为350g，为避免刷毛倒伏，每次约辊涂掉120g，即约1/3涂料，再蘸涂料继续辊涂，这样看起来效率低，但实际操作经验证明，只有这样才有利于长时间操作，刷毛不倒且辊涂布料均匀。这是屈服值较高的乳液类涂料的例子，如果施工没有屈服值的牛顿型液体性质的涂料，也同样要求辊涂时小心，不要过分用力，才可以保持刷毛不倒伏。对于施工牛顿型液体性质的涂料，涂料黏度高时宜选用硬刷毛辊筒，涂料黏度低时宜选用软刷毛辊筒。辊涂施工最适用于具有牛顿型流体性质的或屈服值小的假塑性液体类涂料，但水性涂料中合成树脂乳液类涂料一般不具备这种性质；而大多数溶剂型涂料往往具有这种性质，因而使用辊筒辊涂水性类涂料（例如现在广泛使用的合成树脂乳液类涂料）时，往往是将辊涂和刷涂的方法结合使用。

二、机械涂装常用工具

建筑涂装中的机械涂装主要指的是喷涂施工。喷涂是使用喷枪或喷斗涂装的一种施工方式，大部分建筑涂料都可以采用喷涂法施工。例如，各种类型的水性、溶剂型薄质涂料，可以喷涂成平面状薄质涂层；而砂壁状建筑涂料、复层建筑涂料和绝热涂料、防结露涂料等厚质涂料，可以喷涂出相应的厚质涂层。喷涂施工的工效高，但施工工具的投资费用也高，材料损耗大，能耗高。

1. 喷枪的种类与特征

根据喷枪的工作原理，喷枪有空气喷涂型喷枪和无气喷涂型喷枪两种。空气喷涂型常用的喷枪有国产PQ-1型、PQ-2型（PQ-2型喷枪的漆罐装漆量比PQ-1型多一倍，是大型喷枪）、压下式喷枪和长杆喷枪等。除了国产产品以外，还有进口喷枪。进口产品中日本产品有IWATA-871型、IWATA-872型和P2-25型喷枪，以及德国进口的各种型号产品等。

1）PQ-1型喷枪

（1）性能特征

PQ-1型喷枪属于小型喷枪，也称吸上式喷枪和对嘴式喷枪等，多数由塑料制成，喷枪重0.4～0.6kg，漆罐可装清漆约0.5kg，可装色漆约0.6kg。喷涂作业需要2.8～3.5atm（1atm＝101325Pa），喷嘴与喷涂物面的有效距离约为25cm，喷出漆雾的直径约为3.8m，适用于小型物件的喷涂涂装。

（2）使用和保养方法

喷涂前，先将涂料与稀释剂按比例混合并调和均匀，达到易喷涂的黏度，过滤后装入喷枪的漆罐中。然后，将漆罐盖的螺丝旋紧盖好。用胶皮管将油水分离器与气泵接通，再用另一根胶皮管的一头接油水分离器的出气接头，另一头接喷枪进气接头。然后，开动气泵，使气压达到 2.8～3.5atm，扳喷枪扳机，喷嘴喷出圆形漆雾，即可进行正常喷涂。喷涂结束后，松开漆罐盖，倒出漆罐中剩余的涂料，用稀释剂或溶剂或水将漆罐内壁和吸漆管外部刷净，再注入少许稀释剂、溶剂或水，打开喷枪开关将吸漆管内部及喷嘴内部冲洗干净，并用干布将喷枪擦净放置。

2）PQ-2 型喷枪

（1）性能特征

PQ-2 型喷枪属于大型喷枪，也称扁喷式喷枪，多数由铝制成。该类喷枪的喷嘴口径约 2.1mm。漆罐可装清漆约 1kg，可装色漆约 1.4kg。喷涂作业需要 4.5～5atm，喷嘴与喷涂物面的有效距离约为 30cm，漆雾的面宽约为 14cm，也可根据喷涂物件的大小将漆雾面调成直径约为 5cm 的圆形。适用于喷涂大、中型物件。

（2）使用和保养方法

喷涂前，先将涂料与稀释剂按比例混合并调和均匀，达到易喷涂的黏度，过滤后装入喷枪的漆罐中。然后将罐盖旋紧，与气泵胶皮管接通。开动气泵，使气压达到 4.5～5atm，扳喷枪开关，喷嘴喷出漆雾。如果需要调整漆雾形状，可将控制阀向左旋转 2～3 圈，漆雾即成扇形。如果喷涂垂直面，将空气喷嘴调成横平行，得到竖形扇状漆雾；如果喷涂水平面，将空气喷嘴调成竖平行，得到横形扇状漆雾。横形扇状漆雾或竖形扇状漆雾调好后，需将螺帽旋紧。如果将控制阀向右或顺时针方向旋转，则得到圆形漆雾。如果将螺栓向右或顺时针方向旋转，喷出的漆膜变薄；如果将螺栓向左或逆时针方向旋转，喷出的漆膜变厚。喷涂结束后，打开漆罐盖，倒出漆罐中剩余的涂料，用稀释剂或溶剂将漆罐内壁和吸漆管外部刷净，再注入少许稀释剂，打开喷漆枪开关将吸漆管内部及喷嘴内部冲洗干净，并用干布将喷漆枪擦净放置。

3）压下式喷枪

（1）性能特征

压下式喷枪构造原理和 PQ-2 型喷枪基本相同，差别仅在于该类喷枪的贮漆罐倒置地放在枪身的上部，喷涂时是靠涂料的自重流入喷枪喷管内。该类喷枪在漆罐内的涂料较少时也能够喷涂，该喷枪尤其适合于喷涂面积较小的精细喷涂，其喷涂压力只需要 0.2～0.3MPa；其缺点是漆罐中装满漆后，喷枪的重心上移，因为需要用力掌握喷枪的平衡，所以手感较重。

（2）使用和保养方法

该类喷枪的使用方法和 PQ-2 的基本相同。

4）长杆喷枪

（1）性能特征

长杆喷枪由两根并排的直径为 12mm 的铝合金管构成。铝合金管两头分别连接喷头和阀体。管长分别有 1m、1.5m 和 2m 三种。喷头可作 180°旋转，喷出的漆雾形状可以调节。

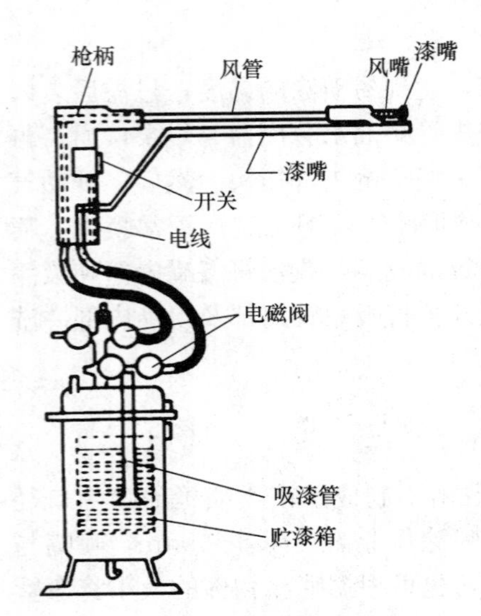

图 4-7 长杆喷漆枪结构示意图

（2）使用和保养方法

喷涂时，除按上述方法处理涂料外，应用阀体连接油水分离器、减压器、压力输漆管和压缩机等，如图 4-7 所示。该类喷枪一次可装入 20～25kg 涂料，因而尤其适合大面积的喷涂。该类喷枪涂装作业时不需登高，即可进行较大高度的喷涂；喷嘴与作业人员的距离较远，在喷涂溶剂型涂料时可以相对减少溶剂对人员的危害等。

2. 高压无气喷涂用喷枪

1）概述

高压无气喷涂是近年来逐渐得到应用的新型施工方法。具有安全高效、涂膜效果好等突出优点。喷涂机械目前正朝着无气喷涂的方向发展，无气喷涂喷枪是新发展的现代涂料施工机械。这类机械喷涂效率高、涂膜质量能够得到保证，与手工施工相比有着质的不同，目前国外无气喷涂机械的发展很快，而且是朝着作业智能化、机型多样化、使用简单化和质量可靠化的方向发展。作业智能化是指有些喷涂机内置有微处理器，能够跟踪重要的工作细节，并显示在易分辨的 LED（大电子显示器）显示屏上，能够清晰地了解喷涂作业细节，例如喷涂耗料量、喷涂形式（高产出喷涂还是精饰性喷涂）等，并且能够自动返流清洗、不需要拆卸即能够清除滤渣和自动诊断故障与排除等。机型多样化是指对适用于喷涂同一类涂料的喷涂机，针对不同的动力情况具有不同型号的机型，例如以液压动力的机型、以汽油动力的机型和电动机型等。同时，对于不同的工程情况具有不同的机型，例如特大型住宅建筑、特大型商业建筑、特大型工业建筑所适用的机型；大型住宅建筑、大型商业建筑、大型工业建筑所适用的机型，和中型的工程所适用的机型；小型工程所适用的机型等。使用简单化是指喷涂机中本身带有涂料过滤功能、自动清洗功能以及喷嘴和其他机件的拆卸、安装方便、快捷以及配套滑轨式车架、可伸缩手柄等，都使得喷涂操作方便、省力等。质量可靠化是指喷涂均匀，所得到的涂膜质量高，以及机器耐溶型腐蚀，耐受过喷、冲洗和较严酷的施工环境等，并能够保证机器具有较长的使用寿命。

2）高压无气喷涂的原理

高压无气喷涂所依据的原理与传统的空气喷涂完全不同。传统的空气喷涂是利用压缩空气在喷枪出口处形成的高速气流所产生的负压而带出涂料，并将涂料吹散成微粒到而达到喷涂面。普通空气喷涂由于涂料中混合有压缩空气，使涂料颗粒飞扬，扩散到大气中去，加上溶剂的挥发，形成较多的雾状涂料颗粒，既浪费了大量的涂料，又使作业场所的劳动环境条件恶化。

高压无气喷涂是利用压缩空气将涂料喷涂到喷涂面上。喷涂时，先用高压泵将涂料加压到 10～40MPa 的压力，再通过喷枪口喷出。承受高压的涂料离开喷嘴到达大气中后，因压力得到突然释放而立刻剧烈膨胀，雾化成微细颗粒。喷涂时仅借压缩空气驱动高压泵，使涂料增压。而压缩空气不与涂料直接接触。因此，喷出的涂料流中没有压缩空气，因而没有涂料与空气的混合物，飞扬到大气中的雾状涂料较少，相对于普通空气喷涂来说，高压无气喷涂对环境的污染小，劳动条件得到改善，减少了涂料的损失。

3. 高压无气喷涂系统的结构部件

高压无气喷涂设备系统包括高压泵、蓄压器、涂料过滤器、高压软管和喷枪等，整个系统组装在移动小车上，结构紧凑，移动方便。

1）高压泵

高压无气喷涂时，高压涂料的产生是靠压缩空气为动力，驱动柱塞泵中的活塞作往复运动。泵的上部为空气缸，内有空气换向结构，使活塞作上下运动，同时带动下部柱塞缸内的柱塞做上下往复运动，使涂料被吸入和排出。由于泵内上部活塞有效面积比下部柱塞有效面积大，因而达到增压的效果。

2）蓄压器

因为柱塞往复泵在上下两个死点时速度等于零，在该瞬间没有涂料被排出，所以产生压力波动。蓄压器则主要起着对涂料的液压稳定的作用，即能够减小涂料在喷涂时压力的波动，提高喷涂的质量。蓄压器的结构为一个筒体，上下有两个封头，涂料从底部进入，进口处安装一个滚珠单向阀。

3）过滤器

在涂料进入喷涂系统之前，对其进行过滤至关重要，因为喷嘴的出口很小，涂料稍有不洁就会堵塞。过滤器有两个，第一个是安装在涂料吸入口的盘形过滤器，以避免涂料中的粗大杂质被吸入喷涂系统中；第二个过滤器安装在蓄压器与高压软管之间，该过滤器用于滤清上次喷涂作业后，虽经过溶剂清洗、但仍不可避免地会在柱塞缸和空压器内残留的涂料。这些残留涂料时间稍长就会结皮、结块，成为堵塞喷嘴的杂物而需要被滤除。过滤器的钼丝网选用100～120目的筛网。过滤器中的滤网必须经常清洗，保证有足够的涂料通过滤网，确保正常的喷涂作业。

4）高压软管

蓄压器和喷枪之间使用高压软管连接。对高压软管的要求是：①高压软管要能够耐高压，其工作压力要能够达20MPa，试验压力则要高于20MPa；②高压软管要能够耐油、耐强溶剂；③高压软管要轻便、柔软、便于携带和操作。高压软管一般采用尼龙或聚四氟乙烯管制成，外层为尼龙线、涤纶线或不锈钢丝，最外层为人造织物或塑料薄膜保护层。也可用高压橡胶软管，其橡胶的夹层采用钢丝网编织。

5）喷枪

显然，高压无气喷涂系统使用的喷枪与普通空气喷涂喷枪在结构上是不同的。对高压无气喷涂喷枪的要求是：

（1）喷枪的密封性能要好，在高压涂料进入喷枪后，不能出现泄漏现象；

（2）喷枪的开关要灵敏、轻便，使涂料的喷出和切断在瞬间完成，不能有断流和滴漏等现象；

（3）喷枪在喷涂时的操作要轻便、灵活。启动喷枪的步骤是：扳动喷枪的扳机，传力于拉杆，迫使弹簧压缩，打开针阀，高压涂料通过锥形阀口扑向喷嘴孔口处。当释放枪扣时，靠弹簧的恢复力迅速关闭针阀，切断涂料。高压涂料与外界的密封部位一是针阀处、二是拉杆的引出部分其断面积小、容易密封，且开关时摩擦力小，从而保证喷枪密封性好，开关灵敏。此外，由于喷涂时喷枪的开关是极其频繁的，针阀的受力要能够得到较好的平衡，以达到开启时用力最小，而且关闭迅速的效果，这样在操作时不会感到不方便。

6）喷嘴

喷嘴也是高压无气喷涂系统的一个关键部件，直接关系到喷涂的质量。从外形来看，喷嘴的形状虽不复杂，但其使用的材料硬度高、加工时的光洁度高、而且孔的几何形状要求严格，属于精密配件。为了喷涂出高质量的涂膜，喷涂出的涂料雾化要均匀。雾化颗粒要微细，雾化的涂料呈扇形扩散。这样，对喷嘴的要求如下：一是加工的光洁度要高，因为高压涂料通过喷嘴孔在大气中剧烈膨胀雾化成微细颗粒而喷出，故喷嘴小孔的光洁度直接影响涂料的雾化效果，并进而影响涂膜的质量。若小孔的轮廓粗糙，则喷出的涂料雾化就会不均匀，喷涂形成的涂膜也会不均匀，并可能产生流挂、露底等病态现象。视喷孔的几何形状应能够精确控制，应加工成椭圆形。以便喷出的雾化涂料呈扇形，在被喷涂面上形成椭圆形；若喷嘴的小孔加工成橄榄形（即两端成尖锐的椭圆），则喷涂的质量更好，可以避免扇形的边缘涂料过厚、过稠而引起涂膜流挂的弊病。

4. 无气喷涂施工操作

下面以美国瓦格纳喷涂技术公司（WAGNER）的高性能无气喷涂系统的操作使用为例，介绍高压无气喷涂用喷枪的安装、拆卸、清洗、保养维修和故障排除等的操作方法。

1）喷枪组装

（1）准备工作

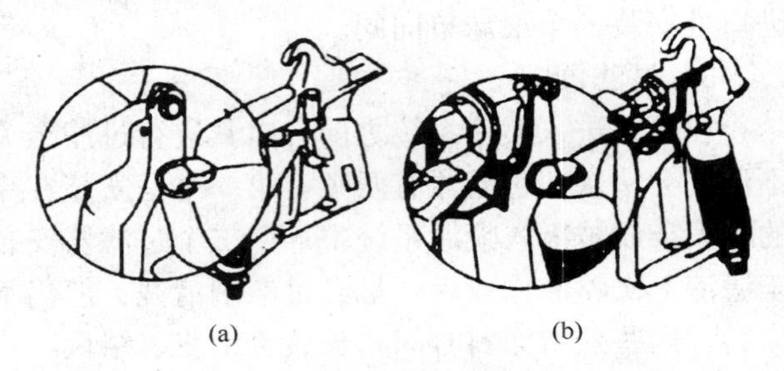

(a)　　(b)

图 4-8　安装喷嘴时喷枪锁定示意图

（a）G-07 锁定（喷枪不会喷涂）；

（b）G-08 锁定（喷枪不会喷涂）

喷涂前，应首先按下述程序将喷枪的喷嘴安装好。安装时，先转动喷枪扳机保险，使之与喷枪枪身平行，将喷枪锁死，如图 4-8 所示。这样，喷枪就不会发生意外喷射。否则，在操作过程中，喷枪有可能产生意外喷射。然后，再将喷枪的喷嘴拧至喷枪上。先手工地拧紧螺母，然后再用扳手进一步紧固。安装喷嘴时，按图 4-9 所示排列喷嘴挡板，然后用扳手紧固。

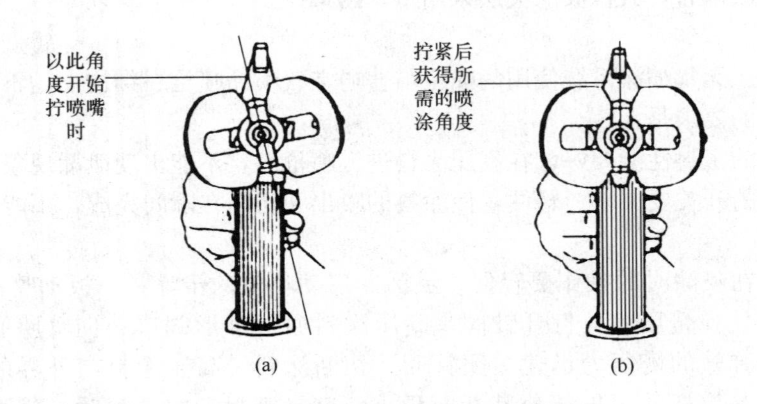

(a)　　(b)

图 4-9　安装喷嘴时挡板安置示意图

喷嘴挡板未安装好时，不能喷涂，并不要随意开动喷枪，在移动、更换或者清洗喷嘴前，必须将喷枪处于锁定状态。

（2）检查出口阀（选配）

按如图 4-10 所示的位置，按一按泵外壳一侧的选配压阀按钮，确认出口球阀能够自由移动。

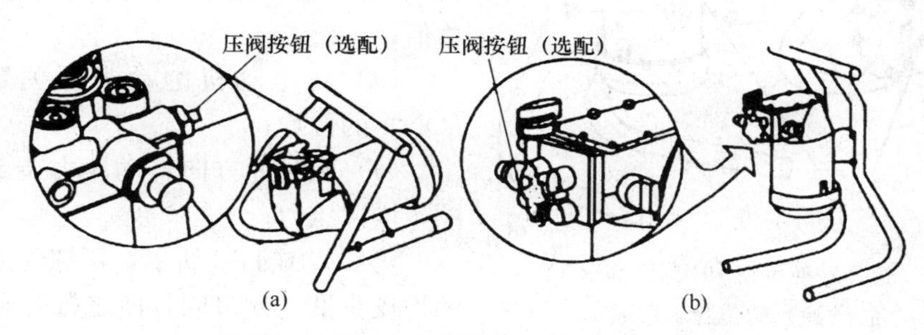

图 4-10　确认出口球阀能够自然移动的示意图

（3）连接网流软管

首先确认电机的开关处于关闭（OFF）位置，再从附件套件中找出黄铜配件，将黄铜配件安装在泵一侧的回流管口，并手工拧紧（注意不要用扳手拧紧，以防拧得过紧，在完全拧紧后还能够看到一些螺纹）。如图 4-11 所示，如果黄铜件是有棱纹的，则将返回管连接到配件上固定；如果黄铜件是光面的，则将返回管连接到设备提供的夹件上，把返回管压至黄铜配件上，固定好夹件。

（4）连接涂料管

将高压管连接到涂料出口，并用扳手将涂料管拧紧，如图 4-11 所示。将喷枪连接至高压管的另一端，用两把扳手配合将其拧紧。将喷涂系统的电源线插入适当的接地插座，即重载接地延长电线插座。使用的外接加长电线的长度不要超过 33m。如果需要对离开电源距离超过 33m 的工作面进行喷涂，则应使用更长的涂料管，而不要更长的外接加长电线。

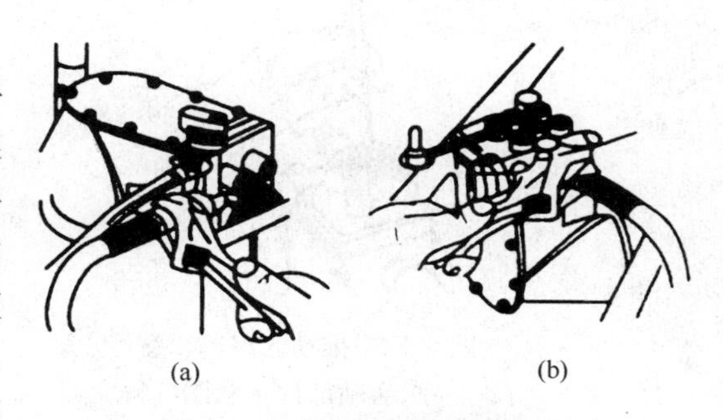

图 4-11　连接涂料软管示意图

2）释放压力

喷涂系统组装好以后，在进行任何涉及喷枪的操作（例如清洗、保养和更换喷嘴或附件等）开始前，按照以下步骤进行操作：

（1）按逆时针方向转动压力控制旋钮至其最低设置值；

（2）将 PRIME/SPRAY（预备/喷涂）选择转换旋钮旋转至 PRIME 位置；

（3）开动喷枪扳机，释放管路内可能还存在的压力；

（4）转动喷枪扳机锁定装置使之与枪身平行，锁定喷枪。选择转换旋钮 PRIME/SPRAY（预备/喷涂）的位置，如图 4-12 所示。

3）使喷枪处于 PRIME（预备）的准备工作

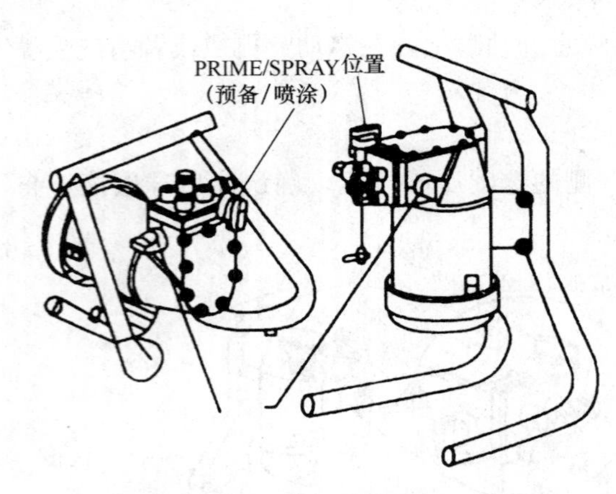

图 4-12　选择转换旋钮 PRIME/SPRAY（预备/喷涂）的位置示意图

（1）摆放好设备，使其入口阀向上并注入水（如喷涂溶剂型涂料，则注入溶剂）；

（2）确认 PRIME/SPRAY（预备/喷涂）转换旋钮被置于 PRIME 位置，并且压力调节阀被以逆时针方向旋转至最低的压力值；

（3）将电动机的动力开关置于“开”（ON）的位置；

（4）顺时针方向转动压力调节旋钮 1/2 圈，增大压力；

（5）如图 4-13 所示，用螺丝刀或者铅笔的橡皮头推动入口阀，使之打开和关闭，入口阀应向上或向下移动 1.6mm，这样操作可以湿润活动部件并使涂料残余物松动；

（6）用手掌盖在入口上（图 4-14），按顺时针方向转动压力调节旋钮至其最大值，操作时能够感到入口阀的抽吸力；

（7）逆时针方向转动压力调节旋钮至其最小值；

（8）转动电动机开关至 OFF 位置。

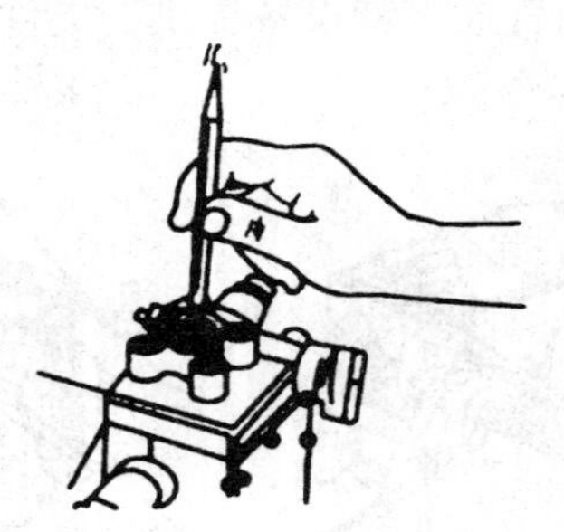
图 4-13　推动入口阀以湿润活动部件示意图

图 4-14　转动压力调节旋钮至最大值和最小值示意图

4）连接抽吸管的准备工作

（1）按图 4-13 所示，将连接抽吸管连接至入口并用手拧紧，确保其螺纹是直的，以便配件可以自由移动；

（2）将连接抽吸管及回流管插入涂料中；

（3）根据泵的类型，将涂料桶放置在地板上或挂在桶架上。

5）泵的准备工作

（1）逆时针方向旋转压力调节旋钮至其最小值；

（2）将 PRIME/SPRAY（预备/喷涂）转换旋钮调至 PRIME 位置；

（3）转动电动机开关至 ON 位置；

（4）按顺时针方向旋转压力调节旋钮至一半压力与最大压力之间的位置，此时应能够看到涂料流经抽吸管到泵处。在涂料开始流经返回管后，使设备准备 1～2min。压力调节旋钮和 PRIME/SPRAY（预备/喷涂）转换旋钮的位置如图 4-15 所示。操作过程中应注意，在改变准备钮的位置前，应先将压力降至零，否则涂料泵隔膜可能会受到损坏。此外，当喷涂系统正在工作时，如果压力调节旋钮被降至零，而 PRIME/SPRAY（预备/喷涂）转换旋钮仍处于压力调节旋钮和 PRIME 位置，则在 PRIME/SPRAY（预备/喷涂）转换旋钮被转至 PRIME 位置前或喷枪被打开释放压力前，软管和喷枪内会存在高压。

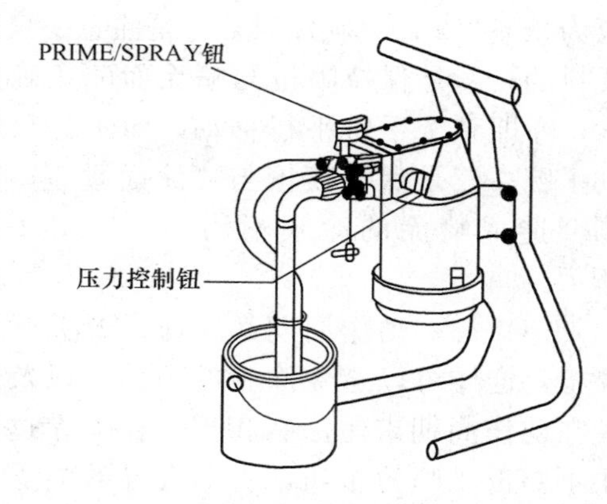

图 4-15　压力调节旋钮和 PRIME/SPRAY（预备/喷涂）转换旋钮的位置示意图

6）喷涂操作步骤

喷涂得到平整均匀的涂膜是喷涂操作的关键，这是通过熟练的喷涂操作而获得的。高压无气喷涂操作系统按照如下的步骤进行施工操作。

（1）首先检查涂料管不要打结，以免涂料的流动受到阻碍，且周围没有边缘锋利的物体，以免损伤涂料管。

（2）以逆时针方向将压力控制旋钮调整至其最低设置；将 PRIME/SPRAY（预备/喷涂）转换旋钮旋转至 SPRAY（喷涂）位置。

（3）将压力控制旋钮按顺时针方向调整至其最高值，此时涂料通过涂料管而流动，涂料管也由柔软变硬。

（4）转动开关，松开喷枪扳机锁，使之与把手平行，再开动喷枪扳机将空气喷出软管；待涂料到达喷嘴时，先在测试区试喷，并检查喷雾形状。

（5）采用获得理想喷雾形状所需要的最低压力设置。若压力过高，喷雾形状会发飘；若压力设置得过低，会出现拖尾巴或者喷雾中会有凝块，而不是细密均匀的粉雾现象。

7）喷涂操作技术要点

（1）影响无气喷涂效果的因素主要是喷涂设备本身，包括喷涂压力、气缸的贮气能力和喷嘴等。喷涂操作方法包括施工距离、移动速度和喷涂方法、涂料的性能、涂料黏度和流动性能。其中，喷涂压力是无气喷涂的动力来源，压力高低直接影响涂料的喷出量和涂料被雾化的程度。一般来说，喷涂压力越大，涂料的喷涂效果越大，雾化效果越好；反之，结果相反。贮气缸容量大小对喷涂压力的稳定性会产生明显影响，但却是一个容易被忽略的因素。贮气缸容量过小，会导致在喷涂时压力的波动太大，得不到均匀的喷涂效果。贮气缸容量的大小是由喷枪商品种类和型号所决定的。喷嘴的直径决定了喷涂面积、喷涂涂膜厚度和涂料雾化效果等。喷枪口与喷涂面的距离、喷枪口的移动速度及喷涂技术直接影响喷涂效果和涂膜厚度。一般来说，喷枪口与喷涂面的距离为 25～30cm，距离越小涂膜越厚，反之越薄。喷枪口的移动速度越快，涂膜越薄，反之越厚。喷涂时，喷枪口应与墙面垂直，应先移动喷枪再扣动扳机，喷涂效果及其操作示意图如图 4-16 所示。此外，涂料的黏度和触变性能也影响喷涂效果。黏度和触变性大，需要的喷涂压力大，相同喷涂压力时，黏度和触变性越大，涂料的雾化效果越差，雾化粒径大。

（2）保持喷枪均匀地移动并使喷嘴距离喷涂面的距离均匀（喷嘴距离喷涂面的最佳距

离为25～30cm)。喷涂时，一是注意手腕不要抖动；二是保持喷枪与喷涂面的正确角度，亦即整个手臂平行移动，而不是只移动手腕；三是保持喷枪与喷涂面垂直，否则会造成喷涂的涂膜不均匀，如图4-17所示。

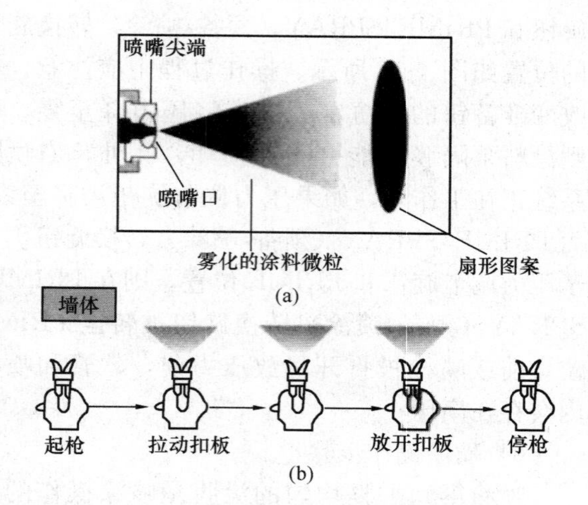

图4-16　无气喷涂及其操作示意图

(a) 无气喷涂的雾化效果；(b) 无气喷涂操作示意图

(3) 每一动作周期都应通过开关开动喷枪，这样可以避免涂料的浪费，以及避免在动作周期末尾涂料积聚。在喷涂过程中不要扳动喷枪扳机，否则会导致喷雾不均匀或喷出的涂膜出现斑点。

(4) 两次喷涂边缘之间应相互重叠30%，以确保喷涂均匀。停止喷涂时，锁定扳机锁，将压力控制旋钮按逆时针方向拧至最低值，并将预备旋钮置于PRIME位置。将电机开关置于"关"（OFF）位置，最后拔下喷涂系统的电源插头。

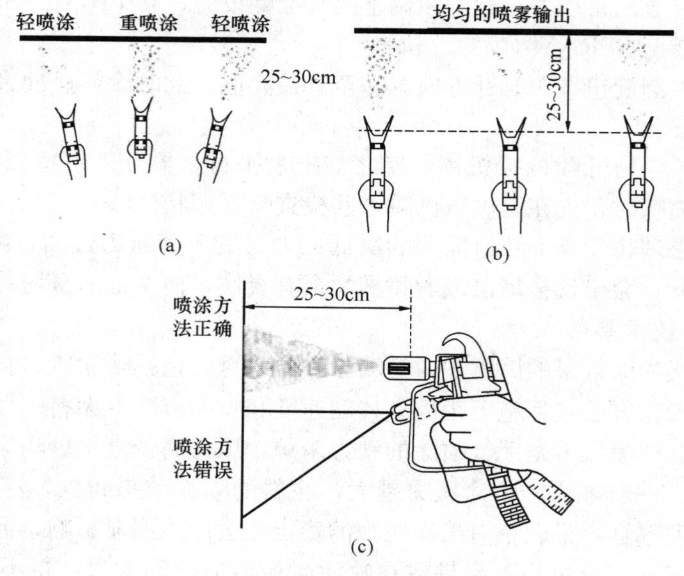

图4-17　喷涂操作要点示意图

(a) 喷涂时手腕不要弯曲（转动）；(b) 保持动作的平稳和速度的均匀；(c) 保持喷枪喷嘴与墙面垂直

8) 无气喷涂施工的注意事项

(1) 喷涂前，应认真检查喷枪以及使用的各种工具是否正常，检查防静电装置是否正常，然后接通压缩空气，打开调节阀；

(2) 选择并安装喷嘴，调节喷涂压力，喷涂压力一般为0.5～0.7MPa；

(3) 将吸料软管插入涂料桶中，接通气源，高压泵开始工作，运转2min后，旋紧放泄阀，待负载压力平衡后高压泵自行停止；

(4) 绝对不允许枪口对人喷，当停止工作时，要将自锁机构的挡片锁住，以免操作伤人；

(5) 喷涂结束后，将吸料软管从涂料桶中取出。打开放泄阀，使喷枪在空载下运行，将喷枪和涂料管的剩余涂料排除干净，再将吸料软管插入溶剂中，开启泵，用溶剂进行循环清洗。

5. 无气喷涂操作中喷枪故障的排除和有关部件的清洗

1) 喷嘴阻塞

喷枪内配有可反向安装的喷嘴，将喷嘴反向安装，就能够将阻碍涂料流经喷嘴的残留涂料颗粒或者其他杂物吹出。喷枪开枪时，如果喷雾变形或者完全无喷雾，可以按以下步骤操作以消除。

(1) 转动喷枪扳机锁，使之与喷枪枪身平行，将喷枪锁定。

(2) 如图 4-18 所示，将可反向安装喷嘴柱体旋转 180°。使其上阻塞物操作示意圈的箭头指向喷枪的后部。

(3) 松开扳机锁并扣动扳机，将喷枪对准一块木板或纸板，这样能够利用气压清除涂料管内的阻塞物。清洁完喷嘴后，涂料呈一条直的高压流流出。

(4) 松开扳机并重新锁定，然后将喷嘴再掉个，使箭头指向前，打开扳机锁即可喷涂。

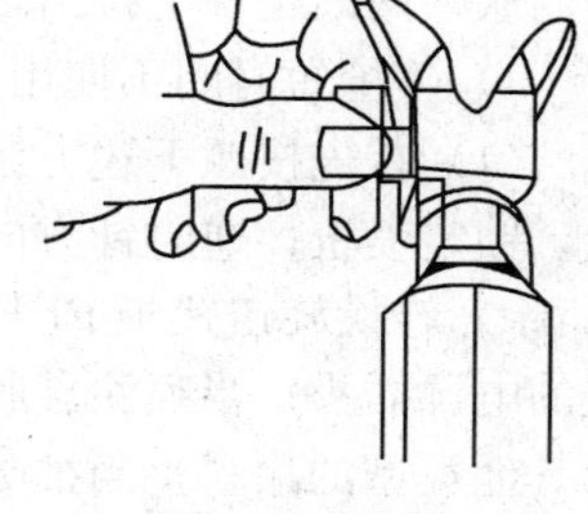

图 4-18　清除喷嘴内的阻塞物操作示意图

2) 喷枪滤芯的清洗

喷枪的过滤器内装有一个滤芯，能够清除涂料中的机械杂质。如果滤芯被杂物堵塞，就会降低涂料的流量，改变喷雾形状并有可能损坏滤芯，因而滤芯的清洗是很重要的。滤芯必须天天清洗，如果喷涂的涂料贮存时间较长，或者含有硬的颗粒，则喷涂时每隔 4h 就应清洗一次。如果滤芯得不到及时清洗，则会从上到下堵塞。当还剩下 2～5cm 没有堵塞时，大量的涂料流会冲开滤芯的销孔（图 4-19）。这样，粗大的颗粒就能够进入喷嘴并引起喷嘴的堵塞。

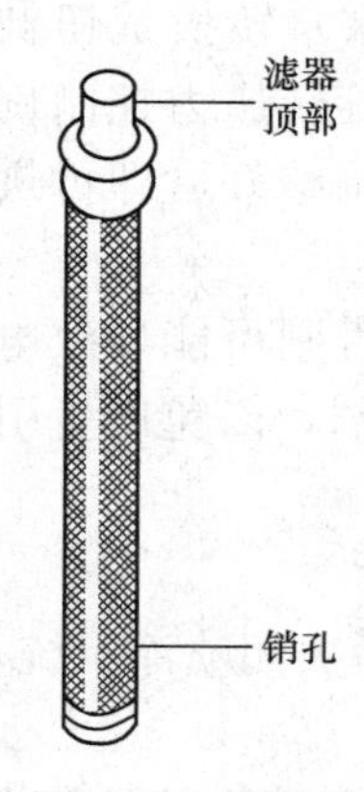

图 4-19　滤芯销孔示意图

在更换、清洗喷嘴或者进行清洗的准备工作以及其他的原因需要关闭喷涂系统时，必须按照以下的压力释放步骤进行操作。

(1) 逆时针方向转动压力控制旋钮至其最小设置，并将 PRIME/SPRAY（预备/喷涂）转换旋钮置于 PMIME 位置，以排除涂料管和滤芯中的压力。

(2) 将喷枪扳机锁旋转至与喷枪枪身平行的位置，锁定喷枪，再用两把可调节扳手夹住滤芯壳体底部的螺母，拧下滤芯壳体；取下滤芯，不要松开位于滤芯壳体底部的弹簧和密封垫圈。

(3) 将滤芯彻底清洗干净，或者更换新的滤芯。清洗滤芯时，用水或者和喷涂涂料相适应的溶剂进行彻底清洗。为了清洗干净，可以使用中性或尼龙棕毛刷蘸水或者用适当的溶剂进行刷洗。不能使用钢丝刷或者其他坚硬锐利的工具清洗滤器。

(4) 按照图 4-20 所示，将滤芯的顶部插入喷枪枪身的喷嘴下；更换弹簧和密封垫圈，将它们装入滤芯外壳的底部；将滤芯外壳套在滤器外壳的底部，再将关节护板夹在滤芯外壳的底部。

(5) 将软管连接到喷枪上，并用两把可调节扳手拧紧固定；将 PRIME/SPRAY（预备/喷涂）转换旋钮置于 SPRAY 位置，将压力增至原来的设置值，并恢复喷涂。

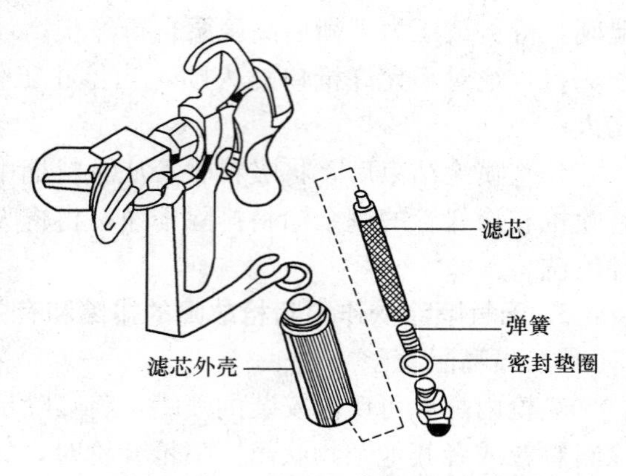

图 4-20　滤芯的清洗和安装示意图

3）抽吸组件中筛网的清洗

抽吸组件底部的筛网也需要清洗。每次更换涂料桶时应检查筛网。用一把小钳子将筛网从筛网固定件上拉出，用水或者相应的溶剂和一把软鬃毛刷将筛网刷洗干净 .

4）喷枪短时间不使用（例如隔夜不用时）的清洗

(1) 首先按照下述方法正确地关闭喷涂系统：将喷枪扳机锁转至与喷枪枪身平行位置，锁定喷枪；逆时针方向转动压力控制旋钮至最小设置，并将 PRIME/SPRA Y（预备/喷涂）转换旋钮置于 PRIME 位置；将电机开关置于“关”（OFF）位置，并拔下喷涂系统的电源插头；当喷涂乳胶漆时，向涂料的上部缓缓地倒入半杯水以防止涂料干燥，若喷涂其他类型的涂料，当抽吸管仍在涂料中时，使用一块塑料薄膜将涂料容器密封；用一块湿布将喷枪组件包扎好并放在一个塑料袋中，再将塑料袋袋口扎紧，如图 4-21 所示。这样处理后，可将喷涂系统放置在不受阳光直接照射的安全位置进行短期保存。

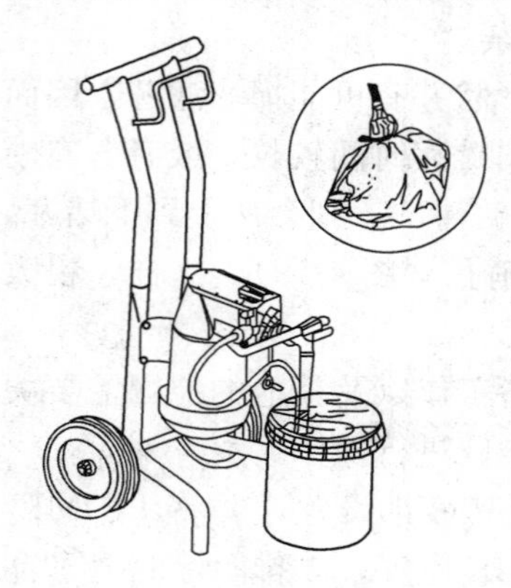

图 4-21　喷枪短时间不使用时处理示意图

(2) 喷枪重新启动时，从塑料袋中取出喷枪。如果喷涂的是乳胶漆，将水搅入涂料桶中，混合均匀；使用其他类型的溶剂型涂料时，取下涂料桶的密封物并将涂料搅拌均匀。检查确认压力控制旋钮至最小设置，PRIME/SPRAY（预备/喷涂）转换旋钮置于 PRIME 位置；插上喷涂系统的电源插头，将电机开关置于“开”（ON）位置，打开电机；将 PRIME/SPRAY（预备/喷涂）转换旋钮被转至 SPRAY 位置。并按顺时针方向逐渐旋转压力控制旋钮增大压力；对准一块试喷物进行试喷，调整好后即可进行喷涂。

(3) 应注意清洗电机上沾染的涂料，否则可能导致电机过热；还要注意电机上不要沾染可燃溶剂，以免产生引燃的危险。

5）抽吸管的清洗

(1) 首先按照上述喷枪短时间不使用的清洗中所介绍的方法，正确地关闭喷涂系统，拔下喷涂系统的电源插头，然后对抽吸管进行清洗。

(2) 清洗抽吸管时，如果喷涂的是乳胶漆，需用热肥皂水进行清洗，如喷涂的是其他类型的溶剂型涂料（例如丙烯酸涂料或醇酸涂料）时，可使用 200# 溶剂油或涂料配套的稀释剂进行清洗。喷涂乳胶漆时，不要使用涂料稀释剂清洗，否则它们的混合物会转化成一种很难清除的果冻状物质。

（3）插上喷涂系统的电源插头并打开电机开关，将压力控制旋钮旋转至最大压力的1/2位置，吸出抽吸管中剩余的涂料，剩余的涂料经过泵和返回管流入涂料桶中。

（4）将压力控制旋钮按逆时针方向旋转至最小压力值；扳动喷枪扳机，释放压力并将喷枪锁定；取下喷枪喷嘴、护板和垫圈，并放入水或者适用于所喷涂涂料的相应溶剂桶中。

（5）将压力增至最大压力的1/2。使水或者溶剂循环2～3min。将泵、抽吸管和返回管中的涂料清洗干净。

6）涂料管的清洗

（1）为了使软管中剩余的涂料不被浪费，打开喷枪扳机锁，将取下喷嘴的枪身对准涂料桶，并小心地将枪口对准涂料桶中。

（2）逆时针方向转动压力控制旋钮至最小值，并将PRIME/SPRAY（预备/喷涂）转换旋钮置于SPRAY位置，缓慢地转动压力控制旋钮直到涂料开始流入桶中，松开扳机，换成清洁的水或者溶剂并继续再循环5min，彻底将软管、泵和喷枪清洗干净。

（3）将PRIME/SPRAY（预备/喷涂）转换旋钮旋转至PRIME位置，扳动喷枪扳机。释放软管中的压力，再将喷枪扳机锁转至与喷枪枪身平行。锁定喷枪；将电机开关置于"关"（OFF）位置。

7）喷枪的清洗

（1）用两把可调节扳手从涂料管上取下喷枪，再从喷枪上取下滤器外壳，将喷枪和滤器组件放入装有水或者溶剂的桶中浸泡，并注意盖上涂料桶。

（2）如图4-22所示，用软刷清洗喷嘴和喷枪滤器。按照顺序组装喷枪喷嘴，使箭头指向喷枪后面。

（3）将涂料管接到喷枪上，并用两把扳手拧紧。将电机开关置于"开"（ON）位置。将喷枪扳机锁旋转至与喷枪把手平行，打开喷枪锁；将PRIME/SPRAY（预备/喷涂）转换旋钮旋转至SPRAY位置，并将喷枪指向清洗桶的一侧，如图4-23所示。

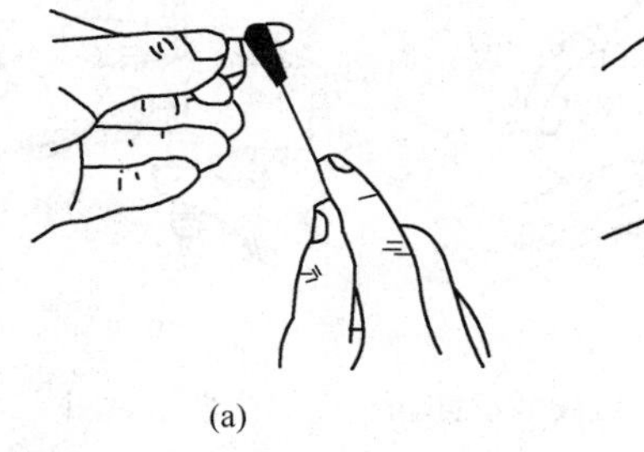

(a)

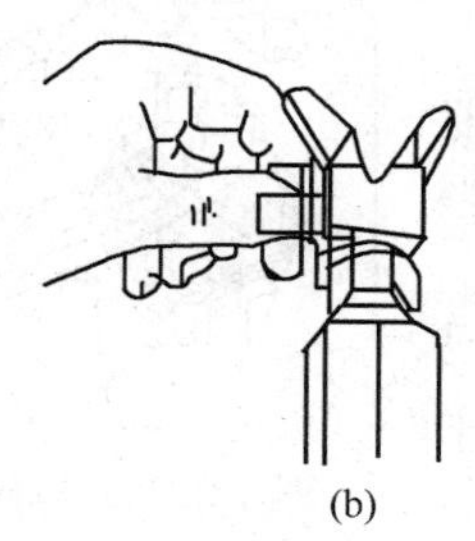

(b)

图4-22　喷嘴和喷枪滤器的清洗示意图

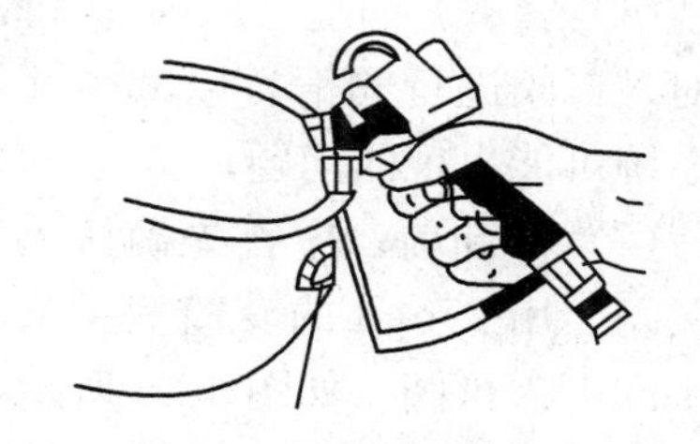

图4-23　喷枪指向清洗桶一侧示意图

（4）将压力控制旋钮按逆时针方向旋转至最小压力值；将PRIME/SPRAY（预备/喷涂）转换旋钮旋转至PRIME位置；扳动喷枪扳机将喷枪锁定；将电机开关置于"关"（OFF）位置。

8）喷涂系统长期不用时的清洗

喷涂系统使用后进行彻底的清洗和对泵进行充分的润滑，是保证喷涂系统经过长期存放后能够正常运行所必须采取的重要措施。

（1）取下喷嘴组件并将抽吸管抬高，离开溶剂。将电机开关置于“开”（ON）位置；将 PRIME/SPRAY（预备/喷涂）转换旋钮旋转至 SPRAY 位置；顺时针方向将压力控制旋钮旋转至 1/2 处，使抽吸管干燥。从入口阀处取下大抽吸管，并将喷枪口对准清洁桶中。

（2）打开喷枪扳机并对准清洁桶开动喷枪喷射，直到高压软管被抽干。

（3）锁定喷枪并逆时针方向将压力控制旋钮旋转至最低值；将 PRIME/SPRAY（预备/喷涂）转换旋钮旋转至 PRIME 位置，将泵平放，使入口阀朝下，然后用一块湿布清洗入口阀的螺纹。

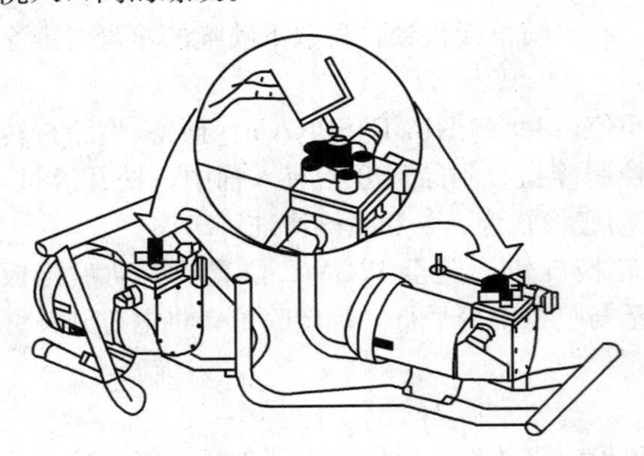

图 4-24　向入口阀注入轻润滑油示意图

（4）如图 4-24 所示，将轻润滑油注入入口阀，缓慢地增大压力使油在泵中分布；将 PRIME/SPRAY（预备/喷涂）转换旋钮旋转至 SPRAY 位置，使油散开；再将大抽吸管装在入口阀上。

（5）逆时针方向将压力控制旋钮旋转至其最低值；将 PRIME/SPRAY（预备/喷涂）转换旋钮旋转至 PRIME 位置；开动喷枪，释放掉残留在软管中的压力；转动喷枪扳机锁，使之与喷枪枪身平行，将喷枪锁定；将电机开关置于“关”（OFF）位置。

（6）将抽吸管滤器取下，并放入清洁水或者适当的溶剂中进行清洗。用软毛刷彻底清洗后再将抽吸管滤器重新装回原来的位置。

（7）用湿布将整个设备、软管和喷枪润湿，并擦除表面沾染、积聚的涂料。

6. 无气喷涂系统的维修和保养

1）入口阀的拆卸和清洗

（1）首先应注意的是，在每次喷涂后应对入口阀进行润滑，以减少或者消除喷涂系统可能出现的问题。

（2）拆卸前，应首先确认喷涂系统已经关闭。用 27mm 的套筒扳手或者套筒平扳手卸下入口阀，如图 4-25 所示。

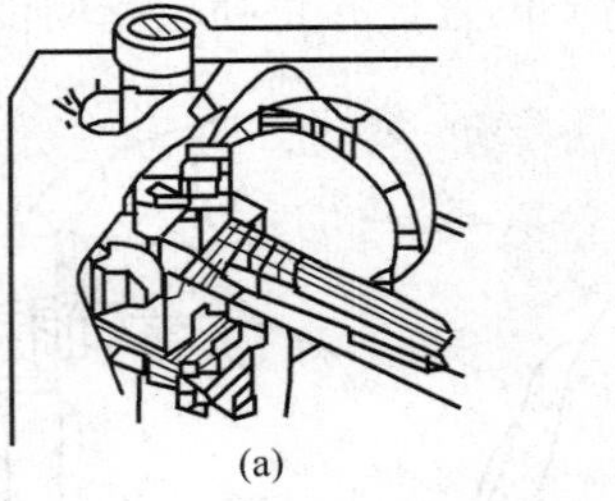

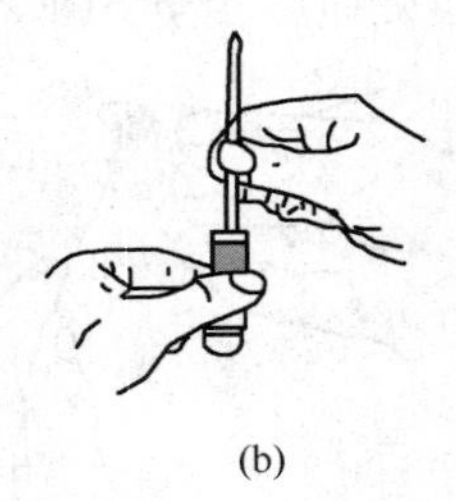

(a)　(b)

图 4-25　入口阀的拆卸和阀门灵活性示意图

（a）入口阀的拆卸；（b）阀门灵活性检查

（3）用螺丝刀或者铅笔的橡皮头推动阀门的开口端，测试其是否能够灵活移动，如图 4-25（b）所示，正常情况下其移动距离约为 1.6mm；若推不动，则应进行清洗或者更换。

（4）用刷子蘸水或者适用的溶剂，彻底刷洗阀门组件。若已经清洗干净却有水从其底部滴出，说明阀门已经受到磨损且必须更换，因为功能正常的密封阀注入水后，在保持垂直时是不会滴水的。

（5）将新的或者清洗干净的阀门安装在泵套内，然后向其中注入轻质润滑油或溶剂。

2）出口阀的拆卸和清洗

（1）用扳手取下出口阀阀身，用线钩或镊子将阀门内的滚珠挡头和小弹簧卸下并清洗，如果弹簧发生断裂或者磨损，应更换新的弹簧。更换时应注意，该弹簧具有特定的弹性，不能使用未经过认可的弹簧更换，需要使用该设备配置的同类型号的弹簧。

（2）卸下阀座和阀球组件，彻底清洁所有部件。如果阀球或阀座有磨损的迹象或者已经损坏，则用新部件进行更换。碳化物阀球必须紧密地密封在其阀座上，阀门才能发挥正常功能。

（3）重新安装时，要使阀座上的突出部与泵外壳中的槽对齐。然后，先用薄薄的一层轻质润滑油覆盖所有的部件，再将阀球放入阀球座；将挡片和弹簧插入并更换阀门。必须保持 O 形环处于正确的位置，并且弹簧帽上的舌片顶入弹簧。

（4）用可调节扳手将阀身拧紧，但不得拧得过紧。

3）说明

目测检查几乎不可能发现阀球的磨损，因而检测出口阀门组件时将压力控制旋钮按顺时针方向旋转至最高值，然后在不扳喷枪扳机的情况下，让水流经过喷涂系统 10～15min。如果阀门损坏，它的末端帽触摸时会非常热；如果功能正常，则其表面温度与流经它的水温相同。

4）PRIME/SPRAY（预备/喷涂）转换旋钮的拧紧

有时候，固定 PRIME/SPRAY（预备/喷涂）转换旋钮外盖的两个通用螺丝会被震松。在这种情况下，外盖会转动，但阀门设置值没有改变。如果发生这种情况，可以使用扳手拧松螺丝，将 PRIME/SPRAY（预备/喷涂）转换旋钮旋转至 SPRAY 位置，并拧紧螺丝。

7. 喷涂系统有关故障的排除

表 4-1 中列出无气喷涂系统使用中可能出现的一些故障及其排除方法。

表 4-1　无气喷涂系统常见故障及排除方法

故障名称	发生故障的原因	排除方法
喷涂系统不能启动	①喷涂系统的电源未插或者未插牢；②ON/OFF 开关置于 OFF 位置；③喷涂系统中的保险丝烧坏；④电源电压低或电源无电；⑤关闭喷涂系统时喷涂系统仍处于有压力的状态；⑥延长电线损坏或者电线太细而功率低；⑦喷涂系统的热过载系统被触发；⑧电机有故障	①插上喷涂系统的电源插头；②将 ON/OFF 开关置于 ON 位置；③换上新保险丝；④测试电源电压；⑤将 PRIME/SPRAY（预备/喷涂）装换旋钮拧至 PRIME 位置；⑥替换延长电线；⑦让电机冷却并将欧恩图系统转移至温度较低的地方；⑧把喷涂系统送至有授权资质的维修中心进行维修
喷涂系统已经启动，但当把 PRIME/SPRAY（预备/喷涂）转换旋钮拧至 PRIME 位置时，喷涂时仍不抽涂料	①系统抽涂料不正常或不抽涂料；②涂料桶中涂料用完或者抽吸管没有完全浸入涂料中；③抽吸滤器阻塞；④入口阀处的抽吸管松了；⑤入口阀粘住；⑥输出阀粘住；⑦PRIME/SPRAY 塞住；⑧入口阀磨损或者损坏；⑨隔膜有故障；⑩液压油油位低或者液压油用完	①再次尝试让系统抽涂料；②将抽吸管插入涂料中；③清洗抽吸滤器组件；④清洗抽吸管接头并将其拧紧；⑤清洗入口阀；⑥清洗出口阀；⑦清洗出口阀并更换磨损部件；⑧更换入口阀；⑨把喷涂系统送至有授权资质的维修中心进行维修；⑩把喷涂系统送至有授权资质的维修中心进行维修

续表

故障名称	发生故障的原因	排除方法
喷涂系统抽涂料，但当振动喷枪扳机时压力下降。	① 喷枪喷嘴磨损；② 抽吸滤器阻塞；③ 喷漆或者喷嘴滤器塞住；④ 涂料的黏度太高或者涂料太粗糙；⑤ 出口阀组件脏或者磨损；⑥ 入口阀组件损坏或者磨损	① 更换新的喷枪喷嘴；② 清洗抽吸滤器组件；③ 清洗滤器或者更换合适的滤器（务必备有备用滤器，以便随时更换）；④ 稀释或者过滤涂料；⑤ 清洗或者更换出口阀组件；⑥ 更换入口阀
喷枪关不掉	① 入口阀或者出口阀阀球或者阀球座磨损；② 在阀球和阀座间有异物或者涂料积聚	① 把喷涂系统送至有授权资质的维修中心进行维修；② 把喷涂系统送至有授权资质的维修公司
喷枪泄漏	喷枪的内部件磨损或者脏	把喷涂系统送至有授权资质的维修中心进行维修
喷嘴组件泄漏	① 喷嘴的组装不正确；② 某一密封圈磨损	① 检查喷嘴的组装是否正确组装；② 更换密封圈
喷枪不喷涂	① 喷枪喷嘴、喷枪滤器或者喷嘴滤器堵塞；② 喷嘴处于清洗位置	① 清洗喷枪喷嘴、喷枪滤器或者喷嘴滤器；② 将喷嘴置放于 SPRAY 位置
喷雾出现拖尾巴	① 压力设置太低；② 喷枪喷嘴、喷枪滤器或者喷嘴滤器堵塞；③ 抽吸管入口阀处松动；④ 喷嘴磨损；⑤ 涂料黏度太高	① 增大压力；② 清洗滤器；③ 拧紧抽吸管配件；④ 更换喷嘴；⑤ 稀释涂料
热过载系统触发关闭喷涂系统	① 电机过热；② 外接加长电线太长或者规格太低；③ 涂料在电机上积聚；④ 喷涂系统处于压力下时电机被启动；⑤ 喷涂系统处在炙热的阳光下	① 使电机冷却 30min；② 使电机冷却 30min，并换用一些短的外接加长电线或者规格大一些的外接加长电线；③ 清洗电机上的涂料；④ 在 PRIME 模式下重新启动喷涂系统；⑤ 将喷涂系统移离阳光照射的地方

8. 喷斗

当以喷涂法涂装某些具有特殊质感的建筑涂料，例如复层建筑涂料、砂壁状建筑涂料等厚质建筑涂料时，常采用喷斗与空压机配套喷涂。喷斗是喷涂器具，空气压缩机为喷涂提供所需要的动力源，两者组合构成喷涂系统，缺一不可。

根据一次喷涂涂料颜色的不同，喷斗分为单色（一种颜色）喷斗和双色喷斗两种。采用双色喷斗一次可同时喷两种颜色的涂料，使两种颜色的斑点交错、重叠。这种斑点的交错与重叠呈近程无序、远程有序的特点，类似天然形成的效果，很富有装饰性。

第三节 辅助工具

一、脚手架

脚手架是墙面涂料或建筑物相关部位的涂料施工时的重要辅助设施，会间接或直接地影响工程质量、劳动效率和劳动安全等。内墙涂料施工时，由于距离楼层面的高度不大，因而使用的脚手架也比较简单，一般只需要使用梯子、高脚长条凳（相当于单排脚手架）等即能够满足涂装作业的要求。由于建筑物越来越向高层发展，层数不断增多，因而外墙涂料施工距离地面的距离随之增高，脚手架在涂料涂装作业中也就越来越重要。新建建筑物的外墙脚手架一般由建筑总承包单位统一准备，或者由装饰工程总承包单位负责。旧建筑物翻新涂装时，脚手架则由涂装公司准备，这种情况下使用最方便、省时、经济和灵活的是吊篮（吊脚手）。

1. 脚手架的种类与用途

脚手架的种类和用途见表 4-2；图 4-26 示出几种脚手架示意图。

表 4-2　脚手架的种类和用途

种类	用　途
双排脚手架	用于外墙装饰工程及养护、室内高部位装饰工程，是一种多用途的外墙脚手架，能够满足多种作业需要，这种脚手架一般需要架设的时间长。安全且涂饰作业效率高的双排脚手架是能在横脚手架上形成一条长走廊的脚手架。在双排脚手架上放上普通的脚手板就可以在上面操作，在结构上既要考虑强度、安全，又要考虑工种作业的使用性
单排脚手架	用于外墙轻型作业、养护等。一般用杉杆、竹竿等绑扎搭架，多用于堵洞、嵌缝、辊涂等轻型小量作业。往往不放脚手板，工人直接站在脚手架上操作。从安全与效率考虑，限于 5 层以下低层建筑使用
连墙脚手架	在施工场地狭窄无法搭架双排脚手架时，将单片脚手架连在墙、窗上或阳台扶手上等。用于外墙装饰工程
活动脚手架	使用于各种轻型作业、顶棚作业等。是一种简便、可移动的脚手台架，由踏板、扶梯、搭架等部分组成
悬挑脚手架	利用窗框、支柱、牛腿等联结组装的、只能承受一定重量的悬挑脚手架，只适用于中、低层建筑物的局部需要的情况，例如女儿墙、雨罩等的装饰。该喷涂机器设置在同一层楼的室内或阳台上，施工中要特别注意保证安全
脚手板	是在脚手架上操作和行走的踏板，分别用木、胶合板和金属等材料制作而成，不论使用什么材料，都必须有足够的强度并符合安全要求
梯子	梯子有双梯和单梯两种，这两种一般都可以由杉木或合金铝制成。双梯是自身支撑的，顶部有合页，高度不能大幅度变化。双梯有 5、7、9 和 11 挡等多种。单梯不能自身支撑，使用时需支撑于墙上

2. 使用脚手架应注意的问题

1）施工面和脚手架之间的距离

施工面和脚手架之间的距离因涂装涂料的品种、施工方法和使用机械工具的不同而有差异，但变化不会超过 30～50cm，一般情况下，脚手架和施工面之间的距离对于顶棚来说，主要考虑施工人员的身高与臂长，从安全和便于操作这两点来考虑，喷涂和辊涂各有其适合的距离。假定成年人的臂长为 70cm，既要考虑辊涂时臂的伸缩自如；又要考虑装进重量达 1.5～3kg 的涂料后，喷枪进行垂直喷涂和上下左右移动喷涂的作业，避免出现流淌、起泡和飞散污染环境等情况。对于不同的施工部位和不同的施工方法，建议的施工面和脚手架之间的距离如下。

（1）墙面施工

脚手架与上层脚手架的距离为 2.5m；喷涂施工时脚手架与墙面的距离为 40～60cm；辊涂施工时脚手架与墙面的距离为 40～50cm。

（2）顶棚施工

喷涂施工时脚手踏板与顶棚的距离为 1.6～1.9m；辊涂施工时脚手踏板与顶棚的距离为 1.9～2.2m。

2）脚手架使用过程中的安全因素

图 4-27 中示出使用活动脚手架应注意的问题。

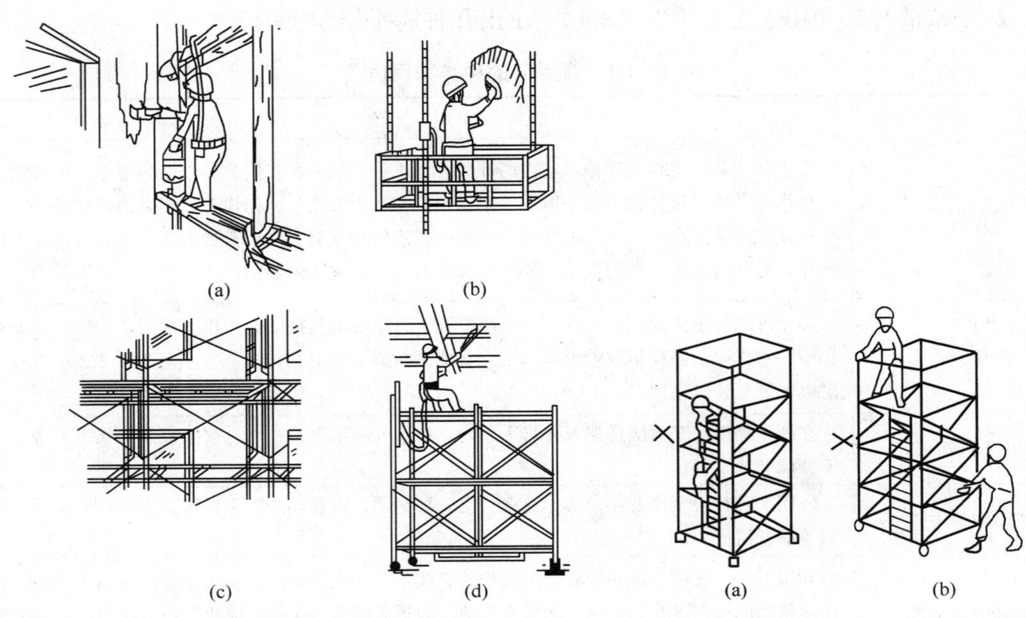

图 4-26　各种脚手架示意图

（a）单排脚手架；（b）吊脚手（吊篮）；（c）双排脚手架；（d）活动脚手架

图 4-27　使用活动脚手架应注意的问题

（a）不能同时有两人以上从一面上下；（b）不能载人移动

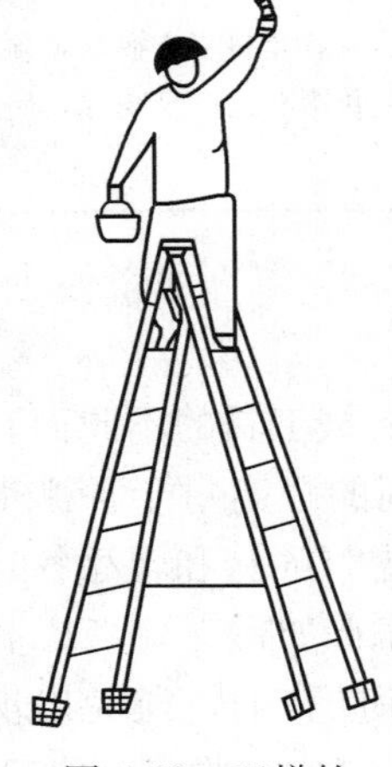

图 4-28　双梯的正确站法

3. 使用双梯和单梯应注意的问题

梯子是很简单的涂料施工辅助性工具，但使用时仍应注意安全问题。尤其是双梯，使用较多，下面提出一些使用时应注意的问题以作参考。

1）双梯自下往上的第二挡要有系索，将梯子的两面拉住，防止蹬开。

2）在打过蜡的地板上作业时，要用橡皮或摩擦性好的布包住双梯的四个腿，防止滑倒。

3）将两个双梯搭成跳板（脚手板）施工时，为了防止翻倒，跳板不能放在最高一挡。

4）在作业时双梯要四脚放平、放稳，不能有动摇或三脚着地一脚悬空的现象。双梯与地面的夹角不能超过 60°也不能小于 40°，角度过大或者过小，双梯都不稳。

5）单个双梯的最高使用挡数是从下向上的第三挡，人在双梯上必须站成双脚骑跨式，不能单面站立在双梯高挡上操作。同时，一个双梯只能供一人操作，如果多人同时在一个双梯上操作，则容易造成双梯的倾翻，如图 4-28 所示。

6）人在双梯上若左右方向的操作幅度不够时，应下来移动双梯后再进行操作。不能在高挡处用一只脚踩在墙上或其他物体上进行操作，以防倾翻。

7）在门前操作时不能直对着关闭的或没有上锁的门，以免有人进出时撞倒梯子。

8）使用单梯时必须支撑牢固，要求支撑的地面坚实，梯子的两脚应包扎橡皮防滑。梯子底部与墙面的距离为梯子工作高度的 1/40，距离太小（过陡）时，容易倾翻；大于该距离梯子可能有太大的颤动不易站立。登梯子时要面向梯子，双手抓住梯挡或梯框。作业时要始终用一只手抓住梯子。若必须用双手工作时，可用腿别住梯子横挡，身体不要离开梯子过远。身体伸离梯身时，不要手拿涂料桶，而要用钩子悬挂起来。

二、吊篮

吊篮又称吊脚手，因为现在的吊篮都是以电动控制操纵其上下移动的，所以也称电动吊篮，是由建筑物顶部垂下绳索上下移动，由屋面上的滑动小车左右移动。经事前周密安排，使用吊脚手可以使装饰工程顺利进行。吊篮主要用于外墙装饰工程、修补工程及养护作业等。

1. 吊篮的基本构成

吊篮是由篮框、悬挂机构、提升机、安全锁和钢丝绳五部分组成的。为了保证作业安全，通常还需配备安全绳。吊篮的篮框有钢结构和铝合金两种，钢篮框重量大，结构坚固、耐用，更适合于涂装工程。篮框一般有 1～3 节，每节长度 1.5～2.5m，吊篮宽度 0.65～0.8m，载重能力 400～800kg。吊篮的悬挂机构包括横梁、支架和配重等，分单臂和双臂吊篮。吊篮悬臂的前端不应超过 1.5m。也有不用支架的卡式吊篮，可根据工程需要选用。吊篮的安全锁分为下滑式和防倾斜式两种。

2. 在外墙涂装工程中的应用

由于以下一些原因，使吊篮成为外墙涂装工程中的重要工具。

1）通常新建工程工期较紧，外脚手架拆除的速度较快，或采用爬升架施工，抹灰后基层干燥时间不够，不能满足涂料施工对基层的湿度要求。在这种情况下，在外脚手架拆除之前依靠外脚手架处理基层、刮腻子，待脚手架拆除后再使用吊篮进行涂料的喷涂，施工能够取得较好的效果。

2）用吊篮进行涂料的涂装，使外脚手架可以不必等待基层干燥，减少脚手架的占用时间。外脚手架提前拆除后，室外工程可以尽快展开，与吊篮施工同步进行，使整体工序穿插利用更为合理。

3）一些涂料工序利用外脚手架施工易产生接槎与色差，例如喷涂复层涂料、真石漆和仿树脂幕墙效果涂料等。在外脚手架上喷涂时，一是受到外脚手架横立杆距离墙面较近对喷涂操作的不利影响（使得喷枪始终不能保持与喷涂面角度及距离一致），很容易出现接槎；二是一个大面从上至下分成多次施工，难免有新旧色差与接槎产生；三是在外脚手架上喷涂时受安全网遮挡，光线较差，难以发现施工接槎与色差，在喷涂完成并拆除脚手架后才发现问题。利用吊篮施工就很容易解决这些问题，因为吊篮能够按从上至下每道工序一次喷涂成功，不存在交叉污染，且施工时光线充足，缺陷一目了然，容易控制，涂装效果上下均匀一致。

4）一些高层建筑旧墙翻新涂装，搭脚手架费用较高，而且影响建筑物的正常使用，特别是对于宾馆、商场等营业性建筑物，采用吊篮施工相应降低了翻新费用并减少干扰，不需要中断营业。

5）使用吊篮施工能够更好地使用无气高压喷涂等先进的施工机具与涂装方法，并能够提高施工质量，省工省料。

3. 吊篮的局限性

有些情况不适宜采用吊篮进行外墙涂料的涂装，即吊篮的应用仍有一定的局限性。例如：

1）屋顶以上及局部有盖、少窗的采光井难以采用吊篮进行涂装；

2）坡屋顶及结构复杂、叠落式、多层或底层、圆弧形等异型建筑，使用吊篮施工需要频繁地搬移装卸吊篮，施工效率降低。

3）风力较大（超过 4 级）时，使用吊篮施工的危险性较大，不利于操作。6 级以上大风应停止施工，并将吊篮降落至安全位置固定好。

4）因为吊篮容易晃动，批底、嵌缝、放线、刮涂等作业不如在外脚手架上施工时方便与可靠。

5）需要专业人员安装操作，用电驱动设备，租赁或采购以及维修费用较高。设备数量受到限制，难以大面积同时施工，只能逐面进行。

6）施工时，涂料溅落，难免会对裙楼屋面、地面物品以及相邻部位造成污染。

4. 使用吊篮时的安全措施

使用吊篮施工时，应注意安全施工问题，可以采取一定的措施予以保证。常见的安全措施如下：

1）吊篮的质量应得到保证，吊篮应经过有资质的机构检测合格，否则不得使用。每台吊篮的靠墙侧面应安装防撞橡胶滑轮，上下运行时避免碰撞墙面突出部件。

2）吊篮的操作人员应经过专业培训、考核合格并取得特种作业人员上岗证，高空作业人员应购买保险。每个工地配备专业人员检查维修管理吊篮。使用专用配电箱，每天检查，定期维修，及时更换破损配件，保证吊篮运行正常。

3）有高血压、恐高症者不得进入吊篮，饮酒后不得进入吊篮，吊篮操作人员必须戴安全帽，系安全带，吊篮不得超载运行。

4）6 级以上大风及雨雾天气不得进行吊篮作业，并应做好相应的防风防雨措施。吊篮作业完毕后要降落至地面和安全地方，固定牢固，盖好电箱。

5）吊篮施工人员应配备对讲设备以便联络与调度，有故障时及时通报，每台吊篮作业人员宜 2～3 人配合。吊篮作业地面区域应设立警示标志并派专人值守。

三、涂料预处理器具

1. 手持式搅拌器

手持式搅拌器一般是自制的。自制时，采用手电钻或者冲击钻作为动力的转动源，在其夹头上夹持一根焊制的长杆搅拌叶片即成。长杆搅拌叶片长度一般在 50～90cm，杆要直（若有弯曲则摆动大，可能无法使用或者很容易损坏）。一般为叶轮式或圆盘式叶片，倾斜角 15°～30°，叶片长度 4～8cm。

2. 涂料过滤设备

涂料经过一定时期的贮存，往往可能出现分层、沉降、表面结皮或者其他现象，这类涂料经过手工或机械搅拌后，有时难以均匀或使涂料中混入某些机械杂质。若不加处理而立即予以涂装，必然会影响涂膜质量，在喷涂施工时还有可能造成喷枪或喷涂系统的堵塞。这种情况下采用过滤筛网过滤涂料是除去杂质、净化涂料的最好方法，过滤网筛一般是自制的。从五金或土产商店购买筛网布，将网布固定在金属质、塑料质或木质网框上即可。常见的网筛形式如图 4-29 所示。

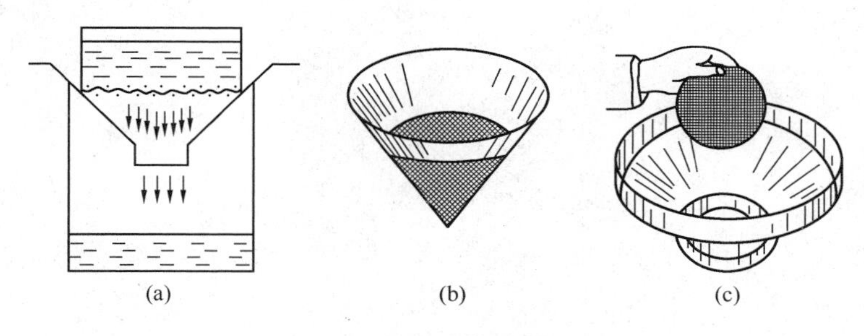

图 4-29　几种过滤网筛示意图

（a）漏斗式；（b）圆锥式；（c）漏壶式

筛网布以目数表示能够过滤去除杂质的细度，一般使用 60～80 目的筛网。对于高档涂料，也可以选用 120 目的筛网，但过滤速度慢或过滤困难。筛网的材质可选用钢丝网、尼龙丝网或不锈钢丝网。当网框用于水性涂料时，选择金属丝网要注意防锈，可选用铜网框、铝网框、不锈钢网框等。

四、其他辅助工具

1. 手持式电动打磨机

手持式电动打磨机是建筑涂装中常用的电动机具，是将砂纸、砂轮等打磨材料固定在电动的高速旋转的转轮上而制成。这类工具使用方便、打磨效率高，特别适合于打磨较坚硬的基层。

2. 空气压缩机

空气压缩机是许多喷涂设备施工时必须配备的气压源，其型号、品种较多，选择时应从压力和排气量考虑。压力一般要求高于 0.4MPa，排气量要大于 0.25m^3/min。为了移动和使用上的方便，工程量小时可采用单相（220V）的机型，并挑选运行平稳、噪声小的产品；反之，应使用排气量大的机型，一台空压机可以带多个喷斗。

3. 遮挡工具

遮挡也是涂装过程中时常遇到的问题。例如，在喷涂时需要对可能因喷涂而受到污染的邻近部位进行遮挡；在内墙面刷涂或辊涂施工时，需要对某些可能受到污染的装饰性线条、电器开关和踢脚板等进行遮挡；在外墙面的涂装中可能需要对分割缝进行遮挡。特别是喷涂施工，有时候遮挡工具就显得更重要。

对于一些体积小、形状复杂的不易用工具遮挡的部位，为了避免涂装时的污染，涂装时可以采取粘结胶带纸的方法。例如内墙面的装饰线条、外墙面的分割缝等；对于在喷涂时遇到的可能受到很大面积污染的情况，可以采取工具遮挡。

4. 涂料容器

涂料施工时需要使用适当的容器盛放涂料。一般情况下，涂装水性涂料时，以使用塑料漆桶为宜；涂装溶剂型涂料时，以使用金属类漆桶为宜。

第五章　外墙系统中饰面涂料施工技术

第一节　普通外墙面施工技术

一、外墙涂装的分类

1. 平涂涂装

平涂涂装是最常用的外墙涂饰方法，其优点是施工工艺简单，最传统的做法就是一底二涂，适合于对涂层使用寿命要求不高的建筑，即可经常进行涂装出新的场所。如一般工业厂房、平房、围墙、普通住宅等。通常选定的重涂出新期为5年左右，所以在选用面漆时标准可以低一些，但在底漆的选用上与其他涂装完全一致，要想有好的工程质量，涂好底漆是关键。近年来，对平涂外墙的基层平整性也提出了较高的要求，外墙腻子也在大量使用，由此产生的问题使平涂涂装变得复杂起来，因此选好腻子也是十分重要的。

2. 复层涂装

复层涂装是指通过多层涂膜复合形成的外墙涂饰方法，其优点是涂层质感丰富、色彩可变、装饰效果豪华等，同时，由于选用的质感材料具有的特殊性能，使涂层对建筑物起到很好的保护和装饰效果。常见的外墙复层漆是浮雕喷涂漆、拉毛弹性漆、仿石材真石漆、砂岩漆、水性仿花岗岩石漆等。涂层性能优异、适合范围广、使用寿命长久，适合于高档建筑的外墙装饰涂装。选择材料的基本依据是墙体状况、饰面效果、环境、使用年限及施工造价等，由于考量到使用寿命，除在选用优质面涂的同时，进一步做好底层处理这一关键工作，做到材料匹配一致，并兼顾到成本的最优化。复层涂料虽然一次性造价偏高，但如果能保证施工质量达到预期寿命的话，在面对人工成本大幅上升、重涂费用上升的环境下，从使用成本上看还是很有竞争力的。

二、外墙底漆施工问题

1. 底漆的类别与要求

1）底漆的作用

底漆目前已成为建筑涂料的重要涂装配套材料。底漆是介于外墙水泥砂浆与面涂之间的一道过渡涂层，具有加固基层、封闭底材和提高面涂附着力等作用。

2）底漆的种类

建筑用底漆的种类很多，有透明底漆、白色底漆、抗碱底漆、封闭底漆、渗透型底漆等。

(1) 按照分散介质的不同，底漆可分为溶剂型底漆、水性底漆。

(2) 按照产品外观的不同，底漆可分为透明底漆和白色底漆。透明底漆一般是未加颜料，施涂后能够清晰显现底材的透明清漆；白色底漆是含有颜料，施涂后涂膜具有一定遮盖力的底漆。

(3) 按照成膜物质的不同，底漆可以分为丙烯酸封闭底漆、有机-无机复合型封闭底漆、阳离子丙烯酸酯乳液封闭底漆等。

(4) 按照封闭机理，底漆可以分为渗透型底漆和成膜型底漆，前者为毛细管的渗透封堵作用，后者为涂膜的阻隔作用。

(5) 按照产品形态，底漆可分为单组分底漆和双组分底漆。双组分底漆主要是环氧类，实际中使用的绝大多数是单组分型底漆；环氧类双组分底漆主要用于与溶剂型氟碳漆涂装配套。

2. 性能与技术要求

(1) 性能要求对封闭底漆的性能要求见表 5-1。

表 5-1 对封闭底漆的性能要求

性能要求	意义表述
耐碱性和抗泛碱性	要求封闭底漆有很强的耐碱性是显而易见的，因为外墙基层材料基本上是以水泥和石灰等为主要材料，呈现高碱性，封闭底漆直接和这些材料接触，若耐碱性差则不能满足所应有的性能。 抗泛碱性使底漆能够阻隔来自结构墙体材料中的碱性物质向面漆膜中的迁移，保护面漆免受侵蚀作用
层间粘结力	封闭底漆是基层和后道涂膜直接的过渡层，因而封闭底漆涂装成膜后对于后道涂料要有很好的再涂性，能够很容易配套其后涂装的水性涂料或溶剂型涂料
易施工性	封闭底漆的施工和干燥最好能够有比较宽的气候条件范围，以便能够适应不同区域、不同季节的施工要求
抗盐析性	盐析现象是造成涂膜泛白发花的重要原因。盐析与泛碱密切相关，在水泥水化过程中产生的氢氧化物，当其迁移到底材表面与空气中的 CO_2 接触后，反应生成碳酸盐和水，水挥发后碳酸盐会在涂膜表面析出白色颗粒，在颜色深的涂膜表面更显眼，造成涂膜发花。此外，在涂饰工程中使用的水泥砂浆常常会使用高于标准要求的外加剂（大多数为盐类），随着基础水分的挥发，会将盐类带出并滞留在涂膜表面，造成涂膜发花。因而，要求底漆具有阻隔盐类物质迁移的能力，称为抗盐析性
较低的透水性	较低的透水性直接关系到抗盐析性和抗泛碱性。较低的透水性使外部水分不能进入底漆膜中和通过底漆膜迁移，这样墙体中的可溶性盐和碱性物质就不会带到面漆膜，达到保护面漆的目的

(2) 技术指标要求

JG/T 210—2007《建筑内外墙用底漆》对产品技术指标的要求见表 5-2。

表 5-2　JG/T 210—2007 对配套封闭底漆的产品质量要求

项　目	性能指标		
	外墙（Ⅰ类）	外墙（Ⅱ类）	内墙
容器中状态	无硬块，搅拌后呈均匀状态		
施工性	施工无障碍		
低温稳定性①	不变质		
干燥时间（表观）/h　≤	2		
涂膜外观	正常		
耐水性	96h 无异常		—
耐碱性	48h 无异常		24h 无异常
附着力/级≤	1	2	2
透水性/mL≤	0.3	0.5	0.5
抗泛碱性	72h 无异常	48h 无异常	48h 无异常
抗盐析性	144h 无异常	72h 无异常	—
有害物质限量	—	—	②
面涂适应性	商定（无油缩，起皱）		

① 水性涂料测试此项内容；

② 符合 GB 18582 的技术要求。

3. 水性和溶剂型外墙底漆的施工

1）透明乳胶底漆和水性白色抗碱底漆的施工

首先应按照产品说明书的稀释比例加水稀释，搅拌均匀后使用辊筒辊涂施工。若遇到平整度要求较高的工程如水性金属漆的施工，也可以喷涂施工底漆。

需要尽量控制施工的温度和湿度，当气温低于 5℃或者相对湿度高于 85％时，一般不宜施工。对于透明底漆，一般一道施工面积多在 10～12m^2/kg。如施工时底漆的体积固体含量在 10％～15％. 则底漆的膜厚计算值为 10～12μm。

对于 PVC 值为 30％的水性白色抗碱底漆，如设计配方的体积固体含量为 35％～38％，施工面积大概在 7～10m^2/kg，则底漆的膜厚计算值为 26～40μm。可见，白色底漆的干膜厚度是透明底漆的 3 倍左右。

理论上讲，一般透明底漆不含颜料，致密度较高，封闭性能优于白色底漆。但在实际工程中，白色抗碱底漆往往有较好的封闭性能，这正是因为其漆膜厚度较高的原因。对于透明底漆而言，不能为了增加施工面积而任意增加稀释比例。否则，漆膜太薄，达不到需要的封闭效果。

2）溶剂型底漆的施工

（1）单组分溶剂型透明底漆可采用喷涂或辊涂方法施工。严格按照涂料的施工涂布率，不宜施工得过厚或者过薄（过厚会影响附着力）。

（2）双组分溶剂型透明底漆严格按照配比进行配漆，充分搅拌均匀并静置适当时间进行施工，可采用喷涂或辊涂方法施工。同时，应注意配制好的双组分涂料的可使用时间，以免影响最终的漆膜效果，甚至胶化不能使用。

3）底漆施工注意事项

底漆施工时，应注意以下事项：

（1）除了严格执行合适的施工环境条件外，还应严格按照施工使用说明书进行稀释，不能随意增大稀释比例，如加水过多、或者稀释黏度过低，会很难保证干膜厚度和封闭性能。

（2）保证合理的施工重涂时间，根据气候条件，一般保证施工间隔在2～6h。

（3）底漆施工后应及时施工面漆。

（4）必须遵循确保层间附着力的原则进行产品搭配。首先是尽量避免在水性底漆上施工溶剂型面漆，此种配合一般会发生“咬底”现象。特别是将溶剂型面漆辊涂在透明封闭底漆上，“咬底”最为严重，底漆会受到较大程度的破坏。

另外还要避免在双组分的环氧底漆上施涂乳胶漆，以免造成面漆难以附着而产生脱落的现象。

（5）底漆不需打磨，要避免因打磨而将局部底漆层打穿的现象发生。

三、碱性偏大的基层的处理

水泥混凝土、水泥砂浆等在水化初期，因水泥水化反应而释放出大量氢氧化钙，呈高碱性。

随着基层施工后养护时间的延长，基层中水泥水化产生的氢氧化钙逐渐与空气中的二氧化碳反应生成碳酸钙，碱性逐渐降低，pH值逐渐降低到涂料施工时的要求值，视基层所处的环境温度，其养护时间一般需要3周。

1. 基层pH值的测定

对已经干燥的基层表面，在局部用水湿润约100cm^{2}的面积，然后，将一张测定范围为8～14的pH试纸贴在湿润的基层表面使之湿润。在5s内和pH值样板比较，读出pH值。对尚未完全干燥的表面，则直接将同样测定范围的pH值试纸贴在基层表面，使之湿润。在5s内和pH值样板比较，读出pH值。也可用pH试笔通过湿棉测定或者直接测定基层的pH值。

2. 碱性偏大的基层的处理

若因工期紧而在基层的碱性还没有降低到施工要求情况下进行涂料施工，则必须采取措施对基层进行降低碱性的处理，即采取中和基层碱性的方法来调整基层的pH值。例如，采用经过稀释的盐酸（2%～3%）、磷酸（1%～2%）、醋酸（5%）或硫酸锌（15%～20%）、氟硅酸锌溶液等中和基层的碱性。

基层用酸或酸式盐中和后，应再用水清洗基层表面的中和产物，然后测定pH值，符合要求后方可开始施工。

四、涂料实际用量的测算

一般的设计手册中给出了涂料用量的核算标准，但是与实际用量之间往往存在较大差距。在涂料实际用量的测算中应考虑以下因素。

1. 理论涂布量

理论涂布量主要以涂料的遮盖力测试结果为依据，是指涂料能够完全遮盖基层的最小用量，单位为 g/m^2。

2. 涂膜寿命

为了充分发挥涂料的保护性能，达到设计要求，涂膜首先必须连续完整。理论涂布量还不能达到完整连续的涂膜，所以使用寿命要求高时，涂料的实际使用量要增大。

3. 涂层图案

理论涂布量是以平面涂膜为基础的，而非平面涂膜由于表面积增大、凹凸部位挂料较多，使用量会增大。

4. 功能要求

对于有功能要求的涂膜，如弹性涂膜、厚浆涂膜和保温隔热涂料等，比一般涂膜的使用量增大。表 5-3 中给出一些涂膜的实际参考使用量。实际上，涂膜可能是表 5-3 所示种类，也可能只是由其中某几种涂料构成。

表 5-3　涂膜的实际参考使用量

涂膜种类	涂膜类别	用量/（g/m^2）
平面涂膜	封闭底漆	8～10
	底漆	4～8
	中涂料	4～5
	面涂料	4～6
	罩光面漆	6～8
非平面涂膜	封闭底漆	8～10
	底漆	4～8
	中涂料	0.5～2
	面涂料	2～5
	罩光面漆	3～6
功能性涂膜	封闭底漆	8～10
	底漆	4～8
	中涂料	4～5
	弹性面涂料	0.5～1.5
	厚浆涂料	0.5～1.5
	罩光面漆	6～8

五、旧墙面翻新涂装

旧墙面翻新涂装主要根据基层的状况和翻新涂装的要求确定。有时基层为涂料，损坏也不严重，翻新涂装的是一般的平涂类乳胶漆，这种情况下翻新涂装就很简单；有时基层损坏很严重，重涂要求又很高，这种情况下的翻新涂装从对基层的处理和重涂都需要给予高度重视；有时翻新涂装需要保留原有的装饰风貌，这种翻新涂装往往需要采取一些特殊措施。

1. 基层为损坏较轻的旧涂料墙面的翻新涂装

对基层为损坏较轻的旧涂料墙面的情况，涂膜可能已出现光泽下降，有微粉化、褪色和产生明显污染痕迹等。下面介绍在这类墙面上进行平涂乳胶漆的翻新涂装方法。

1）板刷等工具将附着在涂膜表面的污染物、浮浆和局部起皮的涂膜等清除干净，用铲刀清除墙面已经松动的腻子层。对于用铲刀无法清除的腻子层，可以用小锤子轻轻敲击，若无空鼓现象且敲击后仍不松动的地方，可以保留原有的基层。对于粉化的涂膜应彻底清除。

2）清洗墙面，用洗涤剂溶液将表面的浮尘、油污彻底清洗干净，再用高压水冲洗干净。

3）用外墙柔性耐水腻子对局部损坏部位进行完整修补，再找平整个墙面。

4）待腻子膜的碱性降低到 pH 值小于 10 后，涂刷一道封闭底漆，注意不要漏涂。

5）待封闭底漆完全干燥后，可按照正常的施工方法进行面涂料施工。

2. 基层为老化较严重的旧涂料墙面的翻新涂装

基层损坏严重的旧涂料墙面是指墙面普遍出现涂膜粉化、褪色现象，甚至有脱落、开裂等。下面介绍这类旧墙面的翻新涂装。

先将附着在表面的污染物、粉化层和脆弱旧涂层等用电动工具和手动工具彻底清除。然后用水冲洗干净，用高压水冲洗效率最高。

涂膜如有长霉、苔藓时，应在水洗前用漂白剂、防霉剂将有机质清除干净。涂膜如受油类污染严重时，应先用有机溶剂冲洗干净，再用水充分冲洗干净。

如基层有开裂、空鼓情况，应对开裂和空鼓进行可靠的修补；如果墙面出现渗水现象，应先进行可靠的防水处理。

经过上述处理后，可涂布封闭材料，再用聚合物水泥砂浆修补平整，然后用与旧涂料相同的涂料或者新确定的与旧涂膜结合良好的涂料进行翻新施工。

3. 基层为老化和损坏严重的旧涂料墙面的翻新涂装

对于老化和损坏严重的旧涂料墙面，再重新施工涂料，很难与旧涂膜附着牢固，在这种基层上施工的涂膜仍存在脱落的危险，因而必须将旧涂膜全部铲除。一般只用高压水冲洗的方法即可清除干净，必要时也可以电动砂轮等工具辅助。

旧涂膜清除后，可以使用聚合物水泥砂浆满批一遍整个基层。在这种基层上再进行新涂膜体系的施工。

如果钢筋混凝土基层出现钢筋锈蚀情况，则应将钢筋的锈蚀层清除掉，再涂刷防锈漆。然后，再进行基层处理，继而用聚合物水泥砂浆满批整个基层，进行新涂膜体系的施工。

4. 翻新涂装工程实例

1）工程概况和材料选用

（1）工程概况

某大学图书馆的外墙面为 50mm×200mm 的瓷砖饰面，面积约 9000m^2。经过 20 多年的使用，已发生老化，并存在部分脱落及空鼓现象。为适应学校整体建筑风格需要，对该外墙面进行整体改造。

改造施工要求不得影响学校的正常教学秩序，不得产生噪声、粉尘及其他污染，翻新涂装后要求外表美观、经久耐用。

外表美观是指将现有部分白色瓷砖改造为红色，保留原瓷砖分缝大小，并统一勾黑缝；经久耐用是指所使用材料的耐候性、耐久性优良，使用年限在 15 年以上。

（2）材料选用

面漆使用溶剂型氟碳面漆，由聚四氟乙烯树脂、脂肪族聚异氰酸酯、高耐候性耐温颜料、溶剂、助剂等组成；底漆为双组分环氧封闭底漆，环氧树脂、聚酰胺固化剂，溶剂及助剂组成。

2）涂料翻新涂装的基层处理

（1）将整个外墙瓷砖基面进行逐点检查，对瓷砖脱落、疏松及空鼓等部位进行标记并处理。

（2）对于原基面瓷砖局部脱落的部位，重新进行瓷砖粘贴、勾缝处理，恢复至原基面效果。

（3）对于原基面瓷砖疏松及空鼓的部位，将瓷砖全部剔除，以消除安全隐患。然后根据基材情况，重新刮涂抗裂砂浆并复合玻璃纤维网格布，重新恢复至原瓷砖外貌。

（4）局部修整完毕后，用自来水清洗整个瓷砖表面，以除去灰尘、油渍及附着物等，对于附着牢固的油渍及附着物等，采用氟碳漆稀释剂进行清洗。同时用防水型瓷砖勾缝剂对外观不平滑的瓷砖缝进行处理，以增加美观性。

（5）用 80～120＃砂布对瓷砖表面进行打磨毛化处理，以增加其表面粗糙度，并增强其层间结合力。

3）涂料翻新涂装施工工艺

（1）施工环氧封闭底漆

待基层养护 7d 以上、含水率不大于 10％后，将双组分环氧封闭底漆按规定比例混合搅拌均匀，并辊涂于处理好的基层上，起到抗碱及增加层间结合力的作用。涂刷时应自上而下、自左而右，涂刷必须均匀，尤其是阴阳角及瓷砖缝部位不能漏涂。

（2）施工氟碳面漆

待底漆干透后（24h 以上），将氟碳面漆的两组分按比例混合搅拌均匀，加入氟碳面漆配套稀释剂，然后静置熟化 15min。之后辊涂氟碳面漆，尽量避免交叉污染，待第一遍氟碳面漆干燥后（24h 后），对局部流挂等缺陷部位进行打磨处理，然后辊涂第二遍。

（3）描缝

待氟碳面漆干燥后，将瓷砖缝隙周围用 1cm 宽纸胶带保护好，用瓷砖描缝氟碳漆对整个瓷砖进行描缝处理，确保缝隙平直，最后去除胶带。

（4）局部修补

对整个墙面进行检查，对局部缺陷部位进行修补。

4）施工注意事项

（1）在空气湿度大于 70％、温度低于 5℃时不能施工，预计 24h 内有雨也不得施工。遇风沙、下雨或者风力大于 4 级的天气时也不宜施工。

（2）对不需要施工的窗户、管线、原外墙石材部分、空调等工程部位，应提前做好成品保护，防止污染。

(3) 在图书馆四周、出入口等地提前做好安全防护、成品保护等工作，在整个图书馆周围设置施工作业区隔离带，设置警戒线及警示牌，并设专人看护疏导。

(4) 一个工程所需的涂料应根据预定的施工方案备料。同一批号的产品应尽可能一次备足，防止由于批号不同造成色差，从而影响装饰效果并给施工带来不便。

(5) 应根据面积计算所需涂料用量，用多少配多少，否则剩余涂料会固化，造成浪费。

(6) 施工完毕后的所有工具应用相应的配套稀释剂清洗干净。

(7) 施工过程中请注意佩戴眼镜、手套、防毒门罩等防护用品，并尽量避免与皮肤接触，以减少有机溶剂对人体的伤害。

(8) 施工现场注意防火，严禁一切火源。

(9) 贮运条件：溶剂型涂料应贮存于温度为0～40℃的库房内。

避免阳光直射，远离火源、热源。

5) 质量验收

(1) 涂刷结束后，涂层厚度要符合要求；辊涂均匀，无遗漏，表面洁净、无色差；淋水后颜色无明显变化。

(2) 涂刷的墙面每500～1000m^2划分为1个检验批，不足500m^2的也划分为一个检验批。

(3) 涂层质量要求颜色均匀一致，无色差；无流坠、刷痕现象；

光泽均匀，平整光滑；涂膜总厚度达到（100±25）μm涂膜与基层附着牢固。

6) 工艺特点

这种翻新涂装无需剔除原有外墙瓷砖，节省人力物力，缩短工期，也避免产生大量垃圾和粉尘污染，施工难度低、安全系数高；涂料采用辊涂法施工，可减少喷涂噪声污染。这种翻新涂装方法可为瓷砖、马赛克、各种石材、水泥砂浆抹灰等外墙基面的翻新改造提供借鉴。

第二节　外墙外保温系统中饰面涂料的施工

一、外墙饰面涂料的选用

外墙涂料的选用首先要考虑建筑物的特征、颜色、风格和所处环境等问题，其次应考虑涂装耐久性要求，最后还需要从施工条件检查所选用的涂料是否能够便于施工等。近年来，建筑节能中外墙外保温材料得到大量应用，这对涂料的选用产生非常重要的影响。这里主要介绍外墙外保温系统表面装饰涂料的一些选用要求和方法等。

1. 我国建筑节能政策及其对饰面涂料的影响

1) 建筑节能的重要措施——隔热保温

建筑围护结构的保温隔热应包括墙体和屋面两个方面。就墙体的保温隔热来说，其措施基本分为外墙内保温、外墙外保温和墙体自保温等几个方面。外墙外保温措施是将保温隔热体系完全置于外墙外侧，隔断热量通过墙体在建筑物中传递的施工方法。外墙外保温措施的优势在于将保温隔热体系置于外墙外侧，从而使主体结构所承受的温差作用大幅度下降，温度变形减小，对结构墙体起到保护作用并可有效消除冷（热）桥，有利于延长建筑物的结构寿命。

2）外墙外保温对其饰面涂料性能的影响

由于外保温隔热体系被置于外墙外侧，直接承受来自自然界的各种因素影响，置于保温层之上的抗裂防护层，薄抹面在3～6mm之间，厚抹面为25～30mm。因保温材料具有较大的热阻，因此在热量相同的情况下，外保温抗裂保护层的温度变化速率比无保温情况时提高8～30倍。在夏热冬暖地区或部分夏热冬冷地区，对于使用聚苯板的外保温，保护层的温度在夏季可达到80℃，表面的温度变化可达50℃。因此对抗裂防护层产生更高的要求，当材料性能差或者施工质量有问题时，会导致开裂。因而，外墙外保温对其饰面涂料的应用会产生非常重要的影响。

（1）影响外墙涂料的性能要求

① 外墙外保温的广泛应用对外墙涂料的性能要求产生重要影响。首先是对涂料耐冷热冲击的要求提高。例如，膨胀聚苯板薄抹灰外墙外保温在夏热冬暖地区的夏季墙面所承受的温度变化冲击可达50℃。

② 由于外墙外保温的抗裂防护层开裂的可能性更大、概率更多，因而要求表面使用能够产生遮蔽裂纹功能的弹性涂料，例如，对于应用胶粉聚苯颗粒外墙外保温系统，按照JG/T 158—2013《胶粉聚苯颗粒外墙外保温系统》标准规定，涂膜需要满足一定的断裂伸长率指标。

③ 建筑涂料要能够满足一定的不吸水性和透气性要求。按JG 149—2003《膨胀聚苯板薄抹灰外墙外保温系统》标准规定，外墙外保温系统采用5mm厚的防护层，浸水24h，吸水量要求不大于500g/m^2。外墙外保温系统防护层和饰面涂层的水蒸气湿流密度要求不小于0.85g/(m^2·h)（规定水蒸气湿流密度的意义是要求涂膜具有一定的透气性）。对于外墙面，就吸水性来说，一般要求外饰涂层的吸水量低于防护层，即涂层吸水量要小于500g/m^2。这样才能确保比较少的水进入墙体；一般要求外层水蒸气湿流密度比内层高，也就是说外饰涂层的要求高于防护层，即涂层水蒸气湿流密度要远远大于0.85g/(m^2·h)。这样水蒸气才能畅通无阻地排出。这种吸水量和水蒸气湿流密度的技术指标，要求涂膜具有良好的不透水性、很低的吸水率和良好的透气性。

为此，我国的外墙外保温系统有关文件规定：为了有利于水蒸气在墙体中的扩散运动，外墙面层涂料的水蒸气渗透阻不应大于694（m^2·h·Pa）/g或者0.193（m^2·s·Pa）/g。关于吸水量和不透水性要求，弹性涂料、有光涂料、水性金属漆等一般均能满足要求。而相当部分外墙涂料达不到该要求，有些涂料要与某些底涂配合使用，才能达到要求。对于透水蒸气性来说，弹性涂料难以达到要求，硅树脂涂料等能符合水蒸气湿流密度的要求。对于外墙外保温体系，吸水量（拒水性）和水蒸气湿流密度（透气性）是要求同时满足的，所以要综合平衡。从拒水透气的角度看，JG 149—2003标准对外墙外保温饰面用涂料的要求比普通外墙涂料高得多，有些符合产品标准要求的外墙涂料却达不到此要求。涂层的透气性太差，容易造成表面色差，导致发霉和热工性能变差，甚至造成墙面不同程度的破坏。

（2）影响适用涂料的品种

JG 149—2003 规定，涂料必须与薄抹灰外保温系统相容。溶剂型涂料中的苯和甲苯等溶剂能溶解聚苯乙烯，醋酸丁酯和二甲苯等则能溶解聚氨酯。同时，溶剂型涂料的透气性差，其应用也会使系统的水蒸气湿流密度性能受到影响。因此外墙保温层的设置使溶剂型涂料的应用受到限制。

（3）影响涂料应用的技术

过去涂料施工面对的是坚实的水泥材料基层，如混凝土、水泥砂浆等，现在则是面对强度不高、但平整度相对较好的保温层基面，这就对涂料施工技术产生影响。

其一，处于外墙保温层的涂膜，在夏季将受到更高温度下的紫外线的强烈作用，以及更大的冷热冲击，这对以合成树脂为基料的涂料来说，其破坏尤为严重；夏季的持续高温对热塑型涂料的耐沾污性能也将产生不利影响，对涂料耐久性能产生负面作用。上述情况都对涂料的应用产生影响。

其二，外墙涂料的品种不同，则具有相应的不同涂层结构，例如复层涂料、仿金属幕墙、弹性外墙和普通外墙涂料等。不同的涂层结构使用腻子的品种和数量等都不同。外保温层的设置，既限制了涂料品种的应用，也对涂层结构产生相应要求。例如，JG/T 158—2013 要求涂层结构中的腻子为柔性耐水腻子，这样的限制，对腻子的品种和施工厚度等都会产生一定影响。可以说，在 JG/T 158—2013 的外保温层上是不能够使用普通外墙腻子的，直接限制了普通外墙腻子（包括通常的找平腻子、补洞腻子等）的使用。

3）外墙外保温所带来的供需关系概念的变化

JG 149—2003 所规定的外墙外保温系统是由粘结层、保温层（包括连接件）、薄抹灰增强防护层和饰面层组成的；JG/T 158—2013 所规定的外墙外保温系统是由界面层、保温层、抗裂防护层和饰面层组成的。构成每个系统所涉及的材料都有很多种。建工行业标准 JGJ 144—2004《外墙外保温工程技术规程》规定：“在正确使用和正常维护的条件下，外墙外保温工程的使用年限不应少于 25 年”。这不但要求组成系统的每一种材料能够满足标准规定的要求，而且要求各种材料之间应当相容，组成的系统能够满足标准规定的对外保温系统性能要求。在一些标准、规范和规程中都是将外保温系统作为一个整体考虑的，其设计和安装是遵照系统供应商的设计和安装说明进行的。系统供应商可以只生产其中一种或几种材料，但必须供应整套系统材料，而绝不能仅提供其中一种或者几种材料。系统供应商除了供应整套材料外，还应对外保温系统的所有组成部分做出规定。这里的概念是系统供应商，而不是材料供应商，两者概念完全不同。例如，不管系统供应商仅生产聚苯板薄抹灰系统的胶粘剂和抹面胶浆两种材料，还是多种材料，其向工程供应的都是整个外保温系统。

2. 外墙外保温标准中对饰面材料的要求与规定

涉及外墙外保温材料标准的建筑工业行业标准是 JG/T 158—2013《胶粉聚苯颗粒外墙外保温系统》和 JG 149—2003《膨胀聚苯板薄抹灰外墙外保温系统》；工程应用技术规程是 JGJ 144—2004《外墙外保温工程技术规程》和 GB 50411—2007《建筑节能工程施工质量验收规范》，这些标准或规程中均对外墙外保温的饰面材料做了明确规定。

1）标准 JG/T 158—2013《胶粉聚苯颗粒外墙外保温系统》的规定

（1）对外饰面的规定

根据标准JG/T 158—2013的规定，胶粉聚苯颗粒外墙外保温系统的外饰面形式仅有涂料（柔性耐水腻子+涂料）和面砖（粘结砂浆+面砖+勾缝料）两种。采用面砖饰面时，由于需要进行更可靠的抗裂与安全防护，造价相应提高。一般来说，不提倡使用面砖饰面，即使使用，也只限于建筑物下部的一二层。

（2）对涂料的技术要求

JG/T 158—2013规定，外墙外保温饰面涂料必须与胶粉聚苯颗粒外保温系统相容，其性能除应符合国家和行业相关标准外，还应满足表5-4的抗裂性要求。

表5-4 胶粉聚苯颗粒外墙外保温饰面涂料抗裂性能指标

项 目	指 标
平涂用涂料	断裂伸长率≥150%
连续性复层建筑涂料	主涂层的断裂伸长率≥100%
浮雕类非连续性复层建筑涂料	主涂层初期干燥抗裂性满足要求

2）标准JG 149—2003《膨胀聚苯板薄抹灰外墙外保温系统》的规定

（1）对外饰面的规定

根据标准JG 149—2003的规定，膨胀聚苯板薄抹灰外墙外保温系统的饰面材料为涂料。

（2）对涂料的技术要求

JG 149—2003没有对涂料的性能做具体规定，只是规定“涂料必须与薄抹灰外保温系统相容，其性能指标应符合外墙建筑涂料的相关标准”。

3. 外墙外保温饰面涂料的选用

外墙外保温系统在我国应用时间不长，对表面涂装建筑涂料的有些问题，目前还没有取得一致认识（如表面涂装高弹性涂料对系统透气性的影响）。一般认为外保温系统使用的涂料应透气好、防水、防裂（有适当的延伸性），同时有很好的耐久性。

1）从涂料的耐久性考虑选用

JGJ 144—2004《外墙外保温工程技术规程》规定，外墙外保温工程的使用年限不应少于25年。外墙涂料使用年限不仅与涂料本身的质量有关，还与基层、施工、使用环境条件和维护保养等因素有关，一般情况下为5～15年。应尽量选用耐久性好的外墙涂料。当使用彩色涂料时，应优先选择耐晒性、保色性好的无机色浆。选用有机色浆时，也应考虑其耐碱性、耐晒性、保色性等。

2）从涂料的颜色考虑选用

涂膜的颜色直接关系到对太阳热的吸收和反射。太阳照射到不透明的涂膜表面，一部分能量被吸收，一部分能量被反射，透过的能量极少，可忽略不计。

在夏热冬冷和夏热冬暖地区，应着重考虑夏天反射太阳能的问题。即希望涂施于外墙外保温的涂膜，在夏天能够更多地反射太阳能。而涂膜的颜色越浅，对太阳光的反射能力越强。因而，在条件允许时，应用于夏热冬冷和夏热冬暖地区外墙外保温系统中的饰面涂料，应优先选择对太阳光反射性能好的浅色涂料。相反，在寒冷和严寒地区，应着重考虑冬天吸收太阳能的问题。即希望涂施于外墙外保温的涂膜，在冬天能够更多地吸收太阳能。而涂膜的颜色越深，对太阳光的吸收能力越强。因而，在条件允许时，应用于寒冷和严寒地区外墙外保温系统中的饰面涂料，应优先选择对太阳光吸收性能好的深色涂料。

3）从涂料的拒水透气性考虑选用

JG 149—2003 规定，外保温系统的 3～6mm 厚防护层，浸水 24h 吸水量要≤500g/m²；外保温系统防护层和饰面涂层水蒸气湿流密度要≥0.85g/(m²·h)；JG 158—2013 则规定，外保温系统的 3～6mm 厚防护层，浸水 24h 吸水量要≤1000g/m²；外保温系统防护层和饰面涂层水蒸气湿流密度要≥0.85g/(m²·h)。

外墙面的吸水性要求一般是外层比内层低，也就是说外饰涂层要低于防护层，即涂层吸水量要少于 500g/m²，这样才能使比较少的水进入墙体。就水蒸气湿流密度来说，一般外层要求比内层高，也就是说外饰涂层要高于防护层，即涂层水蒸气湿流密度要远远大于 0.85g/(m²·h)，这样水蒸气才能畅通无阻地排出。

对于吸水量来说，弹性涂料、有光涂料和水性金属漆等一般能够满足标准要求。通常的普通乳胶漆不能满足要求，当多数涂料和性能优良的底涂配合使用时，则能达到要求。

涂层水蒸气湿流密度太低，轻者造成表面色差，重者导致发霉和热工性能变差，甚至不同程度的破坏。对于水蒸气湿流密度来说，弹性涂料难以达到要求。硅树脂涂料等能符合水蒸气湿流密度的要求。

当然，水蒸气湿流密度大小不仅与涂料有关，还与涂膜的厚度成反比。

对于外墙外保温体系，吸水量（拒水性）和水蒸气湿流密度（透气性）是要同时满足的，所以要综合平衡。从拒水透气的角度看，JG 149—2003 标准对外墙外保温饰面用涂料的要求比普通外墙涂料高得多，有些符合产品标准要求的外墙涂料却达不到此要求，有些可以通过与底涂等搭配的涂层系统予以解决。

4）从涂料的装饰效果考虑选用

涂膜的颜色、质感、光泽和线条等综合因素的作用结果就构成了建筑涂料的装饰效果。

其中，线条属于涂装设计范围。建筑涂料的色彩丰富，通常能够满足用户或者设计者的要求。除了一般颜色外，也可以通过添加金属光泽效果来增加涂膜的效果。还可以通过不同装饰效果涂料的搭配使用得到不同质感和花纹的涂装效果。例如，选用各种质感强的仿面砖、拉毛、仿大理石、仿花岗岩和浮雕涂料等。总体来说，从涂料的装饰效果考虑涂料的选用时，更主要是受制于设计师的设计。

4. 建筑涂料施工设计和施工验收规程

1）建筑涂料施工设计

建筑涂料在施工前，根据所用品种和被涂建筑物的特点，对建筑物进行必要的设计及建筑技术处理，能取得较好的涂装结果。

建筑涂料施工设计的目的是根据用户要求，针对建筑物和周围环境等特点，选用合适的建筑涂料，采用不同的色彩、质感、光泽、线条和分格等，进行合理的基层处理，采用合适的施工步骤，达到预期的涂装效果。

进行建筑涂料施工设计时应注意，外墙面不能作为流水的渠道；外窗盘粉刷层两端应粉出挡水坡端；檐口、窗盘底部必须按技术标准完成滴水线构造措施。对女儿墙和阳台的压顶，其粉刷面应有指向内侧的泛水坡度。分格线做成半圆柱面型，而不是燕尾型，以防横向分格线积灰，下雨时产生流挂。坡屋面建筑物的檐口应超出墙面，以防雨水污染墙面。

对于涂装面积较大的墙面，可作墙面装饰性分格设计。这既可以得到额外的装饰效果，又能够防止连续涂装过大面积所引起的基层开裂口。

对出墙的管道和在外墙面上的设备（如空调室外机组和滴水管），应做合理的建筑处理，以防安装底座的锈迹和滴水污染外墙。

屋顶最好有檐口，这样有利于降低外墙饰面污染。有檐口的外墙涂装工程，往往是比较干净和清洁的。

2）施工执行标准

建筑涂料的施工和验收所执行的技术标准为 JGJ/T 29—2015《建筑涂饰工程施工及验收规程》、GB 50210—2001《建筑装饰装修工程质量验收规范》。此外，各地还根据具体情况指定了一些地方性法规或规程，例如，上海市的 DG/TJ 08—504—2000《上海市工程建设规范外墙涂料工程应用技术规程》、北京市的 DBJ/T 01—107—2006《建筑内外墙涂料应用技术规程》等。

二、胶粉聚苯颗粒外墙外保温系统中平涂和拉毛弹性乳胶漆施工技术

外墙外保温系统中的饰面涂料，对于薄质平涂型涂料来说，和普通外墙面涂料涂装过程的差别主要在于基层处理。在外墙外保温系统中，由于墙面新施工保温层和抗裂防护层，在满足 JGJ 144—2004《外墙外保温工程技术规程》的情况下，基层不需要处理，即可直接施工涂料，涂料的施工变得相对简单。下面介绍胶粉聚苯颗粒外墙外保温系统中弹性乳胶漆的施工技术。与之类似的还有，膨胀聚苯板薄抹灰外墙外保温系统和保温砂浆外墙外保温系统中的弹性乳胶漆的施工技术，施工技术的差别主要是在保温层上。

1. 涂料饰面的胶粉聚苯颗粒外墙外保温系统施工技术

1）施工工艺流程

涂料饰面的胶粉聚苯颗粒外墙外保温系统施工工艺流程如图 5-1 所示。

2）施工操作要点

（1）施工准备

① 人员、材料准备

a. 熟悉工程图纸，计算和复核工程面积，根据工程量、现场施工条件和工期要求，制定施工方案，施工方案经甲方相关部门和监理单位审批后方可实施。

b. 计算材料用量，提出施工材料需求计划，确定材料供应商，基层墙体处理，组织施工材料按期进场。

c. 根据劳动力计划，组织合格人员分批进场并进行技术交底和进场安全教育。

d. 根据现场条件，合理布置施工机械、材料库房、运输通道。材料应分类标识，要求防水、防潮和防阳光直晒。

② 施工机具准备

a. 进场施工机械，检查其使用状况，要有专人操作，定期维修保养。

b. 检查现场安全设备、电气设备安全状况。检查施工用水、电的情况和施工条件的

验收。

c. 保温施工前脚手架要检查加固，以便于施工作业。

d. 劳保用品应配置齐全。

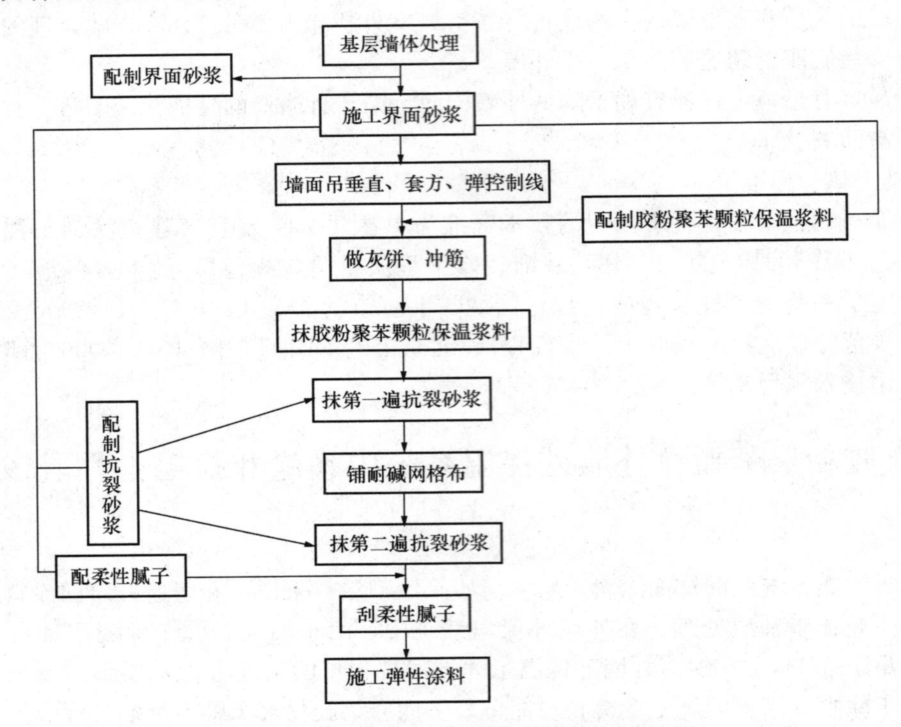

图 5-1 涂料饰面的胶粉聚苯颗粒保温浆料外保温系统施工工艺流程

c. 施工使用的机具和设备有：砂浆搅拌机，手提式低速电动搅拌器（额定转速 700～1000r/min)、搅拌头（可用 ϕ12 钢筋，长度 600mm，下部 150mm 处焊接四个用钢筋弯成半径为 75mm 的圆形叶片）、手推车、铁抹子、阴阳角抹子、托灰板、杠尺（铝合金杠尺长度 2～2.5m 和长度 1.5m 两种）、靠尺（2～3m)、方尺、水平尺、探针、卷尺、开槽器、垂线垂球、墨线、铁锤、刷子、电源线、动力线及照明线、铲刀、批刀、刮尺、铲刀、美术刀、400 目砂纸等。

③ 施工条件

a. 基层墙体应符合 GB 50204—2015《混凝土结构工程施工质量验收规范》和 GB 50203—2011《砌体工程施工质量验收规范》及相应基层墙体质量验收规范的要求，如基层墙体偏差过大，应抹砂浆找平。

b. 墙面严禁出现起砂、空鼓、开裂等现象，必须彻底清洗脱模剂、涂料、蜡等污物，并保持干燥。

c. 保温施工前，门窗框及墙身上各种进户管线、水落管支架、预埋管件等按设计要求安装完毕，并将墙上的施工孔洞堵塞密实，且抹灰到位符合要求。

d. 主体结构的变形缝应提前做好处理。

e. 施工时气温应高于 5℃，风力不大于 4 级。雨天不得施工且应采取必要的防护措施。

（2）基层墙面处理

墙面应清理干净，无油渍，浮尘等污染物，墙体表面应平整，凹凸不超过 10mm，墙面松动、风化部分应剔凿清除干净，并用水泥砂浆填补找平。

为使基层界面附着力均匀一致，墙面均应做到界面处理无遗漏。基层界面砂浆可用喷枪或辊刷喷刷。砖墙、加气混凝土墙在界面处理前要先淋水润湿，堵脚手眼和废弃的孔洞时，应将洞内杂物、灰尘等物清理干净，浇水湿润，然后按要求将其补齐砌严。

（3）墙面吊垂直、套方、弹控制线

根据建筑物高度确定放线的方法，高层建筑及超高层建筑可利用墙大角、门窗口两边以及经纬仪打直线找垂直。多层建筑或中高层建筑，可从顶层用大线坠吊垂直，绷铁丝找规矩，横向水平线可依据楼层标高或施工±0.000 向上 500mm 线为水平基准线进行交圈控制。根据调垂直的线及保温厚度，在大角两侧弹上控制线，再拉水平通线做标志块。

（4）做灰饼、冲筋

在距楼层顶部约 100mm 和距楼层底部约 100mm，同时距大墙阴角或阳角约 100mm 处，根据垂直控制通线做垂直方向灰饼（楼层较高时应两人共同完成），作为基准灰饼，再根据两垂直方向基准灰饼之间的通线，做墙面找平层厚度灰饼，每个灰饼之间的距离按 1.5m 左右间隔粘贴。灰饼需用胶粉聚苯颗粒浆料制作。待垂直方向灰饼固定后，在两水平灰饼间拉水平控制通线，具体做法为将带小线的小圆钉插入灰饼，拉上小线，使小线控制比灰饼略高 1mm，在两灰饼之间按 1.5m 左右间隔水平粘贴若干灰饼或冲筋。

每层灰饼粘贴施工作业完成后，水平方向用 5m 小线拉线检查灰饼的一致性，垂直方向用 2m 托线板检查垂直度，并测量灰饼厚度，冲筋厚度应与灰饼厚度一致。用 5m 小线拉线检查冲筋厚度的一致性，并作记录。

（5）胶粉聚苯颗粒保温浆料保温层施工

① 胶粉聚苯颗粒严格按照材料厂家说明书提供的配比进行配料并搅拌均匀，需随浇随用，在 4h 内用完。

② 将界面砂浆均匀批刮于墙面上，不得漏批，拉毛不宜太厚。

③ 界面砂浆基本干燥后，即可进行保温浆料的施工，保温浆料应分层作业施工完成，第一遍保温层厚度不大于 15mm，以后每遍抹保温浆料厚度不大于 20mm。每层施工间隔 24h。每遍施工厚度以 15～20mm 为宜。最后一遍留 10mm 左右，保温浆料最后一道施工厚度要抹至与标准贴饼相平。涂抹整个墙面后，用大杠在墙面上来回搓抹，去高补低，最后再用铁抹子抹一遍，使表面平整、厚度一致。

④ 保温层修补应在最后一道施工 2～3h 之后进行，施工前应用杠尺检查墙面平整度，墙面偏差应控制在 2mm 之内。保温层抹灰时应以修为主，在凹陷处用稀浆料抹平，在凸起处用抹子立起来将其刮平，最后用抹子分别再赶抹墙面，先水平后垂直，再用托线尺、2m 杠尺检测，直至达到验收标准。

⑤ 保温施工时，在墙角处铺彩条布接落地灰，落地灰应及时清理，将落地灰少量分批掺入新搅拌的浆料中及时使用。

⑥ 阴阳角找方、门窗侧口、滴水线应按下列步骤进行。

a. 用木方尺检查基层墙角的直角度，用线坠吊垂直检验墙角的垂直度。

b. 保温浆料面层大角抹灰时要用方尺压住墙角浆料层上下搓动，抹子反复检查抹压修补，基本达到垂直，然后用阴、阳角抹子压光，以确保垂直度偏差≤±2mm，直角度偏差≤±2mm。

c. 门窗口施工时应先抹门窗侧口、窗台和窗上口，再抹大面墙。施工前应按门窗口的尺寸裁好单边八字靠尺，做门窗应贴尺施工以保证门窗口处方正。

(6) 抗裂砂浆层施工保温层固化干燥5～7d后，方可进行抗裂砂浆保护层施工。耐碱网格布长度不大于3m，尺寸预先裁好，应剪掉网格布包边。

抹抗裂砂浆时，厚度应控制在3～4mm，抹宽度、长度与网格布相当的抗裂砂浆后应按照从左至右、从上到下的顺序立即用铁抹子压入耐碱网格布。在窗洞口等处应沿45°方向提前增贴一道400mm×300mm网格布，如图5-2所示。耐碱网格布之间搭接宽度不应小于50mm，严禁干搭接。阴角处耐碱网格布要压茬搭接，其宽度≥50mm；阳角处也应压茬搭接，其宽度≥200mm。耐碱网格布铺贴要平整、无褶皱，砂浆饱满度达到100%，同时要抹平、找直，保持阴阳角处的方正和垂直度。

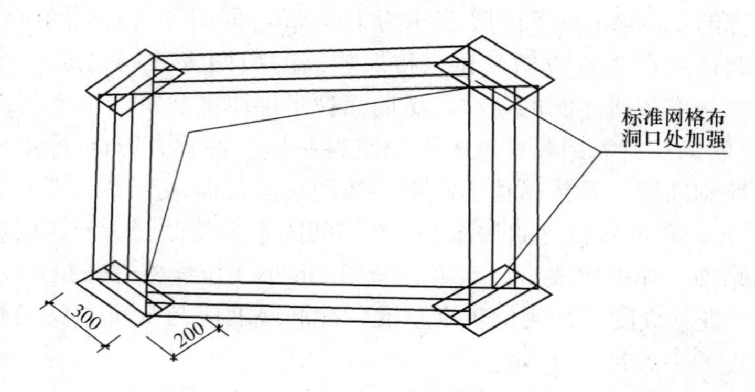

图5-2　网格布铺贴示意图

首层墙面应铺贴双层耐碱网格布，第一层铺贴网格布，网格布与网格布之间采用对接方法，严禁网格布在阴阳角处对接，对接部位距离阴、阳角处不小于200mm。然后进行第二层网格布铺贴，铺贴方法如前所述，两层网格布之间抗裂砂浆应饱满，严禁干贴。

建筑物首层下部外保温应在阳角处双层网格布之间设专用金属护角，护角高度一般为2m。在第一层网格布铺贴好后，应放好金属护角，用抹子在护角孔处拍压出抗裂砂浆，抹第二遍抗裂砂浆，包裹住护角，保证护角安装牢固。

抗裂砂浆抹完后，严禁在此面层上抹普通水泥砂浆腰线、口套线等，严禁刮涂刚性腻子等非柔性材料。

(7) 弹性乳胶漆饰面层施工

① 涂刷弹性底涂

在抗裂层施工完2h后即可涂刷弹性底涂，通常使用辊筒辊涂即可。辊涂应均匀，不得有漏底现象。

② 施工柔性耐水腻子

应分多道施工柔性耐水腻子。第一道局部修补坑洼部位；第二道进行满刮；第三道在耐水腻子处于表干状态时，用零号砂纸打磨；第四道要求满刮；第五道在耐水腻子处于表干状态时，用零号砂纸打磨。若平整度达不到要求，再分别增加一道刮腻子和打磨工序，直至达到涂料施工的平整度要求。

③ 底漆施工

涂刷应采用优质短毛辊筒、上底漆前做好分格处理，墙面用分线纸分格代替分格缝。每次涂刷应涂满一格，避免底漆出现明显接痕。底漆均匀涂刷1～2遍，完全干燥12h。

④ 面层弹性乳胶漆施工

涂料底漆完全干透后，用造型辊筒辊面漆时用力均匀，让其紧密贴附于墙面，蘸料均匀。

面层弹性乳胶漆施工道数根据涂膜设计厚度要求确定，施工道数以达到涂膜设计厚度要求为准，一般为两道或三道。

3）施工质量要求

（1）质量控制要点

① 基层处理。基层墙体垂直、平整度应达到结构工程质量要求。墙面清洗干净，无浮土、无油渍，空鼓及松动、风化部分应剔掉，界面均匀，粘结牢靠。

② 胶粉聚苯颗粒粘结浆料的厚度控制与聚苯板平整度控制。要求达到设计厚度，墙面平整，阴阳角、门窗洞口垂直、方正。

③ 抗裂砂浆的厚度控制。抗裂砂浆层厚度为3～5mm，墙面无明显接茬、抹痕，墙面平整，门窗洞口和阴阳角垂直、方正。

④ 外墙外保温施工过程中涂料饰面系统不留控制温差变形的分格缝。系统具有一定的柔性，无需再设置应力集中释放区。若装饰需要分格时，可用涂料画出装饰分格线。

a. 分格缝设置过程中势必要切断耐碱玻纤网格布或在网格布的附近形成断头。倘若在切断网格布或形成断头部位处理不当就会造成开裂渗水。不作分格缝处理，可以保证网格布的完整性避免上述渗水现象发生。

b. 保温面层上设置分格缝，由于抗裂砂浆黏稠度较大，表面用铁抹子修补较为困难，若加大水泥含量，易造成局部开裂，从而影响整个施工质量。

c. 若选用预制分格条，其与抗裂砂浆的线膨胀系数及方向不同，易发生拉裂。

（2）质量验收质量验收符合DBJ 01—97—2005《居住建筑节能保温工程施工质量验收规程》的规定。验收方法见表5-5。

表5-5　胶粉聚苯颗粒保温系统允许偏差及验收方法

项次	项　目	允许偏差/mm	检验方法
1	立面垂直度	4	用2m垂直检查尺检查
2	表面平整度	4	用2m靠尺和楔形塞尺检查
3	阴阳角方正	4	用直角检查尺检查
4	分格条（缝）平直	4	拉5m小线和尺量检查
5	保温层厚度	+4	用探针，刚尺检查

4）安全和环保措施

（1）安全措施

① 成立以项目经理为第一安全负责人的安全领导小组，制定安全生产责任制，做到

层层管理、层层落实，管理人员轮流值班上岗。

② 进入现场前，对工人进行安全技术交底和安全培训工作。对施工机械、吊篮等操作进行培训，专职安全员做好安全检查工作。

③ 使用机具设备和手动工具，要符合安全用电规章制度及 JGJ 46—2005《施工现场临时用电安全技术规范》。

④ 进入施工现场施工时，要加强劳动安全防护，戴好安全帽，系好安全带，施工现场严禁吸烟，严禁酒后施工。

⑤ 搭设、拆除脚手架时，应持证上岗，严禁在脚手架上堆放杂物，做到工完场清。

⑥ 吊篮施工限定人员数量，防止过载，不是吊篮组装和升降操作人员，不准私自操作。

（2）环保措施

① 加强环境保护宣传、教育，增加施工人员的环保意识和自觉性。

② 施工现场周围有围护设施，凡进入施工现场的人员必须遵守安全生产和环保施工纪律。

③ 各类物资、材料堆放整齐，废弃物要及时清运，按指定地点堆放，注重区域卫生。

④ 施工现场必须工完场清。设专人洒水、打扫，不能扬尘污染环境。

⑤ 有噪声的电动工具应在规定的作业时间内施工，防止噪声污染、扰民。

⑥ 爱护和保护好施工成品，坚决制止乱砸、乱割、乱喷、乱画、乱抓的五乱现象。

2. 弹性外墙乳胶漆施工质量问题及其防治措施

弹性外墙乳胶漆在施工时有可能因为涂料质量的原因，出现施工质量问题，这些问题在施工前可通过适当的措施避免。下面针对一些常见的施工质量问题，分析其可能出现的原因，并介绍相应的防治措施。

1）施工过程中可能出现的质量问题

（1）流挂（流坠、流淌等）

① 问题出现的可能原因

a. 涂料黏度低；

b. 涂层过厚；

c. 涂料中颜、填料的用量不足；

d. 施工时，温度太低、湿度大；

e. 喷涂施工时，喷枪与墙面距离太近，或涂料未搅匀，上层涂料过稀。

② 可以采取的防治措施：

a. 要求涂料的黏度合格，颜、填料的配比适当，并在施涂前一定要搅拌均匀；

b. 施工温度 5℃以上，相对湿度小于 85%；

c. 涂料每道不可涂装太厚，施工工具（刷子或辊筒）每次蘸料量不可太多。

（2）涂膜遮盖力不良

① 问题出现的可能原因

a. 涂料本身的遮盖力不良；

b. 涂料黏度低；

c. 对于有沉淀分层的涂料涂装前没有充分搅拌均匀；

d. 底漆或腻子层与面涂料的颜色差别较大。

② 可以采取的防治措施

a. 选用遮盖力（对比率）符合质量标准要求的涂料；

b. 对于有沉淀或分层的涂料在涂装前要充分搅拌均匀；

c. 调整底涂料或腻子的颜色尽量一致，或者多涂装一道面涂料。

2）施工后出现的涂膜病态

（1）涂装后短期内即有变色或褪色现象

① 问题出现的可能原因

a. 涂料中所用颜料耐光性、耐碱性差，或者不抗粉化；

b. 基料耐候性差；

c. 涂料耐老化不合格。

② 可以采取的防治措施

a. 涂料生产时要选用耐候性好的基料和颜料；

b. 选用耐老化试验合格的涂料。

（2）涂膜发花

① 问题出现的可能原因

a. 涂料本身有浮色；

b. 涂料中颜料分散不好；

c. 涂膜厚薄不均；

d. 基层表面粗糙程度不同，或基层碱性过大；

e. 涂装彩色涂料时基层潮湿，涂膜干燥时，基层中的碱随水分透过涂膜而留在涂膜表面。

② 可以采取的防治措施

a. 生产涂料时要选用质量好的合适的颜料，并使其在涂料中分散良好，提高涂料的黏度；

b. 很好处理基层，可进行底涂封闭，要求基层含水率不大于10%，pH值不大于10。施涂时应涂刷均匀，厚薄一致；

c. 在涂料中适当地加入防浮色、发花助剂，并充分搅拌均匀。

（3）涂膜泛碱

① 问题出现的可能原因

a. 水泥基材未干透即进行施工，基层含水率高，碱性大；

b. 基层没有进行很好的封闭处理，使基材中的可溶性盐类容易迁移到涂膜表面；

c. 墙体进行批刮腻子处理时，使用的腻子耐水性差、碱性强，且腻子未干透即涂装涂料；

d. 使用的涂料档次低、性能差，可溶性盐类容易透过涂膜而迁移至表面。

② 可以采取的防治措施

a. 待墙体干透再施工，涂装涂料时，基层条件应符合施工规范要求；

b. 使用性能好、封闭性强的耐碱封闭底漆对基层进行封闭处理；

c. 使用高性能的腻子，例如：强度高、抗渗、防裂外墙腻子等；

d. 使用性能符合国家标准要求的外墙涂料。

(4) 涂膜开裂

① 问题出现的可能原因

a. 施工时气温低于涂料的成膜温度;

b. 基层处理不当,如墙面的开裂等;

c. 第一道涂膜未干,急于进行第二道施涂。

② 可以采取的防治措施

a. 不能在5℃以下的气温中施工,若因工期紧而必须施工时,应对涂料进行特殊处理,例如适当加入防冻剂和成膜助剂等,并配合气候情况,在一天的最高气温时施工;

b. 处理好基层,最好不使用水泥腻子;

c. 第二道涂层,必须在第一道干燥后进行涂装。

(5) 涂膜起皮、脱落等

① 问题出现的可能原因

a. 涂料本身成膜不好;

b. 涂料中颜料和填料含量过高、基料用量低(即PVC值过高,超过CPVC);

c. 基层疏松或不干净;

d. 进行基层找平时用的腻子粘结强度低,并在腻子未干时就施涂涂料;

e. 基材过于平滑,附着力不好。

② 可以采取的防治措施

a. 施工温度应在5℃以上;

b. 生产涂料时选用合适的颜料-基料比;

c. 处理好基层,使其符合涂刷要求;

d. 找平层施工时选用质量符合要求的腻子。

(6) 墙面涂层开裂、卷皮、脱落

① 问题出现的可能原因

a. 涂料本身耐水性差、耐热性差;

b. 腻子耐水性差。

② 可以采取的防治措施

a. 选用质量符合国家标准GB/T 9756—2009要求的涂料;

b. 选用质量符合JG/T 157—2009《建筑外墙用腻子》的腻子,如膏状丙烯酸腻子、双组分的聚合物乳液水泥腻子和单组分的可再分散聚合物粉末水泥腻子等。

3) 避免涂料施工时出现色差的措施

为了达到理想的装饰效果,涂装时必须避免色差,一般可采取如下措施。

(1) 一幢建筑同一墙面应采用同一批号的建筑涂料,对于大型的高层建筑,争取在尽可能快的时间内涂装完毕。

(2) 工程所用涂料应按品种、批号、颜色分别堆放。当同一品种同一颜色、批号不同时,应一并倒入大型容器中搅拌均匀,确保一幢建筑同一墙面所用涂料不产生色差的条件下才能使用。

(3) 当同一墙面有贯穿到两边的不同颜色涂料涂刷的分格线时,至少在同一分格区内采用同一批号建筑涂料。

(4) 当采用多层的涂层结构时，至少同一墙面整个面涂层使用同一批号涂料。

(5) 尽量采用双排脚脚手架或吊篮施工，以彻底避免脚手架孔洞修补造成色差。

(6) 如确需对脚手架孔洞等进行修补时，基层所用的材料要和原来材料相同，基层平整度等也与周围一致，并在尽可能短的时间内，采用与原来同批号的涂料修补。

4) 弹性乳胶漆膜能够撕下来的原因及解决措施

弹性乳胶漆膜与基层（或者与腻子膜）的粘结强度不能太高。否则，在基层出现裂缝时，涂膜与裂缝处没有出现脱开，涂膜因出现“零挡伸长”而被裂缝拉断，丧失了应有的遮蔽裂缝的功能。

但是，弹性乳胶漆膜与基层（或者与腻子膜）的粘结强度也不能太低，否则，涂膜有成片脱落的危险。

(1) 涂膜能够撕下来的原因

由于弹性乳胶涂膜的拉伸强度较高（JG/T 172—2014《弹性建筑涂料》规定涂膜的拉伸强度≥1MPa）。往往高于其与基层的粘结强度，所以能够撕下来。这种现象对于有光、高光乳胶漆特别明显，对于亚光乳胶漆不明显，甚至于拉伸强度与粘结强度基本相同，因而不能撕下来，而是一撕就碎。

(2) 解决措施

弹性乳胶漆的这种现象并非是无法改变的。例如，通过合适的底涂及基层处理，或者通过在生产乳胶漆时，将弹性乳液和普通乳液拼用，都能够改变这种情况。

3. 弹性乳胶漆工程的维护和翻新

为了延长弹性乳胶漆工程的使用寿命，使弹性乳胶漆工程在计划使用期限内具有应有的装饰效果，在使用过程中必须进行定期维护。

对于仅被污染而影响装饰效果的涂装，可采用一定的方式清除污染。例如，用洗涤剂清洗、用自来水冲洗等。

若泛水、滴水线和屋檐等损坏时，应及时修复，以免造成涂膜污染。

当出现粉化、明显褪色或较严重污染，甚至有极少量剥落等缺陷时，可在进行清洗和局部修补后，重涂翻新。要在不需要铲除旧涂层的情况下，及时进行这种维修翻新，这种情况下的处理是最方便经济的。

4. 外保温工程中拉毛弹性乳胶漆的涂装

弹性拉毛涂料的施工是在弹性乳胶漆施工的基础上，使用拉毛辊筒拉出毛疙瘩，并根据设计要求决定是否压平、是否罩光等，这里仅介绍这类涂料的施工工序和操作技术要点。

1) 腻子施工

拉毛涂料属于厚质涂膜，批刮腻子时只需对明显的凹凸处进行批刮，进行大致找平，不必像薄质涂料那样严格要求平整和多道批刮。

2) 涂料施工

(1) 施工工序拉毛涂料的施工工艺如图 5-3 所示。

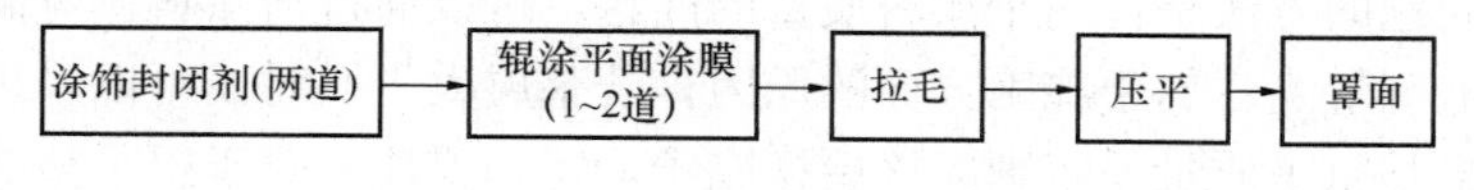

图 5-3 拉毛涂料的施工工艺

其中，压平和罩面工序需要根据涂层设计的风格要求而确定。

（2）操作要点

待腻子层完全干燥（约需 24h）后，用羊毛辊筒辊涂耐碱封闭底漆两道，中间间隔时间为 2h。待底涂干燥后，辊涂 1～2 道涂料，要注意涂刷均匀，不要漏涂，但涂后不必再用软纹排笔顺刷。涂层干燥后，再辊涂待拉毛的涂料。在该道涂料表干之前，使用特殊的海绵辊筒或者刻有立体花纹的拉毛辊筒进行拉毛（或者辊压出相应的花纹）。拉毛涂层干燥后，根据要求确定是否进行压平或罩光。

（3）施工注意事项

① 辊筒的辊拉速度和用力都要均匀，这样才能使毛疙瘩显露均匀、大小一致。辊涂和拉毛操作最好两人配合进行。一人辊涂，一人拉毛。

② 若需要压平，则要等待涂层表干后进行。一般使用硬橡胶光面辊筒进行压平，也可以使用金属抹子进行压平。为了防止压平工具上黏附涂料，操作时可以蘸有机硅油或者 200# 溶剂汽油进行压平。

③ 涂膜若需要表面罩光，则需要等待涂层实干后，采取辊涂或喷涂方法进行罩光。

（4）其他问题

施工环境与薄质合成树脂乳液外墙涂料（外墙乳胶漆）的要求相同。

3）施工质量要求

拉毛涂料目前尚无法定的验收质量标准。但是，国家标准 GB 50210—2001《建筑装饰装修工程质量验收规范》对美术涂饰工程的质量验收作出质量要求，并分为主控项目和一般项目，因为拉毛涂料也属于一种美术涂饰，所以列于这里作为参考。美术涂饰工程的主控项目如下：

（1）美术涂饰的图案、颜色和所用材料的品种必须符合设计要求。

检验方法：观察检查、检查设计图案、检查产品合格证书、性能检测报告、进场验收记录及复检报告。

（2）美术涂饰工程必须涂饰均匀、粘结牢固，严禁偏涂、起皮、掉粉和透底。

检验方法：观察检查。

（3）基层处理质量应达到本规范和工艺标准的要求。

检查方法：观察检查；手摸检查，检查隐蔽工程验收记录和施工自检记录。

4）施工容易出现的问题及其防治

（1）涂膜气孔多

这是弹性拉毛涂料经常容易出现的问题。从涂料质量方面来说，其原因是该类涂料的黏度高、涂料中的乳液用量大，乳液中大量的表面活性剂带入涂料中，在涂料的生产、运输和施工等的机械作用下容易产生气泡。当生产乳胶漆时，如果消泡剂选用的不好，在施工时尤其会出现气孔多的现象。

从施工方面来说，如果基层过于干燥、腻子的质量差等，都容易出现气孔多的问题。

解决这类问题的方法是：属于涂料质量的问题，可以通过与涂料供应商协商，在施工时加入高效消泡剂解决；属于施工方面的原因，若基层太干燥时，可以采用施涂封闭剂的方法解决；如果是腻子质量差，则应该更换腻子，特别要注意对于很平整的基层，最好不满刮涂腻子，而只局部找平即可。

（2）辊涂时飞溅在平面

辊涂或者拉毛时，随着辊筒的运动会溅出很多涂料。产生该问题的原因主要是乳胶漆的质量不好，乳胶漆的流变性能没有调整到适合于辊涂的范围。

从施工方面来说，辊涂时辊筒蘸漆过多或者过度辊涂，都可能造成一定程度的飞溅。

第一，为了避免飞溅，应当选用优质乳胶漆。第二，掌握正确的辊涂方法也很重要，如辊筒蘸漆量适中、辊涂适度等。第三，如果选用弹性适度的优质辊筒，能够有助于减少飞溅。

（3）涂膜流坠

涂料在辊涂后，出现流挂现象。拉毛涂料是厚质涂料，如果没有正确地掌握辊涂、拉毛技术，可能会在施工前对涂料进行加水稀释，这有可能会导致涂料流挂。此外，涂料生产时没有采用正确的增稠体系，如没有使用触变型增稠剂，也是造成流挂的原因。

显然，首先，要使用优质乳胶漆进行拉毛涂装；其次、注意在施工时对涂料不能加水稀释。

三、膨胀聚苯板薄抹灰外墙外保温系统中真石漆的施工

1. 膨胀聚苯板薄抹灰外墙外保温系统施工技术

1）材料种类及其性能要求

膨胀聚苯板薄抹灰外墙外保温系统组成材料主要有胶粘剂、膨胀聚苯板、抹面胶浆、耐碱网格布、锚栓、真石漆和嵌缝材料(建筑密封膏)等，所用材料必须满足建工行业标准JG 149—2003和现行有关国家标准、行业标准的要求，并不得含有有毒、有害物质和国家标准规定的对环境会产生严重影响而淘汰的材料。部分材料的现场验收标准见表5-6。

表5-6　部分材料的现场验收标准

材料种类	验收标准
胶粘剂	产品外观：粉料无结块，基料无沉淀。包装：包装完好，标签清晰。重量：与包装上标示的重量数目相符合
抹面胶浆	产品外观：粉料无结块，基料无沉淀。包装：包装完好，标签清晰。重量：与包装上标示的重量数目相符合
耐碱网格布	标准型：单位面积质量≥130g/m^2
其他	按照GB 50300—2013《建筑工程施工质量验收统一标准》要求进行验收

参照材料性能指标的要求，按照相关的行业标准或者企业标准，根据国家有关标准的规定或监理的要求，在工地材料中现场抽样送当地有资质的法定计量检验单位进行产品质量检验。抽检材料和检验项目见表5-7。

表5-7　工程现场抽检材料和检验项目

抽检材料	检验项目
膨胀聚苯板	密度、拉伸强度，尺寸稳定性
胶粘剂、抹面胶浆	干燥状态和浸水48h拉伸粘结强度
玻璃纤维网格布	耐碱拉伸断裂强度、耐碱拉伸断裂强度保留率

2）施工组织和岗位职责

对于外墙外保温工程，施工公司根据具体工程情况成立专门的外墙外保温项目部。项目部由项目经理全权负责；项目部的组织机构中设有材料员、施工员和质检员，并由若干个施工班组构成。项目部的各种岗位职责见表 5-8。

表 5-8　项目部的各种岗位职责

岗位类别	职　责
项目经理	解决工程中出现的各种问题，确保工程的正常进行，达到规定的各项要求
材料员	①组织各种材料和施工用机具及时到达施工现场；②材料和施工机具的仓储管理；③材料的定额发放；④材料消耗的核定
施工员	①技术交底和操作前的技术培训；②施工工程中检查施工规范的实施，对施工中出现的问题及时进行纠正；③制定实施工程进度计划；④根据工地情况，进行各种调整和安排
质检员	①对每道工序的质量进行检查和签字验收；②及时发现施工工程中的质量问题，及时解决所发现的问题；③检查施工规范执行情况，检查安全和文明施工情况，做好记录，作为对施工班组进行考核的依据

3）施工条件

（1）按照 GB 50210—2001《建筑装饰装修工程施工质量验收规范》规定的普通抹灰标准检查基层墙体，立面垂直度、表面平整度和分隔条（缝）直线度等项目的允许偏差均不得大于 4mm，阴阳角方正。

（2）作业条件

① 基层表面必须坚固，干净、干燥（含水率不大于 10%），无油污、泥土、风化和松动等，并经过验收合格。

② 安装模板用的钢筋和螺栓杆已经清除，螺栓洞口已经封堵。

③ 基层面有缺陷处的混凝土已经剔除、修补。

④ 施工现场环境温度和基层墙体表面温度在施工时及施工后 24h 内均不得低于 5℃，风力不大于 5 级。

⑤ 为了保证施工质量，施工面应避免阳光直射，必要时应在脚手架上铺设防晒布，遮挡墙面。

⑥ 雨天施工时应采取有效措施，防止雨水冲刷墙面。墙体系统在施工过程中所采取的保护措施，应按照设计要求施工完毕后方可拆除。

4）施工工具

（1）机具或设备类，手提式电动搅拌器（可用电锤改制）。

（2）脚手架，为方便施工，架管或管头与基层墙面间距最小应为 200mm。吊篮、吊绳、滑板必须有安全检测报告，施工人员必须具备岗位资质证。

（3）安全设备，安全带、安全帽、安全网、安全围栏、指示牌、警示牌等。

（4）其他外接电源器具（如插头、插座、防水电线）、对讲机等。

（5）工具类，电热丝切割器、剪刀、开槽器、角磨机、电锤、称量衡器、密齿手锯、裁纸刀、剪刀、钢丝刷、棕刷、粗砂纸、抹子、压子、阴阳角抿子、托灰板、2m 靠尺、水平管、水平尺、塑料桶、打胶枪等。

5）施工准备

(1) 与施工有关的人员施工前必须认真阅读施工图纸，并与施工现场进行比对，及时检查现场和图纸变更的情况。

(2) 落实施工材料及工具存放地、施工人员食宿安排等相关事宜。

(3) 检查吊篮、脚手架，不得有任何安全隐患。

(4) 检查施工用水、用电的情况。

6）施工工艺流程

施工工艺流程如图 5-4 所示。

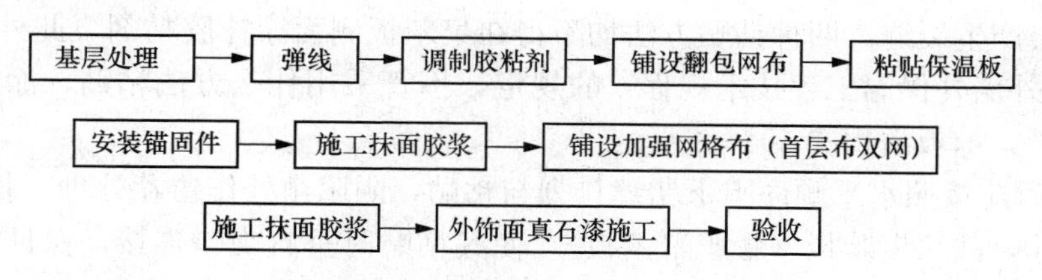

图 5-4　聚苯板薄抹灰外墙外保温施工工艺流程示意图

7）施工操作要点

(1) 基层处理

① 必须彻底清理基层表面浮灰、涂料油污、脱模剂和旧外墙面的空鼓、风化物、霉菌、藻类等影响黏结强度的各种因素。

② 新建工程的结构墙体，用 2m 靠尺检查，最大偏差应小于 4mm，超过部分应剔凿或用 1∶3 水泥砂浆修补平整。

③ 若局部找平层厚度较薄，而普通水泥砂浆施工困难时，可使用聚合物水泥砂浆找平。

(2) 测量放线

① 根据建筑物立面设计和外墙外保温的技术要求，在墙面弹出外门窗的水平、垂直控制线以及伸缩缝线、装饰线等。

② 在建筑外墙大角（阴角、阳角）和其他必要处悬挂垂直基准线；每个楼层在适当位置挂水平线以控制聚苯板的垂直度和平整度。

(3) 配制聚合物胶粘剂

根据胶粘剂的种类（有的胶粘剂为粉状，有的胶粘剂为双组分），按照说明书要求配制。

配制应有专人负责，准确计量，采用机械搅拌，确保均匀。配制好的胶粘剂注意避风、防晒，以免水分蒸发过快。配制好的胶粘剂应在 2h 内用完。

(4) 铺设翻包网

裁剪翻包网格布的宽度应为 200mm＋保温板厚度的总和。先在基层墙体上所有门、窗、洞周边及系统终端处，涂施胶粘剂，宽度为 100mm，厚度为 2mm。将裁剪好的网格布一边 80mm 压入胶粘剂内，不允许有网眼外露，将边缘多余的胶粘剂刮净，保持甩出部分网格布的清洁。

(5) 粘贴聚苯板

① 采用1200mm×600mm的标准聚苯板，对非标准尺寸或局部不规则处进行裁切修整，裁切面应与板面垂直。整个墙面的边角处应保证聚苯板的最小尺寸不小于300mm，聚苯板的拼缝不得正好留在门窗口的四角处。

② 聚苯板的粘贴固定方式分点框法和条框法两种。条框法是采用齿口镘刀将胶粘剂按水平方向均匀地涂抹在聚苯板上，胶粘剂条宽10mm；厚度10mm，间距50mm。条框法适宜于平整度和垂直度较好的墙面。采用点框法粘贴聚苯板时，沿膨胀聚苯板边缘涂上宽度约50mm、厚度约10mm的胶粘剂条，并注意在某一部位留出出气孔。然后，在板中间涂抹胶粘剂，并按压在墙面上。最重要的是板的边缘要与基材黏结好，防止板的移动，否则防护层会产生裂缝。两种粘贴方法均不得在聚苯板侧面涂抹胶粘剂。此外，根据JGJ 144—2004《外墙外保温工程技术规程》的规定，不管采用什么方法粘贴，涂抹胶粘剂的面积不得小于聚苯板面积的40%。

③ 排板时应按照水平顺序上下错缝排列与粘贴，阴阳角处作错茬处理。托墙拐角处，应先排好尺寸，裁切聚苯板（膨胀聚苯板），使其粘贴时垂直交错连接，保证拐角处顺直且垂直。墙拐角处的排板方法应根据JGJ 144—2004《外墙外保温工程技术规程》中6.1.9（a）进行。门、窗、洞四角处的聚苯板不得拼接，应采用整块聚苯板切割成形，聚苯板接缝应离开角部至少200mm。在粘贴窗框四周的阳角和外墙阳角时，应先弹出基准线，作为控制阳角上下竖直的依据。

④ 粘板时用工具轻按、均匀挤压聚苯板，随时用2m靠尺板和托线板检查平整度和垂直度，注意清除板边溢出的胶粘剂，使板与板间无“碰头灰”。板缝拼严，缝隙宽度超出2mm时，应使用相应厚度的聚苯板填塞密实。拼缝高差不大于1.5mm，否则应使用砂纸或专用打磨工具打磨平整。

（6）安装锚固件

锚固件安装应在粘贴聚苯板后24h进行。使用电锤钻孔，钻孔深度至少应比锚固深度大10mm。锚固件在基层内的锚固深度约45mm。应按由上至下顺序进行，使锚固件呈“丁”字形排列，固定在聚苯板的拼缝位置上。一般情况下，锚固件的数量应根据楼层高度和基层墙体的性质确定。在阳角和门、窗洞周围，锚固件的数量应适当增加，锚固件的位置距离窗洞口边缘的混凝土基层不小于50mm，砌块基层不小于100mm。任何面积大于0.1m^{2}的单块聚苯板中间需加锚固件固定。面积小于0.1m^{2}的单块聚苯板如位于基层边缘时也需加锚固件固定。锚固件的头部要略低于聚苯板，并及时用抹面胶浆抹平，以防止雨水渗入。对于阳角、孔洞边缘板，在水平、垂直方向应增加锚固件，其间距不大于300mm，距离基层边缘不小于60mm。

（7）施工分隔缝

若图纸设计有分隔缝，则应在设置分隔缝处弹出分隔线。根据已弹好的水平线和分格尺寸，使用墨斗弹出分割线的位置。竖向分割线用线锤或经纬仪校正垂直。按照已弹好的线，在聚苯板的适当位置安装好定位靠尺，使用歼槽机将聚苯板切割成凹口。凹口处聚苯板的厚度不能少于15mm，对不顺直的凹口要进行修理。然后，裁剪宽度为130mm+分隔缝宽度总和的网格布，在分隔缝隙及两边65mm宽度范围内涂抹2mm厚度的抹面胶浆。将网格布中间部分压入分隔缝，并压入塑料条。使塑料条的边缘与保温板表面平齐。两边网格布压入抹面胶浆中，不允许有翘边、皱褶等现象。

（8）粘贴网格布

① 配制抹面胶浆

该胶粘剂为粉状。调配比例为：抹面胶浆∶水=1∶0.25（重量比）。配制时，在适当容器中注入水，再在搅拌的状况下加入粉状抹面胶浆，采用机械搅拌形式搅拌均匀。

配制应有专人负责，准确计量，采用机械搅拌，搅拌时间不少于3min，以确保均匀。配制好的抹面胶浆注意避风、防晒，以免水分蒸发过快。配制好的抹面胶浆应在2h内用完，超过操作时间的抹面胶浆不准加水或加胶使用。

② 侧边外露的翻包处理

粘贴时聚苯板的侧边外露处（如伸缩缝、沉降缝等缝的两侧和门窗口处）都应做网格布翻包处理。处理方法是：将250mm宽的翻包网格布粘贴在门窗口外侧、伸缩缝的两侧和女儿墙等聚苯板的终止部位，粘贴宽度不小于65mm。用粘结胶浆将门窗口四周和其他外保温系统终止部位的翻包网格布刮平整。还应注意：门窗洞口部位粘贴好翻包网格布后，在洞口侧壁四角处各贴上一块长400mm、宽度超过窗洞口侧壁+保温部分宽度的网格布，在洞口四角45°方向再粘贴一块200mm×300mm的网格布。

③ 粘贴网格布

网格布应自上而下沿外墙一圈一圈地铺贴。铺贴时，先在聚苯板表面均匀地涂施一层厚度1.5mm左右的抹面胶浆。紧接着将网格布平整地粘贴于抹面胶浆上。用抹子由中间向四周把网格布压入胶浆，使之平整压实，严禁网格布出现皱褶。网格布不得压入过深，表面必须暴露在胶浆外，若铺贴有搭接时，搭接的宽度不小于100mm。遇到墙面的阴阳角时，两侧的网格布不能在转角部位断开，必须转过角部至另一侧200mm以上才能终止。

④ 装饰凹缝处

在装饰凹缝处应沿着凹槽将网格布埋入胶浆内。若网格布在此处断开，必须搭接，搭接宽度不小于100mm。

⑤ 外架子

与墙体连接处洞口四周应留出100mm，不抹胶粘剂，待以后对局部进行修整。

⑥ 面层抹面胶浆施工

在底层抹面胶浆凝结前，再施工一道面层抹面胶浆罩面，厚度1～2mm。以覆盖网格布、微见网格布的轮廓为宜。施工时不要过度揉搓，以免造成空鼓。

⑦ 第二道抹面胶浆施工

第二道抹面胶浆要盖住网格布，尽量消除抹子印痕，使表面平整、光滑。

（9）加强层施工

为了保证实际的冲击要求，在标准外保温基础上加1层网格布和抹一道抹面胶浆罩面，以提高抗冲击强度。加强部位的抹面胶浆总厚度为5～7mm，同时，在同一块墙面上，加强层和标准层之间应设留伸缩缝。

（10）补洞、修理及变形缝施工

① 补洞及修理

对墙面由于使用外脚手架所预留的孔洞和损坏处，应进行修补，修补方法如下：

a. 当脚手架与墙体的连接拆除后，应立即对连接点的孔洞进行填补，并用水泥砂浆压平；

b. 预切一块与孔洞尺寸相同的聚苯板，使之能够紧密填塞于孔洞中；

c. 待水泥砂浆表层干燥后，将此聚苯板背面涂上厚 10mm 的胶粘剂，应注意不要在其四周边缘涂胶粘剂；

d. 将聚苯板塞入，黏结于基层上；

e. 用胶带将周边已做好的涂层粘住，以防止施工过程中被污染，切一块大小能够覆盖整个修补区域、并与原有的网格布至少重叠 65mm 的网格布；

f. 将聚苯板表面涂上胶粘剂，埋入加强丝网，一定注意不要将胶粘剂涂到周围的表面涂层上；

g. 使用一把小号湿毛刷将表面不规则处整平，将边缘处刷平。

墙面若有损坏，亦应进行修补，方法同上。

② 变形缝做法

沉降缝、伸缩缝、抗震缝统称为变形缝，这些缝的做法为：在变形缝处填塞发泡聚乙烯圆棒，其直径应为变形缝的 1.3 倍；分两次勾填嵌缝膏，深度为缝宽的 50％～70％。

③ 真石漆施工

待抹灰层砂浆固化良好，达到真石漆施工要求时，可以按照涂料装饰风格要求的施工方法进行涂料施工。真石漆施工详见本节末尾处“4. 膨胀聚苯板薄抹灰外墙外保温系统中真石漆饰施工技术”。

（11）施工应注意的问题

① 材料应分类挂牌存放，聚苯板应成捆竖立放置，防雨防潮；网格布应防雨存放，胶粘剂液料存放的温度不得低于 0℃，粉料存放应注意防雨、防潮和保质期。

② 施工环境温度和基层温度不得低于 5℃，风力不大于 5 级，雨天不能施工。如施工突遇降雨，应采取有效措施，防止雨水冲刷墙面。

③ 外保温施工完后，后续工序与其他进行的工序应注意对成品进行保护。

④ 严格遵守有关安全操作规程，文明施工。

8）细部节点图

外墙外保温系统施工过程中，节点细部处理极其重要。对此，除了按照国家有关标准图集进行施工外，有的企业还根据自己产品的特点编制更适合自己产品施工的图集。

9）质量要求及验收

（1）质量控制要点

① 基层处理

基层墙体垂直、平整度应达到结构工程质量要求。墙面清洁干净，无浮灰，无油污。空鼓、疏松等薄弱部位应凿除，并用聚合物砂浆修补牢固。

② 胶粘剂和抹面胶浆

现场随机检查胶粘剂的配制是否搅拌均匀；是否超过可操作时间；现场随机检查胶粘剂的粘贴面积是否符合不小于膨胀聚苯板面积的 40％的要求。

③ 膨胀聚苯板

膨胀聚苯板的外观应平整，无明显掉粒，不得有油渍和杂质，表观密度应符合 JG 149—2003 的要求。

④ 耐碱网格布

耐碱网格布的网孔尺寸、单位面积质量应符合 JG 149—2003 的要求。

（2）施工质量检查

① 膨胀聚苯板的粘贴。用目测法检查表面粘贴状况，包括：板边的切割质量；板缝及填塞质量；板表面是否按照要求进行打磨；门窗和洞口及管线穿墙等洞口处，膨胀聚苯板的切割是否符合要求。

② 用 2m 长靠尺和塞尺检查板面平整度及垂直度，误差均不得大于 3mm，阴阳角处板边加工与连接也必须整齐平顺。

③ 墙面装饰所用凹凸线条必须水平或者垂直。凹线条和贴上的凸线条需用 2m 靠尺检查其平直度，误差不得大于 2mm。

④ 膨胀聚苯板粘贴 48h 后，敲击检查是否有松动或者粘贴不实处。必要时可揭开膨胀聚苯板观察是否有虚贴，并观察界面破坏情况。

⑤ 用最小刻度 0.5mm 的金属尺测量板缝间隙和高差，高差不得超过 1mm。

⑥ 耐碱网格布的铺设应用目测法检查表面状况，不得有目测可见的网印；现场随机检查耐碱网格布是否按照规定铺设。

⑦ 用插针法检查抹面胶浆的厚度。

⑧ 真石漆施工：真石漆的施工质量应符合行业标准 JGJ/T 29—2015《建筑涂饰工程施工及验收规程》中对合成树脂乳液外墙涂料的规定。

（3）质量要求

① 主控项目的质量要求

主控项目的验收应包括下列规定：

a. 外保温系统及主要组成材料性能符合规程要求。

检查方法：检查材料检验报告和进场复检报告。

b. 保温层厚度应符合设计要求。

检查方法：插针法检查。

c. 膨胀聚苯板薄抹灰系统 EPS 粘结面积应符合规程要求。

检查方法：现场测量。

② 一般项目的质量要求

一般项目的验收应符合下列规定：

a. 膨胀聚苯板薄抹灰系统保温层垂直度和尺寸允许偏差应符合现行国家标准 GB 50210—2001《建筑装饰装修工程质量验收规范》规定。

b. 系统抗冲击性应符合 JGJ 144—2004《外墙外保温技术规程》的要求。

检查方法：按照 JGJ 144—2004《外墙外保温技术规程》附录 B 第 B.3 节进行。

2. 膨胀聚苯板薄抹灰外墙外保温系统中真石漆施工技术

上面介绍的“膨胀聚苯板薄抹灰外墙外保温系统施工技术”虽然有时油漆工也穿插进行，但通常主要还是由土建工种进行，而当外墙外保温系统的防护抗裂层施工完成后的饰面涂料施工则由油漆工进行。下面介绍的真石漆施工技术即是由油漆工进行的。

1）施工准备

（1）施工工具

准备扫帚、铲刀、盛料桶、加料勺、双面胶带纸、手提式搅拌器、手柄加长型长毛绒辊筒、普通喷斗或仿石型彩砂涂料专用喷斗、空气压缩机（压力范围一般为0.4～1.0MPa，排气量一般应大于0.4m^3/min）。

（2）材料准备

① 检查涂料是否与设计要求的颜色（色卡号）、品牌相一致。

② 检查涂料和配套材料以及其他相关材料是否有出厂合格证。

③ 检查涂料和配套材料是否有法定检测机构的检测合格报告（复制件）或相关的质量合格证明。

④ 检查涂料和配套材料是否有结皮、结块、霉变和异味等；检查其是否处于有效贮存期内，超过贮存期的材料需经重新检验，性能合格方可使用。

（3）基层检查

按建筑涂料施工要求检查基层并做相应处理，必须符合条件才能施工。

2）基层处理

（1）基层条件

基层条件包括含水率和pH值。含水率≤10%，pH值≤10。

（2）基层处理

① 检查、处理

按涂料涂装的要求对基层进行检查和处理，待确认符合要求后方可进行涂料的施工。

② 制分割缝

为了提高装饰性能，便于施工接槎，以及加强涂层的整体质感等，可做适当的装饰性分割缝。分割缝的制作是真石漆施工的重要步骤和内容，直接影响涂料工程质量，其制作原则是尽量与膨胀聚苯板的接缝重合。

3）涂料涂装

（1）施工条件

要在环境、气候和场地等基本施工条件符合要求时才能施工。

（2）涂装底漆

在基层上辊涂两道耐碱封闭底漆。

（3）涂料施工

① 准备工作

将涂料搅拌均匀，连接好喷斗的气管，装好喷嘴，接好空压机的电源。

② 涂料喷涂

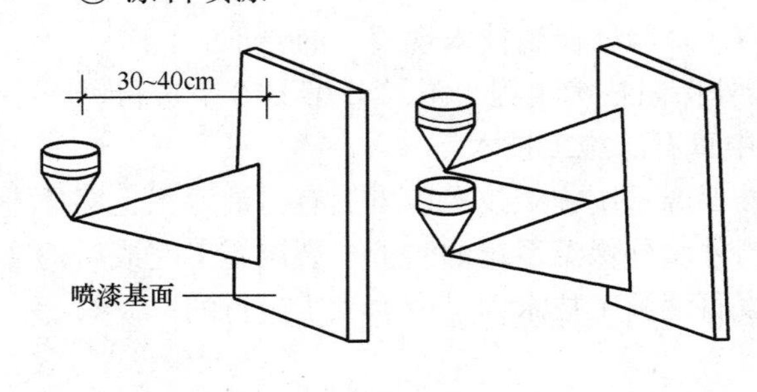

图5-5　涂料喷涂示意图

喷涂时空气压缩机的压力通常为0.6～0.8MPa。喷嘴直径一般为5～8mm，喷枪口与墙面的距离以30～40cm为宜。喷涂时不要过猛，喷涂时喷嘴轴心线应与墙面垂直，喷枪应平行于墙面移动，移动速度连续一致，如图5-5所示。由于中间涂料密、两边涂料稀疏，因此每行需有1/3的重复，且在转折方向时不应出现锐角走向。喷斗中无料时要及时关闭阀门。涂层接槎必须留在分割缝处。喷涂一般一道成活，发现漏喷或局部未盖底，尽量在涂层干燥前补喷。涂层厚度为2～3mm。

仿石型涂料的施工顺序如图5-6所示。

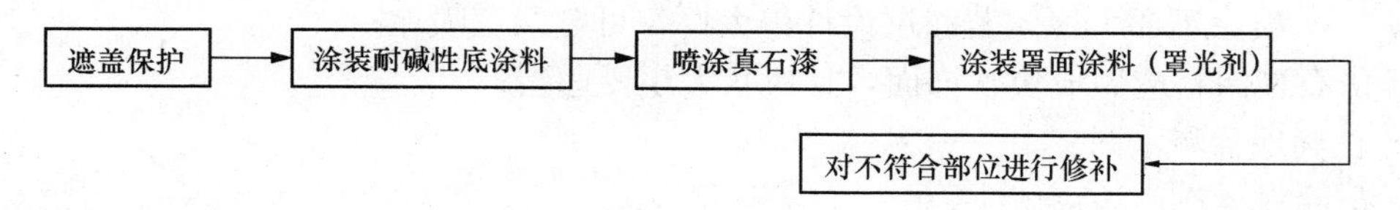

图5-6　仿石型涂料的施工顺序

其中，罩面涂料应在主涂料完全干燥后（约48h）以辊涂或刷涂法涂装，以涂装两道为宜，间隔时间为2h。

③ 其他

如果手工刮涂，则按照分格缝，依照顺序直接刮涂即可。有的涂装设计要求涂料在表干后再进行收光操作。收光操作时应细心，不要碰坏分格缝，靠近分格缝处收光操作幅度要小。收光后即可进行罩面涂料施工。

4）注意事项

（1）涂料

涂料不能随意加水，若因贮存时间过长或其他原因变得太稠，通过适当搅拌可以降低黏度；或按产品说明书要求进行稀释。

（2）工具

砂壁状涂料的喷涂会对喷枪的喷嘴产生磨损，因而在喷嘴直径磨损变大时，应及时调换。

（3）勾缝胶带

仿石型涂料需根据预先设计的图形，在喷涂前用勾缝胶带粘贴。单色涂料应在主涂层喷涂结束、涂料未表干时揭去勾缝胶带；套色涂料在喷涂主涂层后随即揭去勾缝胶带的第一层离型纸，待24h后再揭去剩余勾缝胶带。

5）施工质量要求

行业标准JGJ/T 29—2015《建筑涂饰工程施工及验收规程》规定的施工质量要求见表5-9。

表5-9　合成树脂乳液砂壁状建筑涂料的施工质量要求

项次	项目	要求	项次	项目	要求
1	漏涂，透底	不允许	3	反白	不允许
2	反锈、掉粉、起皮	不允许	4	五金、玻璃等	洁净

6）施工质量问题及其防治

（1）涂层开裂

① 出现问题的可能原因

a. 基层开裂；

b. 一次喷涂量太大，涂层太厚；

c. 仿石型涂料喷涂前基层未分割成块，或分割的块太大；

d. 涂料太稠，稀释不当；

e. 涂料本身性能有缺陷。

② 可以采取的防治措施

a. 检查及处理基层，待符合要求后再施工；

b. 一次喷涂不要太厚，若涂层设计得太厚，可分两道喷涂；

c. 仿石型涂料应做成块状饰面，且块状大小要适当；

d. 正确地稀释涂料；

e. 与涂料生产商协商解决。

（2）涂层脱落、损伤

① 出现问题的可能原因

a. 基层含水率太高；

b. 外力机械冲撞；

c. 因施工气温太低而造成的涂料成膜不好；

d. 揭去胶带时造成的损伤；

e. 外墙底部未做水泥脚线；

f. 未使用配套封底涂料，且自行选用时选用不当；

g. 使用劣质腻子找平打底。

② 可以采取的防治措施

a. 基层含水率符合要求时再施工；

b. 即使涂层完全固化，也不能受较大的外力冲击；

c. 应按照规定的施工气候、环境条件施工；

d. 应小心地、以正确的方法揭去胶带；

e. 墙根部要做水泥脚线；

f. 应使用配套封底涂料或选用正确的封底涂料；

g. 真石漆通常不需要刮涂腻子。对于膨胀聚苯板薄抹灰外墙外保温系统，由于使用抹面胶浆施工的抗裂防护层已非常平整，完全能够满足真石漆的施工要求，因而使用腻子打底是错误的操作。

（3）涂层色差

① 出现问题的可能原因

a. 涂料贮存时分层或表面出现浮色，喷涂前没有充分搅拌均匀；

b. 同一面墙没有使用同一批号的涂料，两刮涂料之间存在色差。

② 可以采取的防治措施

a. 对于有分层或表面有浮色的涂料，施工前一定要充分搅拌均匀；

b. 同一面墙应使用同一批次的涂料，当同一面墙使用不同批次的涂料且目视可以分辨出涂料存在色差时，在使用前一定要将涂料全部放在大容器中搅拌均匀再喷涂，或与生产厂商协商解决。

（4）涂层不均匀

① 出现问题的可能原因

a. 涂料贮存时分层，表层出现浮水，喷涂前没有充分搅拌均匀，涂料黏度不同；

b. 喷涂时气压不稳；

c. 喷涂时喷枪喷嘴的口径因磨损或错误安装而发生变化；

d. 涂料批号不同时，涂料本身黏度不同。

② 可以采取的防治措施

a. 对于有分层或表面出现浮水的涂料，施工前一定要充分搅拌均匀；

b. 喷涂作业时一定注意保持空压机的输出压力稳定；

c. 喷涂时注意保持喷嘴口径一致；

d. 使用同一批号的涂料。

（5）涂层起泡、起鼓

① 出现问题的可能原因

a. 涂料施工时基层的含水率过大；

b. 防护抗裂基层因龄期不够，或因养护温度过低而强度不够，混合砂浆基层强度等级偏低，或者施工时配比不正确；

c. 涂料的质量不合格；

d. 主涂料还没有完全干燥就涂装罩面涂料；

e. 没有使用封闭底涂料。

② 可以采取的防治措施

a. 基层含水率符合要求时再施工；

b. 应对基层的强度进行检查验收，如不合格应经过正确的处理并符合要求后再进行涂料的施工；

c. 在涂料施工前注意对涂料质量的检查验收，对于不合格的涂料应进行更换，确保涂料的质量合格；

d. 待主涂层完全干燥后才能进行罩面涂料的施工；

e. 按要求使用封底涂料。

（6）涂层发白、发花

① 出现问题的可能原因

a. 底涂料涂刷不均匀，主涂料喷涂厚度不均匀或厚度不够；

b. 罩面涂料涂刷得不均匀，有漏涂现象或者只涂刷一道；

c. 罩面涂料涂装后还没有充分干燥即受到雨淋或其他情况的水侵蚀；

d. 主涂层还没有完全干燥就涂装罩面涂料；

e. 涂料本身质量原因。

② 可以采取的防治措施

a. 涂刷底涂料时注意均匀，不要有漏涂现象，喷涂主涂层时注意厚薄均匀，厚度满足要求；

b. 罩面涂料要涂刷得均匀，不要有漏涂现象，并涂刷两道；

c. 注意天气预报，可能出现下雨天气时，不要施工或做好防雨措施，注意罩面涂料没有充分干燥前，不要受到水的侵蚀；

d. 待主涂层完全干燥再涂装罩面涂料；

e. 更换优质涂料。

四、外墙外保温系统中复层涂料的施工

1. 复层建筑涂料施工技术

相对于薄质涂层来说，复层涂料的涂装技术比较复杂，需多次施工才能完成。

1）涂装前的准备工作

（1）技术准备

了解设计要求，熟悉现场实际情况，编制施工计划，制定出涂料涂装工艺和质量控制程序。施工前对施工班组进行书面技术和安全交底。

（2）材料准备

① 材料质量标准

a. 复层建筑涂料质量必须符合国家标准 GB/T 9779—2005《复层建筑涂料》规定的指标要求。其中，耐候性应符合相应的产品等级，即人工加速老化时间合格品的为 250h，一等品的为 400h，优等品的为 600h。施工前产品应进行初期干燥抗裂性试验，以防喷涂施工时涂膜开裂，影响装饰效果。

外墙复层涂料需要喷涂的斑点往往较大，斑点厚度也随之增加。这种情况下，复层涂料的初期干燥抗裂性至关重要。若涂料的初期干燥抗裂性不好，施工时涂膜在干燥过程中可能会出现开裂现象。因而，在施工前可以首先对涂料的初期干燥抗裂性进行实际的试喷涂检验。

对于硅丙乳液复层涂料，质量应符合行业标准 JG/T 206—2007《外墙外保温用环保型硅丙乳液复层涂料》的要求，耐候性应满足人工加速老化 1500h 的要求；粘结强度应 $\geqslant 0.6$MPa。

b. 封闭底漆应符合行业标准 JG/T 210—2007《建筑内外墙用底漆》的要求。

② 进场材料核查

a. 检查涂料及其配套材料是否与设计要求的品种、品牌、型号、颜色（色卡号）相一致；检查涂料及其配套材料的包装、批号、重量、数量、生产厂名、生产日期和保质期等；检查涂料及其配套材料是否有缩皮、结块、霉变和异味等不正常状况。

b. 核查产品出厂合格证和法定检测机构的性能以及检测合格报告（复制件）。

（3）施工工具准备

扫帚、铲刀、盛料桶、手提式搅拌器、手柄加长型长毛绒辊筒、喷斗（采用不锈钢或铜质材料制成的较好，既坚固耐用，又不会生锈蚀而产生污染）、空气压缩机（压力范围一般为 0.4～1.0MPa，排气量一般应大于 0.4m^3/min）、硬质橡胶辊筒等。

（4）工序衔接

① 细部物件地面、踢角、窗台应已做完，门窗和电器设备应已安装。

② 墙面周围的门窗和墙面上的电器等明露物件和设备等应适当遮盖。

（5）基层检查

对于基层是复合耐碱网格布的抗裂砂浆层或复合耐碱网格布抹面胶浆基层，一般仅检查其含水率和 pH 值即可。

这些墙面的胶凝材料为聚合物改性水泥，其强度在绝大多数情况下能够满足涂装

要求。

基层条件：含水率≤10%，pH 值≤10。

2）复层涂料施工工艺

（1）基本施工操作程序

内、外墙面涂装复层涂料的工艺过程稍有不同，分别如图 5-7 和图 5-8 所示。

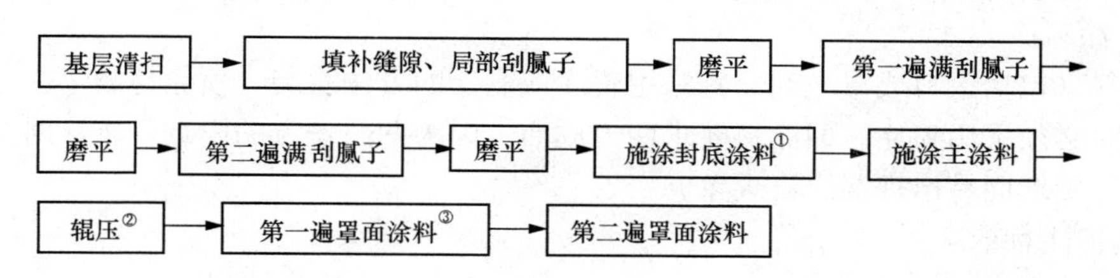

注：① 如需要半圆球状斑点时，可不必进行辊压工序；
② 水泥系主涂层喷涂后，应在干燥 24h 后才能施涂罩面涂料；
③ 该道工序仅对水泥系主涂料而言。

图 5-7　内墙面涂装复层涂料的工艺程序

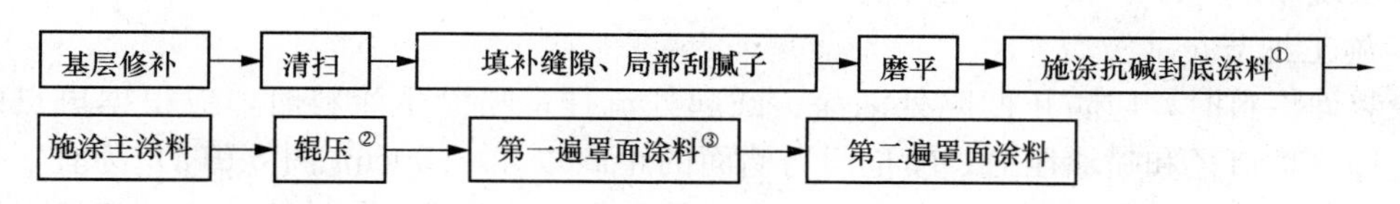

注：①如需要半圆球状斑点时，可不必进行辊压工序；
②水泥系主涂层喷涂后，应在干燥 24h 后才能施涂罩面涂料；
③该道工序仅对水泥系主涂料而言。

图 5-8　外墙面涂装复层涂料的工艺程序

（2）基层处理

① 清理污物

新墙面要彻底清理残留砂浆和粘污等杂物的污染，旧墙面要根据旧涂膜种类和已破坏程度确定处理方法：溶剂型旧涂膜用 0～1 号砂纸打磨；乳胶漆类旧涂膜应清除粉化层；水溶性旧涂膜应彻底铲除。

② 局部找平

填补凹坑，磨平凸部、棱等，对蜂窝、麻面进行预处理等。

（3）施工操作细则

① 封底涂料涂装

从喷涂、辊涂或刷涂多种方法中任选一种方法满涂底涂料。

② 中（主）涂料涂装

将涂料搅拌均匀，用喷斗喷涂，要求斑点均匀、大小与设计或样板一致。喷涂时，空气压缩机的压力通常为 0.4～0.7MPa。如果喷涂压力过低，则喷得的斑点表面粗大或成堆状；反之，压力过高，喷得的斑点过细、不圆滑。外墙喷涂宜选用大直径(6～8mm)的喷嘴，内墙喷涂宜选用小直径(2～4mm)的喷嘴。也可根据喷涂斑点大小来选用喷嘴和掌握喷涂压力。一般来说，大斑点时用 6～8mm 喷嘴、0.4～0.5MPa 的喷涂气压；中斑点时用 4～6mm、

0.5～0.6MPa 的喷涂气压；小斑点时用 2～4mm 喷嘴、0.6～0.7MPa 的喷涂气压。喷涂涂装时，视空压机功率的大小，一台空压机可以带一支、两支或更多支喷斗操作。

③ 压平

待喷涂的斑点已经表干时，即可进行压平。压平时，使用硬橡胶辊筒蘸松香水或者 200 号溶剂汽油辊压斑点，以防在辊压操作时辊筒上粘涂料，损坏斑点。

④ 面涂料涂装

面涂料（包括涂料或罩光剂）宜采用辊涂或刷涂的方法涂装，喷涂易溅落。但是，金属光泽面涂必须采用喷涂。面涂料要求两道成活。因为凹凸斑点的影响，辊涂时应来回往复辊涂，否则墙面易出现漏涂刷现象。

⑤ 施工注意事项

a. 气候条件

除溶剂型涂料外，气温低于 5℃时不能施工；外墙在雨天不能施工；大风时不能涂装溶剂型面涂。

b. 环境条件

施工现场应干净、整洁，无粉尘。

c. 施工细节

涂装面涂料时，应防止凹陷处漏涂、凸起处流挂；喷涂主涂料时，应根据斑点的设计，选择喷嘴口径和喷涂压力；喷枪门与墙面的距离以 40～60cm[图 5-9(a)]为宜，喷涂时喷嘴轴心线应与墙面垂直，喷枪应平行于墙面移动，移动速度连续一致，在转折方向时应以圆弧形转折[图 5-9(b)和(c)]，不应出现锐角走向[图 5-9(d)]；喷斗中的主层涂料在未用完前就应加料，否则喷涂效果不均匀；喷涂聚合物水泥主涂料时，应在主涂料干燥后，采用抗碱封底涂料封闭，然后再涂装面涂料。外墙的门、窗、落水管等处，内墙的转角、顶板与墙面的接界处等都要用挡板或塑料纸遮盖，如果要做分格，则应在喷涂前预先粘好木格条。

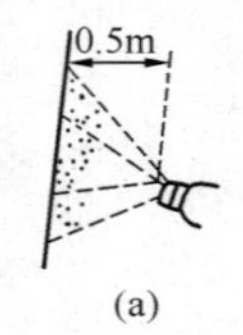

(a)

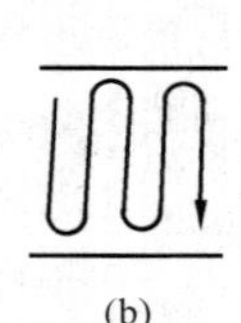
(b)

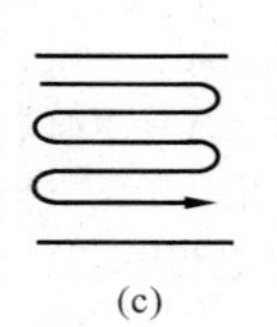
(c)

(d)

图 5-9　喷枪移动方式示意图

3）涂料施工质量要求

复层涂料的质量应能够满足国家有关的质量验收标准。国家标准 GB 50210—2001《建筑装饰装修工程质量验收规范》规定的复层涂料的施工质量验收标准分主控项目和一般项目。主控项目和水性涂料涂饰工程的主控项目相同，即所用涂料的品种、型号和性能应符合设计要求；涂饰工程的颜色、图案应符合设计要求；应涂饰均匀、粘结牢固，不得漏涂、透底、起皮和掉粉以及应对基层进行适当的处理等；一般项目见表 5-10。

表 5-10　复层涂料工程质量要求

<table>
<tr><th>项次</th><th>项目</th><th>质量要求</th><th>检验方法</th></tr>
<tr><td>1</td><td>泛碱、咬色</td><td>不允许</td><td rowspan="3">观察</td></tr>
<tr><td>2</td><td>喷点疏密程度</td><td>疏密均匀，不允许有连片现象</td></tr>
<tr><td>3</td><td>颜色</td><td>颜色一致</td></tr>
</table>

建工行业标准JG/T 29—2015《建筑涂饰工程施工及验收规范》规定的复层涂料的施工质量要求见表5-11。

表5-11　复层建筑涂料涂饰工程的质量要求

项次	项目	水泥系复层涂料	硅溶胶，合成树脂乳液、反应固化型等类复层材料
1	漏涂、透底	不允许	不允许
2	返锈、掉粉、起皮	不允许	不允许
3	泛碱、咬色	不允许	不允许
4	喷点疏密程度、厚度	疏密均匀，厚度一致。	疏密均匀，不允许有连片现象，厚度一致。
5	针孔，砂眼	允许轻微，少量。	允许轻微、少量。
6	光泽	均匀	均匀
7	开裂	不允许	不允许
8	颜色	颜色一致	颜色一致
9	五金、玻璃等	洁净	洁净

注：开裂是指涂料开裂，不包括因结构开裂引起的涂料开裂。

2. 两种特殊效果的复层涂料施工方法

上面介绍的是一般复层单色涂料的施工技术。除此之外，实际工程中还常常遇到一些具有特殊要求和装饰效果的复层涂料。例如套色复层涂料和表面为金属罩面的复层涂料等，下面介绍这两种复层涂料的施工技术。

1）套色复层涂料

套色复层涂料是在单色复层涂料施工的基础上施工的，即是在单色复层涂料饰面完工的基础上，进行下一道较为细致的工序。首先在硬塑料筒芯上套一个薄的尼龙丝网状圆筒，要紧绷在辊子上不能放松，并将两端封好。将要套色的第二种颜色的涂料蘸在辊子上，轻轻按顺序在做好一种颜色的涂膜上进行套色辊涂。这样，凸起的斑点上就辊涂上了要套色的涂料，而平涂部分仍保留原来第一种涂料的颜色，形成双色饰面。

另外还有一种更为可行的套色做法，如下所示。

（1）辊涂能够遮盖基层的白色或者其他颜色的基层封闭涂料。

（2）在封闭涂料上喷涂白色或者其他颜色的主涂料。不同颜色的主涂料可分多道喷涂，每道喷涂一种颜色。若需要扁平状时可用硬塑料辊将带颜色的斑点压平。

（3）在干燥的复层涂膜上施涂罩光剂，使涂膜有光泽，提高装饰性、耐久性和耐污染性。这样施工就形成了有两种或者多种颜色的复层涂膜饰面。

2）具有金属光泽的复层涂膜的施工

具有金属光泽的复层涂膜就是在主涂料施工后，再喷涂金属光泽涂料进行罩面，使复层涂膜具有金属光泽效果，增加其装饰性，因而，在这种涂膜的施工步骤中，主涂料及其之前的施工和普通复层涂料是一样的。下面介绍施工步骤。

（1）喷涂主涂料

按照正常方法施工，但由于主涂料施工后还有多道工序，需要注意含有水泥组分的双组分主涂料或者粉状主涂料，施工完毕且涂膜干燥后应以水养护至少三遍，并待pH值小于10后方可进行下道工序的施工。

（2）刷涂封闭底涂

封闭底涂一般无需另外加稀释剂进行稀释。一般选用辊涂方法施工，既方便又快捷。

（3）施涂中间漆

待封闭底涂干燥后，施涂一道中间漆。根据待使用的施工方法和产品说明书的说明，调节中间漆的施工黏度。为了使涂料具有好的流平性和施工性，施工时一般都需要加入一定量的稀释剂进行稀释。

在喷涂和刷涂时，需要将涂料的黏度调低些，稀释剂的添加量可以只有说明书中规定的上限；辊涂施工时，黏度要相对高些。为了保证涂膜具有好的丰满度和避免流挂，应避免稀释剂添加量过大。

（4）喷涂金属面漆和罩面清漆

金属面漆和罩面清漆在施工时，可适量添加稀释剂调整黏度，但应注意尽量保持涂料的施工黏度一致。并将气压、喷嘴和喷涂距离等调整至喷涂最佳状态，在有大风和空气湿度较大时，应停止施工。施工时要确保喷涂均匀、涂膜厚度一致。

3. 施工质量问题和涂膜病态及其防治

1）涂膜有气泡

（1）出现问题的可能原因

① 施工时基层过度干燥或过度潮湿；

② 空气湿度大或气候干燥；

③ 辊涂时速度太快；

④ 辊筒的毛太长；

⑤ 涂料本身性能有缺陷。

（2）可以采取的防治措施

① 用水湿润基层或待基层干燥后再施工；

② 选择适当的气候条件施工，或根据气候条件施工，或对涂料黏度稍作调整；

③ 调整辊涂速率；

④ 选用短毛辊筒；

⑤ 与涂料生产商协商解决或向涂料中加入消泡剂。

2）针孔

（1）出现问题的可能原因

① 刷涂，喷涂操作速度太快；

② 基层有孔穴或过于干燥；

③ 涂料黏度过高。

（2）可以采取的防治措施

① 调整施工速度；

② 采取适当措施处理基层；

③ 用水或稀释剂稀释涂料。

3）色差

（1）出现问题的可能原因

① 涂料不是同一批号，本身有色差；

② 涂料有浮色现象，涂装前没有搅拌均匀；
③ 施工时涂膜厚薄不均匀。
(2) 可以采取的防治措施
① 用同一批号的涂料统一涂装一道或两道；
② 涂装前将涂料充分搅拌均匀；
③ 增加涂饰道数，保证涂膜的遮盖力。
4) 光泽低
(1) 出现问题的可能原因
① 施工时气候干燥多风或气温太高；
② 空气湿度大；
③ 稀释剂使用不当；
④ 涂料涂布不均匀或涂布量不足。
(2) 可以采取的防治措施
① 选择适当气候条件施工或选择适当稀释剂，调整涂料挥发速率；
② 空气湿度大时不宜施工；
③ 采用与涂料配套的稀释剂或生产商推荐的稀释剂；
④ 保证涂料的足够涂布量，或使涂料涂布均匀，或增加涂装道数。
5) 光泽不均匀
(1) 出现问题的可能原因
① 稀释剂使用不当导致涂料干燥速率慢；
② 涂膜厚薄不均匀。
(2) 可以采取的防治措施
① 使用规定的稀释剂；
② 按规定的道数和涂料用量进行均匀喷涂，必要时重新喷涂。
6) 涂膜脱落
(1) 出现问题的可能原因
① 基层强度不够；
② 基层未涂封闭漆；
③ 涂料本身质量存在缺陷。
(2) 可以采取的防治措施
① 应严格处理基层；
② 应按要求涂饰封闭漆；
③ 更换质量合格的涂料。
7) 涂膜开裂
(1) 出现问题的可能原因
① 基层强度低；
② 主涂料质量差；
③ 厚度超过规定；
④ 强风下施工。

（2）可以采取的防治措施

① 正确处理基层；

② 更换质量合格的涂料；

③ 涂膜总厚度或每道施工的涂膜厚度不能太厚；

④ 强风气候下不施工。

8）成膜不良

（1）出现问题的可能原因

① 水泥系涂料可能因为夏季日光直射、强风、基层未涂刷封闭剂而显著渗吸等原因，使涂料干燥过快，因冬季气温过低而使涂料固化不良和涂料没有均匀混合而粘结不良等；

② 乳液类涂料可能因为在低于涂料成膜温度的气温下施工；

③ 反应固化型涂料可能因为固化剂加入有误（例如冬季施工时使用夏季使用的固化剂配比）、气温太低等原因。

（2）可以采取的防治措施

① 夏季施工时采取措施避免日光的直接照射，大风气候下不施工、用水湿润基层（如使用溶剂型底层涂料时，基层不能湿润）、混合涂料加足用水量；

② 在低于最低成膜温度的气温下不施工，或对涂料采取处理措施；

③ 按规定比例加入固化剂，并充分混合，气温太低时不施工，冬季、夏季施工的涂料配比要分辨准确。

9）斑点不均匀

（1）出现问题的可能原因

① 喷涂时，压缩空气动力不恒定；

② 喷嘴与墙面的距离、喷涂操作或辊涂操作前后不一致；

③ 主涂层上黏附有喷出物；

④ 在大风气候条件下施工。

（2）可以采取的防治措施

① 调节空气压缩机，使空气压力和排气量保持恒定；

② 按有关规定进行喷涂操作或辊涂操作，并注意保持斑点疏密均匀一致；

③ 保持喷涂压力和涂料黏度均匀一致，减少不必要的重复喷涂；

④ 风力过大时（如超过 5～6m/s 时），停止施工。

4. 膨胀聚苯板薄抹灰外墙外保温系统存在的涂装问题

目前大多数膨胀聚苯板薄抹灰外墙外保温系统存在不同程度的涂装问题，其中突出的问题是起鼓、剥落、开裂和渗水。

1）问题及其原因

（1）涂料起鼓、剥落

通常高档涂料出现这类问题的较多，低档涂料很少出现这类问题。剥落主要出现在阳光照射的地方和膨胀聚苯板的接缝处。

这里所谓的高档涂料一般指乳液用量大、成本较高的涂料，如有光涂料、弹性涂料、金属漆等。低档涂料一般是指乳液用量少、成本较低的涂料。高档涂料一般颜料体积浓度较低，漆膜很致密；低档涂料颜料体积浓度较高，漆膜结构中存在大量孔隙，高档涂料与低档涂料的主要差别还有涂膜中的孔隙率不同，涂膜的透气性的差别。

出现这种问题的原因可能在于，外墙外保温在寒冷季节可能会在保温层下面结露而产生液态水；或者外保温体系的材料吸水率大（例如吸收雨水）。太阳直晒的地方，墙面温度升高，液态水受热变成水蒸气，水蒸气体积膨胀，就会向四处扩散。因为膨胀聚苯板透气性较差，结露生成的水会从膨胀聚苯板之间的接缝处逸出。当涂料的透气性较差时，在膨胀聚苯板接缝处首先出现起鼓，再经过冻融循环，涂膜就会出现剥落。因此，弹性乳胶漆等低 PVC 值涂料的透气性差是外墙外保温涂料鼓泡、起皮、剥落的主要原因。

（2）涂料渗水、泛碱、发花等

这类问题主要在使用低档涂料的外墙外保温系统中出现。出现这种问题的原因可能在于，低档涂料乳液用量少，孔隙率高，透气性好，所以不会出现起皮、剥落现象。但其耐水性、耐候性差，易泛碱，容易褪色和粉化，且其耐久性也很差。

2）解决问题的措施

无论如何不能使用劣质涂料。劣质涂料引起的渗水、泛碱、发花等问题，是很难再处理和解决的。这是涂料的固有缺陷，不但如此，还会给重涂带来很大麻烦。

此外，对于起鼓、剥落问题，由于涂料性能中吸水率和透气性的矛盾，使得问题解决起来比较复杂。就目前的一些涂料品种来说，透气性好的涂料，其吸水率难以满足要求；反之亦然。最好的解决方案是选用透气性好、吸水率低的涂料品种，例如，既具有良好的透气性、又具有憎水功能的硅丙树脂改性涂料。

第三节　热反射隔热涂料施工技术

保温砂浆外墙外保温系统中热反射隔热涂料施工技术，目前在我国夏热冬冷地区已呈现很好的应用推广态势。但在有些地区应用的是厚层保温腻子外墙外保温系统中热反射隔热涂料施工技术。保温砂浆与厚层保温腻子在其性能上有所不同，但就与热反射隔热涂料形成的外墙外保温系统而言，又有异曲同工之处。本章着重介绍保温砂浆的应用。

一、保温砂浆外墙外保温系统特征概述

1. 保温砂浆性能特征

1）干密度和保温隔热性能

在保温砂浆外墙外保温系统中，构成保温层的保温砂浆也称玻化微珠保温砂浆，干密度低（240～400kg/m^3），其中的玻化微珠为空心结构，而且在材料中使用引气剂引入大量气孔，这些因素使保温砂浆具有很低的热导率，其常温热导率低于 0.065～0.085W/(m·K)，能产生良好的保温隔热性能。

2）保温砂浆的吸水性很低

保温砂浆具有良好的防水性能，其中的玻化微珠颗粒具有玻璃质表面，而内部却保持着完整的多孔空心结构。这种表面玻化的闭合结构具有良好的憎水性，因此，使用玻化微珠作为保温砂浆的轻质骨料，可在加水搅拌和使用过程中大大减少砂浆的吸水量。保温砂

浆添加了可再分散乳胶粉，它在砂浆中干燥后形成不溶于水的连续膜将颗粒粘结在一起，连续膜在砂浆干制品中存在，可提高砂浆的整体防水功能。

3）保温砂浆的良好抗裂性

保温砂浆中添加了聚丙烯微细短纤维，均匀分布于砂浆中，阻滞砂浆在硬化初期形成的微裂纹的发展，提高硬化砂浆的拉伸强度，抑制硬化砂浆产生裂缝，提高其断裂韧性。砂浆在破坏时呈现明显的塑性破坏特征。同时，掺加纤维还可以使砂浆的抗冻性、抗渗性、抗冲击性能等得到提高。

2. 保温砂浆外墙外保温系统特征

1）保温砂浆外墙外保温系统基本构造

保温砂浆外墙外保温系统以玻化微珠保温砂浆为保温层，在保温层面层涂抹一层具有防水抗渗、抗裂性能的抗裂砂浆，与保温层复合形成一个集保温隔热、抗裂、防火、抗渗于一体的完整体系，如图 5-10 所示。

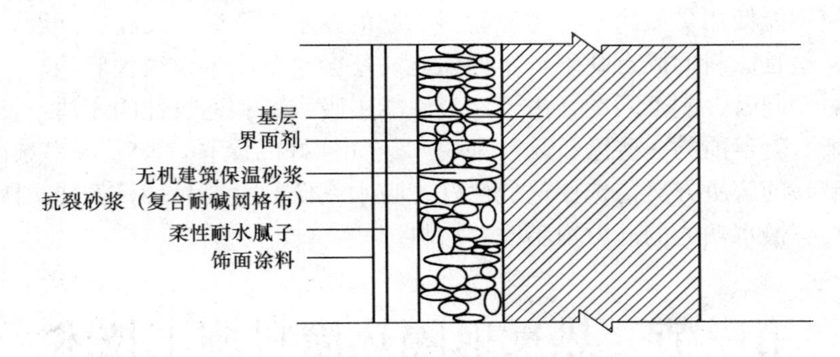

图 5-10　保温砂浆外墙外保温系统基本构造图

2）系统基本特征和适用性

保温砂浆外墙外保温系统不仅具有良好的保温性能，同时具有优异的隔热、防火性能，且能防虫蚁噬蚀，属新型建筑保温材料，已有大量的工程实践。

保温砂浆外墙外保温系统适用于多层及高层建筑的钢筋混凝土、加气混凝土、砌块、烧结砖和非烧结砖等围护墙的内、外保温抹灰工程，以及地下室、车库、楼梯、走廊、消防通道等防火保温工程，也适用旧建筑物的保温改造工程以及地暖的隔热支承层。

3）整体保温性能

保温砂浆为现场施工的保温材料，与墙体之间不会形成空腔，结构稳定，抗风压，抗震性能好；对外墙窗户挑檐、女儿墙以及空调板等热、冷桥部位比保温板材保温，易于实现，整体保温效果好。

4）综合性能

除优异的保温性能外，保温砂浆还具有吸音、透气、耐高温、耐水、耐冻性能，玻化微珠保温砂浆与聚合物抹面抗裂砂浆作为一个完整的保温系统，抗裂性、耐老化性能和耐候性良好，应用中抵抗外界环境对保温层侵蚀破坏作用的能力强，因此产品使用寿命长。无机建筑保温砂浆具有 A 级防火性能，可作为消防防火材料使用。

5）经济性

玻化微珠保温砂浆为单组分保温材料，粘结性好，早强快干，施工周期短，施工前不需进行主体结构建筑砂浆抹灰，降低了工程总造价。另外该体系抗裂、抗老化、抗震及耐候性优异，使用寿命长，维护费用低。因此玻化微珠保温砂浆的“全寿命周期费用”较低。

玻化微珠保温砂浆与装饰层的结合非常优异，加上基层处理要求低，不需要先找平，因此施工工序少，节省材料，人工费用低，宜于施工，综合造价低。可大大降低保温系统成本，产生最佳的技术和经济综合性能。

二、建筑外墙热反射隔热涂料的性能特征

1. 涂料的基本应用原理

反射隔热涂料也称反射太阳热型隔热涂料，基本原理是涂料中使用了大量的空心玻璃微球或特殊成分的纳米微粒，这种涂料制成的涂膜具有很强的反射隔热功能。通过涂膜的反射隔热作用将日光中的热辐射反射到外部空间，同时涂膜自身的红外发射功能，又能将残余热辐射积蓄起来的热能发射出去，从而避免墙面自身因吸收辐射导致温度升高。此外，涂膜本身热导率很低、绝热性能很好，这就阻止了涂膜吸收的微量热量通过涂膜传导而导致涂膜温度升高。

反射隔热涂料在建筑工程领域中的应用主要是隔热与装饰的高效统一，即在外墙面采用高反射性隔热涂料，在满足外墙装饰和保护的同时，能够减少建筑物对太阳辐射热的吸收，阻止建筑物表面因吸收太阳辐射导致的温度升高，减少热量向室内的传入。

2. 反射隔热涂料在外墙外保温系统中的应用

反射隔热涂料的最主要性能就是能够反射夏季的太阳热辐射，降低因太阳辐射而导致的涂膜温度升高。由于外墙外保温表面涂装这类涂料后，涂膜表面温度不会大幅度升高，同时也能够减少通过墙体在建筑物内的传热。从大量的应用效果来看，涂覆反射隔热涂料后，涂膜表面的温度最大可比未涂装涂料或者涂装普通涂料温度降低 19℃。这就给外墙外保温表面温度高、可能受到的温差大所带来的开裂、涂膜老化加速等问题提供了一个极好的解决途径。

但是，反射隔热涂料属于薄质涂料，涂膜很薄。因其对传导热量的热阻极低，所以行业内存在这样的观点，即这类涂料只适于在夏热冬冷和夏热冬暖的地区使用。在寒冷和严寒地区，由于夏季气温不高，这类涂料的效果甚微。就目前情况看，反射隔热涂料的热工特性还没有被完全认知，其应用价值还有待进一步开发。

三、保温砂浆外墙外保温系统施工技术略述

保温砂浆外墙外保温系统施工技术和第二节中介绍的胶粉聚苯颗粒外墙外保温系统相似，这里不再赘述。但有几个问题需要特别注意，下面分别进行介绍。

1. 关于保温砂浆外墙外保温系统的结构和标准

保温砂浆外墙外保温系统目前没有国家标准和行业标准，现行国家标准 GB/T 20473—2006《建筑保温砂浆》只是一个产品标准。由于外墙外保温系统是一个保温体系，涉及系统中的各种材料，因而通常应用时往往还需要制定外保温系统标准。

保温砂浆外墙外保温系统已得到广泛应用。从应用情况看，这种系统基本上有两类：一类是设置抗裂防护层的系统；另一类是不设置抗裂防护层的系统。

目前企业标准也很多，这类企业标准基本上有两大类：设置抗裂防护层的系统基本上参照国家标准 GB/T 20473—2006《建筑保温砂浆》和行业标准 JG 158—2013《胶粉聚苯颗粒外墙外保温系统》制定，即将 JG 158—2013 标准中的胶粉聚苯颗粒保温砂浆换成 GB/T 20473—2006 中保温砂浆的Ⅰ类产品，其他材料和试验方法基本不变，这类系统可以采用涂料饰面，也可以采用面砖饰面；不设置抗裂防护层的系统使用 GB/T 20473—2006 中的Ⅱ类砂浆为保温层，在保温层面层涂施一层具有防水抗渗性能的弹性封闭剂，然后直接抹涂柔性耐水腻子，涂装弹性涂料，或者涂装具有反射隔热功能的外墙反射隔热涂料，即形成外墙外保温系统。

保温砂浆外墙外保温系统中的保温砂浆是以无机材料为主，与墙体基层的粘结可靠。通过适当地提高保温砂浆的物理力学性能从而取消抗裂防护层的做法由来已久，并且取得良好效果，得到大量工程实际应用。

从技术方面来说，取消系统中的抗裂防护层具有一定优势。例如外保温系统的结构层次减少，导致材料层之间的界面减少；因成本集中用在保温材料上，保温材料的质量能够很容易得到保证；无机保温砂浆的施工性好，同时材料也会变得更密实、结构更均匀；保温层施工时，表面更容易抹平；取消了对系统质量影响因素大的耐碱玻纤网格布的使用，外保温系统的材料费用基本都花费在保温材料上等。

有的企业标准还将保温砂浆的力学性能提高，以保证系统取消抗裂防护层后的结构安全性。

2. 应注意细部节点构造的处理

细部节点构造的处理对于玻化微珠保温砂浆外墙外保温系统施工技术来说极为重要，甚至能够直接关系到外保温工程的成败，因而应高度重视。不少系统供应商都专门编制针对自己产品的外墙外保温系统的细部节点构造图集，施工时应严格按照节点构造图的设计施工。

3. 施工时应采取措施防止砂浆中玻化微珠的破碎。玻化微珠内部为空心，壁很薄，颗粒的结构强度低，因而在外力的作用下很容易破碎。同样，砂浆调配时在机械搅拌的外力作用下，会使玻化微珠颗粒破碎。

由于这种原因，调配玻化微珠保温砂浆时，不必像胶粉聚苯颗粒保温浆料那样尽量延长搅拌时间以保证均匀。玻化微珠保温砂浆的调配原则是在能够保持均匀的情况下，尽量缩短搅拌时间。同时，也可以采取其他措施，防止调配时玻化微珠破碎。例如，有的生产商将玻化微珠和砂浆中的其他组分分开包装，调配砂浆时先将除玻化微珠以外的组分加水充分搅拌，最后投入玻化微珠，稍加搅拌，使之均匀即可。

4. 注意玻化微珠保温砂浆的应用范围

玻化微珠保温砂浆强度高、结构密实，但在可行的保温层厚度下保温性能有其局限性，不能以单一形式完全满足寒冷地区和严寒地区的节能要求。因而，玻化微珠保温砂浆作为单一保温措施，主要应用于夏热冬冷和夏热冬暖地区的外墙外保温和夏热冬暖地区的外墙内保温。此外，玻化微珠保温砂浆还可以应用于有自保温性能的外墙的辅助保温隔热措施以及应用于该类墙体的某些特殊结构部位（例如梁、柱、剪力墙等）的保温处理等，当然，该类保温砂浆作为辅助措施也可以应用于寒冷地区和严寒地区的外墙内保温。

四、反射隔热涂料施工和质量控制

在夏热冬冷和夏热冬暖地区，将玻化微珠保温砂浆和反射隔热涂料复合构成外墙外保温系统是极佳的保温装饰配套体系。该体系中保温系统可以设置抗裂防护层，也可以不设置抗裂防护层，对于涂料的施工没有影响。

1. 热反射隔热涂料的施工

总的来讲，热反射隔热涂料的施工与弹性外墙乳胶漆的施工一样，包括施工组织设计、施工管理、质量控制以及问题处理等，可参照本章第二节第二部分的“2. 弹性外墙乳胶漆施工质量问题及其防治措施”。在此，做几点补充：

1）对底漆和腻子的要求

热反射隔热涂料本身就是一种选材精细、做工严谨的高档外墙涂料，因此对底漆和腻子的耐水性和弹性具有较高要求，不能因为底漆和腻子的瑕疵，而影响到热反射隔热涂料的应用。

2）热反射隔热涂料的涂刷工艺

一般有两种，即平涂和弹涂（浮雕）。

平涂的工艺一般是柔性耐水腻子两道，抗碱封闭底漆一道，热反射隔热涂料面漆两道。

弹涂的工艺一般是柔性耐水腻子一道，造型骨料一道，抗碱封闭底漆一道，热反射隔热涂料面漆两道。

3）热反射隔热涂料涂刷要点

底漆干燥后（一般需要 4h）即可施工反射隔热涂料。施工前涂料如有分层，应手工搅拌均匀。涂料不得随意加水稀释。

以空心微珠为主材的反射隔热涂料施工时最好采用喷涂方法施工。对以纳米微粒为主要材料的反射隔热涂料，施工方法可采取喷涂、辊涂和刷涂。

2. “反射隔热涂料”相关标准的技术指标和评价

表 5-12　“反射隔热涂料”相关标准及其主要指标

标准号	标准名称	主要技术指标	评价（优缺点）
JC/T 1040—2007	《建筑外表面用反射隔热涂料》	太阳反射比≥0.83； 半球发射率≥0.85	提出“耐人工气候老化性”； 只二个光学指标
JG/T 235—2014	《建筑反射隔热涂料》	太阳反射比（白色）≥0.80； 半球发射率≥0.80； 隔热温差≥10.0； 隔热温差衰减≤12.0	提出隔热温差； 温差检测方法设计有欠缺

续表

标准号	标准名称	主要技术指标	评价（优缺点）
GB/T 25261—2010	《建筑用反射隔热涂料》	太阳光反射比（白色）≥0.80； 半球发射率≥0.80	提出反射隔热涂料等效涂料热阻； 仅二个光学指标，门槛太低。又去掉了隔热温差指标，无法判定真假
HG/T 4341—2012	《金属表面用热反射隔热涂料》	太阳光反射比：（白色）≥0.80； 其他色≥0.60； 半球发射率≥0.85 近红外光反射比：合格品≥0.60；一等品≥0.70；优等品≥ 0.80	提出近红外反射比并对涂料分级； 无温差指标
JG/T 375—2012	《金属屋面丙烯酸高弹防水涂料》	太阳光反射比：白色≥0.80； 半球发射率≥0.80	对防水涂料提出隔热指标； 仅二个光学指标
JG/T 235—2014	《建筑反射隔热涂料》	太阳光反射比： 低明度≥0.25；中明度≥0.40； 高明度≥0.65 近红外反射比： 低明度≥0.40；中明度≥L值/100；高明度≥0.80； 半球发射率≥0.85 污染后太阳光反射比变化率：中明度≥15%；高明度≥20% 人工气候老化后太阳光反射比变化率：≤5%	对彩色隔热涂料提出反射指标、增加了近红外反射比考察指标； 仍无温差指标；是国外冷屋面涂料标准的翻版
JGJ/T 287—2014（行标）	《建筑热反射涂料节能检测标准》		提出节能检测指标及现场检测； 仍是二个光学指标

3. 热反射隔热涂料主要功能指标的质量控制

从以上相关标准的技术指标和评价中可以看出，热反射隔热涂料作为一种新型功能涂料，其推广应用得到了国家相关部门以及多数省份的高度重视，相继出台了一系列的标准和规程，就实际应用而言，严格质量控制必须抓住以下几个重点：

1）综合以上各项标准，JG/T 235—2014 和 JGJ/T 287—2014 两个标准结合起来相对完整，但仍需增加关键的“隔热指标”要求，可参照 JG/T 235—2014 标准执行。

2）在评价产品的半球发射率指标时，不仅要有太阳热辐射全波段的综合半球发射率，也要有特定波段的即近红外区间的半球发射率要求（0.8～2.5μm），以及远红外区间的半球发射率要求（8～14μm）。这两个红外线大气窗口的半球发射率指标，对区别劣质产品很有作用。

3）热反射隔热涂料的推广应用，最大的问题就是甄别以次充好、以假乱真、投机取巧和表里不一现象。要在各阶段严格控制质量：

第一，事前资格审查，严把产品达标门槛，筛选优质产品。

第二，事中过程抽查，定期对应用项目进行抽查，防止明修栈道暗度陈仓。

第三，事后验收检查，项目施工结束后，要严格按照产品备案指标和质量控制指标，进行全面验收检查，把住最后一道关。对不符合质量要求的项目勒令整改，直到质量达标。

第四节　公共工程建筑外墙涂料施工技术

作为公共工程建筑，所涉及范围很广、涉及面很宽，包括宾馆、写字楼等商用建筑；还有设备、管道、大型厂房等工业建筑。在这里，集中介绍公用建筑、钢结构建筑、石油石化储罐等工业设备的面层涂料施工技术。

对于公共建筑而言，外墙面施工建筑涂料所涉及的问题如下：

1）外墙底漆施工问题；

2）碱性偏大的基层的处理；

3）旧墙面翻新涂装。

一、外墙底漆施工问题

1. 底漆的类别与要求

1）底漆是介于外墙水泥砂浆与面涂之间的一道过渡涂层，具有加固基层、封闭底材和提高面涂附着力等作用。

2）建筑用底漆的种类很多，有透明底漆、白色底漆、抗碱底漆、封闭底漆、渗透型底漆等。

2. 性能与技术要求

参见JG/T 210—2007《建筑内外墙用底漆》对产品技术指标的要求。

3. 水性和溶剂型外墙底漆的施工

1）水型底漆的施工

首先应按照产品说明书的稀释比例加水稀释，搅拌均匀后使用辊筒辊涂施工；需要尽量控制施工的温度和湿度，当气温低于5℃或者相对湿度高于85%时，一般不宜施工。

理论上讲，一般透明底漆不含颜料，致密度较高，封闭性能优于白色底漆。但在实际工程中，白色抗碱底漆往往有较好的封闭性能，这正是因为其漆膜厚度较高的原因。对于透明底漆而言，不能为了增加施工面积而任意增加稀释比例，否则，漆膜太薄，达不到需要的封闭效果。

2）溶剂型底漆的施工

单组分溶剂型透明底漆可采用喷涂或辊涂方法施工。严格按照涂料的施工涂布率，不宜施工得过厚或者过薄。

双组分溶剂型透明底漆严格按照配比进行配漆，充分搅拌均匀并静置适当时间，之后再进行施工。可采用喷涂或辊涂方法施工。

4. 底漆施工注意事项

1）严格执行合适的施工环境条件、严格按照施工使用说明书进行稀释，不能随意增大稀释比例。

2）保证合理的施工重涂时间，根据气候条件，一般保证施工间隔在2～6h。

3）底漆施工后应及时施工面漆。

4）底漆不需打磨。

二、碱性偏大的基层的处理

碱性偏大基层的处理：需采取中和基层碱性的方法来调整基层的pH值。例如，采用经过稀释的盐酸（2%～3%）、磷酸（1%～2%）、醋酸（5%）或硫酸锌（15%～20%）、氟硅酸锌溶液等中和基层的碱性。

基层用酸或酸式盐中和后，应再用水清洗基层表面的中和产物，然后测定pH值，符合要求后方可开始施工。

三、旧墙面翻新涂装

旧墙面翻新涂装主要根据基层的状况和翻新涂装的要求确定。有时基层为涂料，损坏也不严重，翻新涂装的是一般的平涂类乳胶漆，这种情况下翻新涂装就很简单；有时基层损坏很严重，重涂要求又很高，这种情况下的翻新涂装对基层的处理和重涂都需要给予高度重视。

1. 基层为损坏较轻的旧涂料墙面的翻新涂装

基层为损坏较轻的旧涂料墙面，涂膜可能已出现光泽下降，有微粉化、褪色和产生明湿污染痕迹等现象。下面介绍在这类墙面上进行平涂乳胶漆的翻新涂装方法。

用钢丝刷、板刷等工具将附着在涂膜表面的污染物、浮浆和局部起皮的涂膜等清除干净；用铲刀清除墙面已经松动的腻子层。对于用铲刀无法清除的腻子层，可以用小锤子轻轻敲击，若无空鼓现象并且敲击后仍不松动的地方，可以保留原有的基层。对于粉化的涂膜应彻底清除。

清洗墙面，用洗涤剂溶液将表面的浮尘、油污彻底清洗干净，再用高压水冲洗干净。

用外墙柔性耐水腻子对局部损坏部位进行完整修补，再找平整个墙面。

待腻子膜的碱性降到pH值<10后，涂刷一道封闭底漆，注意不要漏涂。

待封闭底漆完全干燥后，可按照正常的施工方法进行面涂料施工。

2. 基层为老化较严重的旧涂料墙面的翻新涂装

基层损坏严重的旧涂料墙面是指墙面普遍出现涂膜粉化、褪色现象，甚至有脱落、开裂等现象。

处理时，先将附着在表面的污染物、粉化层和脆弱旧涂层等用电动工具和手动工具彻底清除。然后用水冲洗干净，用高压水冲洗效率最高。

涂膜如有长霉、苔藓时，应在水洗前用漂白剂、防霉剂将有机质清除干净。涂膜如受油类污染严重时，应先用有机溶剂冲洗干净，再用水充分冲洗干净。

如基层有开裂、空鼓情况，应对开裂和空鼓进行可靠的修补；如果墙面出现渗水现象，应先进行可靠的防水处理。

经过上述处理后，可涂布封闭材料，再用聚合物水泥砂浆修补平整，然后用与旧涂料相同的涂料或者新确定的与旧涂膜结合良好的涂料进行翻新施工。

3. 基层为老化和损坏严重的旧涂料墙面的翻新涂装

对于老化和损坏严重的旧涂料墙面，再重新施工涂料，很难与旧涂膜附着牢固，在这种基层上施工的涂膜仍存在脱落的危险，因而必须将旧涂膜全部铲除。一般只用高压水冲洗的方法即可清除干净，必要时也可以电动砂轮等工具辅助。

旧涂膜清除后，可以使用聚合物水泥砂浆满批一遍整个基层。在这种基层上再进行新涂膜体系的施工。

4. 施工注意事项

1）在空气湿度大于70%、温度低于5℃时不能施工；预计24h以内有雨时也不得施工；遇风沙、下雨或者风力大于4级的天气时也不宜施工。

2）对不需要施工的窗户、管线、原外墙石材部分、空调等工程部位，应提前做好成品保护，防止污染。

3）一个工程所需的涂料应根据预定的施工方案备料。同一批号的产品应尽可能一次备足，防止由于批号不同造成色差，从而影响装饰效果和给施工带来不便。

4）应根据面积计算所需涂料用量，用多少配多少，否则剩余涂料会固化造成浪费。

5）施工完毕后的所有工具应用相应的配套稀释剂清洗干净。

6）施工过程中请注意佩戴眼镜、手套、防毒门罩等防护用品，并尽量避免与皮肤接触，以减少有机溶剂对人体的伤害。

7）施工现场注意防火，严禁一切火源。

四、工业设备外表面施工技术

对于工业设备而言，例如各种钢结构储罐、管道等，外饰面主要集中在防腐蚀、防锈蚀、防盐雾以及防阳光照射等功能。

对于钢结构工业设备（以及钢结构大型厂房），外表面施工技术如下所述。

1. 施工前的准备及安全防护措施

1）组织工程施工参与人员认真接受企业的施工安全教育，严格遵守工厂的各项规章制度；

2）检验人员工作时必须穿着工作服、工作鞋及安全帽；

3）设置安全员，负责检验现场的人员及设备安全，安全员有权对危及安全的行为提出警告；

4）现场使用的移动电源必须使用电缆线及防爆插座，电源应远离球罐区围堰15m以上；

5）高空作业时必须佩戴安全带；

6）在进行交叉作业时，应特别注意施工安全，检验物品要放置稳妥，防止坠落伤人；

7）施工工作开始前必须经有关部门测爆合格，并根据要求开具作业票。对个别需进入容器作业的设备，必须取得设备使用单位开具的进入设备作业证后，才能进入设备检验。检验工作中出现异常情况，应及时通报车间有关人员；

8）检验施工过程中做好与设备主管单位及使用单位的及时联系和沟通，检验中发现的问题及时向有关部门汇报。

2. 施工工具

喷砂除锈设备、铜铲、铜刷、砂布、辊筒、羊毛刷、喷涂机等。

3. 施工工序

1）表面处理

对钢铁表面要求采取喷砂除锈方式，除锈标准要达到 SA2 级以上。

尤其是对钢铁焊缝处，除锈标准要达到 SA2.5 级以上。

表面处理时，要求在喷砂除锈之后，尽快涂刷环氧富锌防锈底漆，以免局部地区在除锈之后又出现锈迹。

在经过施工管理员的检查通过后方可进入下一道工序。

2）富锌底漆施工

此种涂料在钢铁表面最佳涂刷厚度为 40～60μm，超出这个厚度，就容易产生裂纹等现象，导致防腐蚀效果下降。因此，建议喷涂施工时，一遍成型，厚度达到 50μm 即可。

3）防锈中间漆

待钢铁表面整体防锈处理达到施工技术要求（不得有杂质、污物、油污等）后，均匀刷 1～2 遍防锈中间漆，厚度达到设计要求。

如有涂刷不均匀或出现针眼的部位立即补刷，以保证涂料涂刷的质量达到技术要求。

4）涂刷防晒隔热面漆

此种涂料在使用时，务必注意的一点就是：一定要搅拌均匀之后再使用，而且最好是边搅拌边使用，以期达到最佳使用效果。详细施工方式见使用说明或遵照施工监理的要求使用。由于此种涂料主要起反射隔热效果，因此涂刷厚度需要达到一定要求。

5）表面涂层彻底干燥时间

所有涂层施工完毕之后，均要留出至少 48h 的干燥时间，要充分保证整个涂层彻底干燥，然后才可以进行后续作业。

6）施工环境要求

施工前后一天须为晴天，以确保工程质量。室内施工除外。

7）施工后检查

施工完成后必须全面检查罐顶表面涂刷质量，防止厚薄不均和漏刷等现象。

8）施工完后打扫现场卫生，不留残物。

第六章　内墙涂料施工技术

内墙涂料是与人们的生活、工作和学习等各种户内活动密切联系的。因而，相比较于外墙涂料，内墙涂料的涂装虽然简单，但却不可忽视，尤其是在装修热情高涨的今天。

内墙涂料有着和外墙涂料完全不同的施工特征，比如施工对象、施工辅助设施（加脚手架）。涂料品种及性能要求、基层处理和涂装效果等。充分认识到这些问题的存在，对于做好建筑涂装、提高技术层次不无裨益。因而，本章重点介绍内墙涂料的选用与施工技术。

另一方面，在第四章中已介绍了外墙外保温系统中涂装平涂和拉毛弹性乳胶漆、真石漆、复层涂料、仿树脂幕墙涂料和反射隔热涂料等涂料的施工技术。由于我国目前绝大多数建筑物需要进行外墙外保温施工，因而这些内容涵盖了我国目前外墙涂料施工技术的主流。但是，就建筑物的节能措施来说，除了外墙外保温外，还有墙体自保温技术和外墙内保温技术（主要应用于夏热冬暖地区）等，亦即仍然存在着普通外墙面施工建筑涂料的问题。因而本章除了介绍内墙涂料的施工技术外，还介绍普通外墙面涂料施工中可能会遇到的一些问题，例如某些特殊基层的处理、底漆的应用和旧墙面的翻新涂装等。

第一节　内墙涂料的选用

1. 内墙涂装的分类

内墙涂装根据使用要求一般可分为以下三种类型：

1）简约涂装型

特点是单色平涂，一般建筑的内墙涂装均属此类，如办公室、教室、宿舍、厂房、仓库、医院病房、公共建筑的普通部位（楼梯、过道、走廊）、一般房屋的天花板等。此类涂装的基本要求是涂层符合环保要求，涂膜质量满足使用要求，如不起粉、不脱落、墙面色彩均一、不发花等，同时要求涂层有一定的耐水性，以满足卫生保洁的要求，具有一定的耐水洗擦性。对在相对潮湿环境，如地下车库，则要求提高涂膜的耐水等级，甚至要求具有防霉变要求。在施工质量上，简约涂装也分一般涂装和高级涂装，前者对基层的平整度要求稍低，一般采用白色、浅色平光或亚光涂料，后者则对基层有较高标准，用漆也以半光、亮光深色居多。在简约涂装中，应根据业主的使用要求，结合现场条件作出合理选择，以达到事半功倍的效果。

2）豪华涂装型

特点是质感涂层，一般使用在装饰要求较高的场所，如剧院、饭店、展厅、高级楼宇等。常用的质感涂料有浮雕涂料、厚浆拉毛漆、仿石材、真石、砂胶及水性多彩等。此类涂装在满足内墙涂装各项基本要求的同时，更要求具有豪华的装饰效果。质感涂料一般是厚浆型涂料，涂层是经过多道施工完成，施工上除常规的辊涂以外，还采用喷涂、抹涂等方法，有时也使用花辊、模板和特殊造型工具。在基层处理上，一般必须使用底漆，以保证涂层的牢固性。

3）功能涂装型

如硅藻泥涂装、墙艺漆涂装、纤维绒面涂层等，此类涂装施工方法不同于一般的涂装方法，适合于局部有特殊要求的部位涂装，通常与其他室内装饰材料混合使用，表现出别具一格的效果，同时具有调节室内环境之功效，是近几年新开发的内墙功能涂料。

2. 选用内墙涂料的基本原则

第一，先决条件是涂料的环保性，即涂料的有害物质限量是否能够满足国家标准 GB 18582—2008《室内装饰装修材料　内墙涂料中有害物质限量》的规定。第二，内墙涂料的品种比外墙涂料少得多，因而内墙涂料的选用更多的是考虑涂料的装饰效果，而尤以颜色为重。而对于涂膜的物理性能的要求不必给予过多考虑，只要满足国家标准要求即可。第三，还可以从房间的功能、类型等，考虑内墙涂料的选用问题。

1）从环保性能的要求考虑内墙涂料的选用

人们工作以外的大部分时间在居室内度过，而内墙涂料直接影响居室的空气质量和人体健康，因而，其环保性非常重要。内墙涂料中的有害物质主要指挥发性有机化合物（即通常意义上的各种溶剂和某些助剂）、游离甲醛和重金属等。内墙涂料中的有害物质限量应能够满足国家标准 GB 18582—2008 的要求，见表 6-1。

表 6-1　GB 18582—2008 对内墙涂料有害物质的限量要求

项　　目		限量值	
		水性墙面涂料①	水性墙面腻子②
挥发性有机化合物含量(VOC)≤		120g/L	15g/kg
苯、甲苯、乙苯、二甲苯总和/(mg/kg)≤		300	
游离甲醛/(mg/kg)≤		100	
可溶性重金属/(mg/kg)≤	铅(Pb)	90	
	镉(Cd)	75	
	铬(Cr)	60	
	汞(Hg)	60	

（1）涂料产品所有项目都不考虑稀释配比。

（2）膏状腻子所有项目都不考虑稀释配比；粉状腻子除了可溶性重金属项目直接测试粉体外，其余三项按产品规定的配比与水或胶粘剂等其他液体混合后测试。如配比为某一范围时，应按照水用量最小、胶粘剂等其他液体用量最大的配比混合后测试。

目前得到，广泛应用的内墙涂料是合成树脂乳液类，即通常所说的乳胶漆。该涂料以水为分散介质，其中的挥发性有机化合物（VOC）主要来自于乳液中的游离单体和助剂中的有机挥发物，含量都很低，因而绝大多数商品是能够满足表 6-1 中的要求。

甲醛主要来自防霉剂和某些乳液，对于环保型产品，由于在选用防霉剂和乳液时已经考虑到使用环保型防霉剂和乳液，因而多数商品能够满足要求。

对于涂料中的重金属含量来说，白色乳胶漆中含量极低，甚至为微量。但一些色彩鲜艳的乳胶漆由于使用的调色颜料中含有重金属，因而这种情况下应注意该指标是否会超标。

2）选择内墙涂料时的颜色因素

内墙涂料与个人关系密切，不需要考虑环境对色彩的约束，能够充分体现特性和个人好恶。因而，颜色是选用内墙涂料时需要考虑的重要因素。了解不同颜色可能产生的心理效果、色彩所能够产生的联想与色彩的象征等问题，有助于更好地选择涂料的颜色。

（1）各种颜色的心理效果

由于颜色的物理作用对人心理产生不同的影响，即不同的颜色能够对人产生不同的心理感情影响和带来不同的情绪。据此，颜色可分成有不同感情色彩的色系，例如“冷色”“暖色”“轻色”“重色”等。作为油漆工，能够多了解这方面的基本常识，对于做好本职工作、提高个人素质不无益处。

（2）根据色彩效果选用内墙涂料

下面概述选择室内墙面颜色需要考虑的因素以及可能产生的效果。

① 空间位置

室内墙面颜色的处理一般是自上而下，由浅到深。如房间的顶棚和墙的上部使用白色，墙裙使用浅色，踢脚板要使用深色。这样能使人们有一种上轻下重的稳定感。如果相反，顶棚是深色，而地面和墙脚为浅色，就会给人们头重脚轻和压抑的感觉。

②空间距离

不同的颜色会引起人们对距离感觉的差异。一般高明度的暖色，如红、橙，黄会使人感到涂层与人的距离近些，凸出感也强些；而对低明度的冷色，如青、蓝、紫，则感到涂层与人的距离远些，后退感也显著些。因此，如果房间比较小，应选用冷色来装饰墙面，能使狭小的房间感觉得宽敞些。如果房间较大，可选用暖色，避免房间空旷的感觉。

③ 颜色的感情效果

通常红、橙、黄等暖色会使人们感到温暖与欢乐；蓝、绿、紫等冷色会使人们感到安静与清冷。因此，在寒冷场所，例如背阳的房间，宜采用暖色，可以使人们感到温暖与明朗；在炎热的地方，例如朝阳房间，宜选用冷色，可以达到凉爽、清静的效果。

④ 室内采光

浅色显得明亮，深色显得发暗，因此为了增加室内亮度，应选用白色或浅色，若需要减少亮度，应采用深色，如照相馆里的暗房应涂成黑色或深色。

⑤ 房间功能效果

采用过分鲜艳的红、黄色，会促使人们疲劳，对比度很强的颜色亦会引起人们的疲劳感。而浅绿色、天蓝色、浅灰色、象牙色、白色等常可减少疲劳感，使人们获得舒适、淡雅、安静的精神享受。

⑥ 主色与配色

一般来说，内墙涂料的颜色以标准的中间色较为适宜，在视觉上能保持舒适及轻松的感觉。偶尔，小面积以较高色度的配色，也会发挥活泼或明朗的效果，以免空间单调。

（3）根据房间功能选择涂料

内墙涂料颜色的选用除了参照上述基本原则外，还应根据具体情况、房间用途、外界环境、家具颜色以及个人喜好等进行选择。下面介绍不同功能的房间在选择涂料的颜色时需要考虑的一些因素。

① 客厅

客厅是来访客人接触的场所，故首先考虑的是如何运用普遍能接纳的色彩最为理想。因此，选择没有个性的中间色、浅灰、米黄等较为适宜。

② 卧室

通常住宅的室内设计常常都把重点放在卧室的设计上。卧室既是以休息为主要功能，色彩自然应该用得轻松而雅致；彩度低、明度高，最易于发挥效果，至于寒、暖色系的选择，可能要由主人的好恶及环境决定。卧室的颜色也常常可以看出主人的个性及生活习惯，也是主人的颜色观念能尽情发挥的地方。通常女性较喜欢暖色系和中性色系，男性则喜好寒色系，儿童则喜好高彩度的颜色搭配。

③ 餐厅

餐厅是饮食的地方，通常使用明度高且较为活泼的颜色，能引起食欲，或是可以保持清洁机能的颜色配置，最容易被人接受，因此暖色使用较普遍。同时，也要配上一套坐起来舒适、色彩又鲜明素雅的餐桌，才称得上合适。

④ 厨房与浴室

按目前的生活习惯，墙面与地面均采用瓷砖贴面，仅在天花板部位做局部涂装，考虑到使用场所的湿度，涂料要求具有防霉和防结露性能。

3）从装饰质感的角度考虑选用内墙涂料

内墙涂料的选用除了颜色外，还可以从涂膜装饰质感的角度考虑如何选用。例如，除了一般平面型墙面涂料外，可以选用一些装饰质感较强的涂料，如纤维质感涂料、绒面涂料、复层涂料、砂壁状涂料、拉毛涂料等。为了有别于平面涂料，这些涂料所形成的涂层也称花纹涂层、下面介绍采用这些高装饰或具有特殊装饰质感涂料，可能得到的涂膜的装饰特征。

（1）花纹类涂层

花纹类涂料的涂膜能够根据预先的设计产生随机分布的花纹，除了使涂料的装饰效果更为理想外，也提高涂料的档次，而且能够避免一般内墙中诸如颜色不均、发花等涂层缺陷。

（2）纤维状涂层

涂膜能够清晰地显现涂料中的纤维，具有独特的织物感和立体感，其花纹图案表现丰富，吸音和透气效果好，绒面涂层十分高雅，适合于卧室和儿童房间的墙面选用。

（3）浮雕状涂层或拉毛状涂层

可以根据设计要求得到斑点或大或小、花纹不同的涂层，涂层的装饰风格粗犷、质感丰满，适用于外墙或空间较大的内墙或顶棚，还能够遮蔽墙体不平整等缺陷，当涂膜用金属光泽涂料罩面后，所得到的装饰性更强。凹凸质感涂层用于内墙装饰，不同于外墙装饰，应照顾近观，宜采用凹凸度浅、花纹小的。不宜采用凹凸度深的、花纹大的。

（4）真石漆类涂层

涂膜很像天然的岩石，且比天然岩石的质感更强。应注意用于内墙时，不宜选用砂粒大、砂粒颜色少的涂料。

第二节 合成树脂乳液内墙涂料施工技术

一、施工程序和操作技术要点

墙面水性涂料的施工基本上是采用辊涂-刷涂结合的方法或者喷涂的方法涂装。合成树脂乳液内墙涂料（乳胶漆）和其他水性薄质涂料的施工基本相同，而乳胶漆涂装时的限制及要求更多一些，例如不能高速搅拌涂料，冬季应当特别注意环境温度等。

1. 施工准备

1）施工工具

准备扫帚、铲刀、0～2# 砂纸、盛料桶、钢制刮刀、手提式搅拌器、手柄加长型长毛绒辊筒、手柄加长型软纹排笔和毛刷等。

2）材料准备

检查涂料是否与设计要求的颜色（色卡号）、品牌相一致；是否有出厂合格证；是否有法定检测机构的检测合格报告（复制件）以及涂料是否有结皮、结块，霉变和异味等。

3）基层检查

基层表面是否牢固；表面是否有残留沾染物、是否有裂缝或起壳现象；旧基层是否有粉化，风化现象，并做相应处理。

4）基层条件

基层条件包括含水率和 pH 值。含水率：溶剂型涂料≤8%；乳胶漆≤10%。pH 值≤10。

2. 基层处理

1）清理污物

彻底清理基层上的沾污、油污、有机酸等杂物的污染。

2）局部找平

填补凹坑，磨平凸部、棱等，以及蜂窝、麻面的预处理等。

3）保持基层干燥

基层必须干燥才能批刮腻子。

3. 工序衔接

1）细部及物件

地面、踢角、窗台应已做完，门窗和电器设备应已安装。

2）物件的预保护

墙面周围的门窗和墙面上的电器等明露物件和设备等应适当遮盖。

4. 批刮腻子

批刮腻子时，要尽量刮得少、刮得薄，并做好两遍腻子之间的填补、打磨等处理，使墙面平簏、均匀、光洁。

5. 涂料涂装

1）操作要点

待腻子层完全干燥（约需 24h）后，用羊毛辊筒辊涂两道涂料，要注意涂刷均匀、不要漏涂。涂装时，一般两人配合，一人辊涂，一人紧接着用软纹排笔顺涂一遍，一般两遍成活，中间间隔应不少于 4h。

2）注意事项

两道之间的后一道涂料要待前一道涂料彻底干燥后再涂刷；对于有配套中涂和面涂的外墙涂料，中涂和面涂要分别涂装两道；也不要蘸涂料太多，以免造成流挂。

6. 其他问题

在冬季涂装乳胶漆时，应当特别引起注意的是乳胶漆的施工温度和环境气温。要按其产品说明书中规定的环境温度施工，以利于操作。

二、施工质量问题及其防治

乳胶漆及薄质水性涂料在施工时，有时可能是因为涂料质量、基层处理不好或者施工质量等原因而出现施工质量问题，这些问题在施工时经采取适当的措施，有时是可以避免的。

1. 流挂（流坠、流淌等）

1）问题出现的可能原因

（1）涂料黏度低；

（2）涂层过厚；

（3）涂料中颜、填料量不足；

（4）施工时，气温太低、湿度大；

（5）喷涂施工时，喷枪与墙面距离太近，或涂料未搅匀、上层涂料过稀。

2）可以采取的防治措施

（1）要求涂料的黏度合格，颜、填料的配比适当，并在施涂前一定要搅拌均匀；

（2）施工温度 10℃以上，相对湿度小于 85％；

（3）涂料每道不可涂装太厚，施工工具（刷子或辊筒）每次蘸涂料量不可太多。

2. 涂膜遮盖力不良

1）问题出现的可能原因

（1）涂料本身的遮盖力不良；

（2）涂料黏度低；

（3）对于有沉淀分层的涂料，涂装前没有充分搅拌均匀；

（4）底漆或腻子层与面涂料的颜色差别较大。

2）可以采取的防治措施

（1）选用遮盖力（对比率）符合质量标准要求的涂料；

（2）对于有沉淀或分层的涂料，在涂装前要充分搅拌均匀；

（3）调整底涂料或腻子的颜色，应尽量一致，或者多涂装一道面涂料。

3. 涂膜起皮、脱落等

1）问题出现的可能原因

（1）涂料本身成膜不好；

（2）涂料中颜、填料含量过高、基料用量低（即PVC值过高，超过CPVC）；

（3）基层疏松或不干净；

（4）进行基层找平时用的腻子粘结强度低，并在腻子未干就施涂涂料；

（5）基材过于平滑，附着力不好。

2）可以采取的防治措施

（1）施工温度应在5℃以上；

（2）生产涂料时选用合适的颜料-基料比；

（3）处理好基层，使其符合涂刷要求；

（4）找平层施工时选用质量符合要求的腻子。

4. 厨房、卫生间墙面涂层开裂、卷皮、脱落

1）问题出现的可能原因

（1）涂料本身耐水性差、耐热性差；

（2）腻子耐水性差。

2）可以采取的防治措施

（1）选用耐水性好的涂料作为厨房、卫生间用涂料；

（2）选用耐水性好的腻子，如聚合物乳液水泥腻子、粉状聚合物改性水泥腻子等。

5. 新施工的涂膜即泛黄

1）问题出现的可能原因

（1）涂料中可能含有灰钙粉等强碱性材料的乳胶漆，当应用于旧墙面时，一个常见的问题就是涂膜会发生不均匀的泛黄。其原因是基层旧涂膜中的盐类物质或者其他有机物迁移到涂膜表面，与涂膜中的钙离子等发生反应导致涂膜泛黄。

（2）乳胶漆和聚氨酯涂料同时施工，乳胶漆用于涂装墙面，聚氨酯涂料往往用于涂刷木质的墙裙和家具、房门等部位。有的聚氨酯涂料中含有较多的游离甲苯二异氰酸酯（TDI），在涂料干燥过程中，游离甲苯二异氰酸酯（TDI）挥发，这不但会造成室内空气污染，还会导致乳胶漆泛黄。如果两者同时施工，墙面涂装的乳胶漆颜色会发生黄变，造成工程质量事故。

2）可以采取的防治措施

（1）这种情况下避免泛黄有两种方法：一是采用适合的封闭底漆，对旧墙面进行封闭处理；二是在旧墙面刮涂一道腻子。前一种方法效果较为可靠。

（2）应避免墙面的乳胶漆和聚氨酯涂料同时施工。最好是在聚氨酯涂料完全干透后再施工乳胶漆，以避免乳胶漆泛黄。

三、使用刮涂和辊涂相结合的方法施工内墙涂料

刮涂和辊涂相结合主要是针对流平性不良、表观黏度稠厚的乳胶漆采用的一种专用施工方法。

内墙涂料最常见的施工方法是辊涂和刷涂相结合的施工方法。即先用长毛辊筒满蘸涂料辊涂，紧接着再用排笔跟着顺涂一道。这对于流平性好的涂料是一种快速有效的施工方法，例如有些墙面溶剂型建筑涂料仍然沿用这种方法施工。但是，对于流平性不良的涂料，例如现在一些乳胶涂料，使用该方法施工时所得到的涂膜刷痕严重、装饰效果不好。辊涂后即使再使用排笔顺涂，仍不能够满足流平性要求，在涂膜上留下了显眼的刷痕。在这种情况下，可以采用刮涂和辊涂相结合的方法进行施工。

刮涂是对腻子、仿瓷涂料和某些砂壁漆等厚质涂料所采用的施工方法。将这种方法和辊涂施工相结合，是施工人员根据某些稠厚乳胶涂料的流平性不良所采用的特殊处理措施，经这样施工所得到的涂膜平整度高、质感光滑细腻。

采用这种方法时，涂料施工时的黏度需要比辊涂-刷涂法大一些。因而，施工时乳胶漆就不必再用水稀释，直接进行辊涂即可。对于黏度本来很低，辊涂不能够得到一定厚度涂膜的涂料时，则不适宜采用这种方法施工。

采用辊涂-刮涂法施工时，先用辊筒满蘸涂料辊涂，紧接着不是用排笔顺涂，而是采用塑料刮板或者不锈钢刮板轻轻刮涂一道，即将辊筒辊涂时留下的凹凸状斑坑刮平。用辊筒辊涂的面积不要太大，一般视涂料干燥性能和施工干燥条件，辊涂 3～5m^2 即需要紧跟着刮涂。

这种施工方法对刮涂技术有一定要求，需要刮涂得轻而均匀。若刮涂时用力太重，可能会导致涂膜太薄，甚至将涂料全部刮掉。

此外，采用这种方法施工时还应注意在刮涂接头处要收好头，不要留下接头痕迹，但要做到这一点，需要长时间的施工锻炼和掌握。

第三节　其他内墙涂料施工技术

一、内墙防霉涂料施工简述

1. 防霉涂料主要品种和应用

内墙防霉涂料的主要品种是合成树脂乳液类涂料，其组成上和普通内墙乳胶漆的差别主要在于防霉剂的选用和用量上，即基本组成与普通内墙乳胶漆相似。因而，涂料组成和防霉要求决定了内墙防霉涂料的涂装技术。

防霉涂料的主要特征是防止霉菌在涂膜表面生长，是既具有正常装饰性、又能够避免涂膜表面孳生霉菌的功能性建筑涂料。在某些场合防霉涂料的应用很重要，例如食品车间、奶制品车间、烟草行业、肉食加工厂车间、冷库等。

防霉涂料既可以应用于内墙，也可以应用于外墙，单以内墙应用较多。应用于外墙时，主要是针对南方温热气候条件下易生霉长藻的地区，在北方寒冷、干燥地区外墙防霉问题并不存在（应用于外墙的防霉涂料在涂装技术上没有特殊要求）。

2. 防霉涂料施工前的基层处理

对于应用于内墙面的防霉涂料，特别是奶制品车间和烟草仓库等易长霉、对防霉要求较严格场合的涂装，与乳胶漆的涂装工序有所不同，主要表现在对基层的要求和处理上。

1）新墙面

新墙面在涂装防霉涂料时，只要基层密实、干燥、无疏松、起壳、脱落等现象即可。最好的是水泥砂浆墙面，混合砂浆墙面次之。

新墙面涂装前，也要先除去墙面上的污物、浮灰等，并用防霉洗液冲洗。防霉洗液一般是由防霉杀菌剂、表面活性剂、助溶剂和水等配成的浓缩液。使用时应根据墙面的沾污程度，将浓缩液和水按比例稀释。

2）旧墙面

旧墙面尤其是涂装过有机涂料、处于潮湿地区的旧墙面，往往会有霉菌的污染。如果发现或怀疑有霉菌存在，就应该进行彻底的除霉处理。因为只要有一点点地方的霉菌处理不净，霉菌便会迅速地继续蔓延。

除霉方法是首先对长霉部位喷洒消毒剂或者特制的防霉洗液，以防止有生命力的霉菌孢子向四周飞扬。接着，在短时间内对墙面进行彻底清洗。例如，可用含防霉剂的热水洗刷，然后用防霉洗液清理基层，全面喷1～2遍。

有些霉菌对粉红、橙黄、棕色和绿色的涂膜会造成污染。并会在涂膜上留下斑迹，即使洗涤也不能够除去。当在污染的涂膜上再涂上一层新涂料时，也会因渗色而变色，因此在施涂新涂料前，有时要用漂白剂先洗去沾污点的颜色。

3）基层处理的劳动保护

虽然尚没有证据说明涂抹上的霉菌对人体有病源危险，但是霉菌对人体健康的影响是应该予以重视的，特别是对于过敏体质者。例如，有的人接触到霉菌时，会因为过敏而引发哮喘。因此，对于霉菌滋长处进行墙面防霉处理时，必须戴好面罩等劳保用品，做好劳动保护。

3. 防霉涂料配套涂装用腻子

用于与防霉涂料配套使用的腻子，不可采用普通涂料涂装常用的以纤维素为主要材料生产的腻子，而必须采用有防霉性能的建筑胶或防霉型合成树脂乳液加水泥调和腻子，避免基层发生霉变，并使腻子膜具有防霉性能和足够的强度。

4. 防霉涂料涂装

最后一道工序就是涂装防霉涂料，与一般涂料涂装要求一样，要求涂装温度必须高于5℃。涂料涂装是在腻子干燥或者基层最后喷涂防霉洗液干燥24h后进行。如果是刮涂的防霉腻子，尚需用砂纸将腻子膜打磨平整后涂装涂料。

二、内墙仿瓷涂料施工技术

1. 内墙仿瓷涂料特征简介

仿瓷涂料从涂料状态、施工方法到涂膜效果都有其特征。

第一，从涂料状态来说，仿瓷涂料呈稠厚的膏状，在生产时就要求其必须呈“牙膏”状，以便在批刮施工时用批刀（也称刮刀）或抹子挑起涂料时能够成团而不会出现流淌现象。但这种膏状必须具有触变性，即虽然用刮刀挑起时不流淌，但在批刮时却需要轻松，有滑润感，即批刮起来不需要用力，不能有黏滞感。

第二，从施工方法来说，仿瓷涂料目前还只能采用批刮的方法施工，且一般还要经过多道批刮，在最后一道涂膜施工时还需要进行压光，其施工效率很低，一般每人每天只能够施工 40～80m^2。

第二，从涂膜的效果来说，仿瓷涂料装饰效果细腻，稍有光泽，触感光滑，有类似于瓷砖的感觉。

第四，仿瓷涂料的涂膜是经过多次刮涂才完成的，一般较厚，而且仿瓷涂料的组成中基料的比例很低，属于高颜料体积浓度的涂料，其组成中最大量的材料是重质碳酸钙，通常占 30％～60％，类似于腻子。因而，涂膜中必然存在有大量孔隙，这些因素赋予涂膜对基层有足够的遮盖力，而无需再使用钛白粉之类昂贵的颜料。若要提高涂料的洁白细腻的装饰感，也可以加入少量的钛白粉。

总体来说，我国以前以及目前使用的仿瓷涂料绝大多数属于低档涂料。从我国实际国情来说，仿瓷涂料是很符合我国县级城市和乡镇的实际经济状况和消费需求、消费水平的，而且施工技术也特别适合。因为在这些地区，即使使用中、高档的乳胶漆，其施工技术水平也得不到应有的装饰效果。从消费需求来说，人们有时认为仿瓷涂料比中、高档的乳胶漆更好。因而，在这些地区，仿瓷涂料仍然是很有生命力的建筑涂料品种。

2. 施工要点概述

与乳胶漆等薄质涂料相比，仿瓷涂料的施工工序相对简单。只要对基层进行大致的处理，清除明显的疏松物后即可施工涂料。但是，如果是在有旧涂膜的旧墙面上施工，应注意检查旧涂膜。若旧涂膜的强度还很高，表面无粉化现象，则可以直接在旧涂膜表面施工；若旧涂膜已经粉化或强度很低，不耐水，则必须将旧涂膜彻底铲除后再施工涂料。

仿瓷涂料属于厚质涂料，不需要配套的腻子，直接用涂料找平墙面即可，但对于较大的明显孔洞，仍应在涂料施工前预先修补。

仿瓷涂料主要以刮涂方法施工。刮涂工具根据施工者的习惯，可以是钢质刮刀，也可以是泥刀（也称抹子、钢板等）。刮涂方法不容易叙述得清楚，但通过实际观察可以一目了然。不过真正熟练地掌握尚需实际操作，逐步熟练后即可得心应手。刮涂操作时使用的是抹子。施工时，首先用抹子挑起一团涂料，将抹子面与墙面成一定角度（例如可成15°～30°的倾斜度），向外抹向前方。在抹子的运动过程中，抹子面上的涂料即能够填补于墙面的凹陷处或孔隙中，使墙面得以平整。多余的涂料则滞留于抹子前面，继续随着抹子的运动而前移。抹子推到一次刮涂的终端，以同样的倾斜角度反向回推，又将涂料推到新的墙面处，抹子面上的涂料又填补于新墙面处的凹陷处或孔隙中，使之得以平推。多余的涂料依然滞留于抹子前面，继续随着抹子的运动而前移。如此往复循环，即将涂料大面积地施工到墙面上。

仿瓷涂料一般需要三道成活。应待第一道涂料干透后，再施工第二道涂料。如果是在旧墙面上施工耐水型仿瓷涂料，则必须待第一道涂料干透后再施涂第二道，待第二道干透后再施工第三道涂料，这样有利于解决该类涂料的涂膜泛黄问题。

最后一道涂料施工后，待涂膜表干后即可开始压光（也称收光）。操作时，抹子面与涂膜表面的倾斜角度要小（一般不大于 15°），抹子对涂膜的压力要大，在涂膜表面的运动速率要快，对同一处需重复几次压光，这样才能够使涂膜产生较高的光泽。

大面施工结束后，应注意对边角及局部进行修整，例如剔除多余的涂料、修补施工缺陷等，保持同一房间的整体效果。

3. 粉状仿瓷涂料生产和施工过程中的常见问题及解决措施

1）涂膜无光泽

通过批刮施工中的收光操作，仿瓷涂料涂膜表面能够出现目视十分明显的光泽。但有时候，涂膜可能不出现光泽。光泽低些尚可，但当涂膜一点光泽也没有时，会影响涂膜的装饰效果。

（1）出现问题的原因

影响仿瓷涂料涂膜光泽的因素有涂料本身质量问题和施工方法问题。前者，涂料组成成分中，基料（聚乙烯醇或可再分散聚合物树脂粉末）的含量和轻质碳酸钙的用量显著影响涂膜光泽。在粉状涂料中有时候使用淀粉醚或者羧甲基纤维素作为增稠剂或者基料的补充，淀粉醚有可能像膏状涂料中的淀粉胶那样影响涂膜的光泽，因而应当尽量少用。后者，仿瓷涂料的施工也是一个技术性很强的问题，施工不熟练、对涂料的性能不了解、收光的时间把握不准或收光的操作不当等，都可能使涂膜的光泽降低。

（2）防治措施

针对对涂膜光泽产生不良影响的诸因素，分析涂膜光泽低的具体原因，并采取相应措施，就能够使涂膜的光泽明显提高。如果是属于涂料组成材料的使用不当，则应通过调整涂料配方加以解决。例如，在涂料配方中适当增加基料或（和）轻质碳酸钙的用量；尽量不使用或少使用淀粉醚等。如果是属于施工方法不当，则应从施工方法的改进方面予以解决，而正确掌握收光的时间和收光的操作方法，对于保证涂膜的光泽是非常重要的。

2）干燥速率太快

仿瓷涂料施工时，如果干燥太快，就会使施工的涂膜来不及修整就已经干燥，影响涂料的使用和涂膜的质量。涂膜干燥太快，在施工温度低时还不明显，而当气温高、风速大、空气相对湿度低等极端情况（例如春末和夏季）下，会严重影响涂料的使用，这是这类涂料在实际使用中常常遇到的问题。

（1）出现问题的原因

影响粉状仿瓷涂料干燥时间的主要因素是涂料组成材料中保水剂的用量，次要因素是聚乙烯醇类涂料基料的用量。若保水剂的用量低，或者涂料基料的用量太低，都可能对涂膜的干燥时间产生不良影响，导致涂膜的干燥时间过快。

（2）防治措施

适当增加配方中保水材料（甲基纤维素醚）的用量。对于聚乙烯醇类涂料，若基料的用量太少，也应适当增加。

3）批刮性差

施工性能好的仿瓷涂料应当在刮刀挑起时不流淌，在批刮时却轻松、滑润，而没有黏滞感。批刮性差的仿瓷涂料则相反，主要反应在批刮时较黏滞，无滑润感。增加施工时的劳动强度，影响施工速率。

（1）出现问题的原因

影响仿瓷涂料施工性能的因素有三个方面：一是保水剂的使用；二是基料的用量；三是配方中填料的合理搭配。从保水剂的使用来说，保水剂的型号使用不当或（和）用量太少，都会影响涂料的施工性能。保水剂一般按照黏度型号确定其使用，通常应使用较高黏度型号的产品，黏度型号太低，不能赋予涂料比较明显的触变性，而主要靠增加基料（主要是指聚乙烯醇）的用量或者在施工时少加水，使涂料具有所需要的施工稠度，这就导致涂料施工时很黏滞。当仿瓷涂料以粉状聚乙烯醇为基料时，给人的一个错误概念可能是其用量越大越好。对于涂膜的物理力学性能来说通常确实存在着这种趋势，但当超过一定的界限后，就会给涂料的其他性能产生不良影响，例如导致涂料的施工性能不良，当使用的保水剂其型号偏低时，这种情况尤其严重。粉状仿瓷涂料不宜使用细度过大的填料，否则会影响涂料的批刮性能。

（2）防治措施

针对施工性能不良的具体原因进行防治。就保水剂的正确使用来说，一般应当使用黏度型号为40000～80000MPa·s的产品，其在配方中的用量应不低于0.3%。粉状聚乙烯醇的应用量也不能太大，其在配方中的用量应不高于6%。如果因为需要提高涂膜的性能而提高基料的用量，则应通过使用可再分散聚合物树脂粉来实现。仿瓷涂料一般使用细度为325目的常规填料即可，一般使用填料的细度超过600目时，对涂料的施工性能会产生不良影响。

4）涂膜开裂

涂膜刮涂干燥后表面出现粗细和大小不等的裂纹，影响涂膜的装饰效果和物理性能。

（1）出现问题的原因

造成这种现象的原因可能有：

a. 涂料中基料的用量低；

b. 涂料中的灰钙粉用量太高；

c. 填料太细；

d. 保水剂黏度型号太高。

当涂料中的基料用量太低，尤其是不含灰钙粉的普通仿瓷涂料，当基料用量太少时，涂料施工后从湿涂膜状态干燥成为干涂膜，体积收缩，涂膜的拉伸强度不足以抵抗收缩应力而导致开裂。若涂料中的灰钙粉用量太大，涂料施工时需要加入的水多，导致涂膜的干缩大，在涂料中基料的用量不足时导致涂膜开裂。同样，填料细度高，施工时的需水量大，湿涂膜的干缩大，导致开裂。保水剂的型号也不能太高（例如有的认为保水剂的型号高对施工性能有利，而使用超过15×10^4MPa·s的特高黏度的产品），太高时同样对涂料的性能不利。

（2）防治措施

从上述涂膜开裂的原因分析可见，如果涂膜出现开裂，在分析其原因后，应当从适当增加基料的用量、降低灰钙粉的用量、使用细度适当的填料和黏度型号适当的保水剂等方面着手解决。

5）涂膜易脱落

仿瓷涂料是厚质涂料，通常不会像薄涂膜那样出现起皮现象，而代之以涂膜脱落。例如，有些涂料施工后不久即发现涂膜成片脱落的现象，有时情况很严重，甚至不得不将涂膜铲除重新涂装。

（1）出现问题的原因

涂膜脱落可能是涂料质量问题造成的，也可能是施工的原因。涂料质量的原因有：涂料中基料的用量太低，致使涂膜的物理力学性能差，当涂膜干燥收缩时在界面处受到应力作用，由于涂膜与基层的粘结强度过低，不能承受该应力而导致涂膜开裂。属于施工的原因，则是因为涂料涂装在旧涂膜上，旧涂膜的强度低，甚至已经粉化，施工前没有将旧涂膜彻底铲除，当物理力学性能很好的新涂膜干燥收缩时，新旧涂膜的粘结强度因旧涂膜而导致强度太低，使涂膜脱落。此外，若旧墙面已经被油类物质严重污染，在涂料施工时没有对墙面的油污进行清理或处理。涂料施工后，等于在新旧涂膜之间有一层隔离剂。导致涂膜的附着力降低，也可能会出现涂膜脱落的现象。

（2）防治措施

属于涂料质量的原因，则应增加涂料中基料的用量。不过，有时候使用细度过高的填料也相当于使涂料的基料用量相对降低。因为填料的细度高，其比表面必然大，则同样重量的填料就需要更多的基料来予以粘结和包裹。因而，如果是因为基料用量低而且填料的细度又很高，需要同时增大基料的用量和使用普通细度的填料。属于施工原因，应在施工前彻底清除旧涂膜或者基层的油污，然后再涂装新涂料。应注意，如果是因为施工原因而导致涂膜开裂，应将已经施工的涂料全部铲除再重新涂装。如果仅作局部的修补，除了起不到根治的目的，这些新涂装的涂料可能过不了多久就开始脱落。

6）涂膜硬度低

对于组成材料中含有灰钙粉的耐水型仿瓷涂料，一般能够得到很高硬度的涂膜，这类涂膜的硬度比通常的乳胶漆的涂膜硬度还要高，一般用指甲划是划不出痕迹的。但有时候涂膜的强度并不高，指甲可以容易地在涂膜表面划出痕迹，一般认为是涂料的质量问题。

（1）出现问题的原因

耐水型仿瓷涂料涂膜的高硬度是灰钙粉所赋予的，灰钙粉在涂膜中因氢氧化钙与空气中二氧化碳作用，生成高硬度的碳酸钙的同时，还与涂料的基料产生作用，生成的碳酸钙填充在基料的大分子网络中，涂膜更加密实，使涂膜的硬度提高。若灰钙粉在涂料中的比例低，则涂膜的硬度也会相应降低；而由于灰钙粉和涂料基料的作用，使涂膜的硬度提高，若涂料基料的比例过低，也会使涂膜的硬度降低。

（2）防治措施

增大灰钙粉或（和）基料的用量，若使用的是高细度填料，还应将填料换成普通细度的产品。一般地说，耐水型仿瓷涂料中灰钙粉在填料中的比例不能低于20%，应高于25%，最好能够保持在30%～35%的范围。

7）涂料

用于旧墙面产生不均匀的泛黄耐水型仿瓷涂料用于旧墙面时，常常在新施工的墙面出现一块一块的、大小不等的黄斑，此现象通常称之为“泛黄”。泛黄对涂膜的物理力学性能虽然没有影响，但却使涂料的装饰性损失殆尽，是灰钙粉类涂料至今没有解决的问题（有时可以从施工措施上予以解决）。

（1）出现问题的原因

对泛黄最普遍的说法是基层中的水分在通过涂膜逸出时，将涂膜中灰钙粉的碱分或其他可溶性盐类带到涂膜表面，水分向空气中蒸发后，碱分或其他可溶性盐类滞留于涂膜表面，成为“黄斑”。作者认为这种说法有一定的片面性，准确的解释应是：基层中的水分溶解了一定的有机物，这种溶解有有机物的水分在通过涂膜逸出时，同时使涂膜中的部分氢氧化钙溶解于其中，氢氧化钙对有机物的作用使有机物变黄，在水分向空气中蒸发后受氢氧化钙作用而变黄的有机物滞留于涂膜表面，使涂膜变黄。

（2）防治措施

耐水型仿瓷涂料用于旧墙面泛黄的问题，由于涂料成本的约束目前尚无法从涂料的质量方面予以解决，有些涂料生产技术虽然宣称解决了该类问题，但实际上并没有真正地解决或者尚未在实际应用中证实。目前较好的解决办法是以施工措施解决，即先刷涂封闭底漆，然后再涂装涂料。

若对涂料成本没有太低的限制，可通过增大基料的用量解决泛黄，使涂料的颜料体积浓度低于其临界颜料体积浓度，这样能够得到致密而水分不容易通过的涂膜，有机物不能够以水为载体传输至涂膜表面，从而解决泛黄问题。

还可以通过多涂装一道涂料的方法解决泛黄问题。即待第一道涂料彻底干透后再施工第二道涂料，待第二道涂料彻底干透后再施工第三道涂料，这样能够解决泛黄问题。

三、仿大理石涂料施工技术概述

1. 仿大理石涂料基本特征

仿大理石涂料是一种高装饰性建筑涂料，其涂膜对大理石的仿真程度可以达到以假乱真的效果。该涂料通常是将主涂料一次喷涂于基层，或者一次喷涂于经处理的基层上，形成酷似大理石装饰的涂膜。

由于仿大理石涂料为水性，无毒、无污染，符合室内有害物质限量要求，因而该涂料可应用于内墙面，其装饰效果远远超过20世纪90年代初流行的多彩花纹内墙涂料。

仿大理石涂料和多彩花纹内墙涂料一样，通过不同的颜色组合，能够得到许多种装饰效果与风格迥然不同的涂膜饰面。

2. 仿大理石涂料施工方法简述

1）仿大理石涂料基本施工程序

仿大理石涂料施工技术类似于砂壁状建筑涂料，有时根据涂膜效果要求，在砂壁状建筑涂料的基础上再喷涂一道仿大理石涂料即可。由于仿大理石涂料的分散介质中不含颜料和填料，因而其所形成的涂膜是透明且有光泽的。在砂壁状建筑涂料衬底和仿大理石涂膜的双重效果下，显得晶莹柔润，富有装饰性。

仿大理石涂料的基本施工程序如图6-1所示。

墙面找平 → 喷涂封闭底漆 → 施涂乳胶涂料中涂层（或喷涂细质地砂壁状建筑涂料） → 表面缺陷修整 → 喷涂仿大理石涂料 → 表面缺陷修整 → 养护

图6-1　仿大理石涂料的基本施工程序

2）仿大理石涂料施工要点概述

从上面的介绍可见，仿大理石涂料施工技术简单，和砂壁状涂料、复层涂料等高装饰涂料相似，这里不作赘述，仅对几个问题略作提示。

（1）仿大理石涂料属于厚质涂料，对于基层情况较好的墙面，不需要使用腻子进行基层处理，但是需要配套底涂料。

（2）仿大理石涂料施工前如有分层，应先采取非机械搅拌的方法搅拌均匀。涂料必须采取喷涂施工，才能够得到大理石的效果，仿大理石涂料的配套底涂料是鉴于涂膜效果配套的，因而涂装时应使用与主涂料配套的底涂料，不可随意使用其他涂料。有时为了涂膜效果的需要，有一种配套底涂料是细粒径彩砂的砂壁状涂料，施工时先喷涂该细粒径彩砂的砂壁状涂料，然后再喷涂一道仿大理石涂料。

（3）施工时，先使用常规方法施工底涂料，然后施工仿大理石涂料。

（4）喷涂仿大理石涂料用的喷枪有几种，可以采用砂壁状涂料施工用的喷筒，也可以使用喷涂多彩花纹内墙涂料用的专用喷枪。

（5）由于装饰效果的需要，仿大理石涂料很少在整个房间内大面积使用，往往是应用于局部的装饰点缀，例如电视背景墙、局部假山衬景等。

3. 应用于外墙面时施工的说明

通过调整仿大理石涂料的成膜物质，可以提高涂料的耐候性，使之适用于外墙面装饰。由于模仿大理石装饰的需要，通常很少整个墙面进行喷涂，而是将墙面分成一定大小的分隔块，分隔块之间使用柔性良好的勾缝涂料处理。

通过适当地划缝分割，并配以适当颜色的勾缝剂勾缝，涂膜能够酷似装饰石材，在外墙外保温层表面使用受到欢迎。这种装饰方案解决了人们希望在膨胀聚苯板薄抹灰外墙外保温面层或者胶粉聚苯颗粒外墙外保温面层粘贴装饰石材，而鉴于安全性又受到很多限制。

四、防结露涂料施工

1. 涂料基本性能特征

防结露涂料属于厚膜型轻质功能型建筑涂料。通过抹涂或喷涂形成厚质涂层，除了对所涂装的结构部位具有装饰效果外，还能够防止其表面结露。

防结露涂料的防结露性能在于其吸湿性和放湿性，即防结露涂料所形成的涂膜具备几个特征：一是具有一定的厚度（吸湿体积）；二是涂膜是多孔的，其内部具有连通的孔隙，能够容纳表面吸附的凝结水。这样，当空气中的水蒸气因为温差而在涂膜表面凝结时，凝结产生的水分就会被吸附在涂膜中，从而防止了表面露珠的出现而达到防结露的目的。涂膜的吸附性越强，单位体积（面积）所能够容纳的水分越多，其防结露性能越好。贮存于涂膜中的吸附水在空气条件发生变化（例如室外环境气温升高，空气中相对湿度减小等）时，会从涂膜中通过蒸发而逸入空气中，并逐步处于干燥状态。这样，当结露情况再次出现时，又能够吸附凝结水而防止结露。因而对于结露情况较严重而涂装防结露涂料的建筑物，应当间隔性地保持必要的通风。

2. 基层处理注意事项

1）木质基层，为了防止涂料向基层中渗水，必须用封闭底漆进行基层处理。

2）混凝土基层，经过局部修补而造成的基层不均匀、胶合板模板缺陷，穿墙螺栓及钉子等造成的基层不平整及锈蚀等，应使用封闭底漆进行处理。

3）类似加气混凝土等吸水性能很强的基层，应使用能防止白水泥类防结露涂料干燥过快的封闭底漆进行处理。

4）防止石膏板、石棉板等接缝处开裂以及吸水不均匀，应对基层进行预处理。

5）薄钢板、铁板等金属基层，施工前必须经过仔细检查，在证实没有结露现象后再进行施工，同时应认真做好防锈处理。

3. 施工简要说明

防结露涂料是厚质涂料，一般采取抹涂或喷涂施工。对于需现场拌和的白水泥类防结露涂料，应注意按生产厂家的说明书将粉状料和胶液搅拌均匀。一般采用低速手持搅拌器搅拌，以防止将粗质轻填料打碎。

为了防止基层吸收不均匀，涂装前可先用丙烯酸酯乳液封闭底漆或产品指定的其他封闭底漆进行封闭处理。

施工时应注意有没有基层吸收不均匀现象以及流挂、漏涂等施工缺陷。如果设计要求的涂层厚度较大，一次抹涂或喷涂产生流坠时，可分次涂装，但应待前次涂层干燥，并具有一定承受强度后再进行后一遍的施工。施工后应保持良好的通风条件，使涂层能够尽快地干燥。

五、室内石膏板隔墙墙面的涂装

石膏砌块、纸面石膏板和轻质石膏板隔墙是很常用的内隔墙材料或者内装饰材料。这类装饰材料有时也存在表面涂料涂装的问题。在这类基层表面涂装涂料，与普通常见的水泥基材料基层的涂装方法不同，主要差别是在基层处理方面。下面介绍在这类基层上涂装涂料的技术。

1. 石膏板及石膏基材料基层的性能特征

石膏板及石膏基材料基层的表面平滑，吸水率大，碱性低。此外，与水泥基材料的基层不同，石膏基材料的耐水性不良。

2. 对石膏板类基层的处理方法

1）纸面石膏板接缝

如果对纸面石膏板接缝不进行特殊处理，而像一般基层那样进行涂料涂装，则在涂料涂装后有可能会出现裂缝，并影响涂膜，甚至使涂膜表面出现裂缝。

纸面石膏板接缝有明缝做法和无缝做法两种。

明缝做法应在安装石膏板时将接缝留出，缝的位置、宽度都应符合设计要求。石膏板的边角应整齐，不得有大的缺陷。明缝有采用塑料条或者铝合金嵌条压缝的，这种方法应在板面涂饰完后再做压缝。

明缝如果是用石膏灰勾缝的，一般需要先用嵌缝腻子（采用石膏板专用腻子或石膏腻子均可）将两块石膏板板端和缝的底部通过专用工具勾成整齐的明缝（必要时需两次勾缝）。待明缝干透后再随同石膏板板端一同进行下一道工序。

一般石膏板板缝多采用无缝做法。无缝的处理是先用石膏板专用腻子将板缝嵌平，待干燥后，贴上约50mm宽的穿孔纸带或者涂塑玻璃纤维网格布，再用腻子刮平。无缝做法要注意缝和板面一样平整，缝不能高出纸面石膏板。否则需将整个板面用腻子衬高，以保证墙面或者吊顶的质量。

2）无纸石膏板（网孔，膏墙板）板缝的处理

无纸圆孔石膏板和纸面石膏板完全不同，圆孔石膏板实际上是一种尺寸较大的砌块，

能够独立地砌成墙体，而纸面石膏板必须依靠龙骨安装。

圆孔石膏板的板缝一般不做明缝。板缝的处理方法是将板接缝处用胶水涂刷两遍，再用以石膏和膨胀珍珠岩粉为主要成分的腻子刮平。如果墙面有防水、防潮要求，也应该在板缝处理之后才能进行。

3）石膏条板接缝的处理

对于石膏条板接缝，可将接缝处凿成 V 形槽后，再使用专用石膏砂浆分多次进行填补处理，并配合使用粘结强度较高的胶粘剂和纤维织物（布）粘贴，进行加固处理。

4）纸面石膏板的防潮处理

对于用在厨房、厕所、浴室的墙面或者吊顶的纸面石膏板，若使用的不是耐水的纸面石膏板时，必须进行防潮处理。防潮处理一般为满涂中性（pH 值＝8）防水涂料，但不提倡使用有机硅类防水剂和脂肪酸类防水剂等，以防止其影响后刮涂腻子的附着力。

3. 施工腻子和涂料

1）平整度很好且具有防水、防潮性能的纸面石膏板墙面，可不必刮涂腻子，只需要对局部不能满足涂料施工要求的部位进行适当处理，即可直接涂装涂料。

2）条板和圆孔石膏板（石膏砌块）的墙面，在接缝处理后，就可以刮涂腻子。因石膏基材料具有强烈的吸水性，所使用的腻子应具有非常好的保水性，否则腻子难以刮涂平整。若使用的腻子保水性不能够满足要求，可预先施涂一道由聚合物乳液为主要成分的封闭剂进行封闭后再施工。

腻子干燥后的打磨与普通腻子相同。

3）施工对于使用亲水性较大的石膏基腻子，在涂料施工前应先施涂一道封闭底漆，然后再施工涂料。

若采用的腻子是吸水性小的腻子（例如柔性腻子），腻子干燥并打磨平整后即可施工涂料。涂料的施工方法与墙面相同，施工方法可以采用辊涂和喷涂。若条件许可，最好采用喷涂施工，这种方法能够得到高质量的涂膜。

六、内墙面施工复层涂料

内墙面施工复层涂料有两种情况：一是空间很大的场合，例如大厅、会议室、影剧院等；二是家庭居室房间的花样装饰。空间很大的场合施工复层涂料时，施工技术和外墙涂料基本相同。家庭居室房间施工复层涂料虽然比外墙外保温层表面的施工简单，但也有一些需要注意的问题。

1. 复层涂料品种的选择

1）涂料品种选择

从涂料组成材料来讲，家庭居室房间选择复层涂料时，应选择合成树脂乳液型，且所选择产品的有害物质限量应满足 GB 18582—2008 的要求。

2）涂膜种类选择

用于装饰家庭居室房间的复层涂料，应选择小斑点、复色复层涂膜，即底涂料和主涂料颜色不一样的涂膜。

因为家庭居室房间一般不大，适宜于涂装小斑点复层涂料，这样能够产生舒适、宜人的效果；反之，若施工成大斑点涂膜，会产生使房间视角变小的效果。而且对于小房间来说，大斑点可能会因为粗犷过度而显得野蛮。

选择复色复层涂膜是因为该种涂膜更富于装饰性，配合以适当的颜色，更能够体现出涂膜的特色。但两种涂料的颜色的对比度不要太大，而且底涂层的颜色最好比斑点的颜色深。

2. 涂料施工

1）涂料施工工艺流程

家庭居室房间可以采用如图 6-2 所示的工艺流程来施工复层涂料：

封闭底漆施工 → 底涂料 → 喷涂复层涂料 → 压平 → 辊涂罩光剂

图 6-2　复层涂料施工工艺流程

2）施工实施说明

封闭底漆一般为透明型，通常采用辊筒辊涂一道即可。底涂料一般为彩色乳胶漆，其颜色应该预先根据涂膜样板调配。底涂料的施工应至少在封闭剂施工 3h 后进行。施工时先用辊筒满蘸乳胶漆辊涂，紧接着再用排笔跟着顺涂一道。底涂料的施工道数以能够完全遮盖基层为准，若一道不能完全遮盖，则需要施涂两道或更多道。

3）喷涂复层涂料

喷涂时选用的喷嘴应为 2mm 或者 4mm，一般不宜再大，否则喷出的斑点过大，喷涂压力调整在 0.4～0.6MPa。

4）压平

根据涂膜样板的设计，如果需要压平，则待喷涂的已经表干时，即可进行压平，以得到扁平效果的彩色花纹斑点。

压平时，使用硬橡胶辊筒蘸松香水或者 200# 溶剂汽油压平，在辊压操作时辊筒勿粘上涂料，以免损坏斑点。

5）辊涂罩光剂

罩光剂为合成树脂乳液型透明涂料，罩光后既能够增加涂膜的装饰效果，又能够增加涂膜的耐污染性。一般采用辊涂施工方法施工罩光剂，两道成活。

第四节　内墙建筑涂料施工的几个问题

一、内墙乳胶漆质量的表观判断方法

要确定内墙乳胶漆的质量，准确、可靠的方法是按照国家标准进行性能检测。但是，一方面是根据乳胶漆的产品外观对乳胶漆的质量进行简单的判断，与按照标准检测不是一个层面上的意义；另一方面是对于按照标准检测合格的乳胶漆，施工时或者施工后的涂膜还有问题。

实际上，内墙乳胶漆处于户内，对涂膜物理力学性能的要求不像外墙乳胶漆那样严格，更有实际意义的性能指标是涂料的施工性和涂膜的装饰效果，以及涂料的环保性等。

正因为如此，国产乳胶漆和国外一些进口优质乳胶漆在涂膜的物理力学性能方面通常没有差距，而在施工性能（特别是喷涂施工）和装饰效果方面往往存在较大差距。

因而，这里介绍一些根据施工经验对乳胶漆的质量进行直观判断的方法，以便在没有检测条件（按照标准检测除了很高的检测费以外，还需要很长的检测周期）的情况下，能够判断所用乳胶漆的质量，选择使用优质乳胶漆。

1. 根据“开罐效果”判断

“开罐效果”指的是将处于密封状态的原包装乳胶漆的桶盖打开后给人的直观感觉。质量良好的乳胶漆打开包装盖后，给人的印象极好，如外观细腻、感觉丰满、表层油光发亮（有类似于溶剂型涂料的感觉）、黏度高而均匀、色泽淡雅、柔和等。对于质量不好的乳胶漆，打开包装盖时，往往有极明显的分层，表面是一层清水一样的液体，有时液体表面还漂浮颜色层。

此外，通过搅动可以发现优质乳胶漆的流动性好，将棍棒插入涂料中再提起棍棒，蘸在棍棒上的乳胶漆迅速向下流动，能够形成细而长的流束；相反，质量不好的乳胶漆经搅动后其流动性差。将乳胶漆的分层状态搅拌均匀后，用棍棒插入乳胶漆中再提起棍棒时，蘸在棍棒上的乳胶漆向下流动缓慢，乳胶漆成团、成块地从棍棒上往下掉，而不能够形成流束，同时乳胶漆看起来粗糙、干涩、无油润感。

2. 施工性

乳胶漆需要通过施工程序才能从涂料状态涂装成具有使用功能的涂膜。乳胶漆的施工性是指乳胶漆涂装的难易程度。

优质乳胶漆施工性好。例如涂料需要稀释时，加水易于搅拌均匀；喷涂时涂料雾化效果好，不溅落或者溅落极少；辊涂时感觉滑爽流畅、无黏滞感；乳胶漆的遮盖力强，单位质量的乳胶漆施工的面积大等。质量差的乳胶漆则没有这些施工效果，而相反的往往是辊涂手感沉重、黏滞，喷涂时雾化性能不好，以及有时甚至很难搅拌均匀等。

正是鉴于一些乳胶漆的施工性不好，涂装工人发明了辊涂-刮涂相结合的施工方法。

3. 涂膜效果

优质乳胶漆施工出的涂膜流平性好，无刷痕或者基本无刷痕，涂膜平整、光滑、丰满、色泽淡雅、柔和以及污渍易于清除等。而质量差的乳胶漆的装饰效果差是通病，这类乳胶漆按照国家标准 GB/T 9756—2009《合成树脂乳液内墙涂料》检测，虽然也能合格，但涂膜粗糙、刷痕明显，甚至有涂刷接头，更谈不上质感丰满；而配制成彩色涂膜时，也没有色彩柔和的感觉。

目前国外一些进口名牌乳胶漆，不同程度或者集中地体现出以上涂料外观、施工性能和涂膜效果三个方面的优点；而一些国产乳胶漆，特别是有些作坊式小厂，仅根据原材料销售商提供配方生产的乳胶漆，则集中体现劣质乳胶漆的以上三方面的缺点。

二、内墙涂料的防水性

很多情况下，需要使用具有耐水性能的内墙涂料。例如，应用于厨房、浴室、卫生间等可能经常受到水侵蚀的墙面的涂料必须具有很好的耐水性。但是，人们通常只说使用“防水涂料”，而很少讲到使用“耐水性”的涂料。

实际上，这里的“防水涂料”就是指的涂膜的“耐水性”，“防水性”只是人们的一种习惯说法。因为从内墙涂料对防水性能的要求来说，完全不同于建筑防水领域的“防水性”概念。

建筑防水领域的防水（包括防潮）涂料，要求涂膜能够阻挡水和潮气通过涂膜，即能够将水和潮气阻挡在涂膜以外。内墙涂料中涂膜的“耐水性”则是指涂膜在受到水的作用或者侵蚀时本身不被破坏的能力。

由于一般内墙对涂膜没有这种“耐水性”的要求，所以国家标准 GB/T 9756—2009《合成树脂乳液内墙涂料》中没有涂膜耐水性的要求。但该标准中规定了涂膜的耐碱性，其测试是以水为介质进行的。因而，只要涂膜能够满足耐碱性要求，则涂膜的耐水性也不会有问题。

需要注意的是，对于需要使用耐水性好的涂料的结构场合，除了选用耐水性优良的涂料（例如有憎水效果的防水乳胶液、溶剂型建筑涂料等）以外，还要重视施工方面容易产生的问题。例如，在涂料施工时必须注意选用耐水性好的腻子，否则，即使涂料的耐水性好而腻子膜的耐水性不好，腻子膜在遇到水的侵蚀时起皮，鼓胀甚至脱落，必然会导致涂膜的破坏而失去效用。常常能够看到长期受到水蒸气侵蚀的厨房墙面，涂膜易于起皮，脱落，多数情况下是由于腻子膜的耐水性不良引起的。

三、内墙保温涂料的使用与施工简介

国家提倡应用建筑物外墙外保温技术。但是，在夏热冬暖和某些夏热冬冷地区，外墙内保温技术也有应用。特别是家庭装修时的个人行为、建筑物必须采用饰面砖和石材饰面或者幕墙等情况时，可能需要采用外墙内保温措施。

1. 保温涂料的选用

1）名称问题

目前广泛应用的两种现场施工的墙体保温材料，即胶粉聚苯颗粒保温浆料和建筑保温砂浆，在其刚出现并应用时都称为保温隔热涂料。但随着应用的普及，由于建筑业的习惯，慢慢地改成目前的名称。实际上，这两种保温材料从组成、施工方法和名称的简洁性等方面考虑，都应当称为保温隔热涂料。因而，这里的保温涂料是指的这两种材料。

2）选用

可以从材料的保温隔热性能、强度、防火性和配套材料等几个方面的具体要求考虑选用，见表 6-2。

表 6-2　胶粉聚苯颗粒保温浆料和建筑保温砂浆性能比较和选用

性能项目	胶粉聚苯颗粒保温浆料	建筑保温砂浆	比较结果
保温隔热性能	热导率≤0.06W/（m·K）	热导率≤0.085W/（m·K）	胶粉聚苯颗粒保温浆料优于建筑保温砂浆
强度	压剪粘结强度≥50kPa； 抗压强度≥200kPa	压剪粘结强度≥50kPa； 抗压强度≥400kPa	胶粉聚苯颗粒保温浆料不如建筑保温砂浆的高
施工材料的配套性	需要配套保温腻子	不需要配套保温腻子	建筑保温砂浆不需要配套材料

续表

性能项目	胶粉聚苯颗粒保温浆料	建筑保温砂浆	比较结果
易得性	应用普及，更容易采购	应用不普及	胶粉聚苯颗粒保温浆料更容易采购
防火性	B1 级	A 级不燃	建筑保温砂浆的防火性更好

2. 内墙保温隔热涂料施工要点概述

下面以内墙用保温砂浆的施工为例，介绍内墙保温隔热涂料的施工，胶粉聚苯颗粒保温浆料内墙保温层的施工与此大同小异。

1）基层要求

结构层基面必须坚实、干净、平整、干燥。

2）保温浆料的配制方法如下

（1）对于胶粉料和玻化微珠分开包装的双包装保温砂浆，配制时按规定用水量，先将水放入搅拌容器中，将胶粉料倒入搅拌机进行搅拌 2～3min，使纤维素、溶剂、乳胶粉分散。再将玻化微珠投入，搅拌 3～5min，使浆料成为稠度合适的膏状体，即可使用。

（2）对于单包装的粉状保温砂浆，直接将水放入搅拌容器中，将保温砂浆倒入搅拌机，搅拌 3～5min，使浆料成为稠度合适的膏状体即可。

3）保温砂浆必须随配随用，配制好的浆料需在 60min 内用完，不得将凝结后的浆料二次加水使用。

先将保温浆料涂抹第一道，厚度约 1～5mm，使浆料均匀、密实地抹涂于墙面，待凝固后，再涂抹第二道，并按照设计要求抹至规定厚度，再进行表面收平压实。

此外，保温浆料的施工宜自上而下进行；保温层固化干燥后（用手掌按不动表面，一般为 3d），方可进行下道工序的施工；当保温层厚度大于 35mm 时，根据保温砂浆的强度情况，可酌情在保温层内设置一层耐碱玻纤网格布。保温砂浆终凝后无需水养护。

4）保温层厚度超过 30mm 时，可分两道次涂抹，待第一道浆料硬化后进行第二道抹涂，涂抹方法与普通砂浆相同。

对于窗、门边的阳角，应设置适当的护角。也可以另配制增强型保温浆料，施工在阳角两边，每边至少施工 200mm。增强型保温浆料是在保温砂浆配制时，外加胶粉料质量 5%～10%的原状聚丙烯酸酯乳液。

5）保温层表面抹保温腻子进行找平。找平腻子至少涂抹两道，以达到充分找平的目的。

6）保温腻子干燥后，即可进行涂料涂装配套用的柔性腻子的施工，一般需要刮涂两道。

7）接下来的施工工序是涂刷封闭底涂和装饰面涂。按照常规方法进行即可。

3. 踢脚及其他接点处理方法

1）踢脚

（1）做木踢脚时需要剔洞（ϕ30mm），然后嵌入木垫块（中距 600mm），并用强力胶或用聚合物水泥基胶粘剂粘贴于墙面。然后，将木踢脚板用钉子钉于木垫块上，背面衬一层油纸。

（2）做地砖踢脚板时，可用强力胶直接粘贴，或用聚合物水泥基胶粘剂粘贴。

（3）做水泥踢脚时，用聚合物水泥砂浆打底并施工。

2）其他节点处理

按照设计要求进行。

四、内墙封闭底漆的使用问题

过去内墙涂料施工很少使用底漆，随着国外产品进入我国，带动了国内涂料产品和施工技术水平的提高。由于使用深色内墙涂料产生的涂膜发花问题的出现，引起对内墙涂料施工使用底漆的重视，内墙底漆的使用已越来越多。

内墙底漆的使用可以弥补内墙腻子碱性强影响面漆性能的问题。同时，内墙底漆和内墙面漆一样，都属于内墙乳胶漆，组成类似，只是功能不同。内墙涂料施工时必须注意底漆的配套性，尽量按照涂料生产厂家提供的配套体系和施工方法进行施工。

下面介绍内墙涂料施工时使用底漆的功能与作用。

1. 抗碱封闭作用

建筑涂料的基层大多数是水泥砂浆和混合砂浆抹灰层以及腻子层等，碱性很高。水分和溶解于其中的碱性成分通过毛细孔作用不断向表面迁移，对涂膜产生破坏作用。

由于水性底漆的使用，一方面通过渗透填充了基层中的部分毛细管；另一方面由于乳液的表面张力低，憎水性比抹灰层高，所以降低了吸水性，并防止碱、盐成分随着水分迁移，具有一定的封闭作用。当然，填充得越致密，聚合物的表面张力越低，憎水性越强，封闭作用就越好，但同时还要兼顾面漆在其上的重涂性和一定的透气性。

2. 加固基层作用

对于较疏松的基层和腻子层，施工底漆后，底漆因渗透和粘结能够对疏松的基层产生加固作用。

3. 降低和平衡基层的吸水性

腻子层通常较疏松，如果直接施工内墙面漆，面漆中的乳液粒子就会被吸入基层中，留在表面的涂料的颜料含量相应变高。形成较高颜料体积浓度的涂膜，影响涂膜的质量。

其次，水分吸收过快，也不利于成膜。基层吸水性不均匀，可能导致涂膜厚度不均匀，并有可能导致色差。施工底漆后，面漆施工在均匀、致密的底漆涂膜上，能够形成理想的涂膜。

4. 提高面漆的附着力

涂膜附着力是涂膜与基层之间通过机械咬合力和范德华力而形成的附着能力，底漆在基层毛细孔中的渗入，可以产生较强的机械咬合力而达到增强附着力的作用。

此外，当打磨腻子膜时，难免在腻子膜上留下粉尘，底漆的使用可以加固打磨而浮在基层上的粉尘。否则，不使用底漆而直接施工面漆，则会影响其附着力。

五、疏水型内墙腻子的应用

在内墙涂装工程中最耗费人工的工序是基层的批腻打磨，同时也是施工成本最高的部分，在通常的施工中，从材料成本和人工效率考虑，选用腻子是存在一定的问题，在做大面找平时，以批刮操作为主，基本不打磨，使用强度和耐水好的腻子是没什么问题，常用的含白水泥或灰钙粉加熟胶粉配制的干粉腻子即可，但在需要进行打磨操作时，一般漆工都会在腻子初凝后立即打磨，否则就很难打磨平整。实验证明，早期打磨对腻子层的强度有一定的损失，此时，若能在其上面涂刷底漆，则能起到增强基层和隔离碱性基材的作用。然而，在一般内墙涂装中很少使用底漆，漆工的选择往往是强度不高但好打磨的材料，甚至自己现场用熟胶粉和石粉调制易打磨的面层打磨腻子，这类事情是司空见惯的，所以很多墙面在使用一、二年后就出现墙面涂膜起皮脱落的现象，笔者见过很多这样的现象。问题就出在这少量现场配制的打磨腻子上，采用涂刷底漆增强底层可以解决，只是涂装成本有所上升。另一种方法是选用易打磨的疏水型腻子，腻子完全耐水，打磨性与熟胶粉配制的打磨腻子相当。该材料疏水型粉体与丙烯酸乳液配制，腻子层形成疏水的毛细管效应，从而达到既耐水又易打磨，同时隔离基层碱性物质，提高涂膜的流平和减少面漆用量。

第五节　建筑玻璃用透明隔热涂料及其施工

一、透明隔热玻璃涂料概述

建筑用透明隔热玻璃涂料主要是基于一些半导体材料（如 ATO、ITO），由其制成的膜有很高的红外屏蔽效果和良好的可见光区透过率，利用材料的这种特性，通过在玻璃表面涂覆成膜，可阻隔太阳光谱中的红外线进入室内，以降低夏季建筑物室内的空调能耗。同时开发针对门窗、幕墙的节能产品，在不影响建筑视觉效果的前提下，提高了建筑物室内的舒适性。

二、透明隔热玻璃涂料功能

通过在玻璃表面涂覆成膜，可阻隔太阳光谱中的红外线进入室内，以降低夏季建筑物室内的空调能耗。该项技术可以显著降低建筑玻璃幕墙的遮蔽系数，通过模拟计算，使用前后玻璃的遮蔽系数可以降低 50%甚至更低，同时该技术的实施不影响建筑玻璃的室内采光，从而提高建筑室内环境的舒适性。

三、适用范围

适用于夏热冬冷地区、夏热冬暖地区等有夏季遮阳、隔热要求的地区。

适用工程类型：既有建筑门窗节能改造、新建建筑节能门窗及其他需透明隔热领域。

适用工程部位：建筑外门窗、透明玻璃幕墙、汽车玻璃等。

四、工艺原理

该涂料采用淋涂法施工。因为该涂料为黏度较低、表面张力较低和流平性较好的液体，被涂物为表面平整光滑的玻璃，因此该涂料可以采用淋涂法，使其在玻璃表面形成膜层。

五、工艺流程及其操作要点

1. 工艺流程（图 6-3）

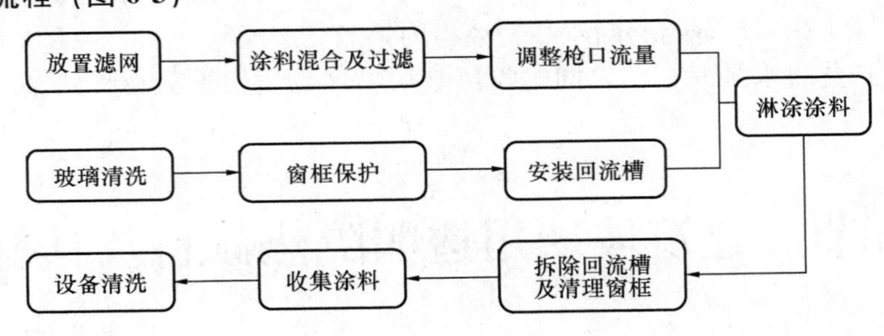

图 6-3　施工工艺流程图

2. 操作要点

1）施工条件

施工环境：无粉尘飞扬；

温度：5℃以上；

相对湿度：60%以下；

风力：小于 4 级。

2）施工准备

（1）观察施工环境，包括：温度、湿度和风力，有无大量灰尘等。

（2）做门窗安全性能检查：确认门窗框和配件是否安装完好，有无明显松动。玻璃表面应无严重影响涂膜效果的缺陷，如玻璃泛碱、有裂纹、凹凸坑和无法去除的污渍等。

3）施工方法

（1）玻璃清洗（图 6-4）

① 将专用玻璃清洁剂喷在玻璃表面，润湿浸渍 1min，用电动玻璃清洗机在玻璃表面清洗一遍，用玻璃刮刮去玻璃上的清洁剂。如玻璃表面浮灰较多，先用清水清洗。

② 如有硬污渍，用玻璃铲刀刮掉。

③ 用喷壶中的清水冲洗玻璃，然后用玻璃刮刮掉，此过程重复两遍。

④ 用无尘布或麂皮擦干玻璃。如果玻璃干燥较慢或表面含有凹陷存水，最后一遍可以用乙醇擦拭。

注意事项：

使用的玻璃清洁剂为中性或弱碱性。

（2）窗框保护（图 6-5）

为防止涂料溅到窗框上和从底部两侧流出，在窗两侧边框和底框分别粘贴美纹纸和纸胶带。

注意事项：窗两侧边框粘贴的美纹纸要贴在密封条上，而底部胶带粘贴到玻璃上 1～3mm，并将两端折到边框上约 10cm，粘贴牢固。

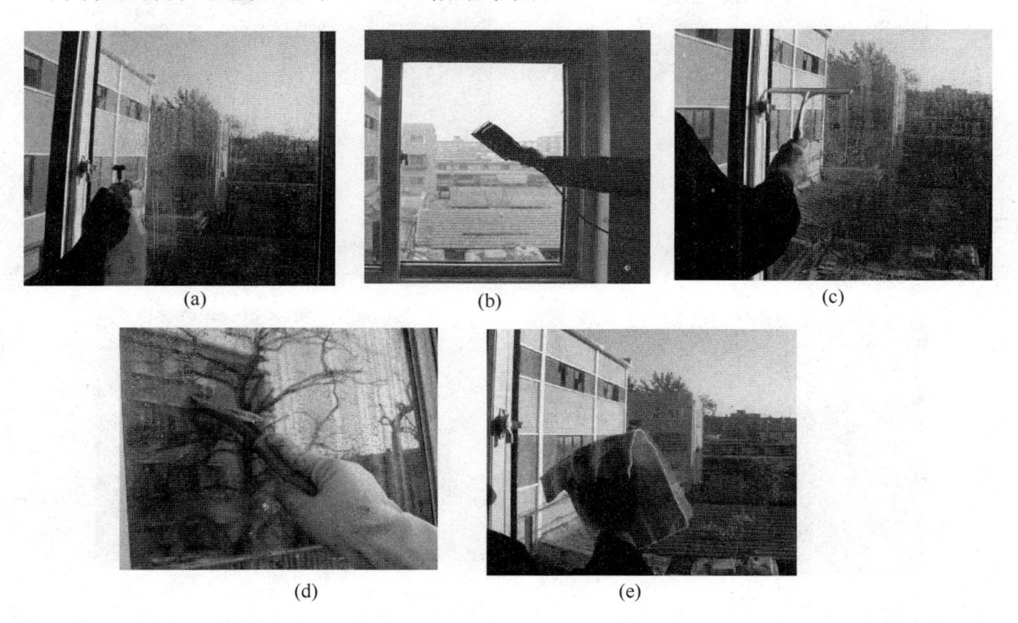

图 6-4　玻璃清洗的方法

（a）喷涂玻璃清洁剂；（b）用电动玻璃清洗机清洗；（c）玻璃刮刮去玻璃上的清洁剂；（d）用玻璃铲刀刮掉硬污；（e）用麂皮擦干玻璃

（3）安装回流槽（图 6-6）

① 取适当尺寸两回流槽，其中一为带孔回流槽，根据玻璃尺寸，调整回流槽长度；

② 将回流管的一端与涂膜机回流管接口接好，然后把另一端与回流槽的回流孔连接好；

③ 把回流槽置于纸胶带下面，粘贴牢固并扶住。

回流槽的形状根据实际窗户框材形状（如直线形、弧形、波浪形等）而定。

注意事项：

① 连接两回流槽时，将带孔的槽置于下部，并用胶带粘结在一起；

② 连接涂膜机和回流槽的回流管，尽量不要旋转，以保证回流畅通；

③ 粘贴并扶住回流槽时，应使槽连接回流管的一端稍低。

（4）滤网放置位置（图 6-7）

将滤袋四周吊在装料桶入口处，使滤网底部高 1/5 处都接触装料桶底部。

注意事项：

滤袋放置位置过高，即滤袋底部没接触料桶内涂料，滤网孔眼易被固化的涂料堵住，使涂料流动不畅通。滤袋放置位置过低，涂料不易受重力作用流出。

（5）涂料混合及过滤（图 6-8）

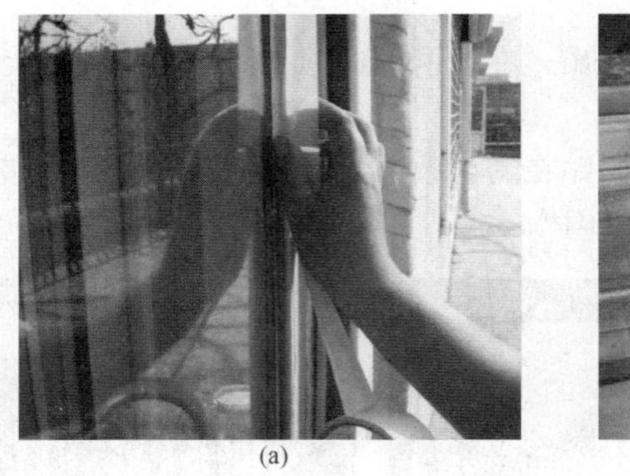
(a)

(b)

图 6-5　窗框保护施工

（a）在窗两侧边框粘贴美纹纸；（b）在窗框底部和两侧粘贴纸

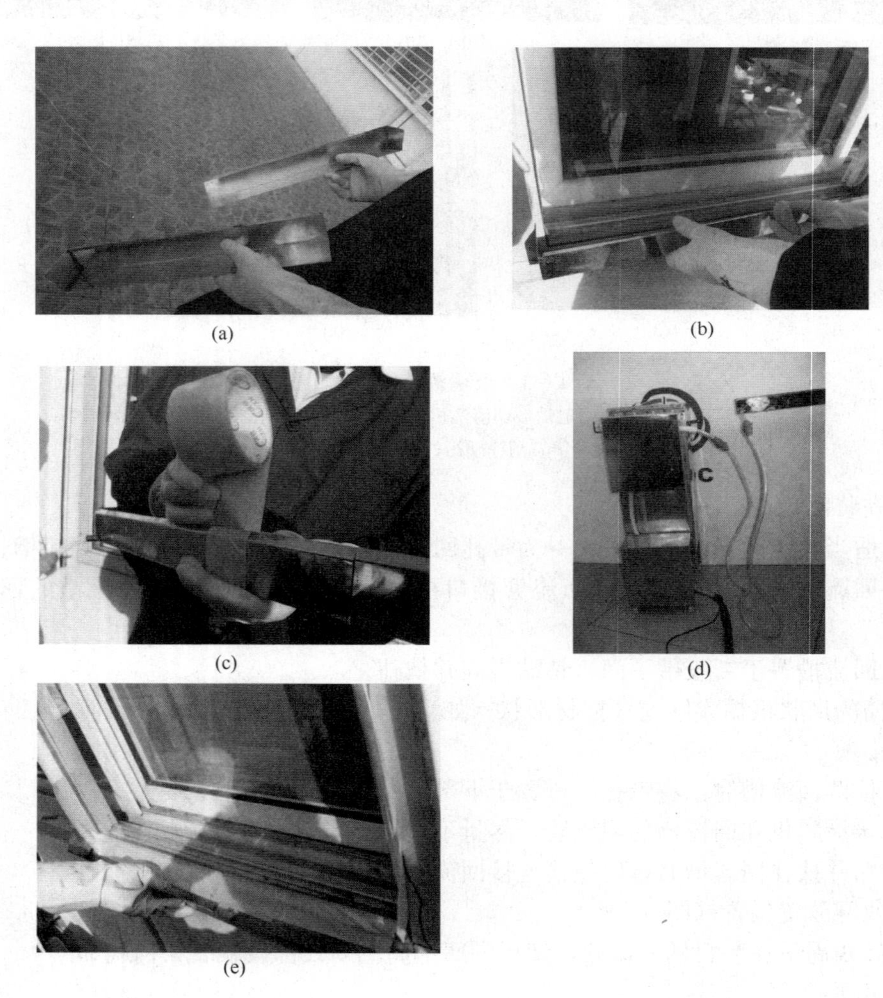

图 6-6　回流槽安装施工

（a）取适当尺寸两回流槽；（b）调整回流槽长度；（c）固定回流槽长度；（d）连接回流管；（e）把回流槽置于纸胶带下面粘贴并扶住

将涂料主剂与固化剂按一定比例混合，并用磁力搅拌器 400～500r/min 搅拌 20min，倒入涂膜机滤袋后，打开电源开关，将枪口对准滤袋，开关设置为常开，循环过滤 5min，放置 3min 去泡。涂料混合好后 8h 内要用完，否则涂料性能会发生变化，不利于施工。

注意事项：

搅拌涂料时根据涂料的量选择不同大小的磁子，并应在密封容器内搅拌。

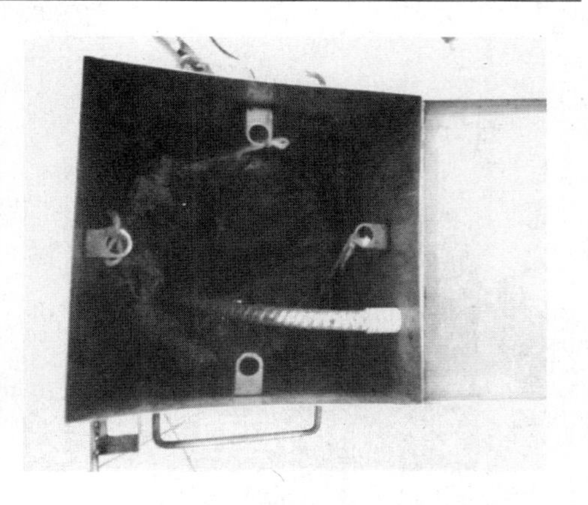

图 6-7　滤网放置位置

（6）调整枪口流量（图 6-9）

调整设备底部的流量阀（向左旋为减小，向右旋为增大），使枪口流量最佳。如果枪口流量过大会产生喷溅，流量过小玻璃底部易产生分流并留下流痕。涂布窗户两侧靠近框材处的玻璃流量应较小，中间淋涂过程中流量可适当增加。

(a)

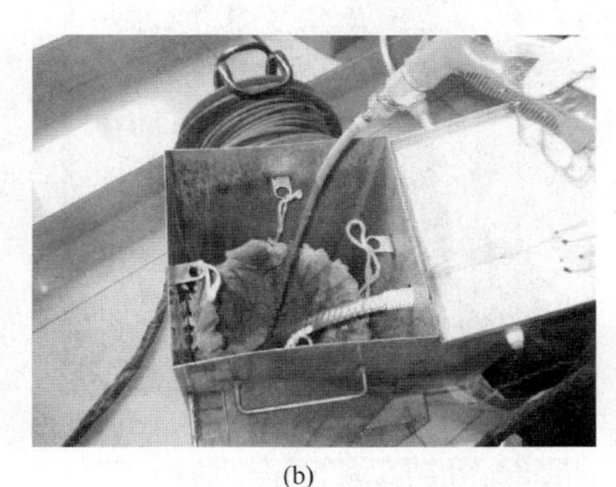

(b)

图 6-8　涂料混合及过滤

（a）搅拌涂料；（b）涂料过滤

（7）淋涂涂料（图 6-10）

每次涂膜前先观察环境湿度，再施工。将设备内回流管放入滤袋内，打开回流管电源开关。摆正出料枪口位置（即枪口斜面短头朝下、长头朝上），打开出料开关，开始淋涂。

① 普通窗玻璃淋涂方法（适用于面积较小玻璃）：从窗户左侧中部开始淋涂，逐渐向上到达左侧顶部，然后缓慢向右移动，使涂料自然流到底部，到达最右侧后下移枪口，到达右侧中间位置，当整块玻璃全部沾满涂料后，关闭出料口。

② 幕墙玻璃淋涂方法（适用于面积较大玻璃）：从窗户左侧中部开始淋涂，逐渐向上到达左侧顶部，然后平稳向右移动，到达最右侧后下移枪口 10cm 左右，再从最右侧移动到最左端，呈“Z”字形来回往复移动。当整块玻璃全部沾满涂料后，关闭出料口。

注意：

当玻璃上有障碍物时，容易在障碍物下产生流痕。应该用涂膜枪在障碍物下多淋几遍。例如：玻璃门上的门把手部位。

（8）拆除回流槽及清理窗框

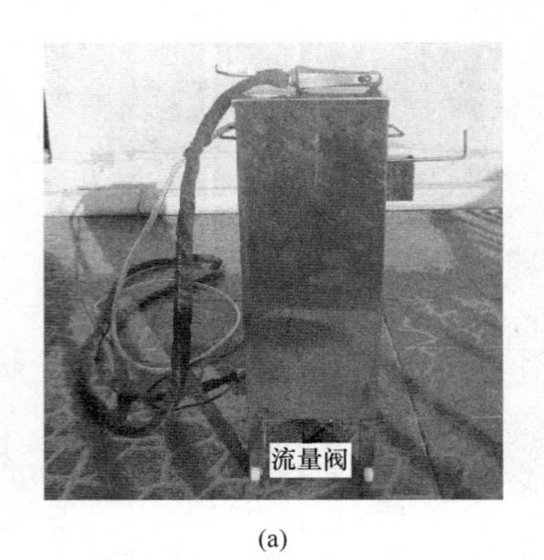

(a)

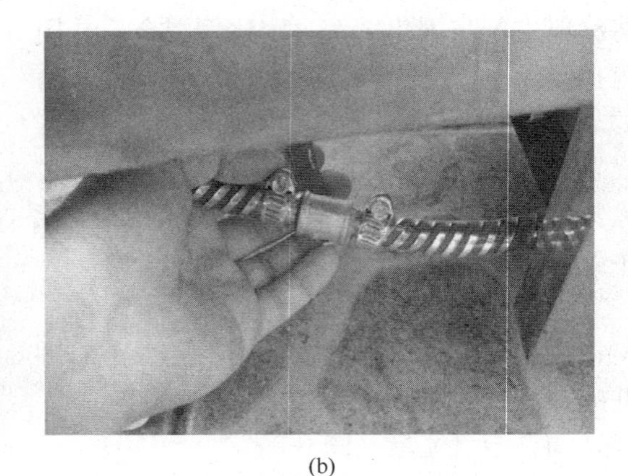

(b)

图 6-9　调整枪口流量

（a）流量阀位置；（b）调整枪口流量

图 6-10　淋涂过程（a→b→c→d）

涂膜表干后揭下美纹纸和纸胶带。如不慎把涂料淋到窗框或窗台上，应用纸或抹布蘸取乙醇迅速擦拭。擦拭过程中注意不要碰到玻璃膜层。

（9）收集余料

施工过后，将装置桶内涂料导出。

（10）设备清洗

淋涂设备内部及管线，用乙醇清洗 3～4 遍，以涂料完全不残留为目标，料筒外壁要擦拭干净。

具体清洗方法：把出料枪头放入装料桶滤袋内，打开出料管和回流管开关，向回流槽内倒入乙醇（至少500g），使整个装置工作3～4个循环，其间用枪口冲装料桶四壁，清洗完毕后从出料口导出乙醇。待乙醇全部导出后，用软纸、抹布或刷子将装料桶内未导出的残渣擦净。更换乙醇，按照此方法再清洗2～3遍。

最后，把滤袋放入乙醇中清洗，反复揉搓并浸泡。

（11）干燥

该涂料为双组分常温固化型。夏天一般自然干燥即可，5min表干，7d实干。气温低于10℃时，涂膜表干后，可用碘钨灯烘烤，增加涂膜的硬度等综合性能。

3. 涂膜后的玻璃清洗及保护

对于涂膜后的玻璃，7d内不要擦洗，以使涂层完全固化。

1）洗涤剂：可以使用中性或弱碱性玻璃洗涤剂清洗。

2）工具：玻璃刮或软布擦拭。

3）不能用利器刮、划膜层。

4. 涂料贮存

贮存时间：6个月。

贮存要求：贮存于5～35℃阴凉、干燥、通风、避免阳光直射，远离火种、热源的库房内。

灭火：抗溶性泡沫、干粉、二氧化碳、砂土。

运输：按非危险品运输（参照酒精贮运方法）。

六、材料与工具

1. 材料

涂料中所用粉体和试剂需满足以下条件：

1）涂料中所用无水乙醇需满足GB/T 678－2002《化学试剂　乙醇（无水乙醇）》的要求。

2）涂料中所用纳米粉体，粒径应小于50nm，含量应大于99%，含水量低于0.5%，比表面积位于45～75m^2/g之间。

3）涂料中所用树脂应满足条件：透明、无毒、耐候性好、硬度大于3H、与玻璃附着力好。

2. 施工工具（图6-11）

1）喷壶：2个。用于喷洗涤剂和清水。

2）玻璃刮：若干。用于刮掉玻璃表面的洗涤剂或水。

3）无尘布或麂皮：若干。用于擦干玻璃。

4）玻璃铲刀：若干。用于铲掉玻璃表面难以去掉的硬污渍。

5）涂料回收槽：不同长度的槽各一个。用于回收涂料。

6）淋涂设备：1个。用于淋涂涂料。

7）温湿度计：1个。用于测试环境温湿度。

8）磁力搅拌器：1台。用于搅拌涂料，使其混合均匀。

9）碘钨灯：若干。用于烘干玻璃及涂膜。

10）电动玻璃清洗机：1个。用于高效清洗玻璃表面。

11）电动吊篮：视施工人员数量而定。用于高层建筑室外施工使用。

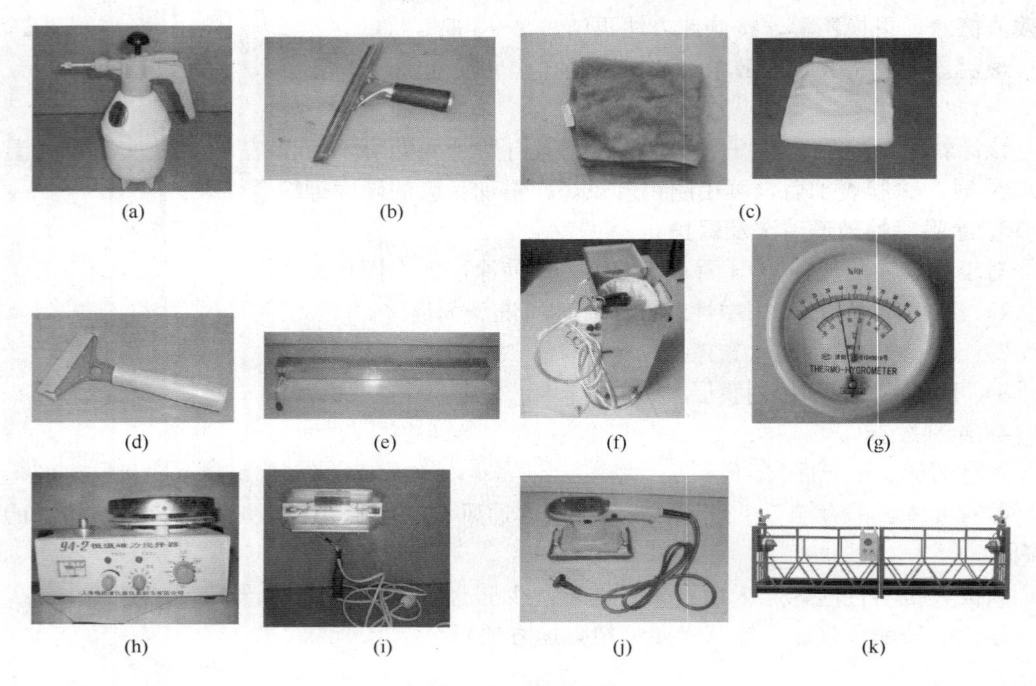

图6-11　施工工具

（a）喷壶；（b）玻璃刮；（c）无尘布、麂皮；（d）玻璃铲刀；（e）涂料回收槽；（f）淋涂装置；（g）温湿度计；（h）磁力搅拌器；（i）碘钨灯；（j）电动玻璃清洗机；（k）电动吊篮

七、质量控制

1. 膜层

固化后的膜层性能应满足行业标准《建筑玻璃用透明隔热涂料》和国家标准《隔热涂膜玻璃》的要求。

2. 施工工艺

1）玻璃清洗要求

表面清洁、明亮，无油渍、灰尘、斑点、水迹、水点、擦痕。不能残留玻璃清洁剂。

2）窗框保护要求

美纹纸和纸胶带要粘贴牢固且平整。涂料淋涂完毕胶带不开裂，涂料操作过程中不漏出，撤掉胶带保护后窗框上没有涂料痕迹。

3）安装回流槽要求

回流槽长度与待涂布玻璃底部长度相同。回流槽放在纸胶带下部并粘贴牢固。

4）涂膜效果要求

涂膜光滑平整，无流痕，无明显泡孔和针眼产生，无膜层发白、漏涂等现象。膜层应透明微泛蓝色，无明显视觉缺陷。

解决办法：如涂膜有明显缺陷，应立即去除，重新涂布。

膜层去除方法：先在涂膜玻璃表面喷涂乙醇或水，然后用玻璃铲刀把膜层铲掉。

5）收集余料要求

施工完毕后，料筒及管线中的涂料全部导出到指定容器中。

6）设备清洗要求

设备内外都要清洗干净，设备内部和管线内均无残渣存留。

八、安全措施

工人上岗前必须进行相应的淋涂技术和安全技术培训，合格后才能上岗操作。制定《意外安全事故应急处理预案》，以防意外发生。

1. 应遵守有关安全操作规程。脚手架、吊篮经安全检查验收合格后，方可上人施工，施工时应有防止施工工具和材料坠落的措施。

2. 操作人员必须遵守高空作业安全规定，系好安全带。

3. 移动吊篮，翻拆架子应防止破坏已抹好的墙面。

4. 墙面或窗框上如果残存涂料，应及时清理。

九、环保措施

内墙涂料不含铅、汞、镉、铬等有害物质，固化后膜层完全无毒害。涂膜在固化过程中有无毒溶剂挥发，如室内涂布只需开窗通风除味即可。

十、效益分析

内墙涂料隔热效果好，可有效减少室内空调耗冷量；价格低廉、施工工艺简单、施工速度快，安全环保无毒害，具有良好的社会效益和经济效益。

第七章　地坪涂料施工技术

第一节　地坪涂料概述

一、地坪涂料的定义

GB/T 2705—2003《涂料产品分类和命名》对地坪涂料的定义是“水泥基等非木质地面用涂料”。更准确地说，地坪涂料指涂装在水泥砂浆、混凝土、石材或钢板等地面表面，对地面起保护、装饰或某种特殊功能的涂料。地坪涂料涂装的对象主要是工业厂房的大型混凝土地坪，施工面积通常在几千到几万平方米之间；也有少量钢结构表面及其他类型的表面。随着地坪涂料和涂装技术的发展，地坪涂料的使用范围已经不仅仅局限于工业地坪，还逐渐向商业地坪和家用地坪应用拓展。

二、地坪涂料的性能要求

大部分的地坪涂料用于混凝土地坪上。混凝土由硅酸盐水泥混合各种大小的集料，加水搅拌后经水化凝结而成。混凝土固有的多孔性和脆性，导致其表面耐磨性比较差，很容易磨损。无论是人的走动还是车辆的碾压，对地面频繁的摩擦会产生大量的灰尘，除了影响生产车间的整洁美观外，还影响到工业生产的正常进行。特别是电子、食品、医药等行业，对生产车间的空气洁净度要求很高，混凝土产生的大量灰尘大大降低了产品的成品率。为了达到 GB 50073—2013《洁净厂房设计规范》的要求，必须对混凝土地坪表面进行处理。涂装地坪涂料是最常用、也是最便捷的方法。

不同的生产行业对地坪还有各种各样的要求。地坪的首要功能是承载交通，地坪涂料必须有足够的抗压强度和硬度，能承载重型车辆的来回碾压，还必须具有很好的耐磨性，能够抵挡长期、频繁的磨损，保护混凝土的结构。

很多厂房对地坪还有耐腐蚀性的要求。如医药、食品加工、化工厂房等会用到大量的酸碱盐溶剂等腐蚀性物质，要求地坪有比较好的耐腐蚀性能，无论是很短时间的滴落还是比较长时间的浸泡，都能保持使用性能不变。机械工业等重工业厂房要求耐强烈的机械冲击，耐磨损性能好，能长期经受重型叉车等车辆的辗压。机床、仪器仪表等工业车间和维修车间的地坪常受到汽油、柴油、润滑油等油类的侵蚀渗漏，且难以彻底清除，因此要求地坪耐油性好。

地坪涂料体系按功能可分为底漆、中层漆和面漆三个部分。

地坪涂装使用的底漆一般是不含颜填料的清漆，黏度小，渗透性好，能渗透到混凝土内部，其作用主要是：

① 封闭混凝土的毛细孔，防止混凝土下土壤中的水等物质通过混凝土的毛细孔影响到上面的涂料层；

② 加固混凝土，底漆渗透到混凝土内部后，能增强渗透层的粘结强度。

③ 提高涂层与混凝土间的附着力，底漆把涂层深深扎根到混凝土的内部，与混凝土牢牢地结合在一起。由于混凝土的碱性比较强，要求底漆具有比较好的抗碱能力。

地坪涂料中层漆的主要组成是成膜物质与提高机械性能的集料，如石英砂等。中层漆的作用是填补混凝土基面的空洞，为涂装体系提供足够的强度，并为上层的面漆提供平整光滑的表面。中层漆的厚度比较大，一般在 0.5～3mm 之间，通常使用刮涂的施工方式。

面漆直接与外界接触，涂装的最终效果很大程度取决于面漆的好坏。地坪涂料的面漆要求有很好的耐磨性和机械强度，能抵挡住来往的磨损；应颜色美观一致，装饰性好；还需要有一定的防滑耐腐蚀性，抵抗外界物质侵蚀。

三、地坪涂料的命名和分类

根据 GB/T 2705—2003《涂料产品分类和命名》，地坪涂料的全名由颜色、成膜物质名称、基本名称（特性或专业用途）组成，如淡绿聚氨酯地坪涂料、浅灰环氧防静电底漆。实际使用时，根据涂装厚度、分散介质、使用的成膜物质、光泽、特殊功能等方式的不同，地坪涂料还可以有多种分类方法。

1. 以成膜物质分类

使用最广泛的分类是以主要成膜物质分类。GB/T 2705—2003《涂料产品分类和命名》中列出了 17 种成膜物质，地坪涂料中最主要的成膜物质是环氧树脂和聚氨酯，其他还有丙烯酸酯、醇酸树脂、过氯乙烯树脂、橡胶类树脂等。

2. 以分散介质分类

一般来说，为了保证良好的施工性能，在涂料的配方体系中加入一定的溶剂，以调节涂料的黏度，保证施工性。常见的溶剂或者分散介质主要有水、有脂肪烃、芳香烃、醇、酯、醚、酮、含氯有机溶剂。国家标准 GB/T 22374－2008《地坪涂装材料》按分散介质将地坪涂料分成三种，分别是水性地坪涂装材料、无溶剂型地坪涂装材料和溶剂型地坪涂装材料，见表 7-1。

表 7-1　按分散介质对地坪涂料的分类

名　称	定　义
水性地坪涂装材料	以水为分散介质的合成树脂基地坪涂装材料
无溶剂型地坪涂装材料	使用非挥发性的活性溶剂或不使用挥发性的非活性溶剂的合成树脂基地坪涂装材料
溶剂型地坪涂装材料	以非活性溶剂为分散介质的合成树脂基地坪涂装材料

3. 行业标准的分类

化工行业标准 HG/T 3829－2006《地坪涂料》把地坪涂料按厚度、施工方法和施工位置分成三类，分别是地坪涂料底漆、薄型地坪涂料和厚型地坪涂料，见表 7-2。

表 7-2 按涂装厚度、施工方法、施工位置对地坪涂料的分类

名 称	定 义
地坪涂料底漆	多层涂装时，直接涂到底材上的地坪涂料
薄型地坪涂料	采用喷涂、辊涂或刷涂等施工方法，漆膜厚度在 0.5mm 以下的地坪涂料面漆
厚型地坪涂料	在水平基面上通过刮涂等方式施工后能自身流平，一遍施工成膜厚度在 0.5mm 以上的地坪涂料面漆

第二节 环氧和聚氨酯地坪涂料

一、环氧地坪涂料

环氧地坪涂料对混凝土等多种底材的附着力优良、固化收缩率低，具有良好的耐水性、耐油性、耐酸碱性、耐盐雾腐蚀等化学特性，同时具有优良的耐磨性、耐冲压性、耐洗刷性等物理特征，在使用时不易产生裂纹且易冲洗、易维修保养。环氧地坪涂料在工业地坪行业中占有重要地位，是现代工业理想的长效地坪涂料品种。环氧树脂地坪涂料按涂料状态来分可分为：溶剂型环氧地坪涂料、无溶剂型环氧地坪涂料、水性环氧地坪涂料。

1. 溶剂型环氧地坪涂料

溶剂型环氧地坪涂料主要由成膜物质（环氧树脂和固化剂）、颜填料、功能性助剂、溶剂等材料组成。溶剂型环氧地坪涂料性能优良、施工方便、涂膜附着力强、坚韧耐磨、抗冲击、易清洗、不产生裂纹、结构完整性好、表面平整、耐油污、耐化学腐蚀，可满足现代工业地坪的质量要求，产品技术指标见表 7-3。

表 7-3 溶剂型环氧地坪涂料技术指标

项 目		指 标
干燥时间/h	表干	≤4
	实干	≤24
附着力/级		1
铅笔硬度/H		2
耐冲击性/kg·cm		50
柔韧性/mm		1
耐磨性/g（750g/500r，失重）		≤0.04
耐水性		48h 无变化
耐 10%H_2SO_4		56d 无变化
耐 10%NaOH		56d 无变化
耐汽油（120＃）		56d 无变化
耐润滑油		56d 无变化

2. 无溶剂型环氧地坪涂料

无溶剂型环氧地坪涂料主要由成膜物质（环氧树脂和固化剂）、颜填料、功能性助剂、活性稀释剂或少量溶剂（＜15%，如高固体分涂料）等材料组成。

无溶剂型环氧地坪涂料在地坪涂装系统中主要应用在以下几个方面：

1）用做高强度弹性地坪涂料，高强度无溶剂型环氧弹性承重地坪涂料是由环氧树脂、填充剂、固化剂和助剂等构成的双组分厚浆涂料。采用刮涂施工可形成0.5～5mm的中间承重弹性层，固化后表面平整，承重载荷大于90MPa。

2）用于承受重载荷耐冲击混凝土环氧地坪的加厚中间层或接缝处及修补层。

3）用作薄涂型防腐蚀地坪涂料。涂膜有效交联密度高，致密性好，抗介质渗透能力强，耐化学药品和耐蚀性优良。刷涂或辊涂施工，可用于化工厂、炼油车间、石油化工防腐、地下设施防水等场所的专用防腐地坪材料。

4）用作厚涂型环氧地坪耐磨耐蚀地坪涂料，一次施工厚度可大于1mm。

涂装后表面光滑，接近镜面效果；耐酸、碱、盐及油类介质腐蚀，特别是耐强碱性能好；耐磨，耐压，耐冲击，有一定弹性。其基本技术指标见表7-4。

表7-4　无溶剂型环氧自流平地坪涂料技术指标

项　目		指　标
涂料状态		黏稠液体
涂料施工方法		镘涂
干燥时间/h	表干	≤6
	实干	≤24
拉伸强度/MPa		≥9
弯曲强度/MPa		≥7
抗压强度/MPa		≥85
粘结强度/MPa		≥2
邵氏硬度		≥75
耐磨性/g（750g/500r，失重）		≤0.02
耐10% H_2SO_4		30d轻微变色
耐10%NaOH		30d无异常
耐3%盐水		30d无异常
耐汽油（120＃）		30d无异常

3. 水性环氧地坪涂料

1）水性环氧地坪涂料的优势

水性环氧树脂是指环氧树脂以微粒或液滴的形式分散在以水为连续相的分散介质中而配得的稳定分散体系。由于环氧树脂是线型结构的热固性树脂，所以施工前必须加入水性环氧固化剂，在室温环境下发生化学交联反应，环氧树脂固化后就改变了原来可溶可熔的性质而变成不溶不熔的空间网状结构，显示出优异的性能。水性环氧树脂涂料除了具有溶剂型环氧树脂涂料的诸多优点外，还有其独特的优势：

（1）透气性强，因为固化原理的不同，导致油性环氧涂料固化后的漆膜异常致密，漆膜几乎没有空隙，地下的水汽没有办法透出地面。而水性环氧固化后留有微小的空隙，使水汽可以穿透漆膜，不至于留在地下而导致漆膜的鼓泡、剥离等弊病。基于这种优异性能，水性环氧特别适合地表湿度大的地面，比如地下停车场等场合。

（2）适应能力强，对众多底材具有极高的附着力，固化后的涂膜耐腐蚀性和耐化学药品性能优异，并且涂膜收缩小、硬度高、耐磨性好、电气绝缘性能优异。

（3）环保性能好，以水作为分散介质，使用的助剂也是以水为溶剂的，不含甲苯、二甲苯等挥发性有机溶剂，不会造成环境污染，没有失火的隐患，满足环保的要求。无溶剂环氧涂料指的是固体含量较高的环氧树脂涂料，其本身不可能做成100％固含，因为无溶剂使用的固化剂是油性的（水性环氧固化剂是水分散性的），为得到合适黏度的固化剂，必须加入一定量的油性稀释剂，只是有些稀释剂的挥发度很低，所以误称为不挥发性溶剂，事实上会一直残留于漆膜中，对人体造成伤害。此外，无溶剂环氧涂料中使用的助剂也是含有一定的溶剂量，而且一般助剂里面的溶剂毒性比较大。这是通常的溶剂型环氧涂料及无溶剂型环氧涂料所无法比拟的。

（4）操作性佳，水性环氧地坪涂料的施工操作性能好，施工工具可用水直接清洗，可在室温和潮湿的环境中固化，有合理的固化时间，并保证有很高的交联密度。固化后的涂膜光泽柔和，质感较好，并且具有较好的防腐性能。

2）水性环氧地坪主要涂装系统种类

目前，水性环氧地坪主要涂装系统有三种：薄涂型普通水性环氧地坪、水性环氧砂浆地坪和水性环氧自流平地坪。

（1）薄涂型普通水性环氧地坪。该涂装系统的主要特点是涂层较薄，涂层厚度为0.2～0.5mm，涂料成本低，涂膜透气性好，通常用于轻作业场所及较潮湿的环境，表面洁净美观，使用年限为3～10年。其基本性能指标见表7-5。

表7-5　薄涂型普通水性环氧地坪涂料性能指标

项　目		指　标
干燥时间/h	表干	2
	实干	18
铅笔硬度/H		2
附着力/级		0
耐磨性/g（750g/500r，失重）		≤0.02
耐冲击性/kg·cm		50通过
耐洗刷性/次		≥10000
耐10％NaOH		30d无变化
耐10％HCl		10d无变化
耐润滑油（机油）		30d无变化

（2）水性环氧砂浆地坪。该涂装系统特别适用于要求耐磨、耐重压、抗冲击、易清洁的水泥或混凝土地面，特别是需要跑叉车、载重汽车的走道，涂层厚度为1～5mm，寿命持久，可使用8～20年，耐多种化学药品。其施工程序一般为基面处理—底涂—中涂—面涂，涂层的主要性能指标见表7-6。

表 7-6　水性环氧砂浆地坪涂料性能指标

项　目		指　标
干燥时间/h	表干	≤4
	实干	≤24
铅笔硬度/H		2
附着力/级		1
耐磨性/g（750g/500r，失重）		≤0.02
耐冲击性/kg·cm		40
抗压强度/MPa		≥50
耐水性		无异常
耐 10%NaOH		30d 无变化
耐盐水性		30d 无变化
耐汽油性（25℃）		30d 无变化

（3）水性环氧自流平地坪。适用于食品厂、制药厂、仓库等，也特别适用于潮湿地面涂装。可以预见，水性地坪配方较高的颜基比将影响地坪体系的机械性能，实验结果也表明，水性环氧自流平地坪比无溶剂自流平地坪的压缩和弯曲强度低，但水性环氧自流平地坪的抗压强度可超过 40MPa，大于通常交通区域要求的抗压强度（为 20MPa），施工程序一般为基面处理—底涂—中涂—自流平面漆。基本性能指标见表 7-7。

表 7-7　水性环氧自流平地坪涂料性能指标

项　目		指　标
干燥时间/h	表干	2
	实干	18
铅笔硬度/H		≥3
邵氏硬度		≥75
耐磨性/g（750g/500r，失重）		≤0.02
抗压强度/MPa		50
耐洗刷性/次		≥10000
耐 10%NaOH		30d 无变化
耐 10%HCl		15d 无变化
耐润滑油（机油）		30d 无变化

二、聚氨酯地坪涂料

聚氨酯涂料的类型和品种繁多，分类方式有多种，按包装类型分为单罐装（单组分）、双罐装（双组分）、三罐装（三组分）；按分散介质或其形态分为溶剂型、无溶剂型、高固体型、水分散型和粉末涂料等；按照涂料固化方式分为常温固化型（即自干型）和热固化型（即烘烤型）两大类。一般采用美国材料试验协会（ASTM）提供的分类方法，按其组成和成膜机理将聚氨酯涂料分为五大类：氨基甲酸酯改性油涂料（单组分）、湿固化聚氨酯涂料（单组分）、封闭性聚氨酯涂料（单组分）、催化固化型聚氨酯涂料（双组分）、羟基固化型聚氨酯涂料（双组分）。

对于聚氨酯地坪涂料来说，要求涂料能够室温固化，便于实际施工操作；在混凝土等基面上有较大的附着力；吸水率要低，保证涂膜具有较好的耐水性；对腐蚀介质的稳定性要好，特别是耐碱性要好；还要使涂膜具有较好的机械性能，如耐磨、抗压、抗冲击性能等。常用的聚氨酯地坪涂料主要有以下几种：

1. 溶剂型聚氨酯地坪涂料

1）单组分潮气固化型聚氨酯地坪涂料

单组分潮气固化型聚氨酯涂料是含有 NCO 封端的预聚物，通过与空气中的潮气反应生成胺放出 CO_2（该步反应较慢），生成的胺继续与异氰酸酯反应交联成脲键固化成膜（该步反应比较快）。单组分潮气固化聚氨酯涂料施工方便，不像双组分涂料那样有配比计量和使用时限的限制，可在相对湿度为 50%～90%、温度最低为 0℃的环境中施工。该类涂料既可以做成底漆，也可以做成面漆，两种配套性均好。在国内，潮气固化聚氨酯涂料被大量用于地坪涂装体系的封闭底漆和罩面清漆，使用效果良好。

但是潮气固化型聚氨酯也有不足之处。第一，因为这类涂料依靠空气中潮气固化成膜，干燥速率受空气湿度影响，湿度越大，固化时间越短，湿度太低就干得慢。冬季温度和绝对湿度都较低，因此其寒冬气候适应性不及双组分，有时需添加催干剂。第二，加颜料制色漆较麻烦。第三，施工时每道漆之间的间隔时间不可太长，以免影响层间附着力。第四，该涂料成膜时形成脲键，同时产生 CO_2，所以漆膜不宜涂布太厚，一方面不利于 CO_2 逸出，另一方面涂布过厚不利于吸潮固化。

单组分潮气固化聚氨酯清漆的性能指标见表 7-8。

表 7-8　单组分潮气固化聚氨酯清漆的性能指标

项　目		指　标
颜色及外观		无色或微黄透明液体
固含量/%		40±2
黏度，（涂-4 杯，25℃）/s		10～20
干燥时间/h	表干	≤2
	实干	≤24
光泽，60 度		≥90
柔韧性/mm		1
附着力/级		1
铅笔硬度/H		2
冲击强度/kg·cm		50
耐磨性/mg（750g/500r，失重）		10
耐水性，48h		无变化
耐 10%HCl，48h		涂膜完整，轻微变色
耐 10%NaOH，48h		无变化

2）双组分羟基固化型地坪涂料

双组分羟基固化型聚氨酯涂料分为甲、乙两组分，分别贮存。甲组分含有异氰酸酯基，乙组分含有羟基。使用前将两组分混合涂布，使异氰酸酯基与羟基反应，形成聚氨酯高聚物。这类双组分聚氨酯涂料是所有聚氨酯涂料中产量最大、应用最广、调节适应性宽、最具代表性的品种，常称 2K 涂料。色漆通常为羟基组分。最具代表性的是环氧聚氨酯地坪涂料和丙烯酸聚氨酯地坪涂料两种，其基本性能见表 7-9、表 7-10。

表 7-9　环氧聚氨酯地坪涂料性能指标

项　目		指　标
干燥时间/h	表干	≤4
	实干	≤24
附着力/级		1
铅笔硬度/H		2
耐冲击性/kg·cm		50
柔韧性/mm		1
耐磨性/g（750g/500r，失重）		≤0.03
耐水性		48h 无变化
耐洗刷性/次		>10000
耐 10%硫酸		30d 无变化
耐 10%NaOH		30d 无变化
耐汽油（120＃）		30d 无变化
耐润滑油		30d 无变化

表 7-10　丙烯酸聚氨酯地坪涂料性能指标

项　目		指　标
干燥时间/h	表干	≤2
	实干	≤24
附着力/级		1
铅笔硬度/H		2
冲击强度/kg·cm		50
耐磨性/g（750g/500r，失重）		≤0.03
耐水性，72h		无变化
耐 10%HCl		无变化
耐 10%NaOH		无变化
耐候性（人工加速老化）		≥500h

该涂料可用于室外地坪涂装（如室外球场、体育场看台等），具有耐紫外线、不泛黄、保色性好、耐磨等优点。

2. 无溶剂型聚氨酯地坪涂料

无溶剂型聚氨酯地坪涂料涂装体系常简称无溶剂 PU 地坪涂装体系，可分为硬 PU 地坪涂装体系、软 PU 地坪涂装体系（弹性 PU 地坪涂装体系）和运动场 PU 地坪涂装体系等。由于硬 PU 地坪涂装体系、软 PU 地坪涂装体系具有特殊的弹性以及保护性和装饰性兼具，聚氨酯自流平地坪涂料可以广泛应用于需要耐磨损、耐划伤、耐重压、耐冲击、耐化学腐蚀以及需要较强装饰性的各类工业和民用地坪，如机械厂、维修车间、停车场、仓库、化工厂、码头等工业地坪以及大型商场、展览馆、办公室、实验室、室内运动场馆等民用地坪。其施工方法相似，只是通过在配方上改变成分、配比来调节漆膜的弹性和硬度。运动场 PU 施工方法不同，在球场、跑道、室外停车场、高档人行道等运动性地面应用上占统治地位。

硬 PU 地坪涂装体系和软 PU 地坪涂装体系包括：底涂层、中涂层（包括砂浆层与腻子层）和面漆层，其中底涂层和中涂层除采用无溶剂聚氨酯型产品，也可采用无溶剂环氧型产品。所不同的是，硬 PU 地坪涂装体系的面涂层使用硬度在 50～80（邵氏 D）的无溶剂聚氨酯面漆，软 PU 地坪涂装体系使用的是硬度在 40～70（邵氏 A）的无溶剂聚氨酯面漆。聚氨酯涂料对双组分的配比准确度、基面的潮湿度及环境中的水分含量十分敏感，因此必须避免结露、返潮等高湿环境。

无溶剂聚氨酯地坪涂料的性能指标见表 7-11。

表 7-11　无溶剂聚氨酯地坪涂料的性能指标

项　目	指　标
容器中状态	搅拌混合后无硬块
颜色及外观	涂膜平整光滑
表干时间（25℃，50% RH）/h	≤4
实干时间（25℃，50% RH）/h	≤24
邵氏 D 硬度	≥55
耐磨性/g（700g，500 转）	≤0.04
粘结强度/MPa	≥1.5
拉伸强度/MPa	≥10
断裂延伸率/%	≥25%
抗压强度/MPa	≥80
耐汽油，24h	无变化
耐 3%NaCl，30 天	无变化
耐 5%HCl，7 天	无变化
耐 5%NaOH，7 天	无变化

3. 水性聚氨酯地坪涂料

水性聚氨酯涂料同溶剂型聚氨酯涂料相比，除了无污染、无溶剂臭味、易洗、防燃、防爆、无毒等优点外，还具有下列特点：①大多数水性聚氨酯涂料中不含—NCO 基团，因此主要靠分子内极性基团产生内聚力和黏附力进行固化。水性聚氨酯涂料中含有羧基、羟基等基团，适宜条件下可参与反应，使涂料产生交联固化。②水性聚氨酯涂料可与其他水分散体如丙烯酸、环氧树脂、聚酯树脂的水分散体混合，以改进性能或降低成本。混合性能优良，完全可以达到溶剂型聚氨酯涂料的水平。

单组分水性聚氨酯地坪涂料的性能指标见表 7-12。

表 7-12　单组分水性聚氨酯地坪涂料的性能指标

项　目	指　标
颜色及外观	涂膜平整光滑、无色差
表干时间（25℃，50% RH）/h	≤4
实干时间（25℃，50% RH）/h	≤24
附着力/级	1
硬度	>H
柔韧性/mm	1
抗冲击强度/kg·cm	50
耐磨性/mg（700g，500 转）	15
耐汽油，30d	无变化
耐 10%NaCl，30d	无变化
耐汽油，30d	无变化
耐滑油，30d	无变化

4. 聚氨酯弹性地坪涂料

前述各种聚氨酯漆膜一般处于玻璃态，比较坚硬，弹性伸长率不大。对于某些特殊应用场合，需要高弹性涂料，以适应变形扭曲，或起缓冲作用。弹性聚氨酯涂料最突出的特点是具有类似橡胶的高弹性（伸长率可达 300%～500%）、高强度、高耐磨、高抗裂和高抗冲击性能。

1）弹性保护面漆

目前，大多塑胶跑道所使用的防滑颗粒为廉价的三元乙丙橡胶颗粒，耐磨性差，与主胶层粘接不好，为改善掉粒情况，保护主胶层，延长使用期，一般在铺完主胶层时，需再涂布一道保护面漆。保护面漆可用聚醚型聚氨酯预聚物与醇酸树脂组合，再配以颜填料与催化剂制得。可喷涂或刷涂施工，经常温固化约 2d 后，即可进行各色标志线漆施工。

2）弹性彩色标志划线漆

弹性彩色标志划线漆是弹性铺面材料工程最后的装饰标志，要求具有附着力好、耐候、保色性佳、高弹性等综合性能。该涂料一般采用脂肪族二异氰酸酯与含羟基丙烯酸树脂或长油度醇酸树脂等配合而成的双组分涂料系统。塑胶跑道的技术指标见表 7-13。

表 7-13　塑胶跑道的技术指标

项　目	指　标
硬度，（邵氏 A）	45～60
拉伸强度/MPa	≥0.7
扯断伸长率/%	≥90
压缩复原率/%	≥95
回弹值	≥20
阻燃性	1 级

第三节 无机地坪

一、耐磨骨料地坪

耐磨骨料地坪自20世纪70年代问世以来在欧美迅速普及，成为水磨石耐磨地坪的完美换代产品。耐磨骨料地坪具有耐候抗老化、抗撞击、耐磨性好、外表自然美观等优点，与其他地坪工艺相比，其工期短、无类似水磨石地坪出现泥浆污染等问题，可广泛适用于须耐磨且减少灰尘的地面，例如工厂车间、仓库、码头、停车场、车库、维修车间、大型购物超市、物流中心、展示厅、广场等使用频繁场所。

1. 金属耐磨骨料地坪和非金属耐磨骨料地坪

无论是金属耐磨骨料还是非金属耐磨骨料，其实都是指一定颗粒级配的非金属骨料或金属骨料、水泥、其他掺合料和外加剂组成的干粉砂浆材料。

金属耐磨骨料使用的骨料为金刚砂，金刚砂为金属氧化物骨料或金属骨料硬化剂。骨料物组成主要为Al_2O_3、Fe_2O_3、TiO_2或金属材料骨料。金属氧化物骨料可以是天然或人工烧结产品。非金属耐磨骨料一般为石英砂等非金属矿物骨料。

从物理数据方面比较，非金属耐磨骨料堆积密度为1.4g/cm^3，莫氏硬度为7～8，抗压强度为75MPa；金属耐磨骨料堆积密度为2.1g/cm^3，莫氏硬度为8，抗压强度为80MPa。

金属耐磨骨料地坪和非金属耐磨骨料地坪的各项指标见表7-14。

表7-14 金属耐磨骨料地坪和非金属耐磨骨料地坪的各项指标

项目		指标	
		非金属耐磨骨料	金属耐磨骨料
耐磨性/（g/cm^3）		≤0.03	≤0.03015
抗压强度/MPa	3d	48.3	49.0
	7d	66.7	67.2
	28d	77.6	77.6
抗折强度/MPa		>9	>12
抗拉强度/MPa		3.3	3.9
硬度	回弹值	46	46
	矿物尺	10	10
	莫氏（28d）	7	8
防滑性		同于一般水泥地面	同于一般水泥地面

2. 耐磨骨料地坪施工

1）施工前准备

（1）施工前先做好水、电管线的预埋，尤其是排水地漏必须预留到位，清除地面及楼面上的淤泥、积水、浮浆和垃圾。

（2）根据地面开阔的特点，在回填土施工过程中依据人力和机械状况编制施工计划，合理划分多个施工段，实行流水作业。

（3）设置控制铺筑厚度的标志，在固定的建筑物墙上弹上水平标高线或钉上水平标高木橛。楼面用水准仪配合间隔 2m 做好灰饼。

（4）铺筑前，应组织有关单位共同验槽、办理隐检手续。

2）砂石垫层施工工艺

材料的选择：地面回填土宜选用质地坚硬、含水率小、级配良好的砾石或粗砂、石屑或其他工业废粒料回填。回填的材料中，不得含有草根、树叶、塑料袋等有机杂物及垃圾。用做排水固结地基时，含泥量不宜超过 3%。碎石或卵石最大粒径不得超过垫层或虚铺厚度的 2/3，并不宜大于 50mm。

（1）工艺流程

检验砂石质量⟶分层铺筑砂石⟶洒水⟶机械碾压⟶找平验收

（2）对级配砂石进行技术鉴定

如是人工级配砂石，应将砂石拌合均匀，其质量均应达到设计要求或符合规范的规定。

（3）分层铺筑砂石

① 铺筑砂石的每层厚度，一般为 15～20cm，不宜超过 30cm，分层厚度可用样桩控制，铺筑厚度可达 35cm，宜采用 8 吨的压路机碾压。

② 分段施工时，接槎处应做成斜坡，每层接槎处的水平距离应错开 0.5～1.0m，并充分压实。

③ 铺筑的砂石应级配均匀，如发现砂窝或石子成堆现象，应将该处砂子或石子挖出，分别填入级配好的砂石。

④ 洒水，铺筑的砂石应根据其干湿程度和气候条件，适当地洒水以保持砂石的最佳含水量，一般为 8%～12%。

⑤ 夯实或碾压，夯实或碾压的遍数，由现场实验确定。采用压路机往复碾压，一般碾压不少于 4 遍，其轮距搭接不小于 50cm。边缘和转角处应用人工或蛙式打夯机补夯密实。

（4）找平和验收

施工时应分层找平，夯压密实，并应设置纯砂检查点，用 $200cm^3$ 的环刀取样，测定干砂的质量密度。下层密实度合格后，方可进行上层施工。用贯入度进行检查，小于试验所确定的贯入为合格。最后一层压（夯）完成后，表面应拉线找平，并且要符合设计规定的标高。地基变形模量 EO 不应低于 $30N/mm^2$。

3）混凝土施工

（1）根据划分好的施工段，绑扎双向钢筋网。

（2）为保证钢筋在浇筑混凝土时不被踩踏，应铺设马道。

（3）按地面设计标高安装宽度不大于 6m 模板（宜用槽钢），用水准仪检测模板标高，偏差处用楔块调整高度，保证模板的顶标高误差小于 3mm。

（4）混凝土浇筑前，洒水使地基处于湿润状态，楼面用水泥浆充分扫浆。

(5) 混凝土宜选用商品混凝土现场泵送，水泥选用低水化热的粉煤灰硅酸盐水泥或矿渣硅酸盐水泥，尽可能减少水泥用量。细骨料采用中砂，粗骨料选用粒径 5～20mm 连续级配石子，以减少混凝土收缩变形。骨料中含泥量对抗裂的危害性很大。因此骨料必须现场取样实测，石子的含泥量控制在 1%以内，砂的含泥量控制在 2%以内。外加剂采用外加 UEA 微膨胀剂，掺入量约为水泥重的 10%。试验表明在混凝土添加了 UEA 之后，混凝土内部产生的膨胀应力可以补偿混凝土的收缩应力，可减少混凝土的不规则开裂。施工配合比应根据试验室试配后确定。控制水灰比小于 0.5，坍落度 70～90mm。如采用彩色混凝土地面时应严格按照试配确定的比例添加色浆，保证混凝土不出现过大的色差。

(6) 混凝土的浇筑应根据施工方案分段隔跨组织施工，混凝土尽可能一次浇筑至标高，局部未达到标高处，利用混凝土料补齐并振捣，严禁使用砂浆修补。使用平板振捣器或 6m 振捣梁仔细振捣，并用钢辊刷多次反复滚压，柱、边角等部位用木抹拍浆。混凝土刮平后，水泥浆浮出表面至少 3 mm 厚。楼面混凝土找平后将灰饼剔除。混凝土的每日浇筑量应与墁光机的数量和效率相适应，每天宜 500～2000m^2。

(7) 混凝土浇筑完毕，采用橡皮管或真空设备除去泌水，重复两次以上后开始耐磨骨料地坪施工。耐磨骨料地坪施工前，中期作业阶段施工人员应穿平底胶鞋进入，后期作业阶段应穿防水纸质鞋进入。

4) 耐磨骨料地坪的施工

(1) 第一次撒布耐磨骨料及抹平、磨光

① 耐磨骨料撒布的时机随气候、温度、混凝土配合比等因素而变化。撒布过早会使耐磨骨料沉入混凝土中而失去效果；撒布太晚混凝土已凝固，会失去粘结力，使耐磨骨料无法与其结合而造成剥离。判别耐磨骨料撒布时间的方法是脚踩其上，约下沉 3～5mm 时，即可开始第一次撒布施工。

② 墙、柱、门和模板等边线处水分消失较快，宜优先撒布施工，以防因失水而降低效果。

③ 第一次撒布量是全部用量的 2/3，物料应均匀落下，不能用力抛而致分离，撒布后即以木抹子抹平。吸收一定的水分后，再用抹刀碾磨分散并与基层混凝土浆结合在一起。

(2) 第二次撒布耐磨骨料及抹平、磨光

① 第二次撒布时，先用靠尺或平直刮杆衡量水平度，并调整第一次撒布不平处，第二次撒布方向应与第一次垂直。

② 第二次撒布量为全部用量的 1/3，撒布后立即抹平，用抹刀抹光。

③ 耐磨骨料硬化至指压稍有下陷时，可用抹光机作业。抹光机作业时，应纵横向交错进行，均匀有序，防止材料聚集。边角处用木抹子处理。抹光机的转速及角度应视硬化情况调整，抹光机进行时，应纵横交错 3 次以上。

(3) 表面修饰及养护

① 抹光机作业后，面层的抹纹比较凌乱，为消除抹纹，最后采用薄钢抹子对面层进行有序、同向的人工压光，完成修饰工序。

② 地坪施工 5～6h 后根据要求进行养护。

③ 地坪面层施工完成 24h 后即可拆模，但应注意不得损伤地坪边缘。

二、超平地坪

1. 超平地坪的特点

超平地坪施工技术起源于欧美发达国家，早在 20 世纪 80 年代欧美发达国家就开始推行，而真正引入中国是在 20 世纪 90 年代末期，直到今天才被更多的人了解，并在部分国内项目中得以应用，取得了非常好的效果，极大提高了业主的工作效率，同时还节约了维修成本。

超平地坪作为目前世界上最高规格及标准的地坪施工工艺，是一种特殊的施工技术，是为了提高地面的平整度、耐磨度以及延长地面使用寿命而设计的。

普通混凝土地坪的平整度一般只能达到 5mm/2m。超平地坪一般指平整度在 3～4mm/2m 或更高的地坪，它广泛应用于 VNA（超窄巷道）仓库、机场、高速公路等场合。超平地坪通常也应用在电视节目的演播室、电影摄影场、溜冰场、使用精密仪器设备的生产车间。特别是在物流仓储方面发挥出了极大的优势，典型案例如应用在 VNA（Very-Narrow-Aisles 超窄巷道）叉车通道以及高层立体货架的配送物流中心地坪。由于 VNA 叉车升降最大高度可达到 18m，最快时速达 20km/h，为能够充分发挥 VNA 系统效率同时保证运送时的安全性，降低叉车的维护费用，其地面必须具备超高精度的平整度及水平度（平整度达到千分之一以内甚至更高精度）。而根据我国 GB 50209—2010《建筑地面工程施工质量验收规范》对地面的一般要求，80％地面落差不应大于 4mm/2m，20％地面落差不大于 6mm/2m。

2. 超平地坪的施工

现在世界上主要使用激光找平仪（图 7-1）、红外探测和超声找平等技术来进行超平地坪的施工。另外，超平地坪的施工需与基础混凝土施工的土建方密切配合完成。

1）模板校准

在土建方安装基础混凝土施工的模板时，与土建方配合，在全场以一个给定的标高为基本点，使用激光扫平仪来矫正标高（零点标高）及制模，使模板上边缘水平。

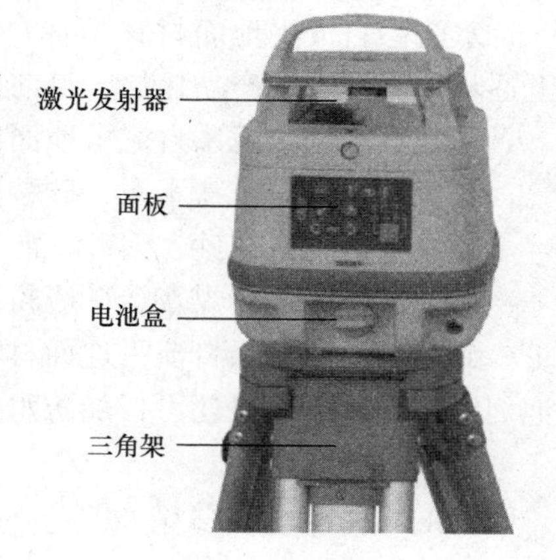

图 7-1　激光找平仪

2）浇筑混凝土

混凝土泵送入场后，由土建方的施工队迅速均匀拉开铺到基本水平（标高±0）用震动棒振捣，使混凝土密实。混凝土基本整平。

3）精密整平

以 0.5m 左右距离为取样点，使用激光扫平仪检测混凝土是否平整，对没有达到标高的地方减少或增加混凝土，重新拉平。

4）拍浆及复测

在精密水平之后，随即先后用水平拍浆器拍浆并抹平，并等待初凝。在初凝结束后用长刮尺进行刮平处理，再用激光扫平仪复测和调整。

5）骨料施工

在初凝后的表面撒播硬化骨料，按硬化骨料施工工艺施工。在提浆时使用激光扫平仪复检和调整。

三、自流平水泥地坪

自流平地面材料是一种以有机或无机胶凝材料为基材，加入各种助剂改性的用于地面自找平的新型地面材料。自流平地面就是利用流动性极好的自流平地面材料，施工在地基上自动形成水平面一致的、具有所需功能的平整地面。

自流平地面材料按主基材不同可分成石膏系自流平地面材料和水泥系自流平地面材料两大类。鉴于石膏系自流平地面材料存在着很多难以解决的弊病，20 世纪 80 年代中期以来发达国家已逐步转向研制水泥系自流平地面材料及有机高分子自流平地面材料，并出现了大量的专利技术和产品。以下即对石膏系自流平地面材料和水泥系自流平地面材料两大类自流平地面材料的化学组成、技术性能、施工方法及研究应用现状等作进一步介绍。

1. 石膏系自流平地面材料

石膏系自流平地面材料是最早出现并应用（1972—1973 年于日本）的自流平地面材料。石膏系自流平地面材料一般由基材、骨料、混合材及助剂等成分组成。石膏系自流平地面材料具有高流动性、初凝时间长、终凝时间适当、早期及后期强度较高、与基底粘结力高等特点。但是，石膏系自流平地面材料由于石膏的耐水性差，呈中性或酸性，对铁件有锈蚀的危险，因而使得其应用受到限制。此外，石膏系自流平地面材料相对成本较高也是阻碍其推广的因素之一。目前石膏系自流平地面材料的研究重点在于解决或提高石膏系自流平地面材料的耐水性及耐磨性，降低成本，提高强度。

2. 水泥系自流平地面材料

水泥系自流平地面材料是在自密实混凝土（Selfcompacting Concrete—SCC）的基础上逐步发展起来并产品化的。目前，国内外主要使用单组分水泥系自流平地面材料。

综观各国的水泥系自流平地面材料，配方虽各不相同，但主要由以下成分组成：

（1）基材：硅酸盐水泥、硅酸盐早强水泥、超快硬水泥等；

（2）骨料：石英砂、河砂、海砂、矿渣砂等，砂的形状以近似于球形为佳；

（3）混合材：粉煤灰、矿渣粉等。

此外，与石膏系自流平地面材料一样，还包括保水剂、减水剂、膨胀剂、促硬剂、消泡剂等助剂，必要时还可掺加防水剂、颜料等。

四、混凝土渗透硬化剂地坪

混凝土渗透硬化剂指以硅酸盐（包括无机硅酸盐、烷基取代硅酸盐等，多种原材料可以参见 US Patent 6454632）为主要成分，添加适当的催化剂和助剂而得到的材料，用于新、旧混凝土的硬化。其性状为无色透明或稍带乳白色的液体，pH≥11。市场上的产品的固体含量一般在 5%～25%之间。它能增加混凝土的机械强度，使混凝土硬度更高，耐磨性更好，防止表面起灰，防止水、油等物质的渗透腐蚀，也能抵抗一定的酸碱盐的腐蚀。

1. 混凝土渗透硬化剂的作用及性能指标

混凝土渗透硬化剂处理过的混凝土，其表面强度、硬度及耐磨性均有较为明显的提高。表 7-15 是用 C30 的混凝土试块整体用混凝土渗透硬化剂浸渍 24 小时，然后再养护 7 天之后，和未处理过的混凝土试块做的性能对比，可以看出，其抗压强度、表面强度、硬度、耐磨性均有了明显提高，而对水的渗透性则大大降低。

表 7-15　普通混凝土和硬化剂浸渍混凝土性能对比

项　目	检测标准	普通 C30 混凝土	浸渍 C30 混凝土
28 天抗压强度/MPa	JC/T 906—2002	30.2	39.5
表面强度（压痕直径/mm）	JC/T 906—2002	3.67	3.48
磨坑长度/mm	GB/T 12988—2009《无机地面材料耐磨性能试验方法》	25.1	22.9
表面硬度（莫氏硬度）		5.0	7.0
水渗透性	GB 18445—2012	≥20mm	≤2mm

用混凝土渗透硬化剂处理的地坪，具有很高的表面硬度和强度，因此耐磨性好，不起尘。同时，由于地坪表面做了防渗处理，油迹不会渗入地面对地面的外观造成影响。

2. 几种地坪材料的性能对比

目前现在常用的几种地坪材料有：环氧地坪涂料、耐磨骨料地坪、PVC 地坪等。比较来看，混凝土渗透硬化剂地坪适用范围广，使用期长，具有其他地坪材料不可取代的优势（表 7-16），加上它的性价比高，综合性能好，必将在工业地坪、地下车库、展馆等许多场合得到广泛应用。

表 7-16　几种地坪材料的对比

项目		环氧地坪	耐磨骨料（金刚砂）	混凝土渗透硬化剂地坪
性能指标	防尘效果	无尘	有尘	无尘
	耐磨性	表面易划伤	表面耐磨性一般	难磨损，越磨越有光泽
	表面莫氏硬度	3.0±0.5	5.0±0.5	7.5±0.5
	防渗性	好（但是一旦划伤，则易渗透）	差	好
	使用寿命	1～3 年	3～5 年	30 年以上
	防污性	难以清除有机污染物（如轮胎印）印痕	难以清除有机污染物（如轮胎印）印痕	有机污染物难以留下印痕，且易清除
施工特点	工期	新制混凝土 28d 养护后施工，工期较长	与混凝土浇筑同时进行，工期较短	与混凝土浇筑几乎同时进行，工期短
	养护期	一周	14d	施工完成后 3d 可使用
	安全性	施工中防火要求高，挥发性气体对人体毒性较大	不燃，施工中有粉尘	无毒，不燃
	环保性	溶剂挥发，不环保	环保	完全环保
	基本要求	要做好防水层，否则易脱壳	只能用于新地面，旧地面无法使用	新旧地坪均可用，无防水要求

续表

项目		环氧地坪	耐磨骨料（金刚砂）	混凝土渗透硬化剂地坪
保养维护	清洁	油污及划痕不易清洁	油污易渗难清洗	易清洁
	保养及易损程度	易起壳，易留划痕，越用越旧	维修麻烦易留黑色划痕	难磨损，不起壳，使用时间越长越光亮
	更换费用	1～3 年重涂一次	3～5 年更换一次	半永久性，与建筑物同周期

第四节　地坪涂装体系

为获得使用性能良好的地坪涂层，如良好的附着力及耐腐蚀性、耐久性、抗重压性能等，施工时往往需要将底涂、中涂、面涂配套使用，以满足多重性能要求。

图 7-2 是一种典型的地坪涂层结构剖面图。

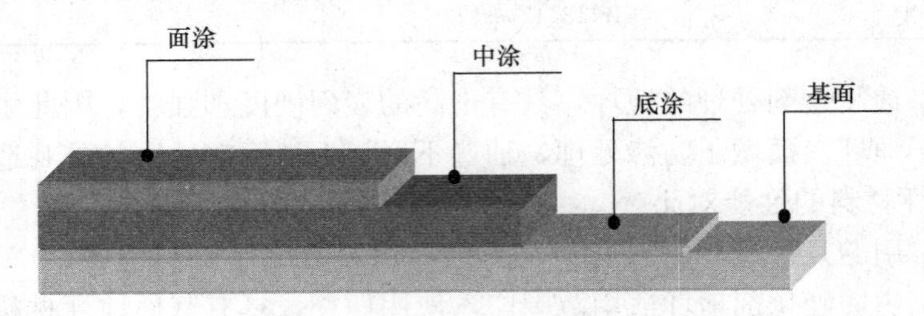

图 7-2　典型的地坪涂层结构示意图

一、底涂

基面经过表面处理后，第一道工序是涂布底漆，这是涂料施工过程中最基础的工作。底涂的目的是在基面与随后的涂层之间创造良好的结合力，补强基础，稳固基面残留的尘粒，且对基面的潮气和碱起一定的封闭作用。油性底漆漆膜致密，对基面有较好的封闭效果，但其透气性差，当应用于潮湿基面时，容易出现漆膜被地下水汽压力顶起而剥离的情况。水性底漆漆膜没有油性的那么致密，一般具有微孔结构，能释放地下聚集的水汽压力，在潮湿基面也能取得较好的应用效果。如双组分水性环氧底漆对混凝土基面具有良好的附着力，近年来在潮湿混凝土基面取得了较广泛的应用。

根据基面材质和表面状况正确地选择底漆品种及其涂布工艺，能起到提高涂层性能、延长涂层寿命的作用。一般对用于地坪涂装的底漆的要求为：应与基材有良好的附着力；本身具有良好的机械强度；对底材具有良好的保护性能和不起坏的副作用；能为以后的涂层创造良好的基础，不能含有能渗入上层涂膜引起弊病的组分；更要具有良好的施工性、干燥性。

涂布底漆时一般应注意以下几个事项：

1）含颜填料的底漆在使用前和使用过程中应注意搅拌均匀。

2）底漆涂膜厚度根据底漆品种确定，应注意控制。涂布应均匀、完整、无露底，表面无浮尘及松散砂粒。

3）注意遵守干燥的规范。在底涂上如涂含有强溶剂的涂料时，底漆必须干透，以免出现咬底等漆病。

4）要在漆前表面处理以后严格按照规定的时间及时涂布底漆。还要根据底漆品种规定的条件在底漆干燥后规定的时间范围内涂下一道漆。过早涂布可能引起咬底及底漆中溶剂挥发困难导致漆膜干燥时间延长、固化不良、鼓泡等情况；涂布过迟可能引起层间附着不良，且过迟涂布易由于粉尘积累或其他污染影响表观。

为增加下一道涂层与底漆间的附着力，可在涂布前将底漆打磨。

涂布底漆的方法一般可采用辊涂、刷涂和喷涂。刷涂施工效率较低，一般在边角处施工采用。最常采用的是辊涂，效率高。

二、中涂

在地坪涂装体系中，中涂层是介于底涂和面涂之间的涂层，砂浆层和腻子层都属于中涂层，一般由多道组成。中涂层一方面可以找平基面，对基面实行进一步加工；另一方面可以增加漆膜厚度，提高承载能力与涂层使用寿命。如需抗重压，可在涂层间铺设增强材料，如玻璃纤维布。

一般对砂浆层的要求是：不能对基面和底漆产生不良影响，如咬底、侵蚀等，且不能含有能渗入面涂层引起弊病的组分；具有一定的机械强度，如抗压强度、弯曲强度、拉伸强度等；具有良好的施工性、干燥性和打磨性。中涂层用的涂料应与所用的底漆和面漆配套，具有良好的附着力，耐久性应与面漆相适应。如果要求涂层能释放地下水汽压力时，底涂层、中涂层和面层还需具有透气性。

施工中涂层时，应根据客户要求的施工厚度和产品干燥性能控制好每道涂层的厚度。施工溶剂型和水性砂浆层时，不能一道施工过厚，否则有可能出现因溶剂挥发困难导致涂层长时间发软，不但延误工期，而且涂层固化性能差。

刮涂是砂浆层和腻子层最常见的施工方法。根据砂浆漆料的黏度情况有时也可采用镘涂施工。如果要求砂浆层施工厚度在 3mm 以上，多采用无溶剂砂浆料，用压砂工艺施工，用抹光机抹平，该工艺可一次施工达 3～5mm，免去了多次涂布的繁琐工序。

由于砂浆层表面较粗糙，孔隙较多，一般需刮腻子找平，填补空隙。中涂施工完毕后，表面应平整无孔隙，因孔隙中的空气有可能在施工面漆时与面漆进行置换，表现为面漆施工完毕后出现起泡、漆膜塌陷等弊病。

如果基面较平整且无需耐重压，可不施工砂浆层，而直接施工腻子层找平基面，这样造价会比经济，但使用年限会比施工了砂浆层的涂装系统略短。

为了获得良好表观效果的面层，中涂层完工以后一般需要打磨、吸尘，再涂布面漆。

三、面涂

基面经底漆、中涂、打磨修平后，可涂装面漆。面漆的漆膜一般较致密，能抵挡化学介质和溶剂的侵蚀，耐磨性好，且具有良好的机械性能，能展现色彩，有良好的装饰效果与防护性能。此外根据要求还可以提供特殊性能，如防（导）静电、防辐射、防滑性等。

根据面漆的施工厚度选择合适的施工方法，施工薄型地坪面漆时一般采用辊涂或刷涂，涂布应均匀，当涂层遮盖率差时亦不应以增加厚度来弥补，而是应当分几次来涂装。施工厚型地坪面漆（自流平面漆）时一般采用镘刀镘涂。当施工的面漆厚度居于两者之间，其厚度不足以满足自流平条件时，常采用喷涂，可获得较好的表面效果。

面漆涂布和干燥方法应依据施工环境和涂料品种而定，应涂在确认无缺陷和干透的中间层或底漆上。原则上第二道面漆应在第一道面漆干透后方可涂布。

涂布面漆时，有时为了增强涂层的光泽、丰满度，可在涂层最后一道面漆中加入一定数量的同类型的清漆。有时候再涂一层清漆罩光加以保护，罩光清漆可不同于原来的面漆种类。

涂布面漆时要特别精心操作。面漆（特别是薄性地坪面漆）应用细筛网或纱布仔细过滤，涂漆和干燥时场所应干净无尘。

四、地坪方案设计范例

目前地坪涂料在大型地下停车场引用比较多，本章节摘录某大型商业地产公司编制的停车场设计规范，见表 7-17，供参考学习掌握。

表 7-17　停车场分区设计推荐方案

区域		选型方案	厚度/mm	溶剂类型	主要特点	设计使用年限
停车区（含设备房、消防通道地面）		1.0mm 环氧砂浆纹理地坪	≥1.0	无溶剂环氧	经济性较好	≥5 年
行车区	直行区	环氧砂浆纹理地坪	≥3.0	无溶剂环氧	耐磨、防滑、并可降低轮胎噪声	≥8 年
	弯道区	环氧砂浆纹理地坪	≥3.0	无溶剂环氧	耐磨、防滑、并可降低轮胎噪声	≥8 年
	坡道连接区	环氧砂浆纹理地坪	≥5.0	无溶剂环氧	耐磨、防滑、并可降低轮胎噪声	≥8 年
	卸货区和垃圾回收区	环氧砂浆纹理地坪	≥5.0	无溶剂环氧	耐冲击、耐磨、防滑、增强地面荷载	≥8 年
坡道区	室内	撒砂防滑环氧地坪	≥5.0	无溶剂环氧	防滑、并可降低轮胎噪声	≥8 年
	室外	聚氨酯防滑地坪	≥5.0	无溶剂聚氨酯	耐候、防滑、并可降低轮胎噪声	≥8 年

第八章　金属、木质和塑料基层建筑涂料的涂装

第一节　概　　述

一、涂料的分类和基本特征

1. 按功能分：粉末涂料、防腐涂料、防火涂料、防水涂料等。

2. 按化学结构分：硝基漆、聚酯漆、聚氨酯漆、醇酸漆、乳胶漆等。

3. 按使用对象分：木器漆、船舶漆、汽车漆、金属漆、皮革漆等。

4. 按使用次序分：腻子、封闭底漆、底漆、面漆等。

5. 按常规分类：油性涂料、油漆水性涂料、乳胶漆、水性木器漆等。

6. 按组分分：

1）单组分漆：只有一个组分，调整黏度，如硝基漆。

2）多组分漆：包括三组分、两组分漆，使用时必须按要求比例将各组分混合调配。如聚酯漆、地板漆等。

7. 按光泽分：

1）亮光漆：涂层干燥后，呈现较高光泽（光泽 85～100 度范围内）。

2）高光漆：涂层干燥后，呈现亮不刺眼光泽（光泽 65～75 度范围内）。

3）半光漆：涂层干燥后，呈现中等光泽（光泽 45～55 度范围内）。

4）亚光漆：涂层干燥后，呈现较低光泽（光泽 20～20 度范围内）。

5）无光漆：涂层干燥后，呈现浅淡光泽（光泽 10 度以下范围内）。

不同使用领域界定不一样，上面介绍只适用墙面漆，家具工业使用有国标可以参考，大于 80 度划分为亮光，80 度以下统称亚光。

8. 按涂装效果来分：

1）透明清漆（俗称清水漆）：涂刷后能显现基材原有的颜色和花纹。

2）有色透明清漆：清漆中添加染料，涂刷后能显现基材原有的花纹，但基材原有颜色已改变。

3）实色漆（俗称混水漆）：涂刷后能显现油漆颜色，看不到原基材色纹材质。

4）质感涂料：真石漆、浮雕漆、仿瓷釉、沙面漆、喷塑等。

5）艺术效果：裂纹漆、锤纹漆、仿皮漆、闪银漆、橘纹漆等。

6）按使用部位：内墙漆、外墙漆、地坪漆、路标漆、烟囱漆等。

二、常见涂料术语及解释

1. 表干时间 surface drying time

在规定的干燥条件下，一定厚度的湿漆膜，表面从液态变为固态但漆膜内部为液态所需要的时间。

2. 实干时间 hard drying time

在规定的干燥条件下，从施工好的一定厚度的液态漆膜至形成固态漆膜所需要的时间。

3. 透明度 transparency

物质透过光线的能力。透明度可以表明清漆、漆料及稀释剂是否含有机械杂质和浑浊物。

4. 密度 density

在规定的湿度下，物体的单位体积的质量。常用单位为千克每立方米（kg/m^3）、克每立方厘米（g/cm^3）。

5. 黏度 viscosity

液体对于流动所具有的内部阻力。

6. 固体含量 non-volatile matter content；solids content

涂料所含有的不挥发物质的量。一般用不挥发物的质量的百分数表示，也可以用体积百分数表示。

7. 研磨细度 fineness of grind

涂料中颜料及体质颜料分散程度的一种量度。即在规定的条件下，于标准细度计上所得到的读数，该读数表示细度计某处槽的深度，一般以微米（μm）表示。

8. 贮存稳定性 storage stability

在规定的条件下，涂料产品抵抗其存放后可能产生的异味、稠度、结皮、返粗、沉底，结块等性能变化的程度。

9. 相容性 compatibility

一种产品与另一种产品相混合，而不至于产生不良后果（如沉淀、凝聚、变稠等）的能力。

10. 遮盖力 hiding power

色漆消除底材上的颜色或颜色差异的能力。

11. 施工性 application property

涂料施工的难易程度。涂料施工性良好，一般是指涂料易施涂（刷、喷、浸等），流平性良，不出现流挂、起皱、缩边、渗色、咬底，干性适中，易打磨，重涂性好，对施工环境条件要求低等。

12. 重涂性 recoatability

同一种涂料进行多层涂覆的难易程度与效果。

13. 漆膜厚度 film thickness

漆膜厚薄的量度，一般以微米（μm）表示。

14. 光泽 gloss

表面的一种光学特性，以其反射光的能力来表示。

15. 附着力 adhesion

漆膜与被涂面之间（通过物理和化学作用）结合的坚牢程度。被涂面可以是裸底材也可以是涂漆底材。

16. 硬度 hardness

漆膜抵抗诸如碰撞、压陷、擦划等机械力作用的能力。

17. 柔韧性 flexibitity

漆膜随其底材一起变形而不发生损坏的能力。

18. 耐磨性 abrasion resistance

漆膜对摩擦作用的抵抗能力。

19. 打磨性 rubbing property

漆膜或腻子层，经用浮石、砂纸等材料打磨（干磨或湿磨）后，产生平滑无光表面的难易程度。

20. 黄变 yellowing

漆膜在老化过程中出现的变黄倾向。

21. 耐湿变性 temperature change resistance

漆膜经过受冷热交替的温度变化而保持其原性能的能力。

22. 发混 clouding

清漆或稀释剂由于不溶物析出而呈现云雾状不透明现象。

23. 增稠 thickening

涂料在贮存过程中通常由于稀释剂的损失而引起的稠度增高现象。

24. 絮凝 flocculation

在色漆或分散体中形成附聚体的现象。

25. 胶化 gelling

涂料从液态变为不能使用的固态或半固态的现象。

26. 结皮 skinning

涂料在容器中，由于氧化聚合作用，其液面上形成皮膜的现象。

27. 沉淀 settling

涂料在容器中，其固体组分下沉至容器底部的现象。

28. 结块 caking

涂漆中颜料、体质颜料等颗粒沉淀成用搅拌不易再分散的致密块状物。

29. 有粗粒 seedy

涂料在贮存过程中展现出的粗颗粒（即少许结皮、凝胶、凝聚体或外来粗粒）。

30. 返粗 pig shin

色漆在贮存过程中，由于颜料的絮凝而使研磨细度变差的现象。

31. 发花 floating

含有多种不同颜料混合物的色漆在贮存或干燥过程中，一种或几种颜料离析或浮出并在色漆或漆膜表面集中呈现颜色不匀的条纹和斑点等现象。

32. 浮色 flooding

发花的极端状况。

33. 起气泡 bubbling

涂料在施涂过程中形成的空气或溶剂蒸气等气体或两者兼有的泡，这种泡在漆膜干燥过程中可以消失，出可以永久存在。

34. 针孔 pin－hloes

一种在漆膜中存在着类似于用针刺过的细孔的病态。

35. 起皱 wrinkling

漆膜呈现多少有规律的小波幅波纹形式的皱纹，它可深及部分或全部膜厚。

36. 橘皮 orange skin

漆膜呈现橘皮状外观的表面病态。

37. 发白 blushing

有光涂料干燥过程中，漆膜上有时呈现出乳白色的现象。

38. 流挂 runs；sags；curtains

涂料施于垂直面上时，由于其抗流挂性差或施涂不当、漆膜过厚等原因而使湿漆膜向下移动，形成各种形状下边缘厚的不均匀涂层。

39. 刷痕 brush mark

刷涂后，在干漆膜上留下的一条条脊状条纹现象。这是由于涂料干燥过快，黏度过大，漆刷太粗硬，刷涂方法不当等原因使漆膜不能流平而引起。

40. 缩孔 craterring

漆膜干燥后仍滞留的若干大小不等、分布各异的圆形小坑的现象。

41. 厚边 fat edge

涂料在涂漆面边缘堆积呈现脊状隆起，使干漆膜边缘过厚的现象。

42. 咬底 lifting

在干漆膜上施涂其同种或不同种涂料时，在涂层施涂或干燥期间使其下的干燥膜发生软化、隆起或从底材上脱离的现象（通常的外观如起皱）。

43. 渗色 bleeding

来自下层（底材或漆膜）的有色物质，进入并透过上层漆膜的扩散过程，因而使漆膜呈现不希望有的着色或变色。

44. 表面粗糙 bitty appearance

漆膜干燥后，其整个或局部表面分布着不规则形状的凸起颗粒的现象。

45. 积尘 dirt retention

干漆膜表面滞留尘垢等异粒的现象。

46. 失光 loss of gloss

漆膜的光泽因受气候环境的影响而降低的现象。

三、木质基层涂装的特征

木质基层涂装是建筑涂装的重要内容，例如在建筑装修中所涉及的各种木质基层、各种木质建筑构件和木器（如家具、器具等）的涂装。比之其他类建筑涂料的涂装，木质基层涂装有一些特点，例如所使用涂料的种类的差别、涂装方法和环境条件等。

就涂装涂料的种类来说，与墙面涂料以水性为主的格局不同，木器涂料以溶剂型涂料为主，木器涂装时所涉及的绝大多数是溶剂型涂料。目前虽然有关水性木器漆的资料、广告和各种媒体宣传较多，但目前还只是木器涂料品种的补充，在应用中还存在着一定的问题。由于木器涂装中这种以溶剂型涂料为主的格局，就带来了有关与水性涂料涂装技术不同的问题，例如劳动保护、防火安全等。

就涂装时所要进行的基层技术处理来说，木质基层涂装的基层处理种类和方法最为复杂且多样，有很多是完全不同于墙面涂装的，例如木器涂装时可能要进行诸如漂白、修整树脂囊、去木毛、去单宁等，是墙面涂装时根本不涉及的。

就涂膜的结构来说，有些木器涂膜的结构也是完全不同于墙面涂膜的，这也是造成木器涂装差别的原因。例如，很多木器具有天然美丽的木质纹理，是人们追求自然美时的首要选择，因而涂装时要将这种美丽的木纹显露出来，这种情况下只使用木材着色剂（例如水性着色剂、油性着色剂、酒精性着色剂、不起毛刺着色剂以及颜料着色剂和染料着色剂等）对木器进行着色，然后再进行清漆罩光等。

就涂装时物件的形状来说，木器涂装时多涉及复杂的形状（例如建筑涂装中常见的门窗），这种特定情况就要求使用刷涂方法为主，使用的涂装工具则是以刷毛较硬的漆刷为主。近年来，门、窗、楼梯都采用工厂生产到现场组装，所以木门窗等的施工，就以喷涂为主要方法，刷涂在逐渐退出。木地板则大量使用UV光固化生产工艺，流水线作业，目前主要是淋涂、辊涂为主，也有采用机械手和喷涂施工的方法。

此外，木器涂装所要求的涂膜效果有很多完全不同于墙面。木器涂料涂膜往往要求细腻、丰满、光亮，但现在受国外设计风格的影响，越来越趋向于亚光装饰，显得时尚、近似大自然的装饰效果。像墙面使用的复层涂料以及砂壁状等质地粗犷、质感强的涂料，目前在木器涂装中使用不多。

木器涂装的另一个特征还在于美术涂装，即当木材的颜色或纹理不好时，采用色漆进行涂装，将底材完全遮盖住。为了涂膜的美观性，常常采用特殊的涂装方法，能够得到仿真的人造木纹、裂纹等。在建筑涂装中，应用于木器涂装的色漆常常称为溶剂型混色涂料。

就涂装时可能遇到的环境条件来说，木器涂装往往是在室内进行的，所遇到的环境条件比墙面涂装要好，而且在特殊情况下有时还可以人工地创造或者改善施工环境，例如升高或者降低涂装的环境温度，对涂装环境进行封闭处理，以防灰尘对湿涂膜的污染和大风对湿涂膜的不利影响等。

四、家具等木质涂饰物面效果的分类

对涂膜装饰效果以及各种理化性能的要求是因涂装对象而变化的，因为需要涂装的物件很少是孤立存在的，而是处于一定的环境之中，或与环境中的某些物品相联系。按照不同的分类方法对涂膜进行分类能够得到不同的类别。本节所介绍的木质基层的涂装，以家具和某些木质建筑构件的涂装为主，对于这类涂装，常常按照涂饰的最终物面效果来进行分类，按照该种分类方法可以分为六类，见表8-1，表中第五类“真石漆系列”中的“真石漆”是指仿石效果，而不同于建筑墙面常用的真石漆。

表8-1　家具等木质涂饰物面效果的种类与特征

类别	名称	涂膜特征	颜色和光泽	应用范围
一类	透明系列	该类涂饰能够显示木材本身的自然花纹，按照颜色又可以分为有色和原木色；按照光泽又可以分为高光、亮光和亚光等。这类基层所选用的木材以阔叶树木如水曲柳、榆木、曲木、札木和椴木等为好。因为这些木材的管孔所形成的花纹，能够赋予木器涂饰后千姿百态的自然美，装饰性很强	有色和原木色，其中有色又分高光、亮光和亚光三种；原木色也分高光、亮光和亚光三种	高档家具和其他高档木器（例如乐器、家用电器和体育用品等）
二类	色漆系列	该类涂饰为色漆（不透明）系列物面效果涂饰，是以涂料本身颜色涂饰遮盖而不透出木材底纹和颜色的涂膜饰面	有色，光泽有高光、亮光、亚光和无光等多种	常见的办公器具、家具、课桌、椅等
三类	金属闪亮系列	该类涂饰为金属上光系列物面效果涂饰，是以涂料本身颜色涂饰遮盖而不透出木材底纹和颜色，并同时显现金属闪烁效果为特征的涂膜饰面	有色、高光泽	高档家具和其他高档木器（例如乐器、家用电器和体育用品等）
四类	珠光系列	该类涂饰为珠光系列物面效果涂饰，是以涂料本身颜色涂饰遮盖而不透出木材底纹和颜色，并同时显现珍珠般的珠光灿烂效果为特征的涂膜饰面	有色、高光、和亚光	高档家具和其他高档木器（例如乐器、家用电器和体育用品等）
五类	真石漆系列	该类涂饰为真石漆系列物面效果涂饰，是以涂料本身颜色涂饰遮盖面不透出木材底纹和颜色，并同时显现大理石或花岗岩的富丽豪华、图案奇特等效果为特征的涂膜饰面	有色、高光、和亚光	高档家具和其他高档木器
六类	表面模拟系列	该类涂饰为模拟木纹等系列物品效果涂饰，是通过一定的涂装工艺而模拟木材或其他的装饰效果，涂膜能够遮盖而不透出木材底纹和颜色	有色、高光、和亚光	一般家具、办公物品等

五、金属基层的涂装特征

建筑涂装中的金属基层涂装主要是指钢铁基层的涂装，在建筑涂装中是很常见的，例如各种钢结构构件和制品的涂装、各种管道、金属支架的涂装等。

1. 涂装目的

金属涂装的防护目的更为重要，装饰目的次之。例如，很多情况下，一些金属构件仅仅涂装装饰效果很差的防锈漆，而不再涂装装饰面漆。这与建筑物墙面、木器、甚至塑料等的涂装特征差别明显。当然在大多数情况下，金属涂装的目的也是保护与装饰兼备。

2. 涂料品种

从涂料品种来说，金属基层涂装的特征主要是溶剂型涂料，目前应用于金属表面的很少有水性涂料。绝大多数是溶剂型涂料。由于溶剂型涂料中的溶剂是易燃品，而且大多数对人体健康有不良影响，因而金属涂装中应做好劳动保护、防火安全等工作。

3. 基层处理

金属基层涂装前必须彻底除去表面的污物、氧化皮、铁锈等。否则，涂层会很快出现起泡、泛锈、脱落等现象，严重影响涂层的附着力和使用寿命。

从基层处理来说，虽然表面处理品质对涂层附着力、耐久性及装饰效果都有很大关系，对于绝大多数金属涂装都是一样要求的，但其特征决定其明显不同于木材、水泥基材料和塑料等的基层处理。

在未采取有效防护措施的情况下，钢铁表面不可避免地会产生锈蚀。因而，基层除锈处理是钢铁涂装必须首先做好的工作。钢结构表面除锈的方法有人工打磨除锈、机械除锈、喷砂除锈、化学除锈等。一般来说，人工除锈和机械除锈劳动强度较大，但也是建筑涂装中最常用的方法。

对于除锈品质要求高的工程，则可以采用酸洗除锈工艺。酸洗除锈可达到优良的除锈等级，结合除油水洗、钝化、磷化综合前处理，得到了普遍的使用。

喷砂除锈不仅除锈效果好，除锈后表面除锈品质和粗糙度能达到要求，除锈效率也非常高。

4. 涂料施工方法

金属基材的涂装要因地制宜，根据物件形状、环境要求、施工单位条件等多方面因素来确定。大规模、批量生产可以采用电泳涂装，复杂形状可用镘涂，大型材料用喷涂，现场结构可用刷涂、喷涂。

5. 涂膜结构

金属涂装的涂膜结构一般由底漆、中涂层和面漆构成。底漆往往是防锈漆，中涂层则是防锈漆与面漆之间的过渡涂层。例如，某金属涂装的涂层配套体系由环氧富锌底漆、环氧云铁中层漆和氯化橡胶面漆构成，各涂层涂料的功能特性和作用见表 8-2。

表 8-2　某金属涂装的涂层配套体系

涂料品种	涂料主要功能特性	作　用
环氧富锌底漆	①优异的阴极保护防止锈蚀作用；②优异的耐蚀性、耐久性和适用性；③优异的附着力和耐冲击性；④能够与大多数高性能耐腐蚀涂料配合使用	可用于各种防锈要求高的钢铁涂装的配套底漆
环氧云铁中层漆	①在富锌涂层上具有优良的附着力和封闭性能；②优异的耐久性和良好的耐磨性、较好的耐候性；③与氯化橡胶面漆和大多数溶剂型金属面漆有良好的层间附着力	可用于环氧富锌底漆等高性能防锈底漆的中间封闭涂层
氯化橡胶面漆	①涂层的水蒸气渗透率低，具有优异的耐水性和耐酸、碱等的腐蚀性能；②优异的耐久性和耐候性；③与环氧云铁中层漆有良好的层间附着力	主要用做面漆，装饰性能好，也可以用于电化学防护涂层结构的面漆

六、金属和木质基层涂料和涂装的选用

1. 选用金属和木质基层涂料时需要考虑的因素

1）涂料品种的选择和确定

首先，以木材制成的各种木器的涂装，必须采用自干的涂料产品；其次，涂装时要达到的目的不同，也应选择不同的涂料。

目前，国内外常用的木器涂料主要有硝基漆（NC）、聚氨酯漆（PU）、不饱和聚酯漆（VPE）、酸固化漆（AC）、光固化漆（UV）和水性木器漆（W）。根据需要选用不同涂料，会获得不同的涂装风格。

涂装效果例如：

（1）封闭式涂装，将木材毛孔、导管全部填满、填实、做成的涂层显得厚实，高光如镜或亚光、平滑美观。

（2）开放式涂装，涂装后表面管孔显露，表现为天然质感。

（3）实色涂装，如厨房用品，白色显干净、典雅，黑色显坚硬、庄严，闭光、仿天然大理石等各种涂装显豪华，比较受欢迎。

为了做好按不同涂装目的选择不同涂料品种的工作，要求客观地分析涂料的一般用途，和某些特殊性能中的主要技术要求，并力求减小此项用途中的其他技术要求的影响。但应注意的是，对某些性能影响不大的性能指标，对另一用途的涂料来说可能是关键的性能指标。因此，各种涂料都有其一定的适用范围，超越这一范围，就得不到最好的效果。

对于各种金属表面则必须注意底漆的选择，如铝、镁等轻金属及其合金绝对不允许用铁红和红丹防锈底漆，否则将发生电化学锈蚀，对这些有色金属只能选择锌黄和锶钙黄防锈底漆。

2）根据使用环境选择涂料

涂装物件的使用条件与选用的涂料必须协调一致。例如，室内使用，可用普通聚氨酯、硝基漆。而对于外用，应选择耐候性好的涂料，一般要求的可选用丙烯酸涂料，高要求的可选用脂肪族聚氨酯或氟碳等高性能涂料。

3）根据施工方法选择涂料

施工一般采用刷、辊、喷等施工工艺，应选择或调整相适应的涂料品种。有些涂料是不适于刷涂的，例如硝基漆。

4）从产品的配套性考虑选择涂料

所谓涂料的配套性指的是底层和涂料（特别是与底材直接作用的底漆）之间以及各层涂料之间的配套性。选择涂料时，首先应考虑底漆和面漆之间的配套性，面漆不能咬起底漆，且两者之间应有很好的层间黏合。同时，对于附着力差的面漆（如硝基漆、过氯乙烯漆等）要选择附着力强的底漆，如醇酸底漆、环氧底漆、环氧乙烯底漆等。若底漆和面漆各自的性能都很好，但两者的层间黏合力不好，则应考虑适当的中间涂料予以过渡。

5）从经济条件考虑选择涂料

选择涂料时不能一味追求高性能，还要考虑其经济性。例如，对于普通家具和护墙板、木质墙裙等，使用酚醛涂料和醇酸涂料比较经济合理，如果选用双组分的聚氨酯涂

料，则花钱买了不需要的多余性能，是不经济的。但是，对于木地板来说，则应选择耐磨性好，耐酸、耐碱的双组分聚氨酯涂料，虽然价格高些，但从经济与性能的综合平衡来考虑还是值得的。总之，选择涂料产品时应根据具体情况，从节约的原则出发，把直接利益和长远利益综合起来考虑。在进行经济核算时要注意将材料费用、表面处理费用，施工费用和涂膜的预期使用寿命等作综合平衡考虑。

2. 建筑木器和金属涂料的特征和适用范围

每种涂料都有其特殊性能和一般优缺点。表 8-3 中列出各类建筑木器和金属溶剂型涂料的性能特征及适用范围。

表 8-3　各类建筑木器和金属溶剂型涂料的性能特征及适用范围

涂料品种	性能特性	产品品种及适用范围
硝基漆	优点是干燥迅速，耐油，漆膜坚韧，可打磨抛光，漆膜光亮度高，缺点是易燃，清漆不耐紫外线，不能在60℃以上温度使用，固体分低，漆膜易黄变	产品有：①硝基外用清漆，作外用硝基磁漆罩光用，也可涂饰于木质零件、木器及金属表面；②硝基清漆，用于涂过硝基漆的金属或木质表面罩光；③各色硝基内用磁漆，用于涂饰室内的物件（器材及用具），若涂饰室外的物件，容易粉化开裂；④黄硝基底漆，用于木材打底；⑤各色硝基腻子，于木器涂硝基清漆前打底用
丙烯酸漆	优点是色浅，保光，保色性好，耐候性优良，有一定的耐化学腐蚀性，附着力好，缺点是耐溶剂性差，不耐高温，高温易回黏沾脏	产品有：①丙烯酸磁漆，用于户外要求长期耐大气的建筑工程以及建筑物外墙或其他户外构件、器具的漆装；②丙烯酸木器漆，可供木制纤维板、石棉板和各种木器涂装；③丙烯酸木器清漆，一般木器、木地板及精美木器表面罩光及保护性涂装；④丙烯酸木器漆（双组分），适用于木器罩光和保护性涂装
聚酯漆	优点是固体分高，耐一定的温度，耐磨，能抛光，漆膜光亮度高，缺点是干性不易掌握，对金属附着力差，不耐黄变	产品有：①聚酯酯胶清漆，适用于门、窗和家具等的涂装，也可用于金属物件表面罩光；②各色聚酯酯胶磁漆，适用于室内外一切金属及木质物件表面；③聚酯无溶剂木器漆（双组分），用于室内木器家具表面涂装；④聚酯酯胶木器漆，作为木器、仪表外壳、家具等木制品装饰用
聚氨酯漆	优点是耐磨性强，附着力好，耐潮，耐水，耐热，耐溶剂性好，耐化学和石油腐蚀，漆膜光亮丰满，装饰性极好。缺点是芳香类漆膜易泛黄，游离 TDI 毒性大等	产品有：一般聚氨酯清漆（双组分）。主要应用于木材表面。如运动场地板，居室木地板，缝纫机台板，防酸、碱木器表面，并可用于金属和皮革制品表面以及橡胶，塑料、皮革制品表面装饰。聚酯聚氨酯清漆（双组分），适用于建筑物表面装饰罩光和高级木器表面涂装以及各色聚氨酯磁漆，适于在湿度较大的环境中应用
氟碳漆	优点在于其自洁性和耐候性，可用于长久的户外钢结构设施、外墙的表面装饰，氟碳漆既能保证外观的长效美观，又能省去很大一部分清洁费用。	氟碳涂料是指以氟树脂为主要成膜物质的涂料，又称氟碳漆、氟涂料、氟树脂涂料等。在各种涂料之中，氟树脂涂料由于引入的氟元素电负性大，碳氟键能强，具有特别优越的各项性能。耐候性、耐热性、耐低温性、耐化学药品性，而且具有独特的不粘性和低摩擦性。经过几十年的快速发展，氟涂料在建筑、化学工业、电器电子工业、机械工业、航空航天产业、家庭用品的各个领域得到广泛应用。成为继丙烯酸涂料、聚氨酯涂料、有机硅涂料等高性能涂料之后，综合性能最高的涂料品牌。目前，应用比较广泛的氟树脂涂料主要有 PTFE、PVDF、PEVE 等三大类型

第二节　建筑木质基层的涂装

一、木质基层的处理

木质基层因涂装涂料的种类不同，木材本身材质的不同，所需要进行的基层处理也不相同。可能遇到的处理种类有因木材本身的特性而需要进行的修整树脂囊、修整木材的节疤、漂白、清洗、去污等；有因后期原因而需要进行的除油污、补钉眼和修补凹凸不平等，下面介绍常见的木质基层的处理方法。

1. 涂装基层凹凸不平的处理

1）涂装可能产生的问题：表面凹凸不平，影响涂膜的表观质量；或者需要批嵌较厚的腻子而影响涂膜的力学性能。

2）处理方法：可以采用机械或手工进行刨平，然后打磨。首先将两块新砂纸的表面相互摩擦，以去除偶然存在的粗砂粒，然后再进行打磨，打磨的工具可用一小块200mm×5mm×20mm的长软木板制成，板面胶粘上软的法兰绒、羊皮毡、软橡胶或泡沫塑料均可，然后裹上砂纸。打磨时用力要均匀一致，打磨完再用抹布擦净木屑等。

2. 树脂囊和节疤

1）涂装可能产生的问题：树脂囊即脂囊（又名油眼），是木材年轮中间充满树脂的条状沟槽；节疤是树木的分枝在树干上留下的疤痕，各种树种中，以松木含树脂最多。树脂囊中的树脂流到木材表面，使木材污染。树脂能渗入漆膜中溶解漆膜，即所谓咬透漆膜，使漆膜不干，树脂冲淡漆膜后，使漆膜变色。木装饰中的树脂囊和节疤，减少木材的断面，降低木材的强度，并使木材难于胶合，使木材不能作为嵌面材料。

2）处理方法：对于大的树脂囊和节疤，可用木材镶补，小的则用腻子嵌补。为防止树脂囊和节疤中渗出树脂，在刮去表面的树脂后，用酒精清洗，并多次刷涂酒精液，使其封闭，防止以后再有树脂渗出。

3. 松节油脂

1）涂装可能产生的问题：有些木材，如松木等含有松节油是油类的良好溶剂，能溶解腻子中的油分，使底层腻子不牢，影响着色；它也能溶解涂料中的油分，破坏漆膜，使漆膜无光泽；在松节油多的部位，甚至可造成局部木装饰既无腻子，又无漆膜。这不但严重破坏了涂料的装饰效果，而且减弱了涂料对木装饰的保护作用。

有松节油的木材，因油和水不能均匀混合，所以不能刮含水的腻子或用含水的水溶性染料上底色，否则腻子不能牢固地和木器底材结合，并有可能导致其后涂装的涂层开裂脱落，颜色也不均匀。木材中的松节油，以不同的树种而论，松木最多。以同一树种论，在木节和受过伤的地方最多。因为松节油在木材中不是均匀分布的，所以凡有松节油的木材，如果不先清洗而刮腻子，上底色和涂漆，就会出现不均匀的局部腻子脱落、底色发花、漆膜不牢、遮盖力差等弊病。在木材出松节油多的木节和伤痕处，甚至既无腻子，又无底色，也无漆膜，使木装饰非常难看，影响装饰效果。

2）处理方法：可以采用清洗的方法去除松节油。清洗时，先用丙酮等溶剂，将木材的松节油溶解。也可用碱水泡洗，使碱水和松节油起皂化作用，然后用清水冲洗。丙酮溶液清洗效果良好，但挥发快，易干，且易着火，不安全，价格贵，有污染，工程上可用5%～6%的碳酸钠水溶液，或4%～5%的苛性钠（火碱）水溶液清洗。如用80%的苛性钠水溶液与20%的丙酮溶液混合使用，清洗快且安全，效果良好，价格也较便宜。用其他可以溶解松节油的溶剂，也可清洗需涂漆的木装饰，但必须使用方便，无损坏木材或影响漆膜色泽的副作用且安全、价格便宜等。此外，涂装本色或浅色涂料时，应使用丙酮溶液脱脂，因碳酸钠水溶液会使木材变黄；涂装深色涂料时，应使用碳酸钠溶液脱脂，因碳酸钠水溶液在操作时比较安全。

4. 成材的颜色、纹理、质地等差异大

1）涂装可能产生的问题：木材品种很多，颜色、纹理、质地都不一样，即使是同一种树，其横断面的颜色也不相同，芯材的颜色深，边材颜色浅；有木节处一般颜色深，无木节处颜色浅；春材在横断面上色浅，夏材呈深色。不同的树种，年轮上春材夏材距离宽窄不同，即呈现年轮间距不同。例如，刺槐、泡桐的年轮，可近1cm；檀木的年轮很小，目力勉强可分辨。有的木材，颜色纹理优美；有些木材，不但纹理不美，颜色晦暗，而且深浅差别不均，并有色斑。如果颜色纹理不美的树木，用浅色涂料作装饰，质量很差。因为刮腻子、底色和涂漆，都不能遮掩其“丑”。

2）处理方法：可以采用漂白的方法进行处理。一般使用15%的双氧水或3%的次氯酸钠水溶液，把木材漂白，使颜色均匀。这样就能消除木材的原有颜色，看不到颜色的深浅和色斑，可以染色成瑰丽美观的木装饰，或者把普通外观较差的树种，漆成名贵树种的纹理和颜色，如漆成紫檀、红木、水曲柳等，取得良好的装饰效果。

5. 污迹

1）涂装可能产生的问题：木件表面上沾染的胶痕、油渍或其他污迹，会影响涂料的干燥及附着力以及影响浅色漆的遮盖力等。

2）处理方法：可以用细刨刀刨，用砂纸打磨等；在榫眼及各种胶合处残留的胶要用刮刀刮净。

6. 单宁

1）涂装可能产生的问题：单宁是木材中所含有的一种有机物。由于单宁溶于水以及丙酮、乙醇等许多溶剂，因而会在涂料中溶剂的作用下从木材中溶解出来，并能渗透到漆膜表面，影响漆膜的外观。在用染料对木材进行染色时，会使表面颜色发花，或者改变染料的颜色。

2）处理方法：将木件放在水中蒸煮，可以使木材中的单宁溶解在水中而去除，但比较麻烦。较简单的方法是在表面涂刷一层用溶剂稀释1～2倍的清漆，将表面封闭，这样染料就不能与木材中的单宁直接接触了。

7. 木毛

1）涂装可能产生的问题：影响涂料涂装前的表面处理和涂料的涂装，使涂装面显得很粗糙或者很毛糙，影响漆膜的光泽，降低涂膜的装饰效果和质量等级。

2）处理方法：取适量的建筑胶水或者骨胶溶液，加入2～3倍质量份的水稀释均匀，用清洁抹布蘸上述稀释液擦拭待涂饰面的有木毛处，使木毛吸收有胶分的水而膨胀竖起，待干燥后木毛即发脆，可以很容易地用细砂纸磨光。

8. 漂白

对于浅色、本色的中高级透明涂料的涂饰，应采用漂白的方法先将木器表层的色斑和其他不均匀的颜色消除。可以对整个木器表面进行漂白，也可以对局部色深的木材进行漂白。木器漂白的方法很多，用同一种漂白剂漂白不同材质的木材时可能会得到不同的效果，不同漂白剂的漂白效果也不一样。表 8-4 中介绍了一些漂白木材的方法，实际工作中可以根据木材处理情况和所具备的条件选用。

表 8-4 木材常见漂白方法

漂白方法类别	漂白剂组成或漂白材料	漂白方法
双氧水和氨水的混合物漂白	双氧水（30%），氨水（25%），水：1：0.2：1 的混合物	如果是单板，则可将单板完全浸入混合液中进行漂白。如果在整个板面上进行漂白，则可将溶液涂刷在木材表面上，待表面的白度达到要求时再用清洁的湿布将表面的漂白剂擦拭干净。如果是局部漂白，为了提高漂白效果，可以使用一小团清洁的棉纱团，浸透漂白液后压在待漂白的表面，在达到漂白要求之前，始终保持该棉纱团中有漂白剂。木材漂白如果一次脱色不行，可以重复进行两三次，此种漂白剂对楠木、水曲柳的漂白效果都很好
氢氧化钠加双氧水漂白	氢氧化钠，双氧水	将浓度为 5%左右的氢氧化钠水溶液涂在木材表面，经过半小时左右，再涂上双氧水，处理完毕后用水擦拭木材表面，并用弱酸（如 1.2%左右的醋酸或草酸）溶液与氢氧化钠中和，再用水擦拭干净
草酸和硫代硫酸钠漂白	草酸，硫代硫酸钠和硼砂等	先配制三种溶液：在 1000mL 水中溶解约 75g 结晶草酸得到草酸溶液；在 1000mL 水中溶解约 75g 结晶硫代硫酸钠得到硫代硫酸钠溶液；在 1000mL 水中溶解约 24.5g 结晶硼砂得到硼砂溶液。配制这几种溶液时，用蒸馏水加热至 70℃左右。在不断地搅拌下，将事先量好的药品放入水中，直至完全溶解，待溶液冷却后再用，使用时，先把草酸溶液涂在木材上，4～5min 待其稍干后，再涂上第二种溶液。等待干燥和木材变白。如果涂一次木材的颜色尚未达到需要的白度，可以重复上述操作过程，如局部的漂白程度不够。则可以局部重涂，待木材颜色达到预期要求后，再涂第三种硼砂使木材表面浸湿即可。漂白后，用干净的清水洗涤，再擦干表面并通风干燥
亚硫酸氢钠漂白	亚硫酸氢钠，高锰酸钾	先配制两种溶液：把亚硫酸氢钠配制成饱和溶液，在 1000mL 水中溶解 6.3g 结晶高锰酸钾，漂白时，先将高锰酸钾溶液涂刷在木材表面上，4～5min 待其稍干后，再涂上亚硫酸氢钠溶液，重复上述操作，直至木材变白
碳酸钾等漂白	碳酸钠、碳酸钾等	先配制 11.5%碳酸钠和碳酸钾的 1：1 混合溶液，再加入 50g 漂白粉，用此溶液涂刷木材表面，待漂白后用 2%的肥皂水或稀盐酸溶液清洗被漂白的表面，对于既需要漂白，又需要去脂的木材，该法效果很好

续表

漂白方法类别	漂白剂组成或漂白材料	漂白方法
漂白粉漂白	漂白粉、碳酸钾	先配成由 10g 漂白粉、25g 碳酸钾和 1L 水组成的溶液，将需要漂白的木制小零件先用碱水洗涤后，放入预配件的溶液中浸泡 1～1.5h，然后用清水和浓度为 5g/L 的稀盐酸洗净零件表面
次氯酸钠漂白	次氯酸钠，冰醋酸	将次氯酸钠 30g 溶解于 1L 温度为 70℃的水中，得到次氯酸钠溶液。用这种溶液涂刷木材表面，紧接着再将已经加热到 60～70℃的冰醋酸溶液涂刷到木材上，并重复操作直至木材变白。如果不涂刷冰醋酸溶液，只要增加次氯酸钠的分量（即 1L 温水中加 50g 次氯酸钠），也能够达到同样的效果
双氧水漂白	无水碳酸钙、双氧水	先配制两种溶液：一是无水碳酸钙 10g 加入 50℃温水 60g；二是 80mL 浓度为 35%的双氧水溶液中加入 20mL 水。漂白时，先在木材表面上均匀地涂刷第一种溶液，充分浸透约 5min 后，用棉纱头和布擦除渗到木材表面的渗出液。然后，直接涂刷第二种溶液，需要进行 3h 以上的干燥，有时还需要干燥 18～24h
硫黄脱色法漂白	硫黄	用二氧化硫气体脱色，此法一般用于经过雕刻和烫花的木器，脱色时将木器放入密团室内，在室内燃烧硫黄，利用产生的二氧化硫气体进行脱色

在进行木材漂白操作时有些问题需要予以注意：①漂白剂多属于强氧化剂，贮藏与使用时应注意其腐蚀性，不同的漂白剂不能随意混合使用，否则可能引起燃烧或爆炸；②配制好的漂白剂溶液只能贮存在玻璃或陶瓷容器里，不能放入金属容器里，否则可能与金属发生反应，不仅不能漂白木材，还可能使木材染色；③配制好的漂白剂溶液要避光，放置也不能过久，否则易变质；④多数漂白剂对人体与皮肤有腐蚀性，因此操作时应注意保护皮肤和衣服，更不能沾染眼睛，如果溅到皮肤上，应使用大量清水彻底清洗干净，并擦涂硼酸软膏；⑤漂白胶合板时应注意勿使漂白剂溶液流到胶合板的端头，以防胶合板脱胶；⑥用剩的漂白剂不能倒回未用的漂白液中；⑦漂白剂易引起木毛，因此漂白完毕，待木材干燥后应用砂纸轻轻砂磨光滑；⑧应该知道，有些木材，如水曲柳、麻栗、楸木、桦木、冬青、木兰、柞木等是比较容易漂白的，但有些木材如椴木、樱桃、黑檀、白杨、花梨木等的漂白则很困难，而红杉、青松、红木和云杉等则是不能漂白的。

二、红木、板式、美式涂装常用的涂装工艺

1. 红木油漆工艺

1）磨光（打坯）：用砂纸把组装好的家具磨光。

2）批灰（刮灰）：用牛角板把搅拌均匀的灰（生漆、石膏粉、适量水的混合物）涂在家具表面，然后放入漆房“阴干”，一般刮 3 到 4 次灰。

3）上色：用砂纸把上过“灰”的家具表面磨光，把线脚和花脚挑干净，然后上色，

一般上两次色及补色。

4）上底漆：用漆刷或棉纱把化学漆或硬化剂涂于家具表面（堵木材表面毛孔，目的是增加漆膜厚度和光泽度），放入漆房干燥后磨光，一般做 2 到 3 次硬化剂。

5）揩生漆：用高标号砂纸磨上过“底漆”的家具表面并挑线脚和花脚，然后揩生漆，放漆房“阴干”。一般需 4 到 5 次反复揩生漆，方可达到质量要求，即合格产品。

红木油漆工艺见表 8-5。

表 8-5　红木油漆工艺

流程	操作方式	干燥时间	涂料编号、配比及注意事项
白坯封闭	擦涂	1h	顺木纹到位，无流挂
刮灰	擦刮	6h	水灰，顺木纹擦刮
喷底漆	喷涂	8h	够油，无流挂
打磨	手磨或机磨		使用 220＃～400＃砂纸，无星点
着色	擦涂	1h	自调颜色，顺木纹，无流挂
喷中涂漆	喷涂	8h	无流挂
打磨	手磨		—
上漆	擦涂	4h	生漆上四次，每次都干透

2. 常见的板式涂装工艺

1）本色透明涂装工艺流程

（1）工艺流程

白坯→素材整理打磨（用 240＃砂）→封闭底漆，实干后 320＃砂打磨→透明底漆 1 次→320＃打磨→透明底漆 2 次→320＃粗磨 600＃细磨→透明面漆→干后 600＃～1000＃水砂纸打磨→透明面漆。

工艺适宜：红榉、白榉、枫木、雀眼、塞比利、柚木、花樟、安丽格、桃木、橡木等夹板或实木的透明漆涂装。

（2）施工提示

① 如遇基材纹理较深（选用聚酯漆涂装时），请选用水性或聚酯腻子填补，再刷底漆。

② 湿度较大地区应采用底得宝封闭，以防木材变形、霉变。

③ 不宜使用透明腻子填孔或充当底漆使用。

④ 客户如需要亮光效果，受施工环境影响较大，因此要保持好施工环境和工具的清洁与干净，否则表面易出现颗粒。

⑤ 钉眼可用水性腻子调色填补，可选用水性色浆、无机氧化颜料调色。

⑥ 禁止使用硝基类油漆封闭、打底。

⑦ 油漆在湿膜状态下受紫外线照射极易泛黄，请做相应保护措施。

⑧ 经过双氧水漂白的基材，至少间隔 48h 以上，待彻底干透，并经试小样确认不出现泛黄、泛红现象后方可施工。

2）有色透明涂装工艺流程

（1）工艺流程

白坯→240＃、320＃打磨→封闭底漆→320＃打磨→透明底漆1～2遍→400＃打磨、600＃轻磨→透明有色面漆1～2遍→600＃～1000＃轻磨→透明面漆（罩光）。

工艺适宜：白榉、橡木、枫木等各类浅色板材进行面着色处理。

（2）工艺提示

① 若基材纹理较深，可选用水性或聚酯腻子系列填补，再刷底漆。

② 嵌补钉眼注意调色，尽可能与底材接近。

③ 有色透明产品施工时注意整体颜色要均匀一致，避免色差出现（尽可能选用喷涂）。

④ 有色透明产品施工遍数按照要求的颜色、层次进行调整，可添可减。

3）底着色（俗称底擦色）涂装工艺流程

（1）工艺流程

白坯→素材整理→240＃、320＃打磨→封闭底漆→320＃、400＃打磨→底着色（各色士那、木纹宝、着色剂）→实干→透明底漆2～3次→打磨，320＃粗磨、600＃细磨→透明有色面漆（修色）→600＃～1000＃轻磨→清漆（罩光）。

工艺适宜：水曲柳、白橡、白榉等实木或夹板进行底着色、面修色处理。

（2）施工提示

① 要求着色均匀一致，不能发花、混浊。

② 封闭底漆应均匀薄喷。

③ 钉眼填充注意调色要尽量与底色一致。

4）D、实色漆涂装工艺流程

（1）工艺流程

白坯→240＃打磨→封闭底漆→实干后320＃纸打磨→刮腻子填补→实干后打磨平整并除尘→实色底漆嵌补缺陷→实干后320＃砂纸→实色底漆2遍→实干轻磨→涂实色面漆1～2遍打磨并修整。

工艺适宜：细木工板、柳木按夹板、刨花板、中密度板使用。

不宜：防火板、三聚氰胺板、矿棉板、保丽板使用。

（2）施工提示

① 宜用底漆打底、封闭。

② 面漆只宜喷涂，刷涂会产生刷痕，出现颜色不匀等现象。

③ 请按正确的施工配比操作。

④ 亮光实色面漆受施工环境影响较大，因此要保持好施工环境和工具的清洁，否则漆面易出现颗粒。

⑤ 白面漆请勿用强制烘干方法来提高干速，否则会失去耐黄变效果。

3. 美式涂装工艺流程

底材处理（敲打虫孔、锉边、砂光等）→底材调整（修红、修绿）→底色（渗透性、醇溶性、油性色精水）→头道底漆→砂光（320＃、400＃）→第一道格丽斯（又叫GLAZE或仿古漆）→二道底漆→砂光（320＃、400＃）→第二道格丽斯→砂光（400＃）→修色→罩面漆。见表8-6。

表 8-6　美式涂装工艺流程

工艺	操作方法	时间要求	使用工具
打磨	手磨或机磨	—	使用 180＃、220＃砂纸，表层无灰块
刮灰	擦刮	6h	水灰，顺木纹擦纹
打磨	手磨	—	使用 220＃、240＃砂纸，表层无灰块
喷底漆	喷涂	8h	—
打磨	手磨或机磨		使用 240＃砂纸，到位，无星点
喷底漆	喷涂	8h	—
打磨	手磨	—	使用 240＃、320＃、400＃砂纸，顺木纹，无星点
着色	擦涂	1h	自调色精，顺木纹，无流挂
喷面漆	喷涂	12h	够油，无流挂

工艺适宜：樱桃木、橡木、水曲柳等实木或木皮进行涂装。

1）底材处理：底材处理包括破坏处的处理和修补，由于一般家具白坯完工以后，表面可能会有少许孔、洞、裂缝、钉孔或其他缺陷，大多数采用修补材料填平，填平干燥后，先用 120＃及 150＃～180＃履带平砂砂光，再用 150＃～240＃机砂或手砂砂光。

2）底材调整：由于木材本身的各种原因，如成本、自然干燥、选材、拼材、边材、心材及不同底材之拼合等差异而有颜色的差异，可用染料或颜料溶于混合溶剂中，配成着色液来修补木材表面的颜色差异。

3）底色：一般采用空气喷涂方式，根据色板的颜色采用不同的着色剂，使底色颜色接近于色板颜色。

4）头道底漆：硝基漆具有施工简单、干燥速度快、易于抛光打蜡、修补方便等优点，广泛地用于美式涂装体系中，因头道底漆的施工固体分通常为 5％～15％，黏度低，故会很快渗入木材的表层，可固化木材内树脂成分来提高涂膜附着性，并可防止底材产生不均匀的斑点，还可抑制上层涂料被木材吸收。

这一道硝基底漆的黏度控制非常重要，一般为 8～12s（涂-2 杯）。黏度高时，格丽斯着色较淡；黏度低时，格丽斯着色较深，可以避免擦拭格丽斯后有发黑现象。

5）砂光：头道底漆喷涂 1h 后，用 320＃砂纸砂光，以增强附着力。

6）格丽斯（GLAZE）：又称为仿古漆，是由慢干溶剂、易于擦拭的油和树脂以及透明或半透明颜料组成的着色剂。其特征是渗透性适中，不会溶解下层头道底漆，利用颜料的特性使材面形成柔和阴影效果的古典风味。这是在涂装过程中颜色的呈现与控制最重要的步骤，涂装时可灵活控制格丽斯残留量，将木材与纤维板边缘的颜色融合为一致的颜色。常采用顺时针或逆时针来回擦拭，最后擦拭时须按木纹方向擦拭；也可用毛刷刷匀残留之格丽斯，使表面获得所希望的色彩及木纹轮廓的分布。并用 000＃或 0000＃的钢丝绒顺着木纹的纹理方向进行明暗对比处理，最后再用毛刷或破布擦拭明暗处，以达颜色柔和、自然的效果。

7）二道底漆：在完成格丽斯作业后，经干燥 20～30min，涂装二道底漆，以增强格丽斯着色剂与底材的附着，并可增加涂膜厚度及使材面光滑，起着木材与面漆的架桥作用。其喷涂黏度控制在 16～18s（涂一2 杯），喷涂厚度控制在 15～30μm。

8）第二道格丽斯：根据色板效果对家具四周、边缘进行颜色加深以及作旧处理，也可在较浅色的部位及边缘用毛刷黏附格丽斯着色剂在其上划一些像牛尾巴拖过的痕迹，然后用喷枪喷涂像苍蝇屎一样的黑点，以显现出陈旧古典家具效果，还可使用醇溶性着色剂或油性着色剂进行喷点。

9）修色：这是整个涂装过程中最后一道着色工序，应对照标准色板进行修色。修色可全面喷涂，亦可按实际情况，用软布将低浓度的醇溶性着色剂沾湿，在涂膜上进行拍打，使之形成阴暗面，再用钢丝绒作出明亮层次效果，增强木材纹理效果，以增加立体感，但特别需要注意柔和、自然的感觉。

10）罩面漆：罩面漆是涂装过程的最后步骤，涂膜的丰满度和透明性非常重要，同时应具有耐沾污性、耐水性、耐酒精性，以及易抛光、不回黏、硬度高、柔韧性佳、附着性优、涂膜不龟裂等特点，面漆的喷涂黏度应控制在 11～13s。

三、常见的油漆问题产生原因及解决方法

1. 针孔

在漆膜表面出现的一种凹陷透底的针尖细孔现象。这种针尖状小孔就像针刺小孔，孔径在 100μm 左右。

1）原因

（1）木材表面木眼太深，填充困难，打磨不好；

（2）边角喷涂两次间隔时间太短，下涂层干燥不完全，上涂层急速干燥；

（3）被涂面有灰尘、水分，压缩空气有水、油污；

（4）油漆配好搅拌后静置时间不够（一般应静放 10～15min）；

（5）一次性厚涂，表面干燥而底层溶剂继续蒸发而凸起；

（6）使用不良的涂料稀释剂或错用固化剂；

（7）固化剂加入太多，或错用固化剂；

（8）稀释剂用量太小，涂料黏度过高；

（9）施工环境温度过高，湿度太大；

（10）喷涂压力过大或距离太远。

2）解决方法

（1）木材表面应充分填补好，砂光打磨达到要求；

（2）多次涂装时，延长重涂时间，让下层充分干燥；

（3）处理好被涂面灰尘和水，打水磨后，应晾置 2～3h 以上，净化压缩空气；

（4）搅拌均匀后静置 10～15min 才能用；

（5）分两次或多次施工；

（6）使用配套产品：

（7）按指定的调漆比例正确调漆，并且充分搅拌均匀；

（8）增加稀释剂用量，达到施工最佳黏度；

（9）设法改善作业环境，夏天温度过高，要相应减少固化剂用量，适当选用慢干溶剂

(如环已酮、CAC);

(10) 调整好喷涂压力的距离。

2. 气泡

漆膜干后出现大小不等的凸起圆形泡，也叫鼓泡。

1) 原因

(1) 木材表面木眼深，填充困难，喷涂漆成膜后，白坯的气体向外膨胀顶起漆膜，引起起泡;

(2) 使用过高黏度的涂料;

(3) 喷涂空气压力过高，涂料混入空气过多;

(4) 加热干燥过于激烈;

(5) 物面含水率高，环境温度太高，湿度太大，通风不好;

(6) 空气压缩机及管道带有水分;

(7) 固化剂加入油漆调匀后，放置时间不够;

(8) 采用含乙醇高的不良稀释剂刷涂时，溶剂挥发太快;

(9) 一次涂太厚或喷涂层间间隔时间太短。

2) 解决方法

(1) 刮透明腻子，充分填补木眼，在喷涂前先刷一遍封闭漆封闭缝隙，排出木眼中的空气;

(2) 适当调整涂料黏度;

(3) 调整适当的空气压力，减少空气的混入;

(4) 加热干燥时，待溶剂挥发后进行;

(5) 改善施工环境，物面应干燥，被涂面打水磨后晾置 2～3h 以上;

(6) 使用油水分离器分离，并定期排水，每半天一次;

(7) 搅拌后应静置 5～10min;

(8) 选用配套稀释剂，可加 5%～10%慢干溶剂（如乙二醇乙醚醋酸酯，环已酮等);

(9) 分多次施工，多次涂装时，延长干燥时间，让下层充分干燥。

3. 皱纹

漆膜表面形成许多高低不平的棱脊痕迹，影响漆膜表面光滑和光亮的现象。

1) 原因

(1) 表面干燥快，涂膜干燥不均匀;

(2) 一次涂得过厚，只有表面急速干燥，里面不能同时干燥，下层松弛上层绷紧;

(3) 下涂层干燥不完全，即涂上层;

(4) 上下层涂料不配套;

(5) 底漆未彻底干透，而面漆的稀释剂溶解力太强，使底漆溶化膨胀;

(6) 固化剂加入量太小;

(7) 上一遍涂膜没有充分打磨，即进行下一遍涂装。

2) 解决方法

(1) 用较慢干的稀释剂和适当溶解力的溶剂;

(2) 分两次或多次涂装，每次喷涂时要让溶剂充分挥发;

（3）待下层膜干燥充分，再涂上层；

（4）使用性质相合的涂料，避免较软涂料在下层；

（5）避免涂得太厚，底层要彻底干透再涂面漆；

（6）适当增加固化剂加入量；

（7）聚合型干燥涂膜，干燥后砂光应尽量充分。

4. 咬底

上层施工后将下层咬起，溶胀，软化，导致底层漆膜的附着力减小，而起皮、揭底的现象。

1）原因

（1）上下两层涂料不配套，醇酸漆上喷硝基、聚酯漆；硝基漆上喷聚酯漆；

（2）上下层施工间隔时间不够；

（3）底层未干透，面漆稀释剂溶解力过强。

2）解决方法

（1）使用性质相合的涂料，避免较软（或不耐溶剂）的涂料在下层；

（2）延长底层干燥时间，待底层完全干燥后，才涂上层；

（3）底层要彻底干燥后再涂面层，选用厂家配套稀释剂。

5. 起粒

涂料涂饰在物体表面，涂膜中颗粒较多，颗粒形同痱子般的凸起物，手感粗糙，不光滑。

1）原因

（1）打磨过的底材有灰尘，杂质没有擦干净，特别是装修，墙边、墙角、窗台的灰尘没擦干净；

（2）调漆时，杂质混入漆中；

（3）施工环境不洁，施工工具不洁；

（4）换不同类型油漆后，工具未洗净；

（5）喷嘴太小，压力太大，喷嘴与物面距离太远，油漆雾化不良，喷房通风不合理，漆雾返落在已涂好的物面上；

（6）油漆加固化剂后放置时间太长，或在施工时过度稀释，已分散好的油漆粒子也会重新凝聚造成起粒；

（7）固化剂添加过多；

（8）使用溶解力差的稀释剂，无法充分溶解涂料。

2）解决方法

（1）把打磨过的底材清理干净，喷房走动的地面要洒水；

（2）漆桶应盖紧密封，调好的漆须过滤后再喷；

（3）保持施工环境、工具清洁，装修房子时，喷涂油漆要关闭门窗，待表干后开窗开门；

（4）不同类型的油漆不能混合使用，工具用后一定洗干净；

（5）按要求调整好喷涂压力和喷嘴的口径，距物面的距离为25～30cm，按比例调好漆，保证油漆雾化好，设计安装好喷房通风设备；

(6) 调好漆后，应在规定时间内用完，稀释剂不宜过多，油漆并不是越稀越好；

(7) 正确调配固化剂，并搅拌均匀；

(8) 使用厂家提供的配套稀释剂。

6. 橘皮

漆膜表面呈现凹凸的状态如橘皮样的一种现象。

1) 原因

(1) 油漆太稠，稀释剂太少；

(2) 喷涂压力过大或距离太近，喷涂漆量少，距离远；

(3) 施工场所温度太高，干燥过快，漆不能流展平坦，作业环境风速过大；

(4) 使用低沸点稀释剂，漆雾抵达涂面时，溶剂即挥发；

(5) 加入固化剂后，放置较长时间才施工。

2) 解决方法

(1) 注意油漆配比，合理调漆；

(2) 充分熟练喷枪使用方法；

(3) 改善施工场所条件；

(4) 使用适当的稀释剂调漆；

(5) 油漆加入固化剂后尽快用完。

7. 鱼眼

涂膜表面上出现局部收缩，好像水洒在蜡纸上似的，斑斑点点，露出底层的花脸状的现象，也叫跑油。

1) 原因

(1) 被涂物有水分、油分或油性蜡等；

(2) 空气压缩机及管道带有水分油污；

(3) 工作环境被污染，喷房设施及喷涂工具不洁。

2) 解决方法

(1) 被涂物避免污染，且需打磨彻底；

(2) 使用油水分离器分离，并定期排水，2h 一次；

(3) 作业场所、器具避免沾染油污、蜡等，手、衣物、擦拭布被污染应清洁后才可碰触作业物，施工中注意不让杂质掉入漆桶。保持设施、调漆罐、工具干净。

8. 失光

漆膜呈雾状，不能获得预期的光泽。

1) 原因

(1) 被涂物面粗糙多孔，吸油量大；

(2) 稀释剂加量太多，油漆喷涂量太少；

(3) 排气不良，喷涂漆雾落在已喷好的膜面上；

(4) 选用沸点低的稀释剂，挥发干燥过快；

(5) 未充分干燥即打磨抛光，或抛光蜡太粗；

(6) 施工温度太高，溶剂挥发太快，漆膜白化；

(7) 打磨粗糙，或选用粗砂纸打磨有砂痕；

(8) 被涂物表面附着灰尘未清除；
(9) 油漆加入固化剂后放置时间太长。

2) 解决方法

(1) 选择好板材，或先刷1～2遍封闭漆封闭木眼，刮腻子填补孔隙，打磨平坦；
(2) 控制适当的涂料黏度，以正确的方法喷涂适中的漆膜；
(3) 保持良好的排气；
(4) 选用厂家提供的配套稀释剂，或添加挥发慢的溶剂；
(5) 待漆膜完全干燥后才可进行抛光，并选择蜡的细度；
(6) 要有良好的涂装作业温湿度，可适当加入化白水等慢干溶剂；
(7) 选用较细的砂纸认真仔细打磨好；
(8) 清理干净被涂面；
(9) 调好油漆后应尽快在4h内施工完。

9. 发白

漆膜颜色比原来白，呈白雾状。

1) 原因

(1) 空气高温高湿，相对湿度高于80%，一般春夏季下雨时易出现；
(2) 用低沸点，快干的稀释剂；
(3) 涂膜含有水分未清除干净；
(4) 底材的含水率过高。

2) 解决方法

(1) 降低室内湿度，避免在高湿下涂装作业，或在稀释剂中添加3%～10%化白水搅匀后施工，如湿度特别大，加入化白水后仍发白应停止施工；
(2) 选用慢干的稀释剂；
(3) 待涂膜的水分完全挥发后再作业；
(4) 底材含水率不能超过12%。

10. 不干或慢干

漆膜经一段时间后，仍未干。

1) 原因

(1) 被涂面含有水分；
(2) 固化剂加入量太少或忘记加固化剂；
(3) 使用含水、含醇高的稀释剂；
(4) 温度过低，湿度太大，未达干燥条件；
(5) 一次涂膜过厚，或层间间隔时间短；
(6) 底材中的油脂、蜡粉含量太高。

2) 解决方法

(1) 待水分完全干后再喷涂；
(2) 按比例加固化剂调漆；
(3) 使用厂家提供的配套稀释剂；
(4) 在正常室内喷涂；

（5）两次或多次施工，延长层与层之间施工时间，涂面若无法干燥，则应将涂层铲去或用布沾丙酮清洗掉；

（6）刷漆前用溶剂处理底材。

11. 流挂

在被涂面上或线角的四槽处，涂料流淌，形成漆膜厚薄不均，严重者如挂幕下垂，轻者如串珠泪痕。

1）原因

（1）加入过多的稀释剂；

（2）一次性喷涂太多太厚，重涂时间太短；

（3）物面不平、不洁、含油水，喷涂角度不当；

（4）喷嘴过大，喷嘴与物面距离太近，喷涂速度太慢，喷涂量太厚；

（5）湿度高，温度低，干燥迟缓；

（6）使用高沸点溶剂过多的稀释剂，因而干燥过慢。

2）解决方法

（1）按比例加入稀释剂；

（2）应分两次或多次施工，延长重涂时间；

（3）处理好喷涂表面，不得有水或油，调整好喷涂角度；

（4）调整好喷枪及喷枪与物面的距离、喷枪行走速度，每道不宜过厚；

（5）充分考虑施工场所的温湿度；

（6）使用合适的稀释剂调漆。

12. 回黏

涂膜制作完毕一段时间后，再次发生类似不干的黏附现象。

1）原因

（1）慢干溶剂在油漆中过多，溶剂无法挥发出去；

（2）固化剂加入量不足或未加；

（3）涂面受污染不洁；

（4）施工时天气骤变，雨季施工，湿度高；

（5）涂层厚，层间间隔时间不够，漆膜未干即包装重叠。

2）解决方法

（1）选择适当干燥的溶剂稀释剂，并且不可过量添加；

（2）按比例添加固化剂；

（3）保持被涂面不被污染；

（4）在不良天气施工时，应保证良好的通风，让溶剂充分挥发；

（5）待下层充分干燥后才涂上层，待漆膜干后才包装出货。

13. 剥离

涂层与基材或不同涂层产生脱落、空鼓、分离等现象。

1）原因

（1）被涂物表面不洁，附着油、水、灰尘、蜡、清洁液等；

（2）被涂物面光滑度高，底层打磨不充分或未打磨；

（3）底面漆配套性不好；

（4）固化剂过量过多，漆膜太脆；

（5）使用过期变质的油漆、固化剂；

（6）调好的漆放置时间太长。

2）解决方法

（1）清洁被涂面；

（2）充分打磨底层；

（3）选用配套产品；

（4）按比例加入固化剂，并且搅拌均匀；

（5）已过期变质的油漆不要使用。

四、水性木器漆的涂装

1. 水性木器漆的分类

“环保、低碳”概念日渐融入人们的生产、生活和消费方式，水性木器涂料以水为分散介质，彻底消除了有机溶剂对人体的危害，凭借其绿色环保、健康、安全、低碳节能等传统溶剂型涂料不可比拟的优势，得到越来越广泛的应用。

按水性树脂分类，大致有4大类：

（1）水性丙烯酸树脂；

（2）水性聚氨酯树脂；

（3）水性醇酸树脂；

（4）聚氨酯-丙烯酸，杂化水分散体。

2. 水性木器漆的特点

水性木器漆的分散介质是水，所以无毒、不燃、安全。水分蒸发没有溶剂挥发快，所以干燥较慢，并且受环境湿度和温度影响较大；水性木器漆因水性树脂的特性，导致漆膜光泽偏低，填充性、通透性差，硬度低，同样施工后，丰满度、光亮度、通透性以及对木材的润湿性都较溶剂型涂料差，在中式风格（高丰满度、高亮光）装饰中，其装饰效果远比不上溶剂型涂料，但在开放式、半开放式的一些特殊效果上，比溶剂型涂料更宜做出良好效果。而且水性木器漆的漆膜韧性较高，所以在耐磨性、户外使用等方面都较溶剂型涂料有明显的优势。

3. 水性木器漆施工

用刷涂、刮板刮涂、喷涂、无气喷涂、桶涂、辊涂、淋涂都可以，典型施工流程如下：

1）实色漆工艺流程：

木材基体，用320目砂布打磨→涂水性封闭底漆（100g/m^2）、40℃烘干1h→240目砂纸打磨→水性白底漆（100～120g/m^2），40℃烘干1h→320目砂纸打磨→二道水性白底漆（120g/m^2）40℃烘1h→400～600目砂光平整→水性有色面漆100g/m^2，40℃烘烤1h干燥。

2）水曲柳类优质木材装饰工艺

素木材表面处理，除颗粒、污物→水性封闭底，4h→400 目砂纸轻磨→水性透明腻子刮涂 24h，表面吸干净→400 目砂纸全面打磨，并清干净→二道透明腻子刮涂 2h，清理干净→400 目砂纸、平板海绵砂，轻砂平整→水性透明底，6h 干→补土，填缝，填孔，2h 干→400 目砂纸打磨，清灰干净→水性透明底，干燥 8h→400 目砂纸打磨，清干净→水性面漆，干燥 8h→600 目砂纸打磨，清干净→二道水性面漆，干燥 24h 以上。

4. 包装条件

喷涂后，自然干燥时，湿度在 75%以下，温度 10℃以上时，3～4h 表干，喷面漆后，要放 72h 以上，才可包装。如果采用加热，在 35～50℃下，湿度 75%以下，烘 1～2h 后，放置 24h 可以包装。

5. 使用水性木器漆的要求

1）要求基材含水率控制在 8%～12%，无灰尘，无污染。

2）施工环境，要求温度为 15℃以上，湿度 75%以下为宜。

3）为了保证介质水挥发，要求现场通风良好。

4）严禁混入油性物质，喷枪工具类不可与油性漆混用。

5）用完及时清洗工具，未用完之料，单组分的要加盖密封，双组分的要现用现配，保持施工环境清洁。

6. 水性木器漆常见弊病和解决

1）针孔：由底材带来或料中微泡太多造成，所以施工时，封闭底一定要做好，施工时不可一次喷厚，要薄涂多次，涂料调好要放置几分钟再过滤使用。

2）气泡：适当加水，调整涂料不要黏度太高。

3）橘皮：黏度太大，干燥太快造成。所以施工时适当加水调黏度，并改善施工环境，洒水以增加湿度。

4）流挂：黏度低、喷得厚造成，所以要减少兑水，薄涂多道。

5）缩孔：要处理好底材，防止油污，同时，防止施工过程带入油性污物，就可避免。

6）发白：由水造成，所以施工环境温度不可太高或太低，基材含水不可太高。

7）开裂、剥落：低温高温施工容易产生剥落，基础有油污也会降低附着力，所以施工时不要一次喷厚，或烘烤，或延长干燥时间，涂漆前清洁底材。

7. 水性木器漆常用检测项目和方法

检查质量的常测项目：硬度、涂膜附着力、光泽、膜厚度、耐水性、耐候性、耐醇性、耐油性、耐热性、柔韧性、抗粘连性。

通过这几方面的检查，评判涂层质量，检验方法都有国家标准。

五、涂装质量要求

对溶剂型建筑涂料涂装质量的要求分溶剂型涂料的要求和溶剂型清漆的要求两种。检查时均按照 GB 50210—2001《建筑装饰装修工程质量验收规范》的要求进行。根据该规范的要求，检查清漆的涂装质量可按表 8-7 中要求，待所涂装的清漆完全干燥成膜后进行检查。溶剂型混色涂料的涂装质量分一般项目和主控项目。检查一般项目的涂装质量，可按表 8-8 中的质量要求，待所涂装的涂膜完全干燥成膜后进行检查。

表 8-7　溶剂型清漆的涂装质量要求

项次	项目	普通涂饰	高级涂饰	检验方法
1	颜色、刷纹	颜色基本一致，无刷纹	颜色基本一致，无刷纹	观察
2	木纹	棕眼刮平、木纹清楚	棕眼刮平、木纹清楚	观察、手摸
3	光亮和光滑	光亮足、光滑	光亮足、光滑	观察
4	裹棱、流附、皱皮	明显处不允许	不允许	观察

表 8-8　溶剂型涂料的涂装质量要求

项次	项目	普通涂饰	高级涂饰	检验方法
1	透底、流附、皱皮	明显处不允许	不允许	观察
2	光泽和光滑	光泽和光滑，均匀一致	光泽和光滑，均匀一致	观察、手摸
3	裹棱、流附、皱皮	明显处不允许	不允许	观察
4	装饰线、分色线	平直允许偏差，偏差不大于3mm±2m	偏差±1	拉5m线检查，不足5m拉通线检查
5	颜色、刷纹	颜色基本一致，无刷纹	颜色一致，无刷纹、洁净	观察

注：施涂无光清漆做罩面层时，不检查光泽。

溶剂型涂料涂饰工程质量的主控项目及检验方法如下：

1）所选用涂料的品种、型号、颜色性能，必须符合设计要求。检验方法：检查产品合格证书、性能检测报告、进场验收记录和复检报告。

2）颜色、光泽、图案应符合设计要求。检验方法：观察检查。

3）溶剂型涂料涂饰工程必须涂饰均匀，粘结牢固，严禁漏涂、起皮和反锈。检查方法：观察检查、手摸检查。

4）基层处理质量应达到规范和施工工艺的要求。检验方法：观察检查，手摸检查；检查隐蔽工程的验收记录和施工自检记录。

第三节　金属基层的涂装

一、金属基层涂装溶剂型涂料的基本工序

建筑涂装中所涉及的金属基层的涂装，绝大多数是涂装溶剂型混色涂料（色漆）。在金属表面施涂溶剂型混色涂料分普通级、中级和高级三种。不同级别的涂膜其涂装工序是不同的。表 8-9 分别到出了这三种不同级别的涂装工序。

表 8-9　金属表面涂装溶剂型混色涂料的基本工序

项次	工序名称	普通级涂料	中级涂料	高级涂料
1	除锈、清扫、磨砂纸	√	√	√
2	刷涂防锈涂料	√	√	√
3	局部刮腻子	√	√	√
4	磨光	√	√	√
5	第一遍满刮腻子	—	√	√
6	磨光	—	√	√
7	第二遍满刮腻子	—	—	√
8	磨光	—	—	√
9	第一道涂料	√	√	√
10	复补腻子	—	√	√
11	磨光	—	√	√
12	第二道涂料	√	√	√
13	磨光	—	√	√
14	湿布擦净	—	√	√
15	第三道涂料	—	√	√
16	磨光（用水砂纸）	—	—	√
17	湿布擦净	—	—	√
18	第四道涂料		—	—

注：“√”表示需要进行的工序。

二、金属基层涂装溶剂型涂料的关键质量要点

1. 材料的关键要求

1）所使用的材料应有说明书、贮存有效期和检测合格证（复制件），品种、颜色应符合设计要求。

2）涂料、催干剂和稀释剂等应符合国家标准 GB 50325—2010《民用建筑工程室内环境污染控制规范》要求，并具备有关国家环境检测机构有关有害物质限量的检测报告（或者复制件）。

2. 技术关键要求

1）基层腻子应刮实、磨平，达到牢固、无粉化、起皮和裂缝。

2）涂刷均匀、粘结牢固，不得有漏涂、无透底、起皮和反锈现象。

3）后一道涂料的涂装必须在前一道涂料干燥后进行。

3. 质量关键要求

1）残缺处应补齐腻子，砂纸打磨应到位。应认真按照规程和工艺标准操作。

2）腻子层应平整、坚实、无粉化、起皮和开裂。

3）溶剂型涂料施涂应涂刷均匀、粘结牢固，不得漏涂、透底、起皮和反锈。施涂应在满足环境要求的条件下进行。

4. 职业健康安全关键要求

1）施涂作业时，操作工人应佩戴相应的劳动保护设施，如防毒面具、口罩和手套等。

2）施工时应保持良好的通风，防止中毒和火灾发生。

5. 环境关键要求

1）在施工过程中应按照国家标准 GB 50325—2010《民用建筑工程室内环境污染控制规范》要求施工。

2）每天收工后应尽量不剩涂料，剩余涂料应收集后集中处理。废弃物（例如废油桶、废漆刷、棉纱等）按环保要求分类堆放、消纳。

三、金属基层涂料涂装技术

金属基层涂装涂料一般采用刷涂或喷涂的方法。对于形状不规则的表面采用喷涂法涂装；面积大、表面规则时可以采用刷涂法涂装。采用喷涂法涂装既能提高工效，又能得到高质量的涂膜。

金属表面涂装溶剂型涂料前，往往需要先刷涂防锈底漆，而选择好配套涂层体系也很关键。至于面漆的施工，和一般墙面、木质基层等表面使用的涂料施工没有多大区别。

1. 基层处理

1）除油。金属物件可能因为在贮存过程中涂上暂时性的防护油膏或在生产过程中碰到切削油、润滑油等而使表面沾染有油污。例如凡士林、矿物性机械润滑油和蓖麻油等。去除金属物件表面的油污能够增强各种涂料的附着力。去除金属物件表面的油污常用溶剂进行清洗，根据油污情况选用成本低、溶解力强、毒性小和不易燃的溶剂，例如 200＃石油溶剂油、松节油、三氯乙烯、四氯乙烯、四氯化碳、二氯甲烷和三氯乙烷等。

2）除锈。去除黑色金属表面的锈垢能够延长涂膜的寿命。不同的物件表面具有不同的除锈标准。建筑涂装中一般采取手工铁砂纸打磨、钢丝刷清理和电动砂轮打磨等方法进行除锈。

对于一般防锈底漆来说，基层彻底除锈非常重要，应彻底清除基层的铁锈才能施涂防锈底漆。对于防锈带锈底漆，则应除去结构疏松的浮锈层。若除去浮锈层后，锈层仍然很厚，还不能够满足所使用防锈带锈涂料的性能要求（不同防锈带锈底漆商品在其产品说明书中规定相应施工时的锈层厚度范围），则应进一步铲除锈层，使锈层的厚度能够满足涂料性能要求。

3）清除氧化皮。钢铁表面除了锈层外，还有氧化皮，氧化皮的力学性能和钢铁相差很大，容易受应力作用引起剥离而损坏涂层。清除氧化皮常用的方法有机械清除和手工清除、火焰清除和喷砂清除，应根据不同情况和施工条件选用适当方法进行彻底清除。

2. 防锈底漆施工

选用适合于涂料性能的施工方法施工防锈底漆。例如，对于防锈带锈底漆，采用刷涂法涂装是比较合适的。因为防锈带锈底漆是通过渗透到锈层中，而特别是渗透到锈层深处而产生作用，使活泼的锈层得到稳定并使整个锈层得到密封的。由于在刷涂过程中刷子能够使底漆向锈层产生一定的挤压力，因而比较有利于底漆向锈层中的渗透，此外，施工防锈底漆时还应注意使涂膜达到一定的厚度。

施涂防锈漆时，除在满涂时注意施涂均匀、不得有漏涂等施工质量问题以外，还应注意已经施涂防锈漆的涂装，对安装过程中的焊点、防锈漆磨损处进行清除焊渣，清除锈迹，然后补刷防锈漆。

3. 局部修补

防锈底漆涂膜固化干燥后，将金属表面的砂眼、凹坑、缺棱、拼缝等明显缺陷进行修补并至基本平整。

4. 刮腻子及磨砂纸

用开刀或胶皮刮板满刮一道石膏或原子灰等金属表面用腻子，要刮得薄，收得干净，均匀平整、无飞刺。待第一道腻子干燥后，用一号砂纸轻轻打磨，将多余腻子扫掉，并清理干净浮灰。注意保护棱角，达到表面平整光滑，线角平直，整齐一致。接着，再次进行局部修补及满刮第二道腻子。

5. 刷涂面漆

腻子膜干燥后，即可刷涂第一道面漆，刷涂时要厚薄均匀，线角处要薄一些．但要盖底，不出现流淌，不显刷痕。第一道面漆干燥后接着用同样的方法刷涂第二道面漆。

6. 磨最后一道砂纸

用1＃砂纸或旧砂纸打磨，操作时注意保护棱角，达到表面平整光滑，线角平直，整齐一致。由于是最后一道，砂纸要轻磨，磨完后用湿布擦拭干净。

7. 刷最后一道面漆

最后一道面漆施涂时要多刷多理，刷涂饱满，不流不坠，光亮均匀，色泽一致。如果施涂的涂膜有问题要及时修整。

四、质量标准

1. 主控项目

1）所选用的涂料品种、型号和性能应符合设计要求。检查方法：检查产品合格证、环保性能检测报告和进场验收记录、民用建筑工程室内装饰中使用的涂料必须有总挥发性有机化合物（TVOC）、苯含量的检测报告，对于聚氨酯类涂料应有游离甲苯二异氰酸酯（TDI）含量项目的检测报告。

2）涂料的颜色、光泽应符合设计要求。

3）涂料应刷涂均匀、粘结牢固，不得漏涂、透底、起皮和返锈。

4）基层腻子应平整、坚实、牢固、无粉化、起皮和裂缝。

2. 一般项目

1）涂层与其他装修材料和设备衔接处应吻合，界面应清晰。

2）金属表面施涂溶剂型混色涂料的施工质量应符合表 8-10 的要求。

表 8-10　金属表面施涂溶剂型混色涂料的施工质量要求

项　　目	普通涂饰	中级涂饰	高级涂饰	检验方法
颜色	颜色基本一致	颜色基本一致	颜色一致	观察
裹棱、流坠、皱皮	明显处不允许	明显处不允许	不允许	观察
光泽和光滑	光泽基本均匀，光滑无挡手	光泽基本均匀，一致光滑	光泽均匀，一致光滑	观察，手摸检查
装饰线、分色线直线度允许偏差	不大于 2mm	不大于 1mm	不大于 1mm	拉 5m 线（不足 5m 拉通线），用钢尺检查
刷纹	刷纹通顺	无刷纹	无刷纹	观察

五、成品保护、安全环保措施和质量记录

1. 成品保护

刷涂料前应首先清理完施工现场的垃圾和灰尘，以免影响涂膜质量；每道涂料施涂完后，所有能够活动的门扇都应该临时固定，以防涂料面相互粘结影响质量，必要时应设置警示牌；施工过程中应将滴落在地面或窗台上的涂料在未干燥固化前及时清理干净，五金、玻璃等应预先粘贴废报纸或粘贴胶带等遮盖材料进行保护；涂料施工后应有专人负责看管，以防涂膜受损。

2. 安全环保措施

涂料施工前应集中工人进行安全教育，并进行书面交底；涂料施工前，应检查脚手架、马凳等是否牢固；施工现场严禁设涂料仓库，场外的涂料仓库应有足够的消防设施；施工现场应设专职安全员监督保证施工现场无明火；每天收工后应尽量不剩涂料，如有剩余涂料不能乱倒，应收集后集中处理，废弃物按照环保要求分类消纳；现场设专人洒水清扫，不得有扬尘污染；打磨粉尘用潮布擦净；应选择低噪声设备或采取其他措施降低施工中可能对周围环境的影响，应按照国家有关规定控制施工作业时间；涂刷作业时，操作工人应佩戴相应的保护设施，如防毒面具、口罩和手套等；严禁在民用建筑工程室内用有机溶剂清洗施工用具；涂料使用后应及时封闭存放，废料应及时清出室内；施工时室内应保持良好的通风，但不能有过堂风。

3. 质量记录

材料应有合格证．检测报告（复制件）；工程验收应有质量验评资料。

六、金属基层涂装常见表面缺陷和防止方法

金属基层涂装的常见表面缺陷及防止方法见表 8-11。

表 8-11　金属基层涂装的常见表面缺陷及其预防方法

表面缺陷	原　因	预防方法
粗粒	涂料贮存过程中微细颜料、填料颗粒凝聚成粗颗粒，施工时未能得到有效的再分散	施工前对涂料进行预处理，例如高速搅拌，或者用120目筛网过滤涂料等
刷痕	1、涂料黏度高，且流平性不良； 2、使用的漆刷刷毛过粗、过硬	1. 对涂料进行适用稀释后再施工； 2. 使用符合要求的漆刷
流挂	1. 涂膜太厚； 2. 涂料的黏度低	1. 降低一次施工的涂膜厚度； 2. 稀释涂料时减少稀释剂的量
起皱	1. 涂膜太厚； 2. 反复涂刷； 3. 湿涂膜受到阳光照射	1. 降低涂膜一次施工厚度； 2. 正确施工涂料； 3. 改善施工环境
针孔	1. 涂料的黏度低； 2. 涂料施工时基层温度过高； 3. 涂膜施工得太厚； 4. 空气湿度太大	1. 稀释涂料时减少稀释剂的量； 2. 待基层的温度符合要求时再施工； 3. 降低涂膜一次施工厚度； 4. 空气湿度太大时停止施工
泛白	空气湿度太大，有水蒸气凝结	停止施工，待环境条件符合要求时再施工
漏刷	施工人员技术水平低或者责任心不强	提高施工人员技术水平；加强施工质量管理

第四节　塑料基层的涂装

一、涂装前的预处理

1. 消除应力

塑料制品成型后表面有残留应力，特别是注射成型的塑料制品残留应力较大，涂装时和溶剂、油脂等接触会发生开裂或细纹，影响涂膜质量。因此，涂装前必须先进行消除应力的处理，消除应力的方法有退火法和用溶剂清洗消除法。

1）退火法

退火法是将塑料加热到一定温度，然后再缓慢降温，使塑料内部的应力得到释放。退火温度一般比塑料热变形温度低10℃。常用塑料的一些性能参数见表8-12。不过，塑料即使经过退火处理后，仍会留有残余应力。表面质量要求高的制品最好选用耐溶剂型良好的塑料制品。

表 8-12　常用塑料及其性能

品种名称及代号		热变形温度(1.86MPa)/℃	连续使用温度/℃	线性膨胀系数/$\times10^{-5}$℃$^{-2}$	拉伸强度/$\times10^{-2}$MPa	结晶度	极性	溶解度参数/$\times10^{3}$(J/m^{3})$^{1/2}$
ABS①	耐热性	96～118	87～110	6.0～9.0	4500～5700	—	—	—
	中抗冲击性	87～107	71～93	5.0～8.5	4200～6200	—	—	—
	高抗冲击性	87～103	71～99	9.5～10.5	3500～4400	—	—	—
PVC②	硬质	55～77	55～80	5.0～18.5	3520～5000	中等	小	19.44～19.85
	软质	—	55～80	7.0～25.0	1050～2460	中等	小	19.44～19.85
PE③	低压	30～55	—	12.6～18.0	700～2400	大	小	16.16
	超高分子量	40～50	121	7.2	3000～3400	大	小	16.16
	玻璃纤维增强	126	—	3.1	8400	大	小	16.16
PP④	纯料	55～65	121	10.8～11.2	3500～4000	大	小	15.96～16.37
	玻璃纤维增强	115～155	155～165	2.9～5.2	3500～7700	大	小	15.96～16.37
PS⑤	纯料	65～96	60～75	6.0～8.0	3500～8400	大	稍大	17.60～19.85
	改性(204)	—	60～96	—	≥5000	大	稍大	17.60～19.85
	玻璃纤维增强	90～105	82～83	3.0～4.5	6000～10500	大	稍大	17.60～19.85
PMMA⑥	浇注料	95	68～90	7.0	5600～8120	小	稍大	18.41～19.44
	模塑料	95	65～90	5.0～9.0	4900～7700	小	稍大	18.41～19.44
PC⑦	纯料	85	120～130	5.0～7.0	6600～7000	—	—	—
	玻璃纤维增强	230～245	180	2.1～4.8	9800～14800	—	—	—
聚甲醛	均聚型	124	90	7.5～10.8	6700～7700	—	—	—
	共聚型	110～157	104	7.6～11.0	5400～7000	—	—	—
	玻璃纤维增强	150～175	80～100	3.4～4.3	12600	—	—	—
聚甲醚	纯料	186～193	185～220	5.0～5.6	6650～7700	—	—	—
	改进型	169～190	100～130	6.0～6.7	6700	—	—	—
尼龙 66	未增强	66～86	80～120	9.0～10.0	10000～11000	大	较大	25.98～27.83
	玻璃纤维增强	110	85～120	1.2～3.2	12600～28000	大	较大	25.98～27.83
尼龙 1010	未增强	45	80～120	10.5～16.0	8200～8900	—	—	—
	玻璃纤维增强	180	—	3.1	11000～31000	—	—	—
氟塑料	F-4	55	250	10.0～12.0	2100～2800	—	—	—
	F-46	54	205	8.3～10.5	1900～2000	—	—	—
酚醛		150～190	—	0.8～4.5	3200～6300	较小	中	19.64～20.66
脲醛		125～145	—	2.2～3.6	3800～9100	小	—	19.64～20.66
三聚腈胺		130	—	2.0～4.5	3800～4900	小	—	19.64～20.66
环氧		70～290	—	2.0～6.0	1500～700	小	—	19.64～20.66

注：①丙烯腈-丁二烯-苯乙烯共聚物；②聚氯乙烯；③聚乙烯；④聚丙烯；⑤聚苯乙烯；⑥聚甲基丙烯酸甲酯；⑦聚碳酸酯。

2）溶剂清洗法

当塑料制品表面喷涂适当的溶剂后，在溶剂的作用下，局部的高应力区会发生应力释放，塑料表面变得粗糙，从而使整个制品表面的应力变得均匀。一般使用溶剂的基本组成为：醋酸丁酯45%；醋酸乙酯25%；醇类溶剂15%；其他溶剂15%。

2. 清除表面污物

塑料制品在成型过程中其表面往往黏附脱模剂（例如常用的有机硅油系脱模剂和硬脂酸类脱模剂）、机油、尘土等污物。这些污物如果不加清除即涂装涂料，则会影响涂膜的附着力。因而，涂装前应进行清除。清除的方法有溶剂清洗法、用中性或碱性清洗剂清洗或使用砂纸打磨等。

1）使用溶剂清洗法。使用溶剂清洗时一般将布浸渍溶剂后擦拭塑料制品表面，将油污擦除干净即可。使用的溶剂应不得对塑料制品造成侵蚀，且挥发速率应快。对于非结晶型的热塑性塑料，如溶剂和塑料的溶解度参数接近时，溶剂会对塑料表面产生溶解作用，因此应选用两者溶解度参数差别大的溶剂。

一般来说，对溶剂敏感的塑料，如ABS塑料和聚苯乙烯塑料等，宜选用低级醇类溶剂，如乙醇、异丙醇或挥发性快的脂肪族溶剂，如乙烷、庚烷等作为清洗剂，而对于溶剂不敏感的塑料，如热固性塑料和结晶性高、表面活性低的聚烯烃类塑料，可用芳香烃类溶剂，如酮系溶剂（丙酮、甲基异丁基酮）等进行清洗。

2）使用中性或碱性清洗剂进行清洗。中性或碱性清洗剂都能够用于清洗塑料表面的油污，如表面黏附的有机硅系脱模剂等。如果用中性清洗剂不能清洗干净时，可用2%的碳酸钠水溶液，在50℃时浸洗10min，即能够清洗干净。

3）采用砂纸进行打磨。对于使用清洗剂不能够彻底清除的塑料表面，可以采用细砂纸打磨，然后再用中性或碱性清洗剂进行清洗。

3. 消除静电

塑料制品容易带静电，因而表面容易吸附灰尘，影响涂膜的附着，涂装前应进行消除。消除的方法有：①通过静电装置使空气离子化，再用压缩空气将该离子化的空气吹向塑料表面，该法既能够清除静电，又能够除尘；②在塑料制品表面涂刷防静电溶液（使用该法时不应对涂料的附着产生影响）；③在制造塑料时添加防静电剂。

4. 表面改性

塑料制品涂装涂料时，涂料与塑料表面的附着力是特别重要的问题，由于许多塑料结晶度大，与涂料的结合力低。因此，涂装前需要使用物理或化学的方法进行处理，改变其表面状态或性质，以提高涂膜的附着力。进行表面改性的方法有机械处理法、溶剂侵蚀法、化学氧化处理法、低温等离子体处理法、紫外线照射法和电晕处理等。

1）喷砂处理法。采用高压喷砂时要使用带有棱角的磨料，在高压空气气流的冲击下，磨料磨蚀塑料表面，使塑料表面变得粗糙。该法的优点是能够获得所需要的粗糙度，使涂膜的附着力得到保证；缺点是嵌入塑料表面的微细颗粒难以清除干净，而使表面变得过度粗糙。此法适宜于厚壁制品。

2）溶剂侵蚀法。使用丙酮、环己酮等处理聚氯乙烯；使用三氯甲烷、酮类溶剂、酯类溶剂等处理聚碳酸酯塑料；使用某些脂肪烃和三氯乙烷等处理聚烯烃类塑料。

3）化学氧化处理法。将塑料制品浸入强氧化剂溶液中，使制品的表面生成C—O键，能够增强涂料与制品表面的结合力。强氧化剂溶液的配方和操作条件见表 8-13 。

表 8-13　强氧化剂溶液的配方和操作条件

原材料名称		用量（质量分数）/%				
		1#	2#	3#	4#	5#
重铬酸钾		4.5	7	—	—	—
硫酸（96%以上）		88.5	93	200（mL/L）	—	—
铬酸		—	—	430g/L	—	—
对甲苯磺酸		—	—	—	0.3	—
氯乙烯		—	—	—	95.7	—
二氧杂环		—	—	—	3.0	—
硅藻土		—	—	—	1.0	—
磷酸		—	—	—	—	4.0
水		余量	—	—	—	96.0
操作条件	温度/℃	100	50～60	65～70	80～120	30
	时间/min	5	5～10	5～10	0.2～0.5	10
使用范围		PP/PE	PP 等	ABS	POM	尼龙

4）低温等离子体处理法。气体处于强磁场和非常高的温度下会形成含离子、电子和中子的等离子体，其中有温度高达数千摄氏度的平衡等离子体和低于 550℃的非平衡等离子体。后者通常称为低温等离子体。使用高频波、微波等在 13～1.33Pa 的压力下产生的低温等离子体，作用到塑料表面时，由于电离状态的气体和紫外线等能量的作用，使塑料表面发生化学变化，能够提高塑料制品表面涂膜的附着力。对聚乙烯塑料，用氧等离子体、惰性气体等离子体处理的效果都好。对聚丙烯塑料，用氧等离子体处理的效果较好，而用惰性气体等离子体处理的效果不好。

5）紫外线照射法。用高能量短波紫外线照射处理，能够使塑料表面生成极性基团，提高涂膜的附着力。对温度敏感的热理性塑料，可用低压水银灯 110W 的涡卷型低压水银灯，距离灯中心 5cm 处约为 40℃，因低压水银灯功率低，根据用途，可使用涡卷型或管间隔小的灯，以增加对被处理物的照射量。为了提高处理效果，照射距离应尽量短。用低压水银灯照射热塑性塑料，照射约 5min，效果就很好。对于聚丙烯、聚甲醛，照射时间短，效果不好。低密度聚乙烯接触芳香烃系溶剂后，如用紫外线照射 5min，涂料附着性能更好。一般来说，用紫外线处理板状制品效果好，对形状复杂的效果不佳。操作时，应戴好防护眼镜，并必须有排气设施，以排除臭氧。

6）电晕处理。该法也称电火花处理，是利用尖端型和狭缝型电极，因高电压使空气电离产生臭氧，臭氧使塑料表面发生氧化，增加极性，同时电场中产生动态电子，不断冲击塑料表面，增加表面粗糙度，提高涂膜的附着力。此法较适用于处理吹塑薄膜。

二、塑料制品的涂装

1. 涂装预处理

根据塑料制品的不同进行相应的预处理，然后用去离子空气吹净，并用黏性抹布将塑料件表面细擦一遍，其作用是擦去表面的残留颗粒，并增强附着力。

2. 涂装环境

喷涂室温度应在 20～32℃范围内；照明为 300Lx，以确保操作时良好的视野；能够将喷涂产生的喷溅，雾化的涂料和溶剂蒸气迅速排除，并能够收集 99.0%以上的雾化涂料，排风机和排风管不积聚涂料；喷涂房内有定向、均匀的风速，无死角，能够确保操作工人处于新鲜的流动空气中，空气清洁无尘。喷涂区风速一般为 0.45～0.50m/s；涂料输调管路无堵塞；喷枪口径为 10mm，喷枪空气压力在 0.3～0.5MPa 范围内调整，使喷出的涂料雾化均匀、粗细适中。

3. 喷涂工序

喷涂顺序为自内而外，向上而下，先次要面，后主要面。喷涂时保持喷枪与被涂物面呈垂直、平行运行，喷枪距离被涂物面 20～30cm，以不产生流挂为标准接近工件；喷枪移动速度一般在 30～60cm/s 内调整，过慢产生流挂，过快使涂膜粗糙；移动速度要均匀。喷涂搭接的宽度保持一致，一般为有效喷雾直径的 1/4～1/30 水平面“湿碰湿”2 道，竖直面“湿碰湿”3 道，并以遮盖一致为准。每道之间晾干 3～5min。各种涂料的黏度应根据室内温度及湿度进行调整。涂料应根据产品的具体要求进行调配。烘烤温度依据涂料和塑料制品的具体情况而定。喷涂结束时应及时将喷枪、黏度杯使用稀释剂清洗干净。

塑料制品喷涂时应选择相应的配套底漆，底漆喷涂不宜过厚，涂膜为 15μm 左右，晾干 30min 后，若发现制品表面有小凹坑、麻点、颗粒、污物等缺陷，应进行打磨、补刮腻子以消除表面缺陷，增强表面平整度。然后，擦去表面打磨浮灰，并用去离子空气吹净，再用黏性抹布将塑料件表面细擦一遍后，喷涂面涂料。

三、施工质量问题及其防治

1. 流挂（流坠、流淌等）、橘皮、颗粒等

1）问题出现的可能原因：①一次喷涂过厚；②涂料的黏度稀释得较低。

2）可以采取的防治措施：①每道喷涂的涂膜厚度薄一些；②不要将涂料的黏度调整得太低；③对已经出现的流挂（流坠、流淌等）、橘皮、颗粒等，可用单面刀片轻轻刮去表面的颗粒和流挂，然后用 1200＃砂纸轻轻打磨，对局部过重的橘皮也应进行打磨，最后用抛光蜡抛光表面磨痕和砂纸纹理等缺陷。

2. 附着不牢

1）问题出现的可能原因：①制品表面的脱模剂没有清理干净；②用于清理制品的压缩空气含有水、油等物质；③运输时沾染油污或操作者手上有油污。

2）可以采取的防治措施：①采用正确的方法彻底清理塑料制品表面；②定期放出压缩空气中的油和水，在压缩机中安装气水分离装置；③操作时戴手套。

3. 塑料表面被溶蚀

1）问题出现的可能原因：①涂料中溶剂的溶解力过强；②塑料制品密度不均匀；③塑料用树脂聚合得不好，塑料制品本身的质量差。

2）可以采取的防治措施：①如因使用稀释剂的原因，则应调整稀释剂的组成，例如在稀释剂中增加溶解力弱的丁醇等，如因涂料本身的组成中，溶剂的原因，则应改换涂料品种；②改善塑料制品的性能，提高质量，例如改进制品加工时模具、流道位置、注塑工艺中的温度和熔融时间等；③使用质量好的树脂。

4. 涂膜表面平整度差

1）问题出现的可能原因：①施工时涂料的黏度大；②涂料的干燥速率过快；③稀释剂的挥发速率过快。

2）可以采取的防治措施：①使用稀释剂稀释涂料使其得到正确的黏度；②在干燥流水线上温度逐渐升高；③使用挥发速率慢的稀释剂，或者在稀释剂中加入一些高沸点溶剂。

5. 涂膜泛白

1）问题出现的可能原因：①施工现场湿度过大；②溶剂挥发速率过快；③溶剂中高沸点溶剂的溶解力差。

2）可以采取的防治措施：①改善施工环境，降低施工现场的空气湿度或者将工件加热；②如因使用稀释剂的原因，则应调整稀释剂的组成，如增加挥发速率慢、溶解力强的溶剂等，如因涂料本身的组成原因，则应改换涂料品种。

6. 涂膜发花

1）问题出现的可能原因：①涂料中树脂的使用比例不合适；②加热干燥速率过快；③塑料成型工艺不当，涂料对塑料制品表面的润湿性能不好；④施工环境湿度高。

2）可以采取的防治措施：①选择新的涂料品种；②降低加热速率；③改善成型工艺；④改善施工环境条件，降低施工现场的空气湿度。

7. 涂膜硬度差

1）问题出现的可能原因：①涂膜干燥不充分；②涂膜过厚；③塑料制品中的增塑剂向涂膜中的迁移；④涂膜中的高沸点溶剂挥发不出来。

2）可以采取的防治措施：①提高涂膜的干燥效率；②控制涂膜的厚度在适当的范围；③选用硬度较高的涂料品种；④调整稀释剂的组成。

第五节　公共建筑、桥梁的混凝土结构防腐涂装

大型公共建筑，特别是对桥梁的涂装，除了采用常规的乳胶漆装饰外，很多要求用清水混凝土的新工艺进行涂装，既保留混凝土结构原貌的质感，同时又对混凝土起到防腐保护，提高使用寿命。

清水混凝土防腐涂装，可以修补浇注时难免产生的瑕疵，如基面不平整、漏浆、蜂窝、麻面、色差等。

清水混凝土保护剂的强渗透性可以渗入毛孔增加强度、提高抗水性，提高表面光滑度，减少表面吸尘污染。使混凝土的质量，如耐磨、耐热、抗渗、冻融循环、抗腐蚀及耐低温、耐酸碱、抗紫外线等特性都得以提高，又防止裂缝发展，延长使用寿命，可以起到防碳化、防酸雨等作用。

施工过程如下：

1. 基面处理

先用高压水枪清洗，然后修补气孔、裂缝，凿去残浆等。

2. 上漆

1）涂保护底漆：要求混凝土表面 pH 值<10，含水率<10%，养护期 28d 以上，被涂物表面无油污、尘土、浮砂，基材不能松动，无裂缝。施工采用喷涂或辊涂。施工使用量一般为 10～15m²/kg。

2）涂修色剂：为了平衡颜色和纹理上的不一致，掩饰不同色差的部位，采用适当调色的清面漆修色，喷涂或辊涂，薄涂，每平方涂 0.1kg 即可，表干 1h，实干 24h。

3）涂罩面保护剂：采用喷涂或辊涂，在清洁的上述混凝土表面，涂 2～3 次底涂，放 24h 干燥。

第九章 防水涂料的施工

第一节 防水涂料概述及分类

近年来，由于我国城镇化速度的加快以及房地产业的发展，建筑防水材料的应用越来越广泛，据中国建筑防水协会 2014 年统计，我国的防水材料市场年需求达到 16 亿平方米，防水市场产值在 1800 亿人民币。防水材料主要分为防水卷材和防水涂料两大类产品，其中防水卷材约占 70%，防水涂料约占 30%，产量达到 35 万吨。

一、防水涂料的定义

建筑防水涂料是一种建筑防水材料，将涂料单独或与胎体增强材料复合或分层施工在需要进行防水处理的基层面上，可形成一定连续无缝的整体且具有一定厚度的涂膜防水层，从而满足工业与民用建筑的屋面、地下室卫生间和外墙等部位的防水抗渗透要求。

涂膜型防水涂料的防水机理，通过形成完整的涂膜来阻挡水的透过或水分子的渗透来进行防水。高分子材料干燥可形成完整连续的膜层，许多高分子涂膜的分子之间总有一些间隙，其宽度约为几个纳米，单个水分子是完全能够通过的，但自然界中的水通常处于缔和状态，几十个水分子之间由于氢键的作用而形成一个很大的分子团，因此很难通过高分子的间隙，从而使防水涂膜具有防水功能。

二、防水涂料的分类

按成膜物类型分为有机防水涂料、无机防水涂料。有机防水涂料包括反应型、水乳型、溶剂型涂料，无机防水涂料包括水泥基渗透结晶型防水涂料和掺外加剂、掺合料的水泥基防水涂料。表 9-1 给出了现有产品的分类。

表 9-1 有机防水涂料分类

分类	产品示例
水性	水乳型沥青基防水涂料、聚合物水泥防水涂料、聚合物乳液防水涂料（含丙烯酸、乙烯-醋酸乙烯等）、水乳型硅橡胶防水涂料
反应型	聚氨酯防水涂料（含单组分、水固化、双组分等）、聚脲防水涂料、环氧树脂改性防水涂料、反应型聚合物水泥防水涂料等
溶剂型	溶剂型沥青基防水涂料

防水涂料常用品种、类型及适用范围见表9-2。

表9-2 防水涂料品种、类型及适用范围

材料品种	材料类型	适用范围				
		平屋面	地下	外墙面	厕浴间	说明
单组分聚氨酯防水涂料	合成高分子防水涂料-反应固化型	√	√	×	√	一般屋面时应为非外露
双组分聚氨酯防水涂料		√	√	×	△	
涂刮型聚脲防水涂料		√	√	△	√	用于外露及非外露
喷涂型聚脲防水涂料		√	√	△	√	
高渗透改性环氧防水涂料		△	√	△	√	用于屋面防水时不能单独作为一道防水层
丙烯酸酯类防水涂料	合成高分子防水涂料-水乳型（挥发固化型）	√	△	√	√	用于外露及非外露工程，用于地下工程防水时耐水性应>80%
聚合物水泥（JS）防水涂料	有机防水涂料	√	√	√	√	地下防水工程应选用耐水性能>80%的Ⅱ型产品
水泥渗透结晶型防水涂料	无机粉状防水涂料	△	√	×	√	用于屋面防水工程时不能单独作为一道防水涂层
水乳型橡胶沥青防水涂料	水性沥青防水	√	△	×	√	—
溶剂型改性沥青防水涂料	溶剂型	√	√	×	×	不能用于Ⅰ级屋面作防水层

注：1. √为应选；△为可选；×为不宜选。
2. 防水涂料只适用于平屋面，不宜用于坡屋面。下面各类防水涂料适用范围中的屋面，均为平屋面。
3. 应根据防水涂料的低温柔性和耐热性确定其适用的气候分区。

三、防水涂料目前在执行的主要产品标准

GB/T 19250—2013《聚氨酯防水涂料》
GB 18445—2012《水泥基渗透结晶型防水材料》
JC/T 852—1999《溶剂型橡胶沥青防水涂料》
JC/T 408—2005《水乳型沥青防水涂料》
JC/T 864—2008《聚合物乳液建筑防水涂料》
GB/T 23445—2009《聚合物水泥防水涂料》
GB/T 23446—2009《喷涂聚脲防水涂料》
JC/T 2217—2014《环氧树脂防水涂料》

第二节 反应型高分子防水涂料及施工

反应型防水涂料是通过液态的高分子预聚物与相应的物质发生化学反应成膜的一类涂

料。反应型防水涂料通常也属于溶剂型防水涂料范畴，但由于成膜过程具有特殊性，因此单独列为一类。反应型防水涂料通常为双组分包装，其中一个组分为主要成膜物质，另一组分一般为交联剂，施工时将两种组分混合后即可涂刷。在成膜过程中成膜物质与固化剂发生反应而交联成膜。反应型防水涂料基本是高固体分的防水涂料，其涂膜的耐水性、弹性和耐老化性通常都较好，防水性能也是目前所有防水涂料中最好的。反应型防水涂料的主要品种有聚氨酯防水涂料（包括聚脲类）与环氧树脂防水涂料两大类，其中环氧树脂防水涂料的防水性能良好但涂膜较脆。反应型聚氨酯防水涂料的综合性能良好。

一、聚氨酯防水涂料（S/M 型）

1. 产品介绍

主要由二异氰酸酯、聚醚等经加成聚合反应而成的含异氰酸酯基的预聚体，配以催化剂、无水助剂、无水填充剂、溶剂经混合等工序制造而成的聚氨酯防水涂料，分为单、双组分，单颜色多为黑色，双组分多为棕色。

2. 产品标准

执行 GB/T 19250—2013《聚氨酯防水涂料》标准Ⅰ型标准（表 9-3）。

表 9-3　聚氨酯防水涂料标准

序号	项　　目			技术指标		
				Ⅰ	Ⅱ	Ⅲ
1	固体含量/%	≥	单组分	85.0		
			多组分	92.0		
2	表干时间/h	≤		12		
3	实干时间/h	≤		24		
4	流平性			20min 时，无明显齿痕		
5	拉伸强度/MPa	≥		2.00	6.00	2.0
6	断裂伸长率/%	≥		500	450	50
7	撕裂强度/（N/mm）	≥		15	30	0
8	低温弯折性			−35℃，无裂纹		
9	不透水性			0.3MPa，120min，不透水		
10	加热伸缩率/%			−4.0～+1.0		
11	粘结强度/MPa	≥		1.0		
12	吸水率/%	≤		5.0		

3. 适用情况

适用于防水等级为Ⅰ、Ⅱ级的屋面多道防水设防中的一道非外露防水层；地下工程防水设防中防水等级为Ⅰ、Ⅱ级工程的一道迎水面防水层，以及厕浴间防水。

4. 选用要点及要求

1）聚氨酯防水涂料是一种具有一定弹性的反应型柔性防水涂料，通过合理防水设计方案应用，可在一定程度上适应基层变形。单组分聚氨酯防水涂料不须现场配制，可直接涂刮（刷）固化成膜。

2）该涂料的反应固化速度与环境温度有关，温度高、固化速度快、涂膜收缩率大，温度偏低固化速度慢，易受风、雪影响，施工应采用少涂多遍的方式、以保证涂膜质量。

3）该涂料固化成膜后，耐酸、碱，耐腐蚀性能好，用于屋面或地下工程防水时，涂膜防水层厚度应符合表9-4的规定。

表9-4　聚氨酯涂膜厚度选用表

防水等级	设防道数	单层涂膜的厚度要求/mm	
		屋面工程	地下工程
Ⅰ	二道设防	≥1.5	≥1.5
Ⅱ	一道设防	≥2.0	≥2.0

4）聚氨酯防水涂料可根据工程的需要分别设计为不同物理性能、不同固化速度的系列产品；通过合理防水设计方案可在一定程度上适应基层变形，保证防水涂层应用效果。若用于外露防水工程，应选用具有耐紫外线功能的聚氨酯防水涂料，或选用铝箔等材料做覆面保护层。

5）聚氨酯防水涂料的主要原料含有有害物质，因此在原材料的储存、运输、生产以及施工过程中应妥善保管、防止材料泄漏、聚氨酯防水涂料施工时应考虑有害物质的排放，并符合相关标准的要求。

5. 单组分聚氨酯防水涂料施工

1）常规施工顺序

清理和检查基层→修补基层→细部构件节点处理→阴阳角部位附加层的施工涂刷→涂刷第一遍涂料→涂刷第二遍防水涂料→涂刷面层涂料→涂料质量检查→闭水试验。

2）施工要点

（1）清理和检查基层

（2）修补基层

（3）防水层细部构造的处理

① 地漏或管道的周边嵌填密封胶；

② 伸出平、立面的管道，地漏周边，阴阳角的部位，在大面防水层施工之前应涂刷附加防水涂膜层，防水涂膜层的厚度为1mm。

a. 管道周边的附加层宽度：在管道部位附加层的高度不小于100mm，在防水基层部位附加层的宽度不小于200mm。

b. 地漏附加层宽度为300mm，伸入地漏口内的附加层宽度不小于100mm，地漏周边附加层的宽度不小于200mm。

c. 阴阳角部位附加层宽度为300mm，以交界部位为中线，上下各150mm。

③附加层部位若设计有网格布增强层，网格布铺贴后应浸透，不得出现褶皱现象。

（4）涂刷单组分聚氨酯防水涂料

① 底涂施工：用橡胶刮板将涂料在基层上均匀涂刮，厚度一致，涂料厚度为0.5mm；

② 第二遍涂料施工：在第一道涂料完全固化后（不少于24h），再进行第二道涂料的

施工，用橡胶刮板将涂料在基面上均匀涂刮，方向与第一次相垂直，涂料厚度为 0.5mm；③第三遍涂料施工：在第二道涂料完全固化后（不少于 24h），再进行第三道涂料的施工，用橡胶刮板将涂料在基面上均匀涂刮，方向与第二次相垂直，涂料厚度为 0.5mm。注：涂料施工要求多遍涂刷（不能少于三遍），直达厚度要求。

（5）质量要求

① 闭水试验之前要检查防水层的质量，涂料防水层不能有气泡、分层、堵积等现象；

② 闭水试验之前，涂料必须完全固化，做到不粘手，不起皮，角部和管根部位要干透。

二、喷涂聚脲防水涂料

1. 概述

1）以异氰酸酯类化合物为甲组分、胺类化合物为乙组分，采用喷涂施工工艺使两组分混合，反应生成的弹性防水涂料。属反应固化型防水涂料。

2）喷涂聚脲防水涂料按物理性能分为Ⅰ型和Ⅱ型。

3）多种颜色。

4）特点：

（1）为双组分、固含量高的新型防水涂料。

（2）依靠材料、新设备和新工艺的有机结合，现场操作、快速固化，可在任意曲面、斜面及垂直面上喷涂成型，不产生流淌现象，5s 凝胶，1min 即可达到步行强度。

（3）可用于屋面、地下、隧道等工程防水、污水处理池防水、混凝土保护、防腐等。可在 100℃下长期使用，可承受 150℃的短时热冲击。

（4）对水分、湿气不敏感，施工时不受环境温度、湿度的影响；双组分，固含量高，可以 1∶1 体积比进行喷涂或浇注，一次施工达到厚度要求，克服了以往多层施工的弊病。

（5）优异的物理性能，如抗张强度、耐腐蚀、抗老化、柔韧性、耐磨性等。

（6）喷涂聚脲防水涂料可根据使用要求设计配方，形成系列产品。

2. 执行标准和主要技术性能

1）执行 GB/T 23446—2009《喷涂聚脲防水涂料》标准。

2）物理力学性能

喷涂聚脲防水涂料的基本性能应符合表 9-5 的规定。

表 9-5　喷涂聚脲防水涂料基本性能

序号	项目		技术指标	
			Ⅰ型	Ⅱ型
1	固体含量/%	≥	96	98
2	凝胶时间/s	≤	45	
3	表干时间/s	≤	120	
4	拉伸强度/MPa	≥	10.0	16.0
5	断裂伸长率/%	≥	300	450

续表

序号	项目			技术指标	
				Ⅰ型	Ⅱ型
6	撕裂强度/（N/mm）		≥	40	50
7	低温弯折性/℃		≤	−35	−40
8	不透水性			0.4MPa，2h 不透水	
9	加热伸缩率/%	伸长	≤	1.0	
		收缩	≤	1.0	
10	粘结强度/MPa		≥	2.0	2.5
11	吸水率/%		≤	5.0	

3. 喷涂聚脲施工

1）工艺原理

喷涂聚脲弹性体技术是在聚氨酯反应注射成型技术的基础上发展起来的，结合了聚脲树脂的反应特性和 RIM 技术的快速混合、快速成型的特点。采用这种工艺技术，通过调整反应体系中材料的配比得到不同性能和不同固化时间涂层，不同柔性、韧性到硬度较大的耐冲击磨损涂层，其固化时间可以调节，从几秒到几分钟。喷涂聚脲弹性体技术的关键主要有两方面，一是氨基聚醚、液态胺扩链剂与异氰酸酯的反应原理及其工业化，二是喷涂所需要的专业化设备。

图 9-1　聚脲设备实物图（XPⅡ）

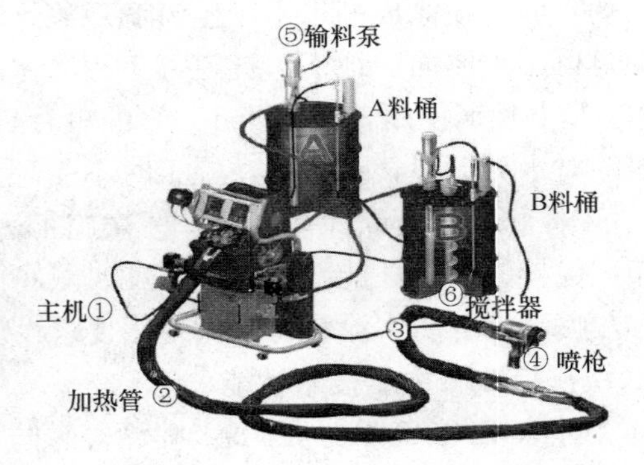

图 9-2　喷涂聚脲流程示意图

2）设备选择

由于 A、R 组分的化学活性极高，混合后黏度会迅速增大，SPUA 物料的固化速度极快，如果没有适当的混合及成型设备，这一反应是不可控制的。设备概括起来有五方面：

（1）平稳的物料输送系统；

（2）精确的物料计量系统；

（3）均匀的物料混合系统；

（4）良好的物料雾化系统；

（5）方便的物料清洗系统。

3）操作方法

喷涂设备由H系列主机和XP-3系列喷枪组成。施工时将主机配置的2支抽料泵分别插入装有A、B原料桶内，借助主机产生的高压（24MPa）将原料推入喷枪混合室，进行混合、雾化后喷出。在到达基层的同时，涂料几乎已近凝胶，5～10s后，涂层完全固化。一次喷涂厚度为1mm左右，反复喷涂达到设计厚度（间隔5s以上），涂层总成膜厚度不小于设计。

4）喷涂聚脲操作要点

喷涂前必须确认吐出量是否正常。为了保证膜厚的均匀，将喷枪口与喷涂面保持80～100cm的距离进行喷涂。计算标准如下：

（1）喷涂机喷涂厚度设定：每分钟吐出量为3L时喷射1m^{2}面积的聚脲（厚度为2mm）；每连续不断地工作1h的面积为90m^2。

（2）喷涂机喷涂厚度设定：每40s吐出量为3L时喷射1m^{2}面积的聚脲（厚度为3mm）；每连续不断地工作1h的面积为60m^2。

注：一定要严格按照以上要求的工作时间进行喷涂。

喷涂厚度设置见表9-6。

表9-6　喷涂厚度设置

工作时间	设定喷吐量	喷涂面积	喷涂厚度
60s	3L	1m^2	2mm
40s	3L	1m^2	3mm

喷涂速度见表9-7。

表9-7　喷涂速度

工作时间	设定喷吐量	喷涂厚度	喷涂时间	喷涂面积
60s	3L	2mm	1h	90m^2
40s	3L	3mm	1h	60m^2

角落、边沿、裂痕、接缝处增加涂膜厚度。10m^{2}左右喷涂完成后，改变喷涂方法均匀地喷出防滑小颗粒与前次涂膜的重叠（搭接）幅度为200mm以上。

在喷涂过程当中因为下雨等各种原因而造成三日以上的间隔，应在涂膜重叠（搭接）处涂刷底漆之后再开始喷涂。

在向立面或缓冲墙进行喷涂时，要以横竖交错的方式进行喷涂。

在施工过程中随时用手触摸涂膜，判断干燥是否正常以及是否粘手。

在向立面进行施工时，为防止滴淌，要尽量保持喷枪口与喷涂面的距离。

当不能确保相应距离的情况下，则要比通常喷涂时加快枪体的移动速度。

在需要填埋裂痕和接缝时，为防止涂膜的密着力下降，须先将空气全开喷涂一层后，再将空气流量调弱进行填充。

三、高渗透改性环氧防水涂料

1. 产品介绍

以改性环氧为主体材料并加入多种助剂制成的具有优异的高渗透能力和可灌性的双组分防水涂料，反应固化型渗透性防水涂料，颜色为透明暗黄色。

2. 执行标准

执行标准为《环氧树脂防水涂料》(JC/T 2217—2014)，主要技术性能见表 9-8。

表 9-8 环氧树脂防水涂料主要技术性能

序号	项目			技术指标
1	固体含量/%		≥	60
2	初始黏度/mPa·s		≤	生产企业标称值①
3	干燥时间/h	表干时间	≤	12
		实干时间		报告实测值
4	柔韧性			涂层无开裂
5	粘结强度/MPa	干基面	≥	3.0
		潮湿基面	≥	2.5
		浸水处理	≥	2.5
		热处理	≥	2.5
6	涂层抗渗压力/MPa		≥	1.0
7	抗冻性			涂层无开裂、起皮、剥落
8	耐化学介质	耐酸性		涂层无开裂、起皮、剥落
		耐碱性		涂层无开裂、起皮、剥落
		耐盐性		涂层无开裂、起皮、剥落
9	抗冲击性（落球法）/(500g，500mm)			涂层无开裂、脱落

① 生产企业标称值应在产品包装或说明书、供货合同中明示，告知用户。

3. 适用范围

1）适用于地下防水等级为Ⅰ、Ⅱ级的混凝土结构防水设防中的一道防水层及厕浴间的混凝土防水，也可用于防水等级Ⅰ、Ⅱ级屋面的防水混凝土表面，起增强防水、抗渗的作用，但不得作为一道防水层。可在潮湿基面（无明水）施工，表面不需做保护层。

2）具有优异的渗透性能，通过涂渗、灌浆等方式，使浆液沿混凝土表面的毛细管道及微裂纹渗入混凝土内，渗透深度 2～10mm，从而提高了混凝土基层的防水、抗渗且提高混凝土强度（30%以上）的双重作用。用于屋面防水工程时，应涂刷在防水混凝土面层上，但不能单独作为一道防水层。

3）可在潮湿基面（无明水）施工，且可设计为复合防水做法，用于公路、桥梁建筑防水施工和渗漏治理等工程。

4）主要原料含有有害物质，因此在原材料的储存、运输、生产以及施工过程中应妥善保管、防止材料泄漏、固化后无毒。该涂料不但防水性能好、还具有优秀的防腐功能、使用寿命长、有害物排放低。

4. 环氧树脂防水涂料施工

1）施工配备

双组分混合，搅动甲组分下，将乙组分徐徐倾入，直至加毕。过程中不时测量混合物的温度，使其不超过35℃，乙组分加完后再搅拌3～5min。每次配浆2～5kg，配好的浆材应在3h内用完，以免浆材黏度变大影响其渗入微细裂隙的能力。

2）环氧砂浆的制备

砂与水泥按照重量比为2∶1的比例预先混合均匀，然后按环氧底涂材料占总环氧砂浆总重量15%～25%的比例加入，搅拌均匀。对于水平面或倾斜度很小的坡面施工，环氧底涂的添加量可适当多些（20%～25%）；对于立面或倾斜度较大的坡面，环氧底涂的添加量可适当少些（15%～20%），以便黏附不流挂。具体添加量可根据现场施工需要进行调整。

3）施工建议

水平面或倾斜度很小的坡面：直接采用环氧砂浆进行施工，环氧底涂的添加量可适当多些（20%～25%），24h后根据现场情况考虑表面是否需要再涂刷一次纯环氧涂料（0.1kg/m²）。

立面或倾斜度较大的坡面：先涂刷一次纯环氧底涂（约0.2～0.5kg/m²，根据基面粗糙程度而定），24h后涂刷环氧砂浆。

第三节 水性及水泥基类防水涂料

一、丙烯酸酯类防水涂料

1. 产品主要介绍

1）以丙烯酸酯类乳液为主要成膜物，并加入成膜助剂、颜料、消泡剂、稳定剂、增稠剂、填料等加工制成的单组分防水涂料。

2）丙烯酸酯类乳液分类可分为纯丙烯酸酯乳液类涂料、硅丙乳液涂料等。有多种颜色。产品按物理性能分为Ⅰ类和Ⅱ类。Ⅰ类产品不用于外露场合。

2. 执行标准和主要技术性能

执行JC/T 864—2008《聚合物乳液建筑防水涂料》标准，主要性能应符合表9-9的要求。

表9-9 聚合物乳液防水涂料主要指标

序号	试验项目	指标	
		Ⅰ	Ⅱ
1	拉伸强度/MPa≥	1.0	1.5
2	断裂延伸率/%≥	300	

续表

序号	试验项目		指标	
			Ⅰ	Ⅱ
3	低温柔性，绕 Φ10mm 棒弯 180°		−10℃，无裂纹	−20℃，无裂纹
4	不透水性，(0.3MPa，30min)		不透水	
5	固体含量/%		65	
6	干燥时间/h	表干时间≤	4	
		实干时间≤	8	
7	处理后的拉伸强度保持率/%	加热处理≥	80	
		碱处理≥	60	
		酸处理≥	40	
		人工气候老化处理①	—	80～150
8	处理后的断裂延伸率/%	加热处理≥	200	
		碱处理≥		
		酸处理≥		
		人工气候老化处理①	—	200
9	加热伸缩率/%	伸长≤	1.0	
		缩短≤	1.0	

① 仅用于外露使用产品。

3. 适用范围及选用要点

1）为水乳型防水涂料，适用于屋面、墙面、室内等非长期浸水环境下的工程做防水层；适用于防水等级为Ⅰ、Ⅱ级的屋面多道防水设防中的一道防水层；外墙防水、装饰工程和厕浴间防水工程。

2）水乳型纯丙烯酸酯类防水涂料具有较好的耐候性，适用于外露（Ⅱ型产品）防水、外墙防水装饰工程。

3）水乳型苯丙防水涂料的耐候性较差，价格偏低，适用于隐蔽、室内防水及装饰工程；水乳型硅丙防水涂料憎水，耐污染能力强，具有较好的耐候性，兼具装饰、防水功能，适用于屋面、外墙防水及装饰工程；水乳型彩色丙烯酸酯防水涂料同时兼具装饰、防水功能，有害物排放低，使用寿命长，施工方便。可用于屋面及墙面防水装饰工程。

4）防水涂层的厚度应符合表 9-10 的要求。

表 9-10　丙烯酸酯类涂膜厚度选用表

防水等级	设防道数	单层涂膜的厚度要求/mm	
		屋面工程	地下工程
Ⅰ	二道设防	≥1.5	≥1.5
Ⅱ	一道设防	≥2.0	≥2.0

4. 丙烯酸酯防水涂料施工

1）施工顺序

清理和检查基层→修补基层→细部构件节点处理→阴阳角部位附加层的施工涂刷→涂刷第一遍涂料→涂刷第二遍防水涂料→涂刷面层涂料→涂料质量检查→闭水试验。

2）施工要点

（1）清理和检查基层

①剔除面层等构造层次后的防水基层要清理干净，确保基层无油污、无渣土、无杂物、无灰尘。

②检查基层面是否有孔洞、凹凸不平，穿楼板的管道是否密集，横向管道到基面的距离，基层是否松动等情况。

（2）修补基层

①基层有凹凸不平、松动、孔洞等现象，先将松动部位、高的部位剔平整，再用1∶3的水泥砂浆找平。

②基层管根部位若出现松动情况，应将松动的基层剔除干净，用水泥砂浆或刚性堵漏材料进行修补。

③若室内防水基层的阴阳角无圆弧，应采用水泥砂浆进行施做。

（3）防水层细部构造的处理

①地漏或管道的周边嵌填密封胶。

②伸出平、立面的管道，地漏周边，阴阳角的部位，在大面防水层施工之前应涂刷附加防水涂膜层，防水涂膜层的厚度为1mm。

a. 管道周边的附加层宽度，在管道部位附加层的高度不小于100mm，在防水基层部位附加层的宽度不小于200mm。

b. 地漏附加层宽度为300mm，伸入地漏口内的附加层宽度不小于100mm，地漏周边附加层的宽度不小于200mm。

c. 阴阳角部位附加层宽度为300mm，以交界部位为中线上下各150mm。

③附加层部位若设计有网格布增强层，网格布铺贴后应浸透，不得出现折皱现象。

（4）涂刷防水涂料

①第一遍涂料施工：使用滚刷、毛刷、橡胶刮板均匀地涂刷底层涂料，不露底，一般材料用量为1kg/m^2，涂料厚度为0.4mm，要求涂层固化及不粘手，才能涂刷下一道工序。

②第二遍涂料施工：使用滚刷、毛刷、橡胶刮板均匀地涂刷底层涂料，不露底，一般材料用量为1.25～2.5kg/m^2，涂料厚度为0.5～1mm，要求涂层固化及不粘手，才能涂刷下一道工序。

③第三遍涂料施工：使用滚刷、毛刷均匀地涂刷底层涂料，不露底，一般材料用量为1.25～2.5kg/m^2，涂料厚度为0.5～1mm，面层涂料可以少量加水涂刷，使表面平整、光滑。

注：涂料施工要求多遍涂刷（不能少于三遍），直达厚度要求。每1mm涂膜，涂料用量约为2.5kg/m^2。

（5）表观质量检查

闭水试验之前要检查防水层的质量，涂料防水层不能有气泡、分层、堵积等现象。闭水试验之前，涂料必须完前固化，做到不粘手，不起皮，角部和管根部位要干透。

二、聚合物水泥（JS）防水涂料

1. 产品介绍

以丙烯酸酯等聚合物乳液和水泥为主要原料，加入其他外加剂制得的双组分水性建筑防水涂料。该产品按性能分为Ⅰ型、Ⅱ型和Ⅲ型。Ⅰ型是以甲组分（聚合物乳液）为主要成分的涂料，乳液占比多；Ⅱ型、Ⅲ型是以乙组分（水泥等材料）为主要成分的涂料，粉料占比多。

2. 执行标准和主要技术性能

执行GB/T 23445—2009《聚合物水泥防水涂料》标准，其主要技术性能应符合表9-11的要求。

表9-11 聚合物水泥（JS）防水涂料主要技术性能

序号	试验项目			技术指标		
				Ⅰ型	Ⅱ型	Ⅲ型
1	固体含量/%		≥	70	70	70
2	拉伸强度	无处理/MPa	≥	1.2	1.8	1.8
		加热处理后保持率/%	≥	80	80	80
		碱处理后保持率/%	≥	60	70	70
		浸水处理后保持率/%	≥	60	70	70
		紫外线处理后保持率/%	≥	80	—	—
3	断裂伸长率	无处理/%	≥	200	80	30
		加热处理后/%	≥	150	65	20
		碱处理后/%	≥	150	65	20
		浸水处理后/%	≥	150	65	20
		紫外线处理后/%	≥	150	—	—
4	低温柔性（ϕ10mm棒）			−10℃无裂纹	—	—
5	粘结强度	无处理/MPa	≥	0.5	0.7	1.0
		加热处理/MPa	≥	0.5	0.7	1.0
		碱处理/MPa	≥	0.5	0.7	1.0
		浸水处理/MPa	≥	0.5	0.7	1.0
6	不透水性（0.3MPa，30min）			不透水	不透水	不透水
7	抗渗性（砂浆背水面）/MPa			—	0.6	0.8

3. 适用范围及选用要点

1）适用于防水等级为Ⅰ、Ⅱ级的屋面多道防水设防中的一道防水层；地下防水工程中防水等级为Ⅰ级的防水设防中的一道防水层和防水等级为Ⅱ、Ⅲ级工程的防水设防；外墙防水、装饰工程和厕浴间防水工程。Ⅰ型产品适用于活动量较大的基层（如屋面），Ⅱ型和Ⅲ型适用于活动量较小的基层（如地下工程）。

2）用于屋面或地下工程防水时，每道涂膜防水层厚度选用应符合表 9-12 的要求。

表 9-12　聚合物水泥（JS）防水涂料膜厚度选用表

防水等级	设防道数	涂膜的厚度要求/mm	
		屋面工程	地下工程
Ⅰ	二道设防	≥1.5	≥1.5
Ⅱ	一道设防	≥2.0	≥2.0

3）Ⅰ型产品适用于非长期浸水环境下的建筑防水工程，Ⅱ型和Ⅲ型适用于长期浸水环境下的建筑防水工程。Ⅰ型聚合物水泥防水涂料适用于迎水面防水施工；Ⅱ型和Ⅲ型聚合物水泥防水涂料适用于迎水面及背水面防水施工。应用于地下防水工程等长期泡水部位时，其耐水性应＞80％。

4. JS 涂料施工

1）施工顺序

清理和检查基层→修补基层→细部构件节点处理→阴阳角部位附加层的施工→涂刷第一遍涂料→涂刷第二遍防水涂料→涂刷面层涂料→涂料质量检查→闭水试验。

2）施工要点

（1）清理和检查基层

①防水基层要清理干净，确保基层无油污、无渣土、无杂物、无灰尘。

②检查基层面是否有孔洞、凹凸不平，穿楼板的管道是否密集，横向管道到基面的距离是否符合要求，基层是否松动等情况。

（2）修补基层

①基层有凹凸不平、松动、孔洞等现象，先将松动部位、高的部位剔平整，再用 1∶3 的水泥砂浆找平。

②基层管根部位若出现松动情况，应将松动的基层剔除干净，用水泥砂浆或刚性堵漏材料进行修补。

③若室内防水基层的阴阳角无圆弧，应采用聚合水泥砂浆进行施做。

（3）防水层细部构造的处理

①地漏或管道的周边嵌填密封胶。

②伸出平、立面的管道，地漏周边，阴阳角的部位，在大面防水层施工之前应涂刷附加防水涂膜层。

a. 在管道部位附加层的宽度不小于 100mm，在防水基层部位附加层的宽度不小于 200mm。

b. 地漏附加层宽度为 300mm，伸入地漏口内的附加层宽度不小于 100mm，地漏周边附加层的宽度不小于 200mm。

c. 阴阳角部位附加层宽度为 300mm，以交界部位为中线上下各 150mm。

③附加层部位若设计有网格布增强层，网格布铺贴后应浸透，不得出现褶皱现象。

（4）防水涂料涂刷要求

① 底涂施工。由专人负责材料配制，操作时，根据配比的要求将液料、水倒入搅拌桶中，在搅拌器不断搅拌下将粉料倒入桶中，至少搅拌 5min，要搅拌均匀，呈浆状无粉粒；施工时用滚刷或毛刷均匀地涂刷底层涂料，不得露底，涂料厚度为 0.2～0.3mm，一般间隔 8h 后，涂层固化不粘手，才能涂刷下一道工序。

② 第一遍涂料施工。由专人负责材料配制，操作时根据配比的要求将液料、水倒入搅拌桶中，在搅拌器不断搅拌下将粉料倒入桶中，至少搅拌 5min，要搅拌均匀，呈浆状无粉粒。施工用滚刷或毛刷均匀地涂刷底层涂料，不得露底，涂料厚度为 0.4～0.5mm，一般间隔 8h 后，涂层固化不粘手，才能涂刷下一道工序。

③ 第二遍或第三遍涂料施工。由专人负责材料配制，操作时，根据配比的要求将液料、水倒入搅拌桶中，在搅拌器不断搅拌下将粉料倒入桶中，至少搅拌 5min，要搅拌均匀，呈浆状无粉粒；施工时用滚刷或毛刷均匀地涂刷底层涂料，不得露底，涂料厚度为 0.4～0.5mm，一般间隔 8h 后，涂层固化不粘手，才能涂刷下一道工序。

注：涂料施工要求多遍涂刷（不能少于三遍），直至达到厚度要求。

（5）表观质量检查

① 闭水试验之前要检查防水层的质量，涂料防水层不能有气泡、分层、堵积等现象；②闭水试验之前，涂料必须完前固化，做到不粘手、不起皮，角部和管根部位要干透。

三、水泥基渗透结晶型防水涂料

1. 产品介绍

水泥基渗透结晶型防水涂料是由特种水泥、硅砂和多种特殊活性较强的化学物质组成的灰色粉末状材料，其防水工作原理是：水泥基渗透结晶型防水涂料材料中特有的活性化学物质以水为载体，利用混凝土本身的化学特性和多孔性，借助水的渗透作用，在混凝土微孔及毛细管中渗透、充盈，催化混凝土中水泥微粒和水泥未完全水化的成分，使水泥再次发生水化和再水化作用，形成不溶于水的支蔓状结晶，并与混凝土凝结成整体，充分提高混凝土的密实度，从而提高混凝土强度并起到堵水防水作用，达到永久性的防水、防潮、抗渗和保护钢筋的效果，并能够增强混凝土结构的强度。该产品按物理力学性能分为Ⅰ型和Ⅱ型。适用于地下防水等级为Ⅰ、Ⅱ级的混凝土结构防水设防中的一道防水层，也可用于防水等级为Ⅰ、Ⅱ级屋面的防水混凝土表面，起增强防水的抗渗作用，但不作为一道防水涂层。

2. 执行标准和主要技术性能

执行 GB 18445—2012《水泥基渗透结晶型防水材料》标准，其主要技术性能指标应符合表 9-13 的要求。

表 9-13　水泥基渗透结晶型防水材料主要技术性能

序号	试 验 项 目	性能指标
1	外观	均匀、无结块
2	含水率/%　　≤	1.5

续表

序号	试验项目			性能指标
3	细度，0.63mm筛余/%		≤	5
4	氯离子含量/%		≤	0.10
5	施工性	加水搅拌后		刮涂无障碍
		20min		刮涂无障碍
6	抗折强度/MPa，28d		≥	2.8
7	抗压强度/MPa，28d		≥	15.0
8	湿基面粘结强度/MPa，28d		≥	1.0
9	砂浆抗渗性能	带涂层砂浆的抗渗压力①/MPa，28d		报告实测值
		抗渗压力比（带涂层）/%，28d	≥	250
		去除涂层砂浆的抗渗压力①/MPa，28d		报告实测值
		抗渗压力比（去除涂层）/%，28d	≥	175
10	混凝土抗渗性能	带涂层混凝土的抗渗压力①/MPa，28d		报告实测值
		抗渗压力比（带涂层）/%，28d	≥	250
		去除涂层混凝土的抗渗压力①/MPa，28d		报告实测值
		抗渗压力比（去除涂层）/%，28d	≥	175
		带涂层混凝土的第二次抗渗压力/MPa，56d	≥	0.8

① 基准砂浆和基准混凝土28d抗渗压力应为$0.4^{+0.0}_{-0.1}$MPa，并在产品质量检验报告中列出。

3. 水泥渗透结晶施工

1）工艺流程

基层处理→基面湿润→制浆→涂水泥基渗透结晶型防水涂料→检验→养护→验收。

2）施工方法

（1）基层处理

检查混凝土基面有无病害或缺陷，有无钢筋头、有机物、油漆等其他粘结物等，对存在的部位进行认真清理，对混凝土出现裂缝的部位用钢丝刷进行重点打毛，如：裂缝大于0.4mm的则需要开U形槽15mm×20mm，用钢丝刷、凿子或高压水枪打毛混凝土基面，清理处理过的混凝土基面，不准残存任何的悬浮物质。

（2）基面湿润

用水充分湿润处理过的待施工的施工基面，保持混凝土结构得到充分的湿润、润透，但不宜有明水。

（3）制浆

水泥基渗透结晶型防水涂料（粉料）与干净的水调和（水内要求无盐、无有害成分），混合时可用手电钻装上有叶片的搅拌棒或戴上胶皮手套用手及抹子搅拌。水泥基渗透结晶型防水涂料（粉料）与水的调和比：按照容积比，涂刷时用5份料、2.5份水调和。调制：将计量过的涂料与水倒入容器内，用搅拌棒充分搅拌3～5min，使料拌合均匀；一次调料不宜过多（调成后不准再加水及粉料，一次成型），要在20min内用完。

（4）涂刷

水泥基渗透结晶型防水涂料涂刷时要用专用的半硬尼龙刷，涂刷时要注意来回用力，确保凹凸处满涂，并厚薄均匀。在平面或台阶处进行施工时须注意将水泥基渗透结晶型防水涂料涂刷均匀，阴阳角处要涂刷均匀，不能有过厚的沉积，防止在过厚处出现开裂。

裂缝大于 0.4mm 时应先开槽，后湿润，再涂刷水泥基渗透结晶型防水涂料浓缩剂浆料，1.5h 后用水泥基渗透结晶型防水涂料浓缩剂半干料团夯实，继续用水泥基渗透结晶型防水涂料浓缩剂浆料涂刷，用量不变。

一般要求涂刷 2 道，即在第 1 层涂料达到初步固化（约 1～2h）后，进行第 2 道涂料涂刷。当第 1 道涂料干燥过快时，应浇水湿润后再进行第 2 道涂料涂刷。

（5）检验

水泥基渗透结晶型防水涂料涂层施工完毕后，须检查涂层是否均匀，如有不均匀处，须进行修补，须检查涂层是否有暴皮现象，如有，暴皮部位需要清除，并进行基面再处理后，再次用水泥基渗透结晶型防水涂料涂刷。

（6）养护

水泥基渗透结晶型防水涂料终凝后 3～4h 或根据现场湿度而定，采用喷雾式喷水养护，每天喷水养护 3～5 次，连续养护 2～3d，户外施工时要注意避免雨水冲坏涂层。施工过程中 48h 内避免雨淋、霜冻、日晒、沙尘暴、污水及 40℃以上的高温。

（7）验收

用观察法检查：涂层要涂刷均匀，不许有漏涂和漏底，按规定做好养护，保证养护时间、次数及使用雾水，同时养护期间不得有磕碰，涂层不得有起皮、剥落、裂纹等现象。

（8）特殊部位处理

水平施工缝内部采用干撒法，干撒用量 1.5kg/m^2，在侧墙外侧剔一凹槽，填塞水泥基渗透结晶型防水涂料浓缩剂，后在侧墙外部或底板砖胎模砂浆层从施工缝上涂刷水泥基渗透结晶型防水涂料浓缩剂，用量 1.5kg/m^2。

纵向施工缝同侧墙涂刷同步施工，若施工缝处有蜂窝或大于 1mm 的裂缝，要剔凿清理，用水泥基渗透结晶型防水涂料浓缩剂半干料团填补压实，后用水泥基渗透结晶型防水涂料浓缩剂外涂。

穿墙管安装完毕后，在穿墙管外部，沿管口周围剔凿 U 形槽，宽 2cm，深 3cm，用水泥基渗透结晶型防水涂料浓缩团填补压平，再用外涂浓缩剂涂刷。

第四节　沥青类防水涂料与施工

一、水乳型橡胶沥青防水涂料

1. 产品介绍

以沥青乳液为主要成分并加入阳离子氯丁橡胶乳液以及助剂等混配而成的稳定的单组分防水涂料。产品按性能分为 L 型和 H 型。

2. 执行标准和主要技术性能

执行JC/T 408—2005《水乳型沥青防水涂料》标准，主要技术性能指标应符合表9-14的要求。

表9-14　水性沥青防水涂料主要技术性能

项目	要求	
	L	H
固体含量% ≥	45	
耐热度/℃	80±2	110±2
	无流淌、滑移、滴落	
不透水性（0.1MPa，30min）	不渗水	
粘结强度/MPa ≥	0.30	
低温柔度/℃	−15	0
断裂伸长率/% ≥	600	

3. 适用范围及选用要点

1）适用于防水等级为Ⅱ级的屋面防水工程中一道防水设防及厕浴间防水，并可应用于迎水面防水施工。

2）涂膜防水层应沿找平层分格缝增设带有胎体增强材料的空铺附加层，其空铺宽度宜为100mm。

4. 水性沥青施工

1）主要施工工艺流程

按防水要求可分为：一涂一砂的无玻璃纤维布加筋涂层、一布二涂一砂涂层、二布三涂一砂涂层及多层玻璃纤维网格布涂层等。

2）基层要求及处理

（1）对新基层的要求

水泥砂浆找平层应坚实、平整，用2m直尺检查，凹处不超过5mm，并平缓变化，每平方米内不多余一处。如不符合上述要求，应用1∶3的水泥砂浆找平。

基层裂缝要预先修补，裂缝小于0.5mm的，先以稀释防水涂料做二次底涂，干后再用防水涂料反复涂刷几次；0.5mm以上的裂缝，应将裂缝加以适当的剔宽，涂上稀释防水涂料，干后用防水涂料或嵌缝材料灌缝，在其表面粘贴30～40mm宽的玻璃纤维网格布条，上涂防水涂料。

（2）对旧基层的要求

翻修漏水屋面，要彻底铲除已失效的防水层，清理净，露出基层表面；对龟裂严重的无分仓或无嵌缝处理的刚性防水层，除修补裂缝外，还应根据屋面结构特点的漏水状况适当设缝，缝内嵌填嵌缝膏。若刚性防水层严重破坏，无法进行涂料施工，则应全部铲除，重新做找平层。

（3）对接缝及细部结构处理

各种结构缝、伸缩缝、分仓缝等应先作嵌缝加强处理，最好的做法是在缝内嵌填嵌缝膏，反复挤压，务使密实。嵌缝膏表面应略高于基面。然后在嵌缝膏表面覆盖一层略大于缝宽的软聚氯乙烯塑料膜作为背衬，在其上面铺80～100mm宽的玻璃纤维网格布，同时涂刷防水涂料。网格布应牢固粘贴于缝的两边，构成加强防水层。

（4）涂料施工的步骤

① 底涂层施工：将稀释防水涂料均匀涂于基层找平层上，涂刷时最好选择在无阳光的早晚时间进行，以使涂料有充分的时间向基层毛细孔内渗透，增强涂层与基层的粘结力。干燥固化后，再在其上涂刷涂料1～2遍，涂刷涂料时应做到厚度适宜，涂布均匀，不得有流淌、堆积现象，以利于水分蒸发，避免起泡。以下各涂层施工均按此要求进行施工。

② 中涂层施工：中涂层为加筋涂层，要铺贴玻璃纤维网格布，施工时可采用干铺法或湿铺法（根据屋面面积、屋面状况和施工人员习惯而定）。

a. 干铺法。在已干的底涂层上干铺玻璃纤维网格布，展平后加以点粘固定。当屋面坡度小于10%时，可平行于屋脊方向铺贴，顺水流方向搭接；当屋面坡度大于10%时，垂直于屋脊方向铺贴，背主导风向搭接。玻璃纤维网格布纵向搭接宽度为70mm，对接宽度为100mm。

铺过两个纵向搭接缝的玻璃纤维网格布之后，开始涂刷防水涂料。依次刷防水涂料2～3遍。涂层干后按上述做法铺第二层网格布，交接缝要与第一层网格布错位搭接。

增厚层涂料配制法：将细砂逐步加入到不断搅拌的涂料中，搅拌均匀后进行刮涂施工。在使用过程中应经常搅拌，防止细砂沉降。增厚层厚度为1mm左右，每平方米用涂料1kg。增厚层干后视具体情况再涂刷1～2遍涂料。

b. 湿铺法。在已干的底涂层上，边涂防水涂料边铺贴玻璃纤维布。为了操作方便，可将玻璃纤维布卷成圆卷，边滚边贴。随即用毛刷将玻璃纤维布碾平整，排除气泡，并用刷子沾涂料在其上面均匀涂刷，使玻璃纤维布牢固粘结在基层上，并且使全部玻璃纤维网眼浸满涂料，不得有漏涂现象和褶皱。干后再涂刷涂料，做增厚层和面层。

二、溶剂型改性沥青防水涂料

1. 产品主要介绍

以改性沥青为主要成分并加入油分、助剂、填料、环保性溶剂等混配而成的稳定的溶剂型SBS沥青防水涂料。

2. 执行标准和主要技术性能

执行JC/T 852—1999《溶剂型橡胶沥青防水涂料》标准，其主要技术性能见表9-15。

表9-15　溶剂型SBS改性沥青防水涂料主要技术性能

项目		要求
含固量/%　≥		48
抗裂性	基层裂缝/mm	0.3
	涂膜状态	无裂纹
低温柔性/℃		−15
耐热度（80℃，5h）		无流淌、鼓泡
不透水性（0.2MPa，30min）		不渗水

3. 适用范围及选用要点

1）可用作防水等级为Ⅱ级屋面工程作为一道防水设防，也适用于迎水面防水施工。

2）该涂料为溶剂型涂料，有害物质限量应符合 JC 1066—2008《建筑防水涂料中有害物质限量》的要求。该涂料用于Ⅱ级地下复合防水的一道设防时，涂膜厚度不应＜1.5mm。用于Ⅲ级地下防水一道设防时，涂膜厚度不应＜2.0mm；复合设防时，涂膜厚度不应＜1.5mm。

4. 溶剂型改性沥青防水涂料施工

SBS 改性沥青涂料采用冷法液态施工。

1）施工条件

基面要求压光平整、干净、坚实、干燥。大气温度 1～40℃；基面温度 0～60℃；空气湿度＜85％；雨雪、沙尘暴天气及灰尘大的环境禁止施工；基面潮湿度＜8％。

2）底涂

使用专用底涂料，涂刷时见基面黑色即可。施工时可采用滚刷进行，要求均匀薄涂且不露底、不漏涂。底涂用量约 0.2kg/m^2。

3）防水层大面积施工

待底涂料干透后（约 6～8h，25℃以上）方能涂主料层。防水层施工前应对涂料进行充分搅拌，现场要求把涂料罐用力摇匀，并倒置，开桶使用搅拌机搅拌 1～2min 至均匀。施工总厚度一般为 2mm，分 5～6 遍完成，用量为 3.2～3.5kg/m^2。施工时为避免气温过高影响，适宜在上、下午 6 点左右涂刷。第 1～2 遍厚 0.2～0.3mm，其余各遍厚 0.3～0.4mm，每层间隔时间不少于 8h，且每层干固后方可进行下一遍施工。涂刷时，要求每层薄涂均匀，且施工方向互相垂直。如遇多个施工段，每段之间防水层搭接长度不少于 100mm。总体要求薄涂多遍。

施工期间如因气温差及水气造成防水层起泡，应用针刺穿气泡排气后，涂刷 1mm 厚的面料作修复；也可在涂层固结成膜后采用剪刀（或刀片）开切“十”字形切口，排清残留气体后把原涂膜铺回，滚压于基面，然后在该部位刷涂 1mm 厚的面料修复。完成防水涂膜层 12h 后、24h 内进行验收，验收后 12h 内应及时做保温层或 40mm 厚细石混凝土保护层。

4）注意事项

施工第 2 次涂料时，应穿木钉鞋在面上操作，以免粘脚损坏涂膜。涂层完工后，应避免接触二甲苯、汽油等有机溶剂。SBS 改性沥青涂料是溶剂型涂料，施工期间严禁烟火和焊接，并保持通风。施工温度宜在 5℃以上。

第十章　特种涂料的施工技术

第一节　艺术涂料施工技术

一、基本知识

1. 艺术涂料的定义

艺术涂料是通过技师的施工手法，借助多种颜料、辅材、工具进行特殊工艺处理，可使涂料表现出丰富的肌理与色彩的装饰效果。泛而言之，只要是符合这个艺术表现力的涂料，都可以称作艺术涂料。

当前国内艺术涂料根据工艺表现的特性主要可分为六大类：

1）厚涂砂岩类：仿砂岩、洞石漆、彩石漆、真石漆、岩片漆、板岩漆等；

2）厚涂质感类：颗粒漆、硅藻泥、标准料、艺术料、浮雕漆、裂纹漆等；

3）薄涂肌理类：马来漆、金（银）沙、仿理石、钻石漆、弹性肌理漆等；

4）薄涂艺术类：优彩、水性多彩、云丝漆、闪光石、金属漆、金箔漆等；

5）艺术贴箔类：金箔画、素宣箔、金银箔、艺术锦箔等；

6）壁纸彩绘类：浮雕壁纸漆、印花壁纸漆、梦幻天使、夜光漆等。

2. 历史沿革与发展

艺术涂料起源于欧洲地中海沿岸的法国和意大利等国家，随着材料科学与生产技术的发展，产品越来越丰富，人们在工艺上探究也越来越深入，施工技术水平要求越来越高，以20世纪法国巴黎召开的一次装饰艺术与现代工业国际博览会为标志，艺术涂料出现了不同涂装艺术流派。进入国内市场以后，以其新颖的装饰风格，不同寻常的装饰效果，广受人们的欢迎和推崇，是一种新型的墙面装饰艺术漆。

目前行业主流技术分为三类：

1）自然工法：根据材料本来的特性，强调随意性的创作发挥，利用墙艺漆制造各种效果，带来视觉上的立体感和凌乱美。

2）时尚工法：使用特制的工具，技师凭借创造性涂印动作与创意性的图形设计，丰富的色彩。做出具有现代特征的效果。

3）仿真工法：利用材料特性、介质、溶剂、工具，加以创作者的美术功底，高超的工艺手法，做出仿真效果，如大理石、龟裂、木纹等等。

3. 艺术涂料施工用的涂装工具、辅料

艺术涂料施工技术，可以用任何工具，比如：锯齿抹刀、幻彩手套、各种抹刀、万能刷、木纹器、艺术刷等，还可以用到制作花形图案的丝网模具、阴阳刻贴纸，甚至可以用身边的很多东西，如扫把、鞋刷、杯子等，做出自己想要的造型。

上漆基本上分两种，加色和减色，加色即上了一种色之后再上另外一种或几种颜色，减色即上了漆之后；用工具将漆有意识地去掉一部分，呈现自己想要的效果。

蜂蜡在艺术涂料中起到着色作用，极大地丰富了高端艺术涂料的色彩表现方式。易擦涂，着色性能好，延长墙漆施工的干燥时间，具有干燥后不回粘的特点。主要用于厚浆系列浅色基面擦色和马来漆应用于表面抛光处理，直接用透明的蜂蜡进行抛光、有增加光泽、防水、保色作用。

缓干剂是一种透明的，专门用于内外墙压花、辊筒、点画、大理石、木纹等特殊装饰效果施工的水性产品。可用水性色浆进行调色，具有慢干的特性，能给予施工者足够的创作时间，它可以做出柔和或者饱满的表面效果，干燥后的表层坚固而耐久。

金属面蜡，是用金属粉，如铜粉、铝粉等作为颜料所配制的一种高档建筑涂料。因为这种漆里掺配了金属粉末，在它的漆基中加有微细的铝粒，光线射到铝粒上后，又被铝粒透过漆膜反射出来，看上去好像金属在闪闪发光一样，所以叫金属漆。漆膜坚韧、附着力强，具有极强的抗紫外线、耐腐蚀性和高丰满度，能全面提高涂层的使用寿命和自洁性。其适用于金属、木材、塑料建筑物外墙等。

二、艺术涂料常用的工艺技术

1. 仿真工法

1）仿古做旧工艺

墙面怀旧效果的仿古艺术涂料：低明度的色彩如同经过岁月的磨砺，磨掉了颜色露出底漆的斑驳肌理，还有如同直接涂刷在水泥上的粗糙质感……营造出 19 世纪的老房子般的沧桑感，那种历史积淀的岁月感让人忍不住心生叹息。

施工工艺：

（1）用厚浆类材料做出肌理效果，如残墙、凹凸、批荡等效果；

（2）通过蜂蜡、金属漆或其他材料进行润色，可用擦、辊、刷的手法以颜色层次来表达出“古”“旧”的感觉。

2）龟裂缝、裂纹漆

欧陆装修艺术、古典装饰风格的写真，它能迅速有效地产生裂纹，裂纹纹理均匀，变化多端，错落有致，极具立体美感。

裂纹漆是由硝化棉、颜料、体质颜料、有机溶剂，裂纹漆辅助剂等研磨调制而成的可形成各种颜色的硝基裂纹漆，裂纹漆也因此具有硝基漆的一些基本特性，属挥发性自干油漆，无须加固化剂，干燥速度快。因此裂纹漆必须在同一特性的一层或多层硝基漆表面才能完全融合并展现裂纹漆的另一裂纹特性。由于裂纹漆粉性含量高，溶剂的挥发性大，因而它的收缩性大，柔韧性小，喷涂后内部应力产生较高的拉扯强度，形成良好、均匀的裂纹图案，增强涂层表面的美观，提高装饰性。

施工工艺：

（1）腻子打磨平整；

(2) 辊涂所需要的底层颜色（可用金属漆、乳胶漆等等）待干透；

(3) 辊涂裂纹专用底涂，必须辊涂均匀，待干透；

(4) 使用厚浆、薄浆、漆类等材料均匀辊涂或批刮至刷好底涂的基础上等待自然开裂即可。

3）仿大理石

仿大理石涂料：采用天然矿物，含离子硅有机树脂，高耐候，防水、防湿，配以表面钢化耐磨处理。颜色永久不变，墙体绝无接缝，具有天然大理石的质感、光泽和纹理，逼真度可与天然的大理石进行媲美，适合商场、超市、办公展厅、走廊、电梯。产品环保节能，可替代资源日趋稀少的宝贵石材，还能配合外墙外保温材料进行专业的仿理石装饰。优异的抗龟裂性能具有一定的柔韧性，使其能非常有效地遮盖墙面上的细小裂纹，保持涂层牢固和光滑。高仿真性表现为在色彩上模仿天然理石，视觉上可以以假乱真，达到巧夺天工的效果。

施工周期短，使用专业喷枪，一次成型，故可大大节省施工时间，缩短工期。超强的自洁功能可使建筑装饰墙面历久如新。耐清洗，抗刮痕，涂层具有优异的耐磨性和耐清洗性。

超强的耐候性使涂层不论在普通环境下，还是在酸雨侵蚀等恶劣环境下，都具有极强的适应力和抵抗力。使用寿命达 20 年以上。装饰效果多样，可采用平涂、砂壁中涂、真石漆、浮雕中涂等，同时选用高光、半光、亚光罩光漆来达到不同的装饰效果。

逼真的石材装饰效果：理石涂料采用彩色颗粒包覆成粒技术，通过一次喷涂，就可创造出几乎和原石一样的纹理效果，仿真石程度可达到 90%，能与真石材媲美。

施工工艺：清理基层残留灰浆等杂物→严重凹凸处饰面修复→整体刮涂柔性抗裂腻子 1～2 道→刷涂黑色底漆→设置分格线条粘贴纸胶带→喷涂弹性质感中涂层→刷涂液态理石漆底色涂料→ 喷涂液态理石漆（彩点涂料）1～2 遍→去除纸胶带修补黑色分格线条→刷涂高耐候罩面清漆→交工验收。

4）仿石纹

仿石纹涂料涂装是一种高级油漆涂饰工程。在装饰工程中，亦称假大理石或油漆石纹。用丝棉经温水浸泡后，拧去水分，用手甩开使之松散，以小钉挂在墙面上，并将丝棉理成如大理石的各种纹理状。

仿石纹涂料涂装纹理可分为：

(1) 各色大理石状油漆的颜色一般以底色油漆的颜色为基底，再喷涂深浅两种颜色。喷涂的顺序是浅色→深色→白色，共为 3 色。常用的颜色为浅黄、深绿 2 种，也有用黑色、咖啡色和翠绿色等。

(2) 粗纹大理石状在底层涂好白色油漆的面上，再涂饰一遍浅灰色油漆，不等干燥就在上面刷上黑色的粗条纹，条纹要曲折不能端直。在油漆将干而又未干时，用干净刷子把条纹的边线刷混，刷到隐约可见，使两种颜色充分调和，干后再刷一遍清漆，即成粗纹大理石纹。

仿石纹涂饰施工工艺流程：

(1) 滚涂底层，均匀即可；

(2) 底层干透后用 500 目或更细的砂纸打磨光滑；

(3) 用海藻棉或海绵蘸专门的石纹漆涂成斜纹或其他形态，如石纹一般；

(4) 通过笔刷描绘色线（即石材的经脉）；

(5) 干透后，上清漆即可。

5) 仿木纹工艺

木纹漆又称木纹油，属美术漆，与有色底漆搭配，可逼真地模仿出各种效果，能与原木家具媲美，它是家具漆技术的一个突破，使刨花板家具变成原木家具成为现实，并可根据不同的需要，制造出不同的各具风格的木纹效果，能创造贴纸木纹家具所不能达到的艺术效果和美感，使贴纸木纹家具更加完美，体现更高的价值。适用范围：能使刨花板、中纤板、树脂压模板、实木板等价值素材经过艺术的加工仿制成具有实木家具的神韵。

施工工艺：

(1) 将清底漆按产品说明书比例调配，调漆应充分搅拌均匀。按顺时针方向轻轻搅拌，不能高速或反向搅动，以免破坏漆液反应链。搅拌均匀后静置 20 分钟再使用，以免涂膜出现发白、起泡、针孔和光泽不均匀等弊病。未调配的水性木器漆应立即密封好，放置材料码放处。

(2) 用水性漆的专用刷子刷漆，应顺木纹从上至下，从里至外，从难至易涂刷。涂刷操作时，一般采用直握的方法，手指不要超过铁皮，手要握紧，手腕要灵活，必要时手和身体移动配合进行。蘸漆时，不要把刷毛全部蘸满，蘸漆到专用刷的 2/3，蘸满后，要在漆桶内将漆刷两边轻轻拍几下，使涂料拍到刷毛的头部，避免涂刷时涂料滴洒。开始涂刷时应尽量使漆刷垂直，用刷毛的腹部涂刷，在最后理涂料刷痕、余漆时，用刷毛的前端轻轻涂刷。

(3) 滚刷面漆，让其达到光亮的效果。

(4) 其他做法：

① 通过手工的方法描画出木纹；

② 用木纹的艺术辊筒辊出木纹效果；

③ 用木纹纸贴上；

④ 用水转印的方式转印上木纹的漆膜；

⑤通过类似水转印的方式转印上木纹，该漆叫仿木纹漆或木纹漆。

这是一种比较新的施工方式，其对不同的底材都可以施工，只是针对不同的底做不同的底处理即可。

6) 仿皮纹

仿皮纹效果主要以马来漆、厚浆质感涂料为基底，加之各类皮纹辊筒进行压花，达到各种皮质的纹理感。再通过面蜡、釉料等一些材料擦出一些皮革的深浅感即可。

施工工艺：

(1) 用马来漆或厚浆材料批刮底层；

(2) 在底层材料未干前，使用皮纹辊筒进行压花；

(3) 待干透后，用砂纸打磨掉余料残边；

(4) 使用面蜡、釉料进行擦色即可。

7) 仿锈（铁锈、青铜）

铁锈效果在后现代风格设计中常常被使用，在一些会所和酒吧装饰中有很好的表现，特别是受到一些比较喜欢重金属音乐者的偏爱。铁锈效果可以用来装饰整面墙，也可以和其他材料进行混搭使用，小面积涂装起到点睛的作用，不但可以和与其气质相同的材料一并使用，也可以和一些感觉柔和的装饰元素进行对比使用。铁锈效果营造出的是时尚和酷的感觉，传达出的是文化和现代的融合气息，金属的味道和斑驳沧桑的美感很完美地混搭和融合在一起，各自保持独有的美感，又完美统一和谐。正如现代大师对铁锈产品描述的那样：真实存在的斑驳锈迹展现的不仅仅是视觉效果，更是物质背后对历史的沧桑和自然作用的诠释。真实铁锈的手感和可以感受到的铁锈粉末营造出艺术的氛围，仿佛触摸到了沧桑和久远。

施工方法一：使用专用仿锈材料通过专用底漆、铁漆、催化剂等材料的化学反应，加速氧化过程，形成这种真实的表面光滑或含铁锈锈迹的效果即可。

施工方法二：以各类的艺术骨浆或水性金属漆类的产品为基础。通过擦色手法点缀仿锈的效果即可。

2. 自然工法

1）海绵擦拭

海绵擦拭产生一种光滑而有纹理的效果，这种效果是在较大的表面上，创造出一种既明亮又阴暗效果的理想方式。

施工流程：

（1）将颜料与漆调配好；

（2）用漆刷以任意的方式涂抹在表面；

（3）用海绵在表面来回轻轻地涂抹。

2）擦色法（擦金、银、铜）

擦色主要分为单色和多色（即溶色），所用的工具有：海绵、毛巾、羊毛手套等等。

单色：主要用海绵或羊毛手套沾擦色材料直接在基层上以 8 字或 0 字方式将材料在基层均匀擦开。可根据自己需要擦出深浅不一或均匀统一的效果即可。

溶色：通过海绵等工具沾其他颜色的材料以点缀的方式先将材料点在单色的基础上，再同样以画 8 字或 0 字的方式将颜色揉开，达到融入到底色上的效果即可。如需更多颜色溶入，方法同上。

3）拖笔刷法（布纹）

布纹效果是艺术涂料的进化工艺，其效果可达到天然野蚕丝绸般的感觉，在任何的场所和居室都可以使用。施工主要是通过毛刷的刷痕刷出其纹理即可。

施工流程：

（1）封闭底层；

（2）用短毛辊筒将材料涂于墙体；

（3）之后马上用毛刷轻轻地横刮一遍；

（4）让其自然干；

（5）再用短毛辊筒将材料涂于墙体；

（6）之后马上用拉丝刷纵向刮一遍，然后自然干就得到效果。

3. 时尚工法

1）贴花（阳刻、阴刻）

贴花工艺主要通过花型的多样细致性流行于整个硅藻泥行业，其效果可以分阴刻（即凹型花）、阳刻（即凸型花）。根据不同的图案搭配不同的颜色效果打造出别样的视觉效果。

施工方法：

（1）将材料兑水搅拌均匀；

（2）将搅拌后的材料用抹刀批上墙，涂抹平整，收光；

（3）待做好的墙面完全干透以后（通常需要24小时），将刻好的贴花图案转贴到做好的墙面上；

（4）兑水搅拌面层材料，用抹刀将涂料批抹平整（或用喷枪工具在墙面上做弹涂工艺），压平收光后，将贴在墙上的贴花不干胶撕下来，即可完成。

2）印花

用涂料而不是用染料来生产印花布已经非常广泛，以致开始把它当做一种独立的印花方式。涂料印花是用涂料直接印花，该工艺通常叫做干法印花，以区别于湿法印花（或染料印花）。常用印花主要是丝网印和镂印两种。

施工方法：

（1）选好印花模板（丝印或镂印板）；

（2）准备好印花用的材料与颜色；

（3）将模板放置合适的位置后，通过刮板、抹刀等工具将材料刮抹至模板的镂空处，撤掉模板即可。

3）石膏线条、饰品上色上漆

石膏线作为装修中点缀型的装饰材料，是相当受装饰者们喜爱的。所以在石膏线的基面上进行上色装饰也是很受欢迎的。

石膏线上色装饰主要用的材料便是金属漆类的材料，其施工方法有：

（1）用喷枪直接喷涂；

（2）用毛刷、辊筒直接辊刷；

（3）通过擦色手法进行擦色、溶色；

（4）使用笔刷等工具进行描色。

三、几种常见的艺术涂料的施工技术

1. 马来漆涂料及其施工方法

马来漆是流行于欧美、日本的一种新型墙面艺术漆。漆面光洁有石质效果。又由于其花纹类似骏马奔驰过的蹄印，仿佛马儿来了一样，所以叫做马来漆，寓意马到成功的意思，是吉祥的墙面装饰材

马来漆是一类由凹凸棒土，丙烯酸乳液等混合的浆状涂料，通过各类批刮工具在墙面上批刮操作、产生各类纹理的一种涂料，其艺术效果明显，质的和手感滑润，是新兴的一类艺术涂料的代表，施工方法如下：

（1）工具的准备：马来漆专用批刀（现在流行的专用批刀是来自台湾的高碳高硬度批刀）、抛光不锈钢刀、350至500号砂纸、废旧报纸、美纹纸等。

（2）基底的处理：按做高档内墙漆的标准做好腻子底，记住，一定要用好的内墙腻子，因为马来漆是属于高档艺术涂料，是不用底漆的自封闭涂料，要保证基底的致密性与结实性，批荡好腻子以后用350号砂纸打磨平整（要有较高的平整度）。

（3）接下来实施马来漆的第一道工序了，用专用马来漆批刀，一刀一刀在墙面上批刮类似正（长）方形的图案，每个图案之间尽量不重叠，并且每个方形的角度尽可能朝向不一样、错开，图案与图案之间最好留有半个图案大小的间隙。

（4）第一道做完以后实施最重要的马来漆第二道工序，同样用马来漆批刀去补第一道施工留下来的空隙，当然，不是简单的补，而是要与第一道施工留下来的图案的边角错开。

（5）第二道工艺完成后，检查上面是否还有空隙未补满，是否有毛糙的地方，用500号砂纸轻轻打磨，好的马来漆是可以打出光泽来的，接下来上第三道马来漆，按原来的方法在上面一刀刀批刮，边批刮边抛光，这是相对档次高的马来漆而言。

（6）最后抛光：三道批刮完成以后已经形成马来漆图案效果了，用不锈钢刀调整好角度批刮抛光，直到墙面呈现出如大理石般的光泽，完成施工。

2. 闪光石涂料及其施工方法

闪光石是一种可调色、重量轻的水性建筑涂料，能产生漂亮的、闪光的效果。这种多才艺的产品不用抛光和打磨，能制作出各种各样的装饰效果，如石层、立体花边、亚麻布、生丝、浮雕装饰等。该产品耐用，易重涂，防水，防酶抗菌，可附着在任何涂底的表面上。

施工方法：

（1）基层：用不锈钢抹子以刮抹的手法和结实的压力在整个表面上将闪光石基色均匀的涂薄薄一层。等待产品完全干燥，约1h。

（2）肌理层：将一些基色倒入漆盘里。沾湿海绵辊并拧出多余的水分。用辊子轻轻地蘸取基色，在表面上向各个方面随意地辊，覆盖整个表面的75%左右。在产品未干时，用抹子轻轻地压抹，使用抹子要保持一个非常低的角度（25～30度）。此时饰面便形成了凹凸的肌理。充分干燥，2～3h。

（3）表层：表面施工时要用不同的颜色或浅色调。更多地改变颜色或色调，会有更生动的效果。用抹子装上产品以结实的压力掠过肌理层，朝着自己的方向形成弧线紧凑的移动，约8cm的长度。出毛边的部分，用闪光石海绵小辊辊上闪光石料，这样僵硬的棱角线就不明显了。这种方法可以避免因重叠涂抹产品而产生不自然的圈痕、棱边。重复操作直至面层完工。

（4）收尾：在狭小的门框周边，用小铲刀把多余的闪光石铲掉，弄平。干燥时间1～2h。

3. 肌理漆的涂料及其施工方法

肌理漆纹理细腻，漆膜顺滑富有质感，能简单施工出各种花纹图案，不像传统液体壁纸只能是单调的平面效果，肌理壁膜配合丝网板印花模具和镂印板等施工工具能做出比墙纸图案更丰富的整体效果，而完工效果无接缝，极高的漆面密度使得漆膜不会出现潮湿天发霉和脱落起泡等现象。

施工方法：

（1）辊涂渗透封闭底漆加固底层；

（2）使用小拉毛辊筒将材料均匀辊涂至墙面，可进行压花效果；

（3）透后，用金属面蜡进行擦色即可。

4. 金沙（银沙）及其施工方法

金沙（银沙）是一种具有沙粒感、流畅的纹理走向的艺术涂料，它能产生随风飘扬的金色沙漠效果，现代风格。适用于厨房、餐厅、酒店、卧室、大堂等场所，容易与其他效果搭配。

施工方法：

（1）将专用底涂用短毛辊筒刷一遍或者两遍；

（2）将金沙（银沙）产品用毛刷涂于墙面；

（3）按照创作者预期得到的效果，可以斜刷、打圈刷或者十字刷，产生出各种不同沙丘效果；

（4）让其自然干，等待最终效果。

5. 汉唐石及其施工方法

汉唐石以天然矿物原料为基料，根据矿物微晶凝结原理而设计，通过原创性的工艺技法演绎了古文化的新诠释。它形态自然、厚重大方、层次丰富、色泽古朴典雅、独具丰富的美学内涵和艺术价值。此产品上市之后迅速被广大装修业主所接受。因其独特的造型能力，层次分明的纹路，颇具复古风格，被广泛应用于电视背景墙、高档会所形象墙的装修中。

施工方法：

（1）先用汉唐石材料平涂墙面；

（2）通过抹刀等工具将汉唐石材料以画 0 或 8 字的方式批抹出厚重的肌理；

（3）使用金属面蜡进行着色即可。

6. 洞石、砂岩、硅晶石及施工方法

砂岩涂料是将天然骨材与特殊耐候性佳与密着性强、耐碱优之材料结合而成的防水涂料，具有天然砂岩的质感，易清洗，纹路丰富华丽有艺术感，纹理清晰流畅，自然环保，真实的纹路质感，自然的色彩，完全媲美天然砂岩。

施工工艺：

（1）处理好基底，将砂岩材料平抹一遍底层；

（2）再用批刀平抹第二遍，拉出肌理；

（3）批刀收光打磨；

（4）辊涂罩面漆。

7. 浮雕艺术漆及其施工方法

浮雕漆是一种立体质感逼真的彩色墙面涂装材料。装饰后的墙面具有酷似浮雕般的立体观感效果，所以称之为浮雕漆。浮雕漆不仅是一种全新的装饰艺术涂料，更是装潢艺术的完美表现。

1）特性

（1）浮雕漆立体感强，图案浑厚，可营造各种美感的浮雕效果；

（2）漆膜坚硬、耐刻画、有良好防水效果；

（3）良好的立面喷涂性能，施工简易；

（4）耐候性能由外墙面漆赋予，可根据需求选择不同的外墙涂料配套。

2）施工工艺

（1）用浮雕喷枪喷出花点；

（2）用光塑辊筒把点压扁；

（3）干燥后即可上金属漆或乳胶漆；

（4）用透明防尘面漆罩光后效果更好。

8. 产品及施工验收标准及其施工方法

艺术涂料产品应符合国家强制性标准GB 18582—2008《室内装饰装修材料内墙涂料中有害物质限量》规定的各项有害物质限量指标。施工验收标准，参照内墙涂料所属分类的验收标准。

第二节　硅藻泥装饰壁材施工技术

一、概述

硅藻泥装饰壁材的主要功能原料是硅藻土。硅藻生物经过亿万年的沉积矿化形成硅藻矿物即硅藻土，其质地轻柔，多孔，孔隙率高达90%，具有物理吸附性能和离子交换性能，因此用硅藻土加工制成的装饰壁材，能够起到吸湿、放湿、净化空气的作用。

硅藻泥装饰壁材作为新兴的低碳环保室内装饰材料，发源于20世纪90年代，之后进入快速发展阶段。这一时期无论是产品性能还是施工技术等都得到了显著的提高。

我国目前的生产企业已达几百家，硅藻泥装饰壁材除了可以满足个性化需求，做出多种艺术效果，更是人们追求健康居住环境的理想选择。

1. 施工技术总则

1）硅藻泥装饰壁材的施工，应做到技术先进、经济合理、安全适用。

2）本施工技术适用于一般工业建筑与民用建筑内墙采用硅藻泥装饰壁材的施工及质量验收。

3）本施工技术对硅藻泥装饰壁材的施工及质量验收给出了明确的规定，同时还应遵守国家现行有关标准的规定。

2. 基本定义

1）硅藻泥装饰壁材：以硅藻土为主要功能原料，以环保型胶凝材料为黏合剂及助剂，用水调和配制而成的装饰性涂敷材料。

2）工艺砂：由不同粒径的石英砂复合而成，用于硅藻泥装饰壁材，制作不同艺术肌理工艺的填充材料。

3）吸湿量：在吸湿过程中，材料单位面积吸收的水蒸气质量。

4）放湿量：在放湿过程中，材料单位面积释放的水蒸气质量。

5）体积含湿量比率：体积含湿量随相对湿度改变的变化率。

6）饰面基层：与建筑实体材料牢固结合并能在其表面进行装饰施工的坚固涂层。

二、原材料

1. 硅藻土原料特性

目前硅藻泥壁材所采用的硅藻土原料主要有两种，即煅烧型和非煅烧型。煅烧型是将硅藻土原矿破碎加工，经过高温（850℃以上）煅烧取得，非煅烧型是指硅藻土原矿经过低温（500℃）烘焙及水洗等工艺制备而成。

1）煅烧型硅藻土

煅烧型硅藻土的性能应符合表10-1的规定。

表10-1　煅烧型硅藻土的性能指标

项目	指标	试验方法
外观	粉末状，具有硅藻壳壁微孔结构	GB 24265—2014《工业用硅藻土助滤剂》
水分/%	≤3.0	
水可溶物/%	≤0.8	
SiO_2	≥85.0≥80≥75	
pH值（10%水浆值）	5.5～11.0	JC/T 414—2000《硅藻土及其试验方法》
振实密度/(kg/m³)	≤530	

2）非煅烧型硅藻土

非煅烧型硅藻土经过低温（500℃）烘焙等工艺制备而成。此法生产工艺耗能低、无污染，符合国家绿色建材低能耗政策以及开发应用二、三级硅藻土的产业政策。

非煅烧硅藻土原料具有藻形完整、吸附性强等特点，要求无杂质、充分干燥、无结块，硅藻土有效成分不应低于75%，含水率不应大于15%。

2. 工艺砂

由不同粒径的石英砂复合而成，用于硅藻泥装饰壁材制作不同艺术肌理，硅藻泥装饰壁材加入不同粒径的工艺砂后，可做成细料和粗料。细料指添加粒径100目以上工艺砂或不添加工艺砂的硅藻泥装饰壁材，适用于刮涂、弹涂、拉毛、压花等工艺；粗料是指添加粒径20目～80目工艺砂的硅藻泥装饰壁材，适用于制作陶艺、松韵、青丝、砂岩、布纹、土轮、洞石等肌理效果，添加工艺砂的硅藻泥装饰壁材，不得降低硅藻泥装饰壁材原有的功能。工艺砂的添加比例宜为5%～30%。

3. 人工合成颜料

人工合成颜料的加入，可以赋予硅藻泥装饰壁材不同的颜色效果，人工合成颜料应具有很好的稳定性，应符合国家环保标准。

人工合成颜料添加方法分为直接混合法和间接混合法。直接混合法，即将人工合成颜料在硅藻泥装饰壁材成品料出厂前已按照比例混合加入的方法，硅藻泥装饰壁材可直接使用；间接混合法，即硅藻泥装饰壁材成品料应根据施工需要进行颜色调配，按照配色比例确定颜料添加量，混合时应将颜料放入容器中加入适量水搅拌，使其充分溶解并过滤，过滤后再与适量水混合，加入硅藻泥装饰壁材粉料中混合配制。

人工合成颜料应符合国家环保标准的要求，并应提供检验报告。添加的人工合成颜料不得降低硅藻泥装饰壁材原有的功能。

4. 其他填料及助剂

填料及助剂是硅藻泥装饰壁材的重要组成部分，通过合理添加实现材料的综合性能指标。硅藻泥装饰壁材所用填料及助剂类型较多，主要有矿物粉末、合成纤维、触变润滑剂、增稠保水剂、防霉抗菌剂等，每类填料及助剂应符合国家现行相关标准的规定。

三、硅藻泥装饰壁材

硅藻泥装饰壁材除了具备一般涂料所应有的性能指标，还必须具有良好的功能性指标。

1. 硅藻泥装饰壁材一般性能指标

硅藻泥装饰壁材一般性能指标应符合表 10-2 的规定。

表 10-2　硅藻泥装饰壁材一般性能指标

项目		指标	试验方法
容器中状态		均匀、无结块	JC/T 2083《建筑用水基无机干粉室内装饰材料》
施工性		施工无障碍	
初期干燥抗裂性（6h）		无裂纹	GB/T 9779《复层建筑涂料》
表干时间/h		≤2	GB/T 1728《漆膜、腻子膜干燥时间测定法》
耐碱性（48h）		无起泡、裂纹、剥落、无明显变色	GB/T 9265《建筑涂料　涂层耐碱性的测定》
粘结强度/MPa	标准状态	≥0.50	GB/T 9779《复层建筑涂料》
	浸水后	≥0.30	
耐温湿性能		无起泡、裂纹、剥落、无明显变色	JC/T 2177《硅藻泥装饰壁材》
硅藻土含量/%	煅烧型	≥20%	—
	非煅烧型	≥15%	

注：1. 对于平面涂层要求测试耐洗刷性；非平面涂层不作要求。

2. 对于水性液态硅藻泥装饰壁材，硅藻土的含量为干燥后的质量比。

2. 硅藻泥装饰壁材功能性指标

硅藻泥装饰壁材功能性指标应符合表 10-3 的规定。

表 10-3　硅藻泥装饰壁材功能性指标

项目		指标		试验方法
		干粉态	水性液态	
调湿性能	吸湿量 ω_a (1×10^{-3}kg/m^2)	3h 吸湿量 $\omega_a\geq20$； 6h 吸湿量 $\omega_a\geq27$； 12h 吸湿量 $\omega_a\geq35$； 24h 吸湿量 $\omega_a\geq40$	3h 吸湿量 $\omega_a\geq10$； 6h 吸湿量 $\omega_a\geq15$； 12h 吸湿量 $\omega_a\geq20$	JC/T 2082《调湿功能室内建筑装饰材料》
	放湿量 ω_b (1×10^{-3}kg/m^2)	24h 放湿量 $\omega_b\geq\omega_a\times70\%$		
	体积含湿量比率 $\Delta\omega$ [(kg/m^3)/%]	≥0.19	≥0.12	
	平均体积含湿量 $\bar{\omega}$/(kg/m^3)	≥8	≥5	

续表

<table>
<tr><th rowspan="2">项目</th><th colspan="2">指标</th><th rowspan="2">试验方法</th></tr>
<tr><th>干粉态</th><th>水性液态</th></tr>
<tr><td>甲醛净化性能</td><td colspan="2">≥80%</td><td rowspan="2">JC/T 1074《室内空气净化功能涂覆材料净化性能》</td></tr>
<tr><td>甲醛净化效果持久性</td><td colspan="2">≥60%</td></tr>
<tr><td>防霉菌性能</td><td>0 级</td><td>1 级</td><td rowspan="2">HG/T　3950《抗菌涂料》</td></tr>
<tr><td>防霉菌耐久性能</td><td colspan="2">1 级</td></tr>
</table>

3. 硅藻泥装饰壁材有害物质限量要求

虽然硅藻土本身不含甲醛、苯系物等有害物质，但硅藻泥装饰壁材是硅藻土添加了其他物质制成的，因此严格限制硅藻泥装饰壁材有害物质的限量是必要的，其环保性能应符合现行国家标准 GB 18582《室内装饰装修材料　内墙涂料中有害物质限量》的规定，同时要求放射性应满足现行国家标准 GB 6566《建筑材料放射性核素限量》的有关规定。

硅藻泥装饰壁材应符合现行国家标准 GB 50325《民用建筑工程室内环境污染控制规范》，硅藻泥装饰壁材有害物质限量要求应符合表 10-4 的规定。

表 10-4　硅藻泥装饰壁材有害物质限量要求

<table>
<tr><th colspan="2">项目</th><th>限量值</th><th>试验方法</th></tr>
<tr><td colspan="2">挥发性有机化合物含量（VOC）</td><td rowspan="7">小于检出限值</td><td rowspan="7">GB 18582《室内装饰装修材料　内墙涂料中有害物质限量》</td></tr>
<tr><td colspan="2">苯、甲苯、乙苯、二甲苯总和/(mg/kg)</td></tr>
<tr><td colspan="2">游离甲醛/(mg/kg)</td></tr>
<tr><td rowspan="4">可溶性重金属/(mg/kg)</td><td>铅（Pb）</td></tr>
<tr><td>镉（Cd）</td></tr>
<tr><td>铬（Cr）</td></tr>
<tr><td>汞（Hg）</td></tr>
<tr><td colspan="2">放射性</td><td>符合 A 类装饰装修材料要求</td><td>GB 6566《建筑材料放射性核素限量》</td></tr>
<tr><td colspan="4">挥发性有机化合物含量的检出限值为 1g/kg；苯、甲苯、乙苯、二甲苯总和的检出限值为 50mg/kg；游离甲醛的检出限值为 5mg/kg；可溶性重金属的检出限值为 10mg/kg。</td></tr>
</table>

四、硅藻泥施工

1. 基本要求

1）硅藻泥装饰壁材的施工应按下列工序进行：确定施工方案→现场勘验→现场物品及界面保护→备料→搭建临时设施→涂饰施工→检查验收→拆除保护及清理→交付验收。

2）硅藻泥施工主要有三种工法：①刮涂工法；②弹涂工法；③艺术工法。

3）硅藻泥装饰壁材施工前应制定环境保护措施，并应控制由施工引起的粉尘、噪声等对周围环境产生的不良影响。

4）硅藻泥装饰壁材施工应符合现行国家标准 GB 6514《涂装作业安全规程　涂漆工艺安全及其通风净化》及 GB 7691《涂装作业安全规程　安全管理通则》的有关规定。

5）施工人员应经过专业的技术培训。

6）硅藻泥装饰壁材及配套材料，均应有产品质量合格证明和产品检验报告；材料进场应抽样复验，合格后方可使用；大面积施工前，应在现场采用与工程相同的材料和工艺制作样板或样板间，并应保留至竣工；样板或样板间应经建设单位或用户、设计单位、施工单位及监理单位共同确认并保留相关记录。

7）施工环境温度不宜低于 5℃，相对湿度应小于 70%。

8）施工时不宜与其他工种交叉作业。

9）施工过程中，应对施工质量做全面检查、精致修饰，达到设计及施工验收要求，并应保留自检记录和重点部位的施工影像资料。

2. 施工准备

1）应有完整的施工设计、组织方案及各种物料的检测报告。

2）应对样板或样板间中使用的物料做封样保存，并应保留到工程验收交付使用。

3）施工现场应具备供水、供电条件，并应有储放物料的临时设施。

4）土建及饰面基层应全面验收合格，门窗应已安装完毕，地面应已清理干净。

5）管线预埋等隐蔽工程应已完成并验收合格。

6）所有进场物料均应在保质期内，物料外包装应完好、无破损；产品主要成分及含量、种类、颜色应满足设计及施工要求，生产厂家应提供使用说明书和产品合格证。硅藻泥装饰壁材产品外包装上应注明硅藻土的质量含量。

7）硅藻泥装饰壁材的施工工艺应包括浆料配制、涂饰工程图案肌理制作等过程。

8）硅藻泥装饰壁材浆料的配制应由专人按说明书调配，应根据施工工法、施工季节、温度、湿度等因素严格控制浆料的黏度，不得随意添加水或其他稀释剂。

9）非涂饰面应做好防护保护。

3. 饰面基层处理

1）饰面基层应符合现行行业标准 JGJ/T 29《建筑涂饰工程施工及验收规程》的有关规定。

2）饰面基层应牢固、不开裂、不掉粉、不起砂、不空鼓、无剥离、无石灰爆裂点、无附着力不良的旧涂层等；饰面基面应表面平整，立面垂直，阴阳角垂直、方正且无缺楞掉角，分格缝深浅一致且横平竖直；饰面基层应清洁，表面无灰尘、无浮浆、无油迹、无锈斑、无霉点、无盐析类析出物等杂物。墙体如有粉化、松动、空鼓、渗漏点及持久性霉变或墙面有油脂类污渍等情况不应施工。施工基层含水率不得大于 10%，施工前应根据基层的不同状况，做封底或墙固处理。

3）涂饰施工前应对基层进行验收，合格后方可进行涂饰施工。

4. 施工工具

硅藻泥装饰壁材涂饰施工工具宜根据施工工法确定，并宜符合下列规定：

1）刮涂工法施工工具宜包括不锈钢收光抹刀、塑料抹刀、阳角抹刀、勾缝专用抹刀、塑料刮板、木质刮板等。

2）喷涂工法施工工具宜包括无气喷涂设备、空气压缩机、手持喷枪、喷斗、各种规格口径的喷嘴、高压胶管等。

3）艺术工法施工工具宜包括光身辊筒、拉毛辊筒、压花辊筒、泡沫块、口齿刮板、海藻棉、万用刷、木纹器、砂纸架、花型羊皮刷、羊皮布辊筒等。

4）镂印类工具应包括丝网板、镂印模板、即时贴图案等。

5）水性液态硅藻泥装饰壁材施工工具及施工前各项准备应符合现行行业标准 JGJ/T 29《建筑涂饰工程施工及验收规程》的有关规定。

5. 施工工艺

硅藻泥装饰壁材加入不同粒径的工艺砂后，可做成细料和粗料。细料指添加粒径 100 目以上工艺砂或不添加工艺砂的硅藻泥装饰壁材，适用于刮涂、弹涂、拉毛、压花、丝网印花等工艺；粗料是指添加粒径 20～80 目工艺砂的硅藻泥装饰壁材，适用于制作陶艺、松韵、青丝、砂岩、布纹、土轮、洞石等肌理效果，添加工艺砂的硅藻泥装饰壁材，不得降低硅藻泥装饰壁材原有的功能。

硅藻泥装饰壁材涂饰施工应由底层做起，可进行多层次施工，直至面层达到既定艺术效果。每一遍涂饰施工应在前一遍涂饰材料实干后进行，各层涂饰材料应结合牢固。

1）刮涂工法

（1）应将搅拌好的细料均匀刮涂在饰面基层上，应均匀平整、无明显批刀痕和气泡产生，二次刮涂应待实干后进行，全部工序不得少于两遍，干涂层总厚度应不低于 1.0mm。

（2）应从上到下，按同一方向刮涂，整面墙应一次性刮涂完成，应避免衔接痕迹；刮涂表面应无明显色差及浮尘、无连片斑点。

2）弹涂工法

（1）施工前应对浆料黏稠度和喷涂工具进行调试，并应做喷涂效果测试，应待喷枪气压稳定且试涂点状的大小符合施工要求后，再进行大面积施工。

（2）应将搅拌好的细料先均匀打底，待表干后应使用专业喷枪将浆料进行点状喷涂且不得少于两遍，喷施顺序应从上到下、从左到右，喷枪与墙面应成 90°角，与墙面距离应保持 1.0m 左右。

（3）表干后使用不锈钢抹刀进行收光、压实。收光前应确保物料达到表干状态，喷涂颗粒应无明显水色，不粘手，应使用不锈钢收光抹刀先横后竖反复压实，收光过程中应使用湿毛巾及时清除抹刀上的残留物料。收光完成后墙面应光滑平整、点状分布均匀且无脱粉现象。根据喷涂点状平均直径的大小可分为三种类型：大点——喷涂点状平均直径约 15mm，中点——喷涂点状平均直径约 8mm，小点——喷涂点状平均直径约 5mm。

（4）喷涂工法不得出现花底、漏喷、点状大小分布不均、连片、流挂、缺棱掉角、收光不到位等缺陷。

（5）干涂层总厚度应不低于 1.0mm。

3）艺术工法

艺术工法是通过添加特殊辅料，借助专用工具，运用独特技法，制作出具有鲜明个性、丰富饰面肌理效果的施工方法。

1）应将搅拌好的浆料先均匀打底，待表干后再用各种工具制作不同的肌理图案。

2）粗料类，主要工法有土轮、布艺、砂岩、洞石、原泥、如松等。

3）细料类，主要工法有拉毛压光、辊筒压花、刻贴（阳刻、阴刻）、镂版印花、丝网印花等。干涂层总厚度应不低于 1.0mm。

4）水性液态硅藻泥装饰壁材施工应符合现行行业标准 JGJ/T 29《建筑涂饰工程施工及验收规程》的有关规定，干燥后涂层厚度不应低于 0.3mm。

5）施工后应根据产品特点采取成品保护措施，自然养护温度不应低于 5℃。涂膜干燥前，应防止尘土沾污。

6. 文明施工

1）施工过程中应采取防止噪声传播和粉尘扩散的环保措施。

2）未用完的材料应密封保存，不得泄漏或溢出。

3）废弃料应单独包装处理，严禁倒入下水道。

4）对被污染的部位，应在涂饰材料未干时及时清除。

5）施工完毕后应做全面检查，拆除保护设施后，应及时清洗工具，清理施工现场。

五、质量验收

1. 一般规定

1）硅藻泥装饰壁材涂饰施工的质量验收应待涂层自然养护期满后进行，并应符合现行国家标准 GB 50210《建筑装饰装修工程质量验收规范》的有关规定，验收时应检查下列资料和记录：

（1）施工方案、设计说明及其他设计文件。

（2）所用材料的产品合格证书、性能检测报告及进场验收记录。

（3）饰面基层的检验记录。

（4）施工自检记录及施工过程记录。

2）硅藻泥装饰壁材涂饰施工应对下列部位或内容进行隐蔽工程验收，并应有详细的文字记录和必要的图像资料：（1）饰面基层状况；（2）涂覆厚度。

2. 检验批的划分

硅藻泥装饰壁材涂饰施工后，检验批的划分及检查数量应符合下列规定：

1）室内同类硅藻泥装饰壁材涂饰的墙面每 50 间（大面积房间和走廊按 10 延长米为 1 间）应划分为一个检验批，不足 50 间时应划分为一个检验批。

2）每个检验批应至少抽查 10%，但不应少于 3 间；不足 3 间时应全数检查。

3）单体项目应全数检查。

3. 主控项目

1）硅藻泥装饰壁材的品种、型号和性能应符合设计要求。

检验方法：检查产品合格证书、性能检测报告和进场验收记录。

检查数量：全数检查。

2）饰面基层在涂饰前应做封底或墙固处理。

检验方法：观察检查；手摸检查；检查施工记录。

检查数量：全数检查。

3）硅藻泥装饰壁材的颜色、图案应符合设计要求。

检验方法：观察检查。

检查数量：全数检查。

4）硅藻泥装饰壁材应涂饰均匀、粘结牢固，不得漏涂、透底、起皮和返锈花底。

检验方法：观察检查；手摸检查。

检查数量：全数检查。

4. 一般项目

1）干粉态硅藻泥装饰壁材涂层质量应符合表10-5的规定。

检验方法：观察检查。

检查数量：全数检查。

表10-5　干粉态硅藻泥装饰壁材涂层质量要求

项目	合格	优质
掉粉	不允许	不允许
泛碱、咬色	允许少量轻微	不允许
鼓泡、裂纹	不允许	不允许
质感	均匀一致	均匀一致
开裂	不允许	不允许
门窗、灯具等	洁净	洁净

注：开裂是指涂料开裂，不包括因建筑结构开裂引起的涂料开裂。

2）水性液态硅藻泥装饰壁材涂层质量应符合表10-6的规定。

检验方法：观察检查。

检查数量：全数检查。

表10-6　水性液态硅藻泥装饰壁材涂层质量要求

项目	合格	优质
掉粉	不允许	不允许
泛碱、咬色	不允许	不允许
流坠、疙瘩	允许少量轻微	不允许
质感	—	均匀一致
开裂	不允许	不允许
针孔、砂眼	—	不允许
门窗、灯具等	洁净	洁净

注：开裂是指涂料开裂，不包括因建筑结构开裂引起的涂料开裂。

3）硅藻泥装饰壁材涂层与其他装修材料衔接处应吻合、界面应清晰。

检验方法：观察检查。

检查数量：全数检查。

5. 验收

1）硅藻泥装饰壁材涂饰施工验收应符合现行国家标准GB 50210《建筑装饰装修工程质量验收规范》的有关规定。

2）硅藻泥装饰壁材涂饰施工质量验收合格，应符合下列规定：

（1）主控项目应全部合格。

（2）一般项目应合格；当采用计数检验时，至少拥有 90%以上的检查点应合格，且其余检查点不得有严重缺陷。

3）硅藻泥装饰壁材涂饰施工竣工验收应提供下列文件、资料：

（1）设计文件、图纸会审记录、设计变更和洽商记录。

（2）硅藻泥装饰壁材的质量检验报告。

（3）主要组成材料的产品合格证、出厂检验报告、进场复验报告和进场核查记录。

4）施工技术方案、施工技术交底。

5）现场实体检验记录和相关图像资料。

6）其他对工程质量有影响的重要技术资料。

引用标准名录

《建筑装饰装修工程质量验收规范》GB 50210

《民用建筑工程室内环境污染控制规范》GB 50325

《漆膜、腻子膜干燥时间测定法》GB/T 1728

《涂装作业安全规程　涂漆工艺安全及其通风净化》GB 6514

《建筑材料放射性核素限量》GB 6566

《涂装作业安全规程　安全管理通则》GB 7691

《建筑涂料涂层耐碱性的测定》GB/T 9265

《建筑涂料涂层耐洗刷性的测定》GB/T 9266

《复层建筑涂料》GB/T 9779

《食品安全国家标准　硅藻土》GB 14936

《室内装饰装修材料　内墙涂料中有害物质限量》GB 18582—2008

《粉末产品振实密度测定通用方法》GB/T 21354

《工业用硅藻土助滤剂》GB 24265

《抗菌涂料》HG/T 3950

《硅藻土及其试验方法》JC/T 414

《混凝土界面处理剂》JC/T 907

《室内空气净化功能涂覆材料净化性能》JC/T 1074

《调湿功能室内建筑装饰材料》JC/T 2082

《建筑用水基无机干粉室内装饰材料》JC/T 2083

《聚合物水泥防水浆料》JC/T 2090

《硅藻泥装饰壁材》JC/T 2177

《建筑室内用腻子》JG/T 298

《建筑涂饰工程施工及验收规程》JGJ/T 29

第十一章 建筑涂料标准、技术性能及检测方法

国内建筑涂料经过几十年的发展，特别是近十几年的快速发展，产量和品种都有了大幅度的提高和增加，为了保证产品质量及环保性能，我国相继制定和修订了一系列建筑涂料及配套产品的国家标准及行业标准，对建筑涂料的进一步发展及进入国际市场起到了积极的推动作用。

第一节 建筑涂料相关产品标准

一、建筑涂料相关产品标准

表 11-1 建筑涂料相关产品标准

建筑涂料品种		强制性标准	使用性能标准
墙面涂料	内墙乳胶漆	GB 18582—2008《室内装饰装修材料内墙涂料中有害物质限量》	GB/T 9756—2009《合成树脂乳液内墙涂料》
			JC/T 423—1991《水溶性内墙涂料》
			GB/T 21090—2007《可调色乳胶基础漆》
			HG/T 4109—2009《负离子功能涂料》
	外墙乳胶漆		GB/T 9755—2014《合成树脂乳液外墙涂料》
			JG/T 210—2007《建筑内外墙用底漆》
			GB/T 21090—2007《可调色乳胶基础漆》
	外墙弹性涂料		JG/T 172—2014《弹性建筑涂料》
	复层建筑涂料		GB/T 9779—2015《复层建筑涂料》
			JG/T 24—2000《合成树脂乳液砂壁状建筑涂料》
	溶剂型外墙涂料		GB/T 9757—2001《溶剂型外墙涂料》
			HG/T 3792—2005《交联型氟树脂涂料》
	无机建筑涂料		JG/T 26—2002《外墙无机建筑涂料》
	隔热涂料		JG/T 206—2007《外墙外保温用环保型硅丙乳液复层涂料》
			JG/T 235—2014《建筑反射隔热涂料》

续表

建筑涂料品种		强制性标准	使用性能标准
墙面涂料	内外墙腻子	GB 18582—2008《室内装饰装修材料 内墙涂料中有害物质限量》	JG/T 157—2009《建筑外墙用腻子》
			JG/T 298—2010《建筑室内用腻子》
木器涂料	溶剂型木器涂料	GB 18581—2009《室内装饰装修材料 溶剂型木器涂料中有害物质限量》	HG/T 2454—2014《溶剂型聚氨酯涂料（双组分）》
			HG/T 2240—2012《潮（湿）气固化聚氨酯涂料（单组分）》
			GB/T 25251—2010《醇酸树脂涂料》
			HG/T 2592—1994《硝基清漆》
			GB/T 23997—2009《室内装饰装修用溶剂型聚氨酯木器涂料》
			GB/T 23995—2009《室内装饰装修用溶剂型醇酸木器涂料》
			GB/T 23998—2009《室内装饰装修用溶剂型硝基木器涂料》
	水性木器涂料	GB 24410—2009《室内装饰装修材料水性木器涂料中有害物质限量》	GB/T 23999—2009《室内装饰装修用水性木器涂料》
地坪涂料			HG/T 3829—2006《地坪涂料》
			HG/T 2004—1991《水泥地板用漆》
防火涂料		GB 14907—2002《钢结构防火涂料》、GB 12441—2005《饰面型防火涂料》、GB 28375—2012《混凝土结构防火涂料》	—
防水涂料		JC 1066—2008《建筑防水涂料中有害物质限量》	GB/T 19250—2013《聚氨酯防水涂料》
			JC/T 408—2005《水乳型沥青防水涂料》
			JC/T 674—1997《聚氯乙烯弹性防水涂料》
			JC/T 852—1999《溶剂型橡胶沥青防水涂料》
			JC/T 864—2008《聚合物乳液建筑防水涂料》
			GB/T 23445—2009《聚合物水泥防水涂料》
建筑型材、板材涂料			HG/T 3830—2006《卷材涂料》
			HG/T 3792—2014《交联型氟树脂涂料》
			HG/T 3793—2005《热熔型氟树脂（PVDF）涂料》
			HG/T 2006—2006《热固性粉末涂料》
			GB/T 23996—2009《室内装饰装修用溶剂型金属板涂料》

二、如何区分标准

我们国家的产品标准分为四种类型：国家标准、行业标准、地方标准和企业标准。

我们平时接触最多的是国家标准和行业标准，它们的表现形式如下：

国家标准：GB xxxxx（号码）－yyyy（年份）“标准名称”；

行业标准：JGxxxxx（号码）－yyyy（年份）“标准名称”。

通过标准代号前面两到三个字母区分是国家标准还是某个行业的标准，后面的数字是该标准的唯一识别码，如同个人身份证号一样永远不变，再后面的数字是该标准批准执行的年份（当标准进行修订后这个数字相应变化），标准名称点出了该标准针对哪一个产品。

国家标准和行业标准又根据其属性不同区分为“强制性标准”和“推荐性标准”两种，具有法律属性，在一定范围内通过法律、行政法规等手段强制执行的标准是强制性标准，是与标准相关的企业、个人都必须无条件执行及符合的标准。而推荐性标准不具有法律属性的特点，属于技术文件，不具有强制执行的功能，与标准相关的企业、个人可以根据自己情况决定是否执行。具体可以从标准代号加以分辨，凡是代号中有“/T”的标识符号就是推荐性标准。对于建筑涂料行业，我们从前面的表格中可以看出，防火涂料及与有害物质相关的产品标准是强制性标准，其他都是推荐性标准。

三、建筑涂料的分类方法及标准名称

我国建筑涂料的分类目前尚无统一的划分方法，往往采用下述几种方法进行分类。

1. 按基料的类别分类

可分为有机涂料、无机涂料及复合涂料。有机涂料又可根据使用溶剂的不同，分为溶剂型、水乳型及水溶型有机涂料。

2. 按涂膜厚度及质感（形状）分类

可分为表面平整、光滑的平面涂料，表面呈砂粒状装饰效果的砂壁状涂料，形成凹凸花纹立体装饰效果的复层涂料（包括环山状、斑点状、橘皮状、拉毛状等）。

3. 按使用部位分类

可分为内墙涂料、外墙涂料、地面涂料、顶棚涂料等。

4. 按功能分类

可分为装饰性涂料与特种功能性涂料（如防火涂料、防霉涂料、防水涂料，隔热涂料等）。

四、建筑涂料性能技术指标

涂料的性能是多方面的，为了评价涂料具有什么样的性能，以及性能的高低，并尽可能用数值表示，通常标准都列出涂料产品的技术指标。

涂料产品的技术指标所规定的数值作为标准时，它具有统一性、科学性、广泛性、约束性和可行性，也作为评定该产品的质量依据。

目前建筑涂料主要对以下两类性能进行考察：

1. 涂料的环保性能

涂料的环保性能技术指标包括：

1）挥发性有机化合物含量（VOC）。VOC是挥发性有机化合物（volatile organic compound）的英文缩写。不同国家对其解释虽有所差异，但较为公认的是欧共体对它的解释：在通常的压力下，沸点或起始沸点低于或等于250℃的任何有机化合物。

2）重金属含量。该项指标是保证环保型建筑内墙涂料产品中不得含有汞、铅、铬、镉重金属成分。这类物质大部分来源于颜填料，因此环保型建筑内墙涂料在生产过程中需严格控制重金属含量指标。

3）游离甲醛含量。该项指标是保证环保型内墙涂料产品中不得含有游离甲醛，甲醛对皮肤黏膜有很强的刺激性，少数人特别是孩子和老人可能产生过敏反应。1996年美国政府工业卫生学家会议（ACGIH）将其定为人类可疑致癌物，在环保型内墙涂料中应作严格限制。

2. 涂料的物理性能

目前涂料产品的检查一般可分为涂料在用作装饰材料之前，即呈液态时的性能检测，如细度、黏度、不挥发分、在容器中的状态等。涂料在涂刷到物体表面上时的施工性能检测，以及涂料转变为固态涂层后的机械性能和耐化学性能检测，如耐水性、耐碱性、遮盖力、附着力、粘接强度等。除了一般的质量检测外，还需进行一些特定的性能检验，如测定耐候性的大气曝晒及人工加速老化试验。对于特定用途的品种则有相应的特殊检验设备及测试方法，如测定防火性能的大板燃烧法、隧道燃烧法、小室燃烧法，测定防水性能的涂膜不透水性测定法等。

五、建筑涂料性能测试方法

在建筑涂料的产品标准中，不同类型的涂料检测内容不同，但某些主要技术性能的检测方法是相同的，见表11-2。

表11-2　建筑涂料主要技术性能检测方法

编号	检测方法名称	相应检测方法标准	主要仪器设备
1	容器中的状态	—	搅拌棒
2	低温稳定性	GB/T 9755—2014《合成树脂乳液外墙涂料》	低温箱
3	干燥时间	GB/T 1728—1979《漆膜、腻子膜干燥时间测定法》	
4	初期干燥抗裂性	GB/T 9779—2015《复层建筑涂料》	初期干燥抗裂仪
5	耐沾污性	GB/T 9780—2013《建筑涂料涂层耐沾污性试验方法》	白度测定仪、水箱（容积15L，高2m）
6	耐洗刷性	GB/T 9266—2009《建筑涂料　涂层耐洗刷性的测定》	洗刷试验机
7	耐碱性	GB/T 9265—2009《建筑涂料　涂层耐碱性的测定》	玻璃水槽

续表

编号	检测方法名称	相应检测方法标准	主要仪器设备
8	耐水性	GB/T 1733—1993《漆膜耐水性测定法》	玻璃水槽
9	耐冻融法循环性	JG/T 25—1999《建筑涂料涂层耐冻融循环性测定法》	低温箱、恒温箱
10	粘结强度	—	拉力试验机
11	耐人工老化性	GB/T 1766—2008《色漆和清漆　涂层老化的评级方法》	人工加速耐候性试验仪
12	耐冲击性	GB/T 20624—2006《色漆和清漆快速变形（耐冲击性试验）》	冲击试验器
13	细度	GB/T 6753.1—2007《色漆清漆和印刷油墨研磨细度的测定》	刮板细度计
14	附着力（划圈法）	GB 1720—1979《漆膜附着力测定法》	附着力测定仪
	附着力（划格法）	GB/T 9286—1998《色漆和清漆　漆膜的划格试验》	切割工具
15	柔韧性	GB/T 1731—1993《漆膜柔韧性测定法》	柔韧性测定仪
16	耐湿热性	GB/T 1740—2007《漆膜耐湿热测定法》	调温调湿箱
17	黏度	GB/T 1723—1993《涂料黏度测定法》	斯托默黏度计
18	遮盖力	GB/T 1726—1979《涂料遮盖力测定法》	黑白格板、暗箱

下面针对各项目检测目的及试验方法做简要介绍。

检测环境：按 GB/T 9278—2008《涂料试样状态调节和试验的温湿度》规定执行。（温度：23±2℃湿度：50±5%）

取样：按 GB 3186《涂料产品的取样规定》规定进行。

试验样板的制备：按 JG/T 23—2001《建筑涂料涂层试板的制备》规定进行。

1. 容器中状态

评价新开盖的原始涂料呈现状况，是否结皮、絮凝、结块等以及能否重新混合成均匀状态。试验方法为：打开容器先目视，然后用刮刀或搅棒搅拌，经搅拌易于混合均匀时，可评为“搅拌混合后无硬块，呈均匀状态”。

2. 细度

也称分散细度或研磨细度，是涂料中颜料及填料分散程度的一种量度，细度小说明颜料分散好，涂料遮盖力好，涂膜外观更细腻、光洁。试验方法为刮板细度计法，即在规定的条件下，将涂料刮涂于标准细度计上所得到的读数，一般以微米（μm）表示。

3. 黏度

涂料的黏度又叫涂料的稠度，是指流体本身存在黏着力而产生流体内部阻碍其相对流动的一种特性。其直接影响施工性能、漆膜的流平性、流挂性。通过测定黏度，可以观察涂料贮存一段时间后的聚合度。国家标准 GB/T 1723—1993 规定了 3 种测定黏度的方法，包括涂-1、涂-4 黏度杯及斯托默型黏度计测定涂料黏度的方法。

目前大部分涂料产品标准并未列出黏度指标，但涂料黏度对于我们涂装工来说是非常重要的指标。施工中需要调整涂料黏度时，应酌情加入适宜的稀释剂，采用机械搅拌，使涂料上下均匀一致。稀释剂用量一般不超过涂料总质量的5%，而采用高压无气喷涂施工的涂料一般不加稀释剂。

对涂料产品黏度的经验检测方法是，经搅拌后，用棒挑起涂料进行观察。正常的涂料应自由降落而不断，如有中断而回缩现象，说明该涂料较稠。一般棒上的涂料与桶内涂料在很短时间内会连接不断地流淌，连接距离为30～50mm，即近于刷涂的程度。小于30mm，表明涂料黏度太小，涂料太稀；大于50mm，表明黏度太大，即涂料太稠。这种以符合施工要求为准，同时又通过多次实践应用，不用黏度计测定的黏度，称为工作黏度。

4. 贮存稳定性

考察涂料产品在正常的包装状态及贮存条件下经过一定的贮存期限后，产品的物理及化学性能是否仍能达到原规定的使用要求。贮存稳定性又分为常温贮存稳定性、热贮存稳定性及低温贮存稳定性，后二者均为人工加速贮存。热贮存稳定性最高贮存温度以50℃为宜，低温贮存稳定性为采用冷热交替循环来考察。

5. 施工性

该指标主要指涂料施工的难易程度。用于检查涂料施工是否产生流挂、缩边、拉丝、起皱、涂刷困难等现象。用刷子在平滑面上刷涂试样，涂布量为湿膜厚约100μm，使试板的长边呈水平方向，短边与水平面呈约85°角竖放。放置6h后再用同样方法刷涂第二道试样，在第二道刷涂时，刷子运行无困难，则可判为“刷涂第二道无障碍”。

6. 干燥时间

涂料从流体层到全部形成固体涂膜这段时间称干燥时间，分为表干时间（表面干燥时间）及实干时间（实际干燥时间）。前者是指在规定的干燥条件下，一定厚度的湿涂膜，表面从液态变为固态，但其下仍为液态所需要的时间。后者是指在规定的干燥条件，从施涂好的一定厚度的液态涂膜至完全形成固态涂膜所需要的时间。

7. 涂膜外观

将施工性试验后的样板放置24h，目视观察涂膜，若刷痕不明显，没有针孔和流挂，涂膜均匀，与商定标准色卡相比颜色差异不大，则认为“涂膜外观正常”。

8. 对比率（遮盖力）

对比率是指将有色不透明的涂料均匀地涂装在物体表面上，以遮盖被涂物表面底色的能力。是在给定湿膜厚度或给定涂布率的条件下，采用反射率测定仪测定在标准黑板和白板上干涂膜反射率之比。

试验方法：涂膜制备。在透明聚酯薄膜上，或者在底色各半的卡片纸上按上述样板制备方法均匀地涂上被测涂料，在规定的实验环境中放置24h。如用聚酯薄膜为底材制备涂膜，则将涂漆聚酯膜贴在滴有200号溶剂油的仪器所附的黑白玻璃标准板上，使之保持光学接触，然后在至少四个位置上测量每张涂漆聚酯膜的反射率，并分别计算平均反射率R_B（黑板上）和R_W（白板上）。

如用底色为黑白各半的卡片纸制备涂膜，则直接在黑白底色涂膜上各至少四个位置测重反射率，并分别计算平均反射率R_B（黑板上）和R_W（白板上）。对比率按下式计算：

对比率＝ R_B/R_W。

9. 初期干燥抗裂性

砂壁状涂料、复层涂料等厚质涂料及内外墙腻子从施工后的湿膜状态到变成干膜过程中的抗开裂性能。该项技术指标是对某些厚质涂料提出的要求，反映出涂料内在质量，它直接影响装饰效果及最后涂层性能。

10. 耐洗刷性

涂膜经受皂液、合成洗涤液的湿润后用软毛刷清洗（以除去其表面的尘埃、油烟等污物）而保持涂膜完整不损坏的能力。

试验方法：将涂料刮涂在试板上达到规定厚度，干燥 7d 后，将试板放在耐洗刷测试仪上用规定重量的软毛刷和规定浓度的洗涤液擦洗规定次数，观察涂膜是否破损。

11. 附着力

涂膜与被涂物件表面（通过物理和化学力的作用）结合在一起的坚牢程度。被涂面可以是底材也可以是涂漆底材。

附着力的测试方法有两种，水性涂料都采用“划格法”，溶剂型涂料大多采用“划圈法”。

12. 耐磨性

涂膜对摩擦作用的抵抗能力，试验方法是测定涂膜在一定荷载下经规定磨转次数后的失重，以克（g）表示。失重越小则耐磨性越好。该项技术指标是对受重量摩擦的地板涂料提出的要求。

13. 粘结强度

涂层单位面积所能经受的最大拉伸荷载。常以兆帕（MPa）表示。该项技术指标是砂壁状建筑涂料、复层涂料及室内用腻子等厚质涂层必须测定的重要指标，是厚质涂层对于基层粘结牢度的评定。

试验方法：将涂料刮涂到 5cm×5cm 水泥砂浆试块上，然后粘上另一半试块，放于标准条件下养护规定时间，将试件夹持于拉力试验机上，按规定速度拉伸至试件破裂，用最大拉力除以粘贴面积即为粘结强度。

14. 耐水性

涂膜对水的抵抗能力的测试项目。

将涂膜浸入玻璃水槽中，规定的时间后，取出试板观察涂膜表面是否有粉化、起泡、退色、剥落等现象。

15. 耐碱性

涂膜对碱浸蚀的抵抗能力。即在规定的条件下，将涂料试板浸泡在一定浓度的碱液中，观察其有无发白、失光、起泡、脱落等现象。该技术指标对内外墙涂料都较重要。

16. 耐沾污性

涂膜受灰尘、大气悬浮物等污染物沾污后，清除其表面上污染物的难易程度。建筑涂料的使用寿命包括两个方面：一是涂层耐久性；二是涂层的装饰性。作为外墙涂料，涂膜长期曝露在自然环境中，能否抵抗外来污染，保持外观清洁，直接影响其使用寿命。

试验方法：将涂料刮涂在试板上，干燥 7d 后测定涂膜原始反射系数 A，在涂膜上刷涂标准粉煤灰水，干燥后放于冲洗仪下冲洗，如此重复 3 次后测定涂膜经污染后的反射系

数 B，涂层的耐沾污性用反射系数下降率表示。

$$反射系数下降率=(A-B)/A\times100\%$$

17. 耐温变性

涂膜经受冷热交替的温度变化而保持原性能的能力，该项技术指标主要是针对外墙涂料提出的要求。

试验方法：涂层经23℃水中浸泡18h、−20℃冷冻3h、50℃烘3h反复3次循环后，观察涂层表面，以涂层表面变化现象来表示，如粉化、气泡、开裂、剥落等。

18. 天然老化

涂膜曝露于户外自然条件下抵抗阳光、雨露、风、霜等气候条件的破坏作用下能保持原性能的能力（是否出现失光、变色、粉化、龟裂、长霉、脱落及底材腐蚀等）。由于我国地域辽阔，气候类型复杂，东、西、南、北地域气候条件差别很大，往往同一个配方的品种在不同地区使用性能具有较大差异。

19. 人工加速老化

采用人工老化试验机模拟自然条件对涂膜进行考察，经过规定时间老化试验后观察涂膜表面是否出现失光、变色、粉化、龟裂、长霉、脱落及底材腐蚀等。通过多年实践证明，大气曝晒虽然符合天然气候条件，但试验周期太长。人工加速老化虽然提高了加速倍率，但模拟性还存在一定问题。

20. 耐火性能

考察在高温燃烧条件下规定厚度的涂膜对被涂覆基材的保护能力。

试验方法：将涂料涂覆在工字形钢梁上达到规定厚度，养护一定时间后安装到水平燃烧试验炉上，对钢梁加载并使其三面受火，以被涂覆钢梁失去承载能力的时间作为耐火极限。涂料的耐火性能以涂层厚度和耐火极限来表示。

21. 断裂伸长率

考察规定厚度的涂膜在外力拉伸下的弹性，弹性好的涂料在墙体或屋面基层出现开裂时能对其起到保护作用，涂料的弹性主要由高分子乳液或聚合物的性能决定。

试验方法：将涂料按规定厚度制备到特定的底板上，养护7天后揭下涂膜，裁切成哑铃形试条。在哑铃形试条颈部表示出原始长度 L_1，用拉力试验机以规定的速度拉伸，测量出试条断裂时的长度 L_2，断裂伸长率 $=(L_2-L_1)/L_1$。

六、用检测手段加强质量管理

涂料作为一种化工产品，需要进行质量检测，但作为一种配套材料，其质量好坏，除了检测涂料本身，更主要的是要检测它涂在物体表面所形成的涂膜性能，所以涂料的质量检测不同于一般化工产品，它包括涂料产品本身的性能测试，涂料施工性能测试，涂膜的一般性能和特殊保护性能测试。通过一系列的检测，可以有效地对产品车间生产进行监控，既能够保证最终产品的质量，同时也可以提高涂料的施工质量。

1. 通过涂料产品本身的性能检测来加强质量管理

涂料产品本身的性能包括：颜色与外观、细度、黏度、固体含量、贮存稳定性等，根据上述项目的检测，生产技术人员可以适当调节涂料配方和生产工艺，加强质量管理来确保涂料产品的技术性能。黏度对涂料生产厂来讲是控制产品质量的重要指标之一，它与涂料施工性能和施工质量有密切关系，可以用黏度指标来判定产品应稀释的程度，使之符合技术指标要求。影响黏度的主要因素有聚合物的分子量、添加助剂、溶剂、填充料的品种及用量等。贮存稳定性是涂料自包装之日至质量保证期内，在正常贮存运输条件下，要求产品质量稳定，不产生严重结皮、变色、变稠、分层、沉淀、凝聚、结块等现象。

2. 通过涂料产品施工性能检测加强质量管理

涂料产品施工性能是评价涂料产品质量好坏的一个重要方面。不同类型、不同颜色的涂料，遮盖力各不相同。干燥时间给人们的印象只是可施工或可触摸的概念，实际上它与工程质量还有更深层的联系：干燥时间影响两次涂布施工的间隔时间；影响涂料的流平：表干太快的涂料不易流平，易产生刷痕。防水涂料的干燥时间一方面表示可施工时间；另一方面表示在这段时间内涂层不能遇到雨水或低温，对确保施工质量有密切关系。为了满足使用要求，需在涂料中添加助剂以调节成膜速度。固体含量用于判断涂料产品中固体分和挥发分的比值是否合适，从而控制涂层厚度。

3. 通过涂层性能检测来加强质量管理

涂层性能是涂料产品质量的最终表现，在产品质量检测中占有重要位置。涂层性能检测包括涂膜外观、耐水性、硬度、柔韧性、延伸率、抗拉强度、耐洗刷性、耐沾污性、耐老化性等。

建筑涂料的使用寿命取决于耐老化性和耐沾污性，而涂料中成膜物质的性能决定了涂层耐候性、耐沾污性的优劣。成膜物质大多数由高分子材料组成，它们受冷热变化、紫外光照射、酸碱作用等大气环境影响，引起高聚物的降解、老化，导致材料性能发生很大变化，表现为涂层脱粉、变色、龟裂、延伸率和强度下降等。因为老化时间体现涂层使用寿命，耐沾污性体现涂层的装饰性，所以它们是评定外墙涂料产品性能好坏的重要指标，提高涂层耐候性、耐沾污性与成膜物质的选择均至关重要。

4. 通过环保性能检测来加强质量管理

随着环境保护意识的不断加强，建筑涂料正向环保型、健康型方向发展。建筑内墙涂料通过有害物质限量（GB 18582—2008）的检测，可有效地控制涂料中挥发性有机化合物的含量（VOC），重金属含量和游离甲醛含量，通过水性环境标志产品认证技术要求（HJ/T 201—211—2005）的检测，可获得环境标志产品，使建筑涂料真正起到美化居室、不污染环境的作用。科学的配方、合理的生产工艺和切实有效的质量管理，才能把好涂料产品质量关。

第二节　常用建筑涂料的标准及指标

一、GB 9756—2009《合成树脂乳液内墙涂料》

本标准适用于以合成树脂乳液为基料，与颜料、体质颜料及各种助剂配制而成的、施涂后能形成表面平整的薄质涂层的内墙涂料，包括底漆和面漆。产品分为两类：内墙底漆、内墙面漆。内墙面漆分为三个等级：合格品、一等品、优等品。

内墙底漆技术要求见表 11-3。

表 11-3　内墙底漆技术要求

项　目		指　标
容器中状态		无硬块，搅拌后呈均匀状态
施工性		刷涂无障碍
低温稳定性（3 次循环）		不变质
涂膜外观		正常
干燥时间（表干）/h	≤	2
耐碱性（24h）		无异常
抗泛碱性（48h）		无异常

内墙面漆技术要求见表 11-4。

表 11-4　内墙面漆技术要求

项　目		指　标		
		合格品	一等品	优等品
容器中状态		无硬块，搅拌后呈均匀状态		
施工性		刷涂二道无障碍		
低温稳定性（3 次循环）		不变质		
涂膜外观		正常		
干燥时间（表干）/h	≤	2		
对比率（白色和浅色）	≥	0.90	0.93	0.95
耐碱性（24h）		无异常		
耐洗刷性/次	≥	300	1000	5000

二、JG/T 3049—1998《建筑室内用腻子》

本标准适用于以水溶性树脂、水分散性树脂、填料、助剂为主要原料制成的室内用腻子。建筑室内用腻子技术指标见表 11-5。

表 11-5　JG/T 298—2010 建筑室内用腻子技术要求

项　目			技术指标		
			一般型（Y）	柔韧型（R）	耐水型（N）
容器中状态			无结块、均匀		
低温贮存稳定性			三次循环不变质		
施工性			刮涂无障碍		
干燥时间（表干）/h	单道施工厚度	＜2mm	≤2		
		≥2mm	≤5		

续表

项　　目		技术指标		
		一般型（Y）	柔韧型（R）	耐水型（N）
初期干燥抗裂性（3h）		无裂纹		
打磨性		手工可打磨		
耐水性		—	4h 无起泡、开裂及明显掉粉	48h 无起泡开裂及明显掉粉
粘结强度	标准状态	＞0.30	＞0.40	＞0.50
	浸水后	—	—	＞0.30
柔韧性		—	直径 100mm 无裂纹	—

三、JG/T 210—2007《建筑内外墙用底漆》

本标准适用于以合成树脂乳液、溶剂型树脂或其他材料为主要胶粘剂，配以助剂、颜填料等制成的建筑内外墙用各类底漆。建筑内外墙用底漆技术要求见表 11-6。

表 11-6　建筑内外墙用底漆技术要求

分类 项目	内墙	外墙	
		Ⅰ型	Ⅱ型
容器中状态	无硬块，搅拌后呈均匀状态		
施工性	刷涂无障碍		
低温稳定性①	不变质		
涂膜外观	正常		
干燥时间（表干）/h	≤2		
耐水性	—	96h 无异常	
耐碱性	24h 无异常	48h 无异常	
附着力/级	≤2	≤1	≤2
透水性/mL	≤0.5	≤0.3	≤0.5
抗泛碱性	48h 无异常	72h 无异常	48h 无异常
抗盐析性	—	144h 无异常	72h 无异常
有害物质限量②	②	—	—
面涂适应性	商定		

① 水性底漆测试此项内容。

② 水性内墙底漆符合 GB 18582 技术要求；溶剂型内墙底漆符合 GB 50325 技术要求。

四、GB 18582—2008《室内装饰装修材料　内墙涂料中有害物质限量》

本标准适用于各类室内装饰装修用水性墙面涂料和水性墙面腻子。有害物质限量要求见表 11-7。

表 11-7　有害物质限量要求

项　　目		限量值	
		水性墙面涂料①	水性墙面腻子②
挥发性有机化合物含量（VOC）　≤		120g/L	15g/kg
苯、甲苯、乙苯、二甲苯总和（mg/kg）　≤		300	
游离甲醛（mg/kg）　≤		100	
可溶性重金属/（mg/kg）　≤	铅 Pb	90	
	镉 Cd	75	
	铬 Cr	60	
	汞 Hg	60	

① 涂料产品所有项目均不考虑稀释配比。

② 膏状腻子所有项目均不考虑稀释配比；粉状腻子除可溶性重金属项目直接测试粉体外，其余 3 项按产品规定的配比将粉体与水或胶粘剂等其他液体混合后测试，如配比为某一范围时，应按照水用量最小，胶粘剂等其他液体用量最大的配比混合后测试。

五、GB/T 9755—2014《合成树脂乳液外墙涂料》

本标准适用于以合成树脂乳液为基料，与颜料、体质颜料（底漆可不添加颜料或体质颜料）及各种助剂配制而成的，且施涂后能形成表面平整的薄质涂层的外墙涂料，包括底漆、中涂漆和面漆。该涂料适用于对建筑物和构筑物的外表面进行装饰和防护。技术要求见表 11-8～表 11-10。

表 11-8　底漆的要求

项　　目	指　　标	
	Ⅰ型	Ⅱ型
容器中状态	无硬块，搅拌后呈均匀状态	
施工性	刷涂无障碍	
低温稳定性	不变质	
涂膜外观	正常	
干燥时间（表干）/h ≤	2	
耐碱性（48h）	无异常	
耐水性（96h）	无异常	
抗泛盐碱性	72h 无异常	48h 无异常
透水性/mL ≤	0.3	0.5
与下道涂层的适应性	正常	

表 11-9　中涂漆的要求

项　　目	指　　标
容器中状态	无硬块，搅拌后呈均匀状态
施工性	刷涂二道无障碍
低温稳定性	不变质
涂膜外观	正常
干燥时间（表干）/h	2
耐碱性①（48 h）	无异常
耐水性①（96 h）	无异常
涂层耐温变性①（3 次循环）	无异常
耐洗刷性（1000 次）	漆膜未损坏
附着力/级	2
与下道涂层的适应性	正常

① 也可根据有关方商定测试与底漆配套后的性能。

表 11-10　面漆的要求

项　　目		指　　标		
		合格品	一等品	优等品
容器中状态		无硬块，搅拌后呈均匀状态		
施工性		刷涂二道无障碍		
低温稳定性		不变质		
涂膜外观		正常		
干燥时间（表干）/h	≤	2		
对比率（白色和浅色①）	≥	0.87	0.90	0.93
耐沾污性（白色和浅色①）/%	≤	20	15	15
耐洗刷性（2000 次）		漆膜未损坏		
耐碱性②（48h）		无异常		
耐水性②（96 h）		无异常		
涂层耐温变性②（3 次循环）		无异常		
透水性/mL	≤	1.4	1.0	0.6
耐人工气候老化性②		250h 不起泡、不剥落、无裂纹	400h 不起泡、不剥落、无裂纹	600h 不起泡、不剥落、无裂纹
粉化/级	≤	1	1	1
变色（白色和浅色①）/级	≤	2	2	2
变色（其他色）/级		商定	商定	商定

① 浅色是指以白色涂料为主要成分，添加适量色浆后配制成的浅色涂料形成的涂膜所呈现的浅颜色，按 GB/T 15608 中规定明度值为 6～9 之间（三刺激值中的 Y_{D65}≥31.26）。

② 也可根据有关方商定测试与底漆和中涂漆配套后的性能。

六、JG/T 235—2014《建筑反射隔热涂料》

本标准适用于工业与民用建筑屋面和外墙用隔热涂料。技术要求见表 11-11。

表 11-11　建筑反射隔热涂料技术要求

序号	项　　目	指　　标		
		低明度	中明度	高明度
1	太阳光反射比≥	0.25	0.40	0.65
2	近红外反射比≥	0.40	L^*值/100	0.80
3	半球发射率≥	0.85		
4	污染后太阳光反射比变化率①≥	—	15%	20%
5	人工气候老化后太阳光反射比变化率≤	5%		

① 该项仅限于三刺激值中的 $Y \geqslant 31.26$（$L^* \geqslant 62.7$）的产品。

七、JC/T 864—2008《聚合物乳液建筑防水涂料》

本标准适用于各类以聚合物乳液为主要原料加入其他添加剂而制得的单组分水乳型防水涂料，本标准适用的产品可在非长期浸水环境下的建筑防水工程中使用。物理力学性能见表 11-12。

表 11-12　物理力学性能

序号	试验项目		指　　标	
			Ⅰ	Ⅱ
1	拉伸强度/MPa ≥		1.0	1.5
2	断裂延伸率/% ≥		300	
3	低温柔性，绕 ϕ10mm 棒弯 180°		－10℃，无裂纹	－20℃，无裂纹
4	不透水性（0.3MPa，30min）		不透水	
5	固体含量/% ≥		65	
6	干燥时间	表干时间 ≤	4	
		实干时间 ≤	8	
7	处理后的拉伸强度保持率/%	加热处理 ≥	80	
		碱处理≥	60	
		酸处理≥	40	
		人工气候老化处理①	—	80～150

续表

序号	试验项目		指标	
			Ⅰ	Ⅱ
8	处理后的断裂延伸率/%	加热处理 ≥	200	
		碱处理 ≥		
		酸处理 ≥		
		人工气候老化处理	—	200
9	加热伸缩率/%	伸长 ≤	1.0	
		缩短 ≤	1.0	

① 仅用于外露使用产品。

第十二章　建筑涂装工程项目管理

第一节　工程管理概述

一、工程项目管理的特点

1. 工程项目管理是一种一次性管理。
2. 工程项目具有生命周期。
3. 工程项目具有一定的约束条件。
4. 工程项目管理体系是特殊的组织，受法律条件约束。
5. 工程项目的复杂性和系统性越来越高。
6. 工程项目的效果是通过管理标准化和施工的规范化来实现的。

二、工程项目管理的工作内容

工程项目管理的目标是通过项目管理工作实现的。为了实现项目管理目标必须对项目进行全过程的多方面的管理。从不同的角度，工程项目管理可做如下的分类：

1. 按照项目发生的时间顺序，项目管理可分为项目的竞标、施工前的准备、施工过程管理、施工验收、工程总结、工程回访和维修等。

2. 按照管理工作的过程，项目管理可分为项目的预测、决策、计划、控制、反馈等工作。

3. 按照系统工程方法，项目管理可分为确定目标、制订方案、实施方案、跟踪检查等工作。

4. 按照项目管理工作的任务，又可分为：成本管理、进度管理、质量管理、安全管理、施工队伍管理、组织协调、文档管理等。

第二节　建筑涂装项目竞标

一、招投标文件和技术交底

1. 招投标文件的主要内容

（1）投标函。

（2）涂装工艺流程及投标报价明细表。

（3）售后服务承诺及优惠条件。

（4）近3～5年内承建工程一览表。

（5）企业法人营业执照。

（6）法定代表人身份证。

（7）工程材料设备使用备案许可证。

（8）产品检验报告。

（9）企业资质和荣誉。

（10）企业介绍。

2. 技术交底主要内容

（1）工程名称。

（2）交底项目及建筑面积。

（3）材料、机械及工具。

（4）作业条件包括：基层含水率、基层平整度、pH值、工作面处理程度、门窗安装状况、现场样板等。

（5）质量要求：符合国标及特殊要求。

（6）涂装工艺流程。

（7）施工工艺注意事项。

（8）成品保护。

（9）安全文明措施。

（10）工程期限。

二、项目实地考察

项目实地考察内容包括：涂装面积、工程结构、工作面质量、施工条件、工程预算等。

1. 涂装面积的估算

（1）内墙涂装面积≈建筑面积×2.5倍。

（2）外墙涂装面积≈建筑面积×(0.6～0.7)倍。

2. 工程结构

（1）多层还是高层，确定施工可用钢管脚手架、移动脚手架，还是吊篮。

（2）结构造型多少及难易程度。

3. 工作面质量

（1）工作面完成程度。

（2）工作面完成的质量：

① 基层含水率是否≤10%；

② 基层的pH值是否为≤10；

③ 基层的平整度、垂直度、坚固度等，是否合格；

④ 相关工程是否完成及质量，如：防水工程、门窗工程等。

4. 施工条件

（1）水、电等基本作业条件是否具备和方便。

（2）温度、湿度、风力、粉尘等自然条件是否可以施工。

（3）周边建筑物、居民等，是否允许作业。

（4）作业时间是否有限制。

（5）施工人员吃住问题。

5. 工程预算

（1）涂装量的预算。

（2）工程造价的预算。

（3）工期的预算。

（4）财务成本及利润的预算。

（5）工程风险的评估。

三、编制投标书

编制投标书主要内容包括：施工工艺、工程报价、工程案例、企业实力、售后服务等。

1. 施工工艺

（1）涂装工艺流程图及文字说明。

（2）施工工艺过程的注意事项。

（3）施工过程所用的产品名称及厂家。

2. 工程报价

（1）包工包料单位面积施工价格。

（2）清工单位面积施工价格。

（3）单位面积材料价格。

（4）每种产品单位面积用量。

（5）工程管理费（包括吊篮、脚手架、运费、现场管理费等）。

（6）工程利润。

（7）工程税金。

3. 工程案例

（1）近几年施工过程的相似工程说明。

（2）工程案例照片及其他证明文件。

4. 企业实力

（1）企业的合法性及相关证书。

（2）企业的资质及荣誉。

（3）企业简介及实景情况（照片或影音资料）。

（4）企业近年来的财务报表。

（5）企业产品的市场占有率。

5. 售后服务

（1）施工前培训。

（2）施工中监督、检查。

（3）施工后回访及维护。

四、样板制作

工程效果样板制作包括：实验室样板和工地现场样板。

1. 实验室样板

（1）根据要求，按照不同产品、颜色、质感和漆膜厚度等制作出 400mm×600mm、200mm×300mm 等不同规格的产品样板。

（2）样板不仅要符合颜色、质感和漆膜厚度等要求，还要符合产品附着力、耐擦洗、耐水性等性能指标要求。

（3）制作工艺及效果要求与实际一致。

（4）此样板是工程验收的参照依据。

2. 工地现场样板

（1）按实际施工流程在工地现场制作产品样板。

（2）施工所用的材料与实际施工一致。

五、其他事宜

涂装项目竞标的其他事宜包括：人脉、信息、风险、技巧、预案等。

促进工程竞标成功的因素，除竞标单位的企业实力工程报价，施工质量等主要因素以外，社会关系、信息了解、风险评估、竞标技巧等也占很大的比例。因此，工程竞标是一项系统复杂工程，存在许多不确定的因素，要多了解、多分析、多准备。当然，工程质量的仍然是竞标的主要考核指标。

第三节　建筑涂装施工前准备

一、产品准备

产品准备内容主要包括：种类、型号、数量、颜色、时间、批次、供应等。

产品又分为涂料产品、配套产品及相关产品。

涂料产品：内墙乳胶漆、外墙乳胶漆、真石漆、质感漆、水性多彩漆、弹性漆、拉毛漆等。

配套产品：封闭底漆、中层涂料、罩光面漆等。

相关产品：内墙腻子、外墙腻子、胶粘剂、界面剂、石膏粉等。

根据涂料产品的种类、型号、数量、颜色、质量等不同，再参考施工工艺要求，来选择准备相应配套产品和相关产品。

二、施工人员准备

主要是根据工程量的大小，工期要求长短，工程准备程度等，来组织施工队伍，包括施工人员数量、施工熟练程度、技术骨干的人数以及施工前培训等。

三、设备、工具准备

主要是根据建筑物结构、涂装工艺流程、工程的质量要求等，进行施工前品种、数量、质量的准备，主要包括：吊篮、移动脚手架、钢管架、气泵、喷枪、辊刷、排笔、砂布、砂纸、腻子桶、专用工具等。

四、防护品准备

根据安全生产和文明施工的要求为施工人员准备的保护用品，以及对相邻工作面进行封闭保护所用的保护用品。主要包括：安全帽、安全带、安全绳、口罩、手套、保护膜、塑料布、胶带纸、美纹纸等。

第四节　建筑涂装过程管理

一、施工组织设计

1. 施工组织设计的任务

施工组织设计的基本任务就是根据工期要求，选择经济合理的施工方案。即确定合理的施工顺序、施工方法和施工机械，确定合理的施工进度；拟定技术上先进、经济上合理的组织措施；计算出各种资源（劳动力、材料、机械设备）的需用量；确定合理的空间布置，把施工中各单位、各部门、各阶段以及各项目之间的关系等更好地协调起来，使整个工程施工建立在科学合理的基础上，从而做到人尽其力，物尽其用。

2. 施工组织设计的内容

施工组织设计的一般内容有：

（1）工程概况。

（2）施工准备工作计划。

（3）施工方法与相应的技术组织措施，即施工方案。

（4）施工进度计划。

（5）施工现场平面布置图。

（6）劳动力、机械设备、材料和构件等供应计划。

（7）工程现场施工业务的组织规划。

（8）质量保证措施与安全技术措施。

（9）主要技术经济指标。

3. 施工组织设计的编制依据

（1）对该工程项目的有关要求：如竣工日期，业主的意愿和要求，设计单位提出的施工图和对施工的要求等。

（2）施工组织总设计（或大纲）。单位工程为整个工程的一个组成部分时，则该工程的施工组织设计必须按照总设计（或大纲）的要求和有关规定进行编制。

（3）年度施工计划，对该工程的安排和规定的各项指标。

（4）预算文件，提供工程量和预算成本数据。

（5）劳动力分配情况，材料、预制构件、加工品的来源和供应情况，主要施工机械的生产能力和配备情况。

（6）水、电供应情况。其中包括水源和电源的来源，供应量和水压、电压，以及是否需要单独设置变压器。

（7）设备安装进场的时间和对施工的要求，以及所需要堆放场地的情况。

（8）业主可提供的条件。其中包括施工时需占用的场地或邻近水、电供应，临时房屋等条件。

（9）施工现场的具体情况。

（10）施工执照，国家的有关规定、规程、规范和定额。

4. 施工组织设计的编制程序

施工组织设计的编制程序，是指对施工组织设计的各组成部分进行编制的先后顺序及相互制约关系的处理。其编制程序如图 12-1 所示。

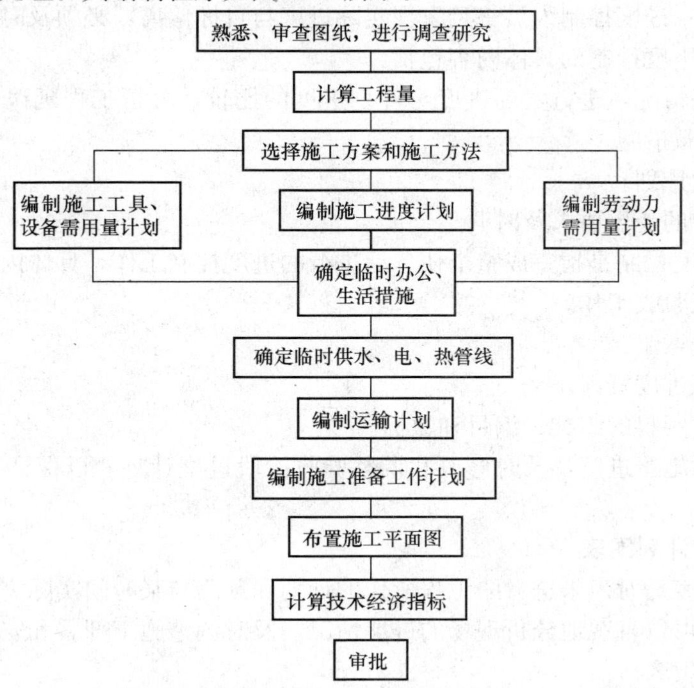

图 12-1　施工组织设计的编制程序

二、进度控制

工程项目进度控制是指对项目各建设阶段的工作内容、工作程序、持续时间和衔接关系编制计划，在实际进度与计划进度出现偏差时进行纠正，并控制整个计划的实施。

1. 工程进度控制的主要任务

工程进度控制的主要任务是：

（1）检查并掌握工程实际进度情况。

（2）把工程项目的实际进度情况与计划目标进行比较，分析计划提前或延后的主要原因。

（3）决定应该采取的相应措施和补救方法。

（4）随时调整计划，使总目标得以实现。

2. 工程进度控制的内容

施工阶段进度控制的主要内容包括事前、事中、事后进度控制。

（1）事前进度控制是指项目正式施工前进行的进度控制，其具体内容有：

① 编制施工阶段进度控制工作细则。控制工作细则是针对具体的施工项目来编制的，它是实施进度控制的一个指导性文件。

② 编制或审核施工总进度计划。总进度计划的开竣工日期必须与项目总进度计划的时间要求相一致。

③ 审核单位工程施工进度计划。

（2）事中进度控制是指项目施工过程中进行的进度控制。这是施工进度计划能否付诸实践的关键过程。进度控制人员一旦发现实际进度与目标偏离，必须及时采取措施以纠正这种偏差。事中进度控制的具体内容包括：

① 工程进展情况，进行实际进度与计划进度的比较，分析工程延误（或提前）的原因，及时采取补救措施。

② 修订进度计划。

③ 对工程中的变更要求及时调整。

（3）事后进度控制是指完成整个任务后进行的进度控制工作，具体内容有：

① 及时组织验收工作。

② 处理工程索赔。

③ 整理工程进度资料。

④ 工程进度资料的归类、编目和建档。

⑤ 根据实际施工进度，及时修改和调整验收阶段进度计划，以保证下一阶段工作的顺利开展。

3. 施工进度计划图表

进度计划图表是对尚未进行的工程所作的计划和预测与某时间实际完成的工程的数量和比例的比较，可以直观地分析现场的进展情况，及时调整施工部署和安排。

（1）综合进度表

综合进度表可以系统分析工程进展，提高工作效率。主要包含以下几方面的内容：

① 条形图表达的计划进度。

② 条形图表达的实际进度。

③ 数字表达的工程量清单（各项目的计划数和实际数）。

④ 百分比表达的各分项（清单各章）占合同额的百分比、各分项完成量占合同额的百分比、各分项完成的百分比。

（2）工程进度计划表现形式

一般工程施工进度计划按表现形式，可以划分为：

① 统计表形式的进度计划。这种进度计划以不同项目或工作的不同时间的计划完成额来表示。

② 横道图。亦称横线图，它是利用时间坐标上横线的长度和位置来反映工程在实施过程中各工作之间的相互关系和进度。

③ 网络计划。网络计划也称关键线路计划，是较严密和较完善的计划形式和方法。网络计划有单代号网络计划和双代号网络计划两种形式。

4. 工程进度控制方法

（1）进度控制流程及重点

① 施工单位提交施工进度计划，由业主或监理单位审核后确认。

② 在确定工程进度计划后，为确保其实现而编制下述大量详细的辅助计划是必要的：

a. 周、月度工程施工实施计划；

b. 材料采购计划；

c. 分部工程施工计划；

d. 分项工程施工计划；

e. 施工设备、工具调配计划。

检查工程进展情况，进行实际进度与计划进度的比较。分析工程延误（或提前）的原因，及时采取补救措施。

③ 修订进度计划。在工程的整个施工过程中，编制修正进度计划往往要进行多次。通常施工单位无权为修改进度计划而得到任何额外款项，这是因为施工单位未能保持令人满意的施工进度而导致计划的修改。当工程延误并非由施工单位负责时，延期是合理的，但业主因种种原因不愿延期时，施工单位将放弃延期索赔而要求费用索赔。因为施工单位为赶回原计划进度，必然要增加机械、人力，改变材料采购计划，或采取其他措施，这些措施往往要使工程成本增加。因此，当合理的延期得不到批准而按原定竣工期目标修订计划完成时，就有权得到额外付款。当工程项目有重大变更或重要事件发生时，如工程部分暂停、工程事故、增加或减少工作量、改变设计方案、改变施工方案等，都会对进度产生较大的影响，而这一类事件使工期控制变得相当复杂。一般情况下，即使没有明显的延误情况，施工单位也应该每隔一段时间调整一次进度计划。因为随着工程的进度，各种施工条件和环境也在不断变化，定期进行全面检查对工程施工单位自身争取主动、降低成本、加快进度是非常有利的。

④ 当工程实际进度严重偏离计划进度，竣工期内难以完成计划工作量时，施工单位必须立即采取措施加快施工进度，如果形式得不到改观，就有可能被视为违约，合同将被终止，施工单位将承担责任并赔偿一系列的损失。

（2）影响工程项目进度的因素

① 设计因素。

② 现场条件因素。

③ 管理因素。

④ 施工配合因素。

⑤ 材料因素。

⑥ 工人因素。

⑦ 施工设备、工具因素。

⑧ 施工工艺因素。

⑨ 天气影响。

⑩ 总包、业主方面的影响。

⑪ 资金因素。

⑫ 安全因素。

三、材料管理

材料计划是材料管理的基础。包括：施工用料计划、临时设施用料计划、工具设备计划。应建立完善的材料使用管理和材料仓储制度，定期对材料使用情况进行核算，可按周、旬、月对材料使用情况和完成的工程量进行数据分析，与预算计划进行比较，及时处理发现的问题。

四、施工人员管理

1. 施工队伍的要求

施工队伍是我们实现目标任务的必要条件，施工队伍的选用直接影响到项目施工的开展和质量，我们在选用施工队伍时必须进行全景考察。

（1）施工队伍必须具备完成本项目施工的能力。

（2）施工队伍必须建有完善的组织管理体系，有统一的指挥，协调工作能力强。

（3）工程项目开工前，施工队伍须按工地的实际需求完成各工种的合理搭配。

（4）施工队伍的所有施工人员需在公司登记、备案、接受培训、考核，取得相应的证书后上岗。

2. 与施工队伍的合作关系（合同）

项目开工前，必须确定公司与施工队伍的合作关系，签订施工合同。施工合同一般分清包工和包工包料两种形式。

施工合同的内容一般包括以下内容：

（1）作业的任务及应提供的计划工日数和劳动力人数。

（2）进度要求涉及进、退场时间。

（3）双方的管理责任。

（4）劳务费计取及结算方法。

（5）奖励与惩罚。

3. 施工前培训、考核

（1）施工队伍对新招聘的人员必须进行系统的培训和考核，合格后方可持证上岗。培训的内容包括：常用工具的使用与维护保养、常见的涂料系统的搭配、涂刷的方法与技巧、常见的涂层原因及防治措施等。

（2）项目开工前，必须由项目经理组织对施工队伍进行交底，培训及考核（包括施工内容的交底、安全交底、用于该项目的所有材料的使用方法的交底，新型材料使用知识培训）。

4. 施工队伍完工总结、考评

工程完工后，项目经理须对施工队伍的使用情况作总结、考评，内容包括：

（1）施工队伍内部协调管理情况的考评。

（2）各施工工种人员技能水平的考评。

（3）施工人员安全生产记录与考评。

（4）施工队伍与公司项目经理部之间的业务配合情况的总结与考评。

（5）施工队伍对新产品、新工艺、新机械设备的使用情况的总结与考评。

5. 施工队伍资金使用监控

（1）专款专用。确定项目经理部为项目资金管理的核心，哪个项目的资金，由哪个项目独立支配使用，项目经理按施工合同以及施工队的用款申请单支付工程款。

（2）施工队按月编制资金使用计划，项目经理对资金的使用进行监督控制，确保资金的使用到位。资金的使用情况对材料的供应、工程的进度等影响较大，项目经理须定期与甲方、业主联系，加强沟通，及时收款，为施工队创造有利条件。

五、涂装设备、涂装工具管理

建筑涂装设备、工具的管理主要包括对吊篮、移动脚手架、钢管架、喷枪、气泵、辊刷、腻子桶等专用工具的管理。

六、涂装质量

涂装质量管理，工程项目质量控制过程如图 12-2 所示。

1. 质量管理的内容

工程质量的控制是一个系统质量，按时间阶段可将质量控制分为下述三类：

（1）施工前的质量控制

① 对施工队伍的资质进行重新审查，包括各分包商。

② 配备检测实验手段、设备和仪器，审查合同中关于检验的方法、标准、次数和取样的规定。

③ 审阅进度计划和施工方案。

④ 对施工中将要采用的新技术、新材料、新工艺进行审核，核查鉴定书和试验报告。

⑤ 对材料、工程设备的采购进行检查，检查采购是否符合合同的规定，对到场的材

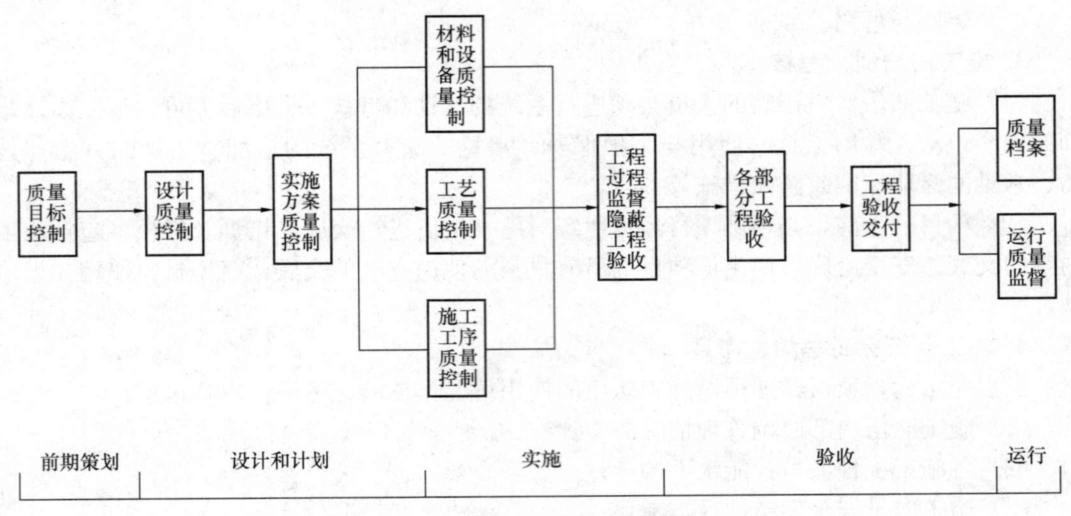

图 12-2　工程项目管理

料和设备要及时检验。

⑥ 协助完善质量保证体系。

⑦ 准备好全部监理表格和质量管理表格，并对表格的作用和用法交底。

⑧ 检查有关担保和保险工作。

（2）施工过程中的质量控制

① 施工过程中质量控制，主要包括施工操作质量和施工技术管理工作质量。

② 工序质量控制。包括工序活动条件和效果两个方面的质量控制。

③ 设置质量控制点。对技术要求高，施工难度大的某个工序或环节，设置技术和监理的重点。

④ 质量检查。包括操作者自检，班组内互检，各工序之间的交接检，施工员或质检员的巡视检查以及业主、监理、设计及政府质量监督部门的检查等。

⑤ 加强成品保护的检查工作。

⑥ 交工技术资料。

⑦ 质量事故处理。

（3）工程完成后的质量控制

① 按合同要求进行竣工、检验和检查验收。

② 检查未完成工作和缺陷，及时解决质量问题。

③ 制作竣工资料和竣工图。

④ 维修期内，完成未完工程和缺陷修补，直至签发缺陷责任证书。

2. 现场质量检查

（1）现场质量检查的内容

① 开工前检查。目的是检查是否具备开工条件，开工后能否连续正常施工，能否保证工程质量。

② 工序交接检查。对于重要的工序或对工程质量有重大影响的工序，在自检、互检的基础上，还要组织专职人员进行工序交接检查。

③ 隐蔽工程检查。凡是隐蔽工程均应检查认证后方能掩盖。

④ 停工后复工前的检查。因处理质量问题或某种原因停工后需复工时，亦应经检查认可后方能复工。

⑤ 分项、分部工程完工后，应经检查认可，签署验收记录后，才允许进行下一工程项目施工。

⑥ 成品保护检查。检查成品有无保护措施，或保护措施是否可靠。此外，还应该经常深入现场，对施工操作质量进行巡视检查；必要时，还应进行跟班或追踪检查。

（2）现场质量检查的方法

现场进行质量检查的方法有目测法、实测法和试验法三种。

① 目测法。其手段可归纳为看、摸、敲、照四个字。

② 实测法。就是通过实测数据与施工规范及质量标准所规定的允许偏差对照，来判别质量是否合格。实测检查法的手段，也可归纳为靠、吊、量、套四个字。

③ 试验检查。指必须通过试验手段，才能对质量进行判断的检查方法。

（3）工地检查和巡视

在施工过程中，技术负责人应有计划地巡视工地各部分，应当每天对企部工程巡视一次。

（4）旁站监督

工程的敏感部位或重要工程都有必要在施工时实行旁站监样，即技术负责人和质检员始终在现场监视操作过程。

3. 工序管理

工程质量监理不仅仅是质量验收，而是全过程、全方位的质量控制。落实这一思想的主要方法就是工序管理程序。如图 12-3 所示。工序管理的主要意图是对每道工序的开工

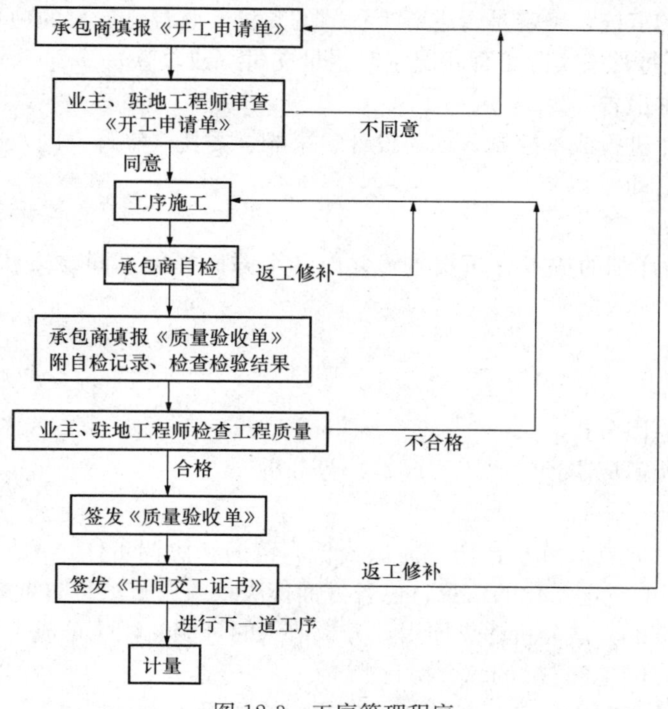

图 12-3　工序管理程序

和质量验收进行直接控制，并进行中间交工验收，这一程序全部用表格记录下来，并将全部检查和试验结果纳入质量验收过程中。

七、成本控制

1. 成本控制的特点

成本控制是指通过控制手段，在达到预定工程功能和工期要求的同时优化成本开支，将总成本控制在预算（计划）范围内。我们将在后面的小节中分别论述成本控制的基础工作和各个环节。

（1）成本控制必须与质量控制、进度控制、合同控制同步地进行。

（2）不能片面强调成本目标，否则容易造成误导，如为降低成本而使用劣质材料、廉价设备，结果会拖延工期，影响工程的质量。

（3）成本控制应包括：成本监督、成本跟踪、成本诊断、解决措施四个方面。

（4）加强对项目变更和合同执行情况的管理，能够有效做好成本控制。

2. 成本控制的主要工作

（1）成本计划工作

主要是成本预算工作。按设计和计划方案预算成本，提出报告。通过将成本目标或成本计划分解，提出设计、采购、施工方案等各种费用的限额，并按照限额进行资金使用的控制。

（2）成本监督

成本监督包括：

① 各项费用的审核，确定是否进行工程款的支付。监督已支付的项目是否已经完成，有无漏洞，并保证每月按实际工程状况定时定量支付（或收款）。

② 作实际成本报告。

③ 对各项工作进行成本控制，如对设计、采购、委托（签订合同）进行控制。

④ 进行审计活动。

（3）成本跟踪

成本跟踪指做详细的成本分析报告，并向各个方面提供不同要求和不同详细程度的报告。

（4）成本诊断

成本诊断包括：

① 超支量及原因分析。

② 剩余工作所需成本预算和工程成本趋势分析。

（5）其他工作

① 有关部门（职能人员）合作，提供分析、咨询和协调工作，例如提供由于技术变更、方案变化引起的成本变化的信息，供各方面作决策或调整项目时考虑。

② 用技术经济的方法分析超支原因，分析节约的可能性，从总成本最优的目标出发，进行技术、质量、工期、进度的综合优化。

③ 通过详细的成本比较、趋势分析，获得一个顾及合同、技术、组织影响的项目最

终成本状况的定量诊断，对后期工作中可能出现的成本超支状况提出早期预警，这是为作出调控措施服务的。

④ 组织信息，向各个方面特别是决策者提供成本信息，保证信息的质量，为各方面的决策提供问题解决的建议和意见。在项目管理中成本的信息量最大。

⑤ 成本控制必须加强对项目变更和合同执行情况的处理。这是防止成本超支最好的战略。成本控制是十分广泛的任务，它需要各种人员（技术、行政、合同、信息管理）的介入。

3. 工程量计算

工程量是工程管理的基础数据，它是施工组织设计、成本控制和其他管理的依据。工程量的计算一般有两种方式：图纸计算和现场实测。一般均采用图纸计算的方式，它比较方便，可检查性强，但比实测面积略小。图纸计算一般参照定额规定的计算方法，在同一公司内统一计算方法，以便于检查和换算。

4. 预算

预算是工程控制的依据，预算中包括材料费、人工费、机械设备费、临舍、水电、交通、管理等费用。预算书编制要点为：

（1）预算是施工控制的基础，编制时应充分考虑所有发生事项的费用。

（2）预算编制时一定要结合合同要求、施工组织设计进行编制。

（3）预算编制时工效、材料用量应参考以往的类似工程和统计数据，以求预算的准确性。

（4）预算是针对施工前设定的施工条件进行编制的。施工过程中若有较大变化时，应及时对预算做出调整和补充。

5. 材料管理

材料计划是材料管理的基础。包括：施工用料计划、临时设施用料计划、工具设备计划。应建立完善的材料使用管理和材料存储制度，定期对材料使用情况进行核算，可按周、旬、月对材料使用情况和完成的工程量进行数据分析与预算计划进行比较，及时处理发现的问题。

6. 决算

决算分为两类：对甲方的决算和对分包的决算。这里主要讲对甲方的决算。

决算由决算报表和竣工情况说明书组成，必须先进行工程决算，然后再办理财务决算。

（1）编制依据

① 施工资料、竣工图。

② 双方认可的施工预算或标底。

③ 会审记录、变更通知、技术核定单。

④ 施工图纸及补充、修改图。

⑤ 签证单。

（2）编制的程序

① 由施工单位编制决算书交给业主或监理单位（若合同甲方为总包时，应交给总包）。

② 业主或监理单位审查决算内容与施工实际是否相符，并与施工单位核对后，双方签字认可。

③ 按审定数额与业主财务结算。

（3）决算编制要点

① 工程量的准确性。

② 取费的合理性。

③ 与合同规定是否相符。

④ 变更项目是否有增有减。

⑤ 复查是否有笔误或计算错误。

⑥ 复查是否有漏项。

对于分包的决算过程与甲方的决算类似，但要简单一些，一般情况只要确定完成的工程量加上合理的变更和签证即可。

7. 工程款收取

为了工程款及时回收，必须做好下列几点：

（1）根据合同的相关内容编制工程款收取计划。

（2）安排专人负责工程进度款的收取，一般安排工程的项目负责人或本项目的销售员承担工程款收取任务。

（3）按合同和现场管理的要求，及时完成工作量报表和上报工作。

（4）与甲方搞好关系，及时了解甲方的资金状况。

8. 工程完工成本分析

工程完工成本分析的目的在于我们可以了解整个工程的费用情况，明确了解盈亏状况，通过成本分析，一方面可以找出节支和超支的原因，进一步深挖管理中的问题，另一方面可以同预算对比，找出我们在计划工作中的不足之处，进一步提高计划水平。

（1）一般情况成本超支原因分析

成本超支的原因可以按照具体超支的成本对象进行分析。原因分析是成本责任分析和提出成本控制措施的基础，成本超支的原因是多方面的：

① 原成本计划数不准确，估价错误，预算太低。

② 外部原因：上级、业主的干扰，阴雨天气，物价上涨，不可抗力事件等。

③ 实施管理中的问题（管理失控、材料质量差、工人技术不符合要求、成本责任不明确等）。

④ 工程范围的增加，设计的修改，功能和建设标准的提高，工作量大幅度提高。

⑤ 合同不完善，在合同执行中存在缺陷。

（2）降低成本的措施

降低成本的方式有多种，对成本的措施必须与工期、质量、合同、功能通盘考虑。一般只有当给出的措施比原计划已选定的措施更为有利，或使工程范围减少，或生产效率提高，成本才能降低。如：

① 寻找新的、更好、更省的、效率更高的技术方案，采用符合规范而成本较低的原材料。

② 改变实施过程，在符合工程（或合同）要求的前提下改变工程质量的标准。

③ 变更工程范围。

④ 索赔。

八、安全管理（详见前面章节介绍）

1. 安全管理的措施

涂装工程施工项目承担着控制和管理施工生产进度、成本、质量、安全等目标的责任，因此，必须同时承担进行安全管理、实现安全生产的责任。涂装工程项目安全管理贯穿于施工的全过程，其重点是对人的不安全行为与物的不安全状态进行控制。主要包括以下几项内容：

（1）落实安全生产制度，实施责任管理。

（2）项目全员安全教育与训练。

2. 安全检查

安全检查是发现不安全行为和不安全状态的重要途径；是消除事故隐患，落实整改措施，防止事故伤害，改善劳动条件的重要方法。安全检查的形式有普遍检查、专业检查和季节性检查三种。

（1）安全检查的组织

① 建立安全检查制度，制度要求的规模、时间、原则、处理、报偿全面落实。

② 成立由第一责任人为首，业务部门人员参加的安全检查组织。

③ 安全检查必须做到有计划、有目的、有准备、有整改、有总结、有处理。

（2）安全检查方法

常采用的有一般检查方法和安全检查表法。

（3）安全检查的形式

① 定期安全检查。

② 突击性安全检查。

③ 特殊检查。

安全检查的目的是发现、处理、消除危险因素，避免事故伤害，实现安全生产。消除危险因素的关键环节，在于认真整改，确实把危险因素消除。

（4）施工的安全与防护

在涂装施工过程中，大都使用易燃、易爆和挥发出有害气体的高分子化学制品。这些化学物质不仅污染环境，而且还影响着施工人员的身体健康。在涂装的基底处理和涂装过程中采用的高压设备若使用不当，可能造成人员伤害。涂料在贮存和使用过程中的易燃物质管理不当，极易引起火灾和爆炸事故。所以，在涂装施工中应做好安全与防护工作。

① 防火和防爆安全注意事项

a. 涂料施工中应注意所处场所的溶剂蒸发浓度不能过高，贮存涂料和溶剂的桶应盖严防止溶剂挥发。工作场所应有排风和排气设备，以降低溶剂蒸气的浓度。在有限空间内施工，除加强通风外，还要防止室内温度过高。

b. 施工场地严禁吸烟，不准携带火柴、打火机和其他火种进入工作场地。

c. 施工中，擦涂料和被有机溶剂污染的废布、棉纱等应集中并妥善存放。

d. 各种电器设备，如照明灯、电器开关等，应具有防爆装置。要定期检查电路及设备、绝缘有无破损，电气设备是否可靠接地等。

e. 在施工场所，必须备有足够数量的灭火器材、黄砂等其他防火器具，施工人员应熟练使用各种灭火器材。

f. 一旦发生火灾，切勿用水灭火，应用黄砂、灭火器等进行灭火，同时要减少通风量。如工作服着火，不要用手拍打，就地打滚即可熄灭。

g. 大量易燃物品应存放在仓库安全区内，施工场所避免存放大量的涂料、溶剂等易燃物。

② 防毒安全措施

a. 加强涂料生产和施工场所的排气和换气，定期检查有害物质蒸气的浓度，确保空气中的蒸气浓度低于最高允许浓度。

b. 在建筑物室内施工时，尽量选用水性或无溶剂涂料，如水性乳胶漆等品种进行涂装，不要使用含甲醛、有机溶剂类物质的涂料和胶粘剂。施工完成后，要经过开窗换气一定时间，待有害物质挥发完全后，再进入使用期。

c. 涂料对人体的毒害，除呼吸，皮肤吸收的含量远远大于呼吸道的吸收而引发中毒，某些毒物皮肤，同时应将外露皮肤擦上医用凡士林或专用液体防护油，禁止在施工中吃东西。在作业时，应戴好防毒口罩和防护手套，穿上工作服，佩戴防护眼镜等。

d. 工作场所必须有良好的通风、防尘、防毒等设施，在没有防护设备的情况下，应将门窗打开，使空气流通。

e. 在密闭空间内的涂装工作人员应具有一定的资格和经验，穿着防护服和佩戴防毒面具或送风罩（专门供给新鲜空气），加强通风，并将新鲜空气尽可能送到操作人员面部，一般操作人员至少要有 2 人，并定期轮换人员。在进口处外面设置标志，并应由专人负责安全监护。随时与密闭空间操作人员保持联系，准备急救用具。

f. 对于毒性大、有害物质含量较高的涂料不宜采用喷涂等方法涂装。

g. 为了防止涂料沾在手上，施工人员在手上均匀涂抹医用凡士林等防护油膏进行保护，10 分钟内即可形成一层保护薄膜，施工完毕后，此薄膜可在温水中用肥皂洗掉。若皮肤上沾污了涂料时，不要用苯类稀释剂擦洗，而可用肥皂粉沾热水反复摩擦去污。

h. 施工人员在涂装施工后，应到通风处休息，并多喝开水。

i. 一旦出现事故，应将中毒人员迅速抬离涂装现场，加大通风，平卧在空气流通的地方，严重者施行人工呼吸，急救后送医院诊治。

（5）高空作业的安全措施

在离地面 2m 以上的操作，称为高空作业。而外墙涂装施工一般均为高空作业，要搭设脚手架或使用吊篮等设备进行作业。为确保设备安全、高效的运行，操作人员须严格遵照当地技监局颁布的《高空悬挂作业安全措施》及如下操作规程使用高处作业吊篮及脚手架等。

① 操作人员必须佩戴好安全帽、安全带并系好安全带将其挂扣在安全绳上。

② 患不宜高空作业疾病及酒后人员严禁操作吊篮。

③ 高处作业使用的工具及物品必须采取防坠措施。

④ 严禁将吊篮当做材料及人员的垂直运输工具使用并严格控制吊篮载荷。

⑤ 在使用吊篮设备时，应划出安全区，并设置护栏、安全网等防护设施。

⑥ 设备发生故障时，须立即停止使用并通知专业人员进行修理。

⑦ 设备在升降作业时，操作人员应密切注意电缆线是否挂卡在墙面或障碍物上。

⑧ 禁止在阵风风力大于6级（相当于风速10.8/s）以上时，应停止吊篮的使用。

⑨ 每天下班停用时，将设备停放至地面或用绳索将设备固定在建筑物上。

⑩ 每天下班停用时，应切断电源、锁好电箱门以免他人擅自使用。

⑪ 吊篮操作人员须经当地有关部门培训，持劳动部门颁发的资格证书上岗。

⑫ 吊篮设备应经有关部门检测合格后方可投入使用。

⑬ 每天使用设备前，吊篮操作人员按《高处作业吊篮日常检查表》的内容进行检查，并做好检查记录。

⑭ 凡患有严重的心脏病、高血压、眩晕症等病症者，均不宜从事高空作业。

⑮ 施工人员经常检查梯架、脚手架和索具等的强度，确定是否能承受所要求的负载。如发现梯架出现松动或横杠，变松的螺丝、螺杆、金属支柱或杆开裂或破坏，变松或弯曲的铰链支柱等，都应及时修理，当问题严重而不能修复时，应将梯架毁掉。如发现脚手架和跳板已损伤，特别是锈蚀的设备，严禁使用。

⑯ 高度超过6m，一般不用梯架，而选用脚手架，并应装有索具，用人身保护装置进行有效的防护，脚手架铺板旁搭设护栏网。

⑰ 脚手架应装配阶梯，而且从顶部到底部都要平直。脚手架的框架上要铺设铺板，要求牢固并可负载。

⑱ 使用金属或高档竹梯时，须用绳子扎牢，梯子不可放置得太斜和太直，并做好防滑工作。

⑲ 严格检查操作范围内，是否有高压线或裸露的电线等，注意维护或停止作业。

⑳ 在高空作业的人员应与地面人员保持良好的联系，以便及时供给所需涂料等相关物品，并确保人员安全。

（6）安全用电要点

① 在任何用电范围内，均需接受电工的管理、指导、不得违反。

② 一切临时电路均需架在2m高度以上，严禁拖地电线长度超过5m。

③ 照明灯泡悬挂，严禁近人或靠近木材、电线、易燃品。

④ 凡用电工种均需配备测电笔、胶钳等常用工具，严禁任何危险操作。

⑤ 手持电动工具均要求在配电箱装设额定工作电流不大于5mA，额定工作时间不大于0.15s的漏电保护装置，电动工具定期检验、保养。

⑥ 电工须经过专门培训，持供电局核发的操作许可证上岗，非电气操作人员不准擅动电气设施，电动机械发生故障，要找电工维修。

⑦ 各种电气设备均需采取接零或接地保护。单相220V电气设备应有单独的保护零线或地线。严禁在同一系统中接零、接地两种混用，不准用保护接地线做照明零线。

九、文明施工及形象规范

1. 文明施工

（1）现场文明施工的概念

文明施工是指施工中保持场地卫生、整洁，施工组织科学，施工程序合理的一种施工现象。文明施工的现场有整套的施工组织设计（或施工方案），有健全的施工指挥系统和岗位责任制。供需交叉衔接合理，交接责任明确，各种临时设施和材料按平面位置堆放整齐，施工现场场地平整，道路畅通，排水设施得当，水电线路整齐，机具设备状况良好，使用合理，施工作业标准规范，符合消防和安全要求，对外界的干扰和影响较小等。一个工地的文明施工水平是该工地乃至所在企业各项管理工作水平的综合体现。也可侧面反映施工人员的文化素质和精神风貌。

（2）现场文明施工的要求

① 涂装工程施工现场有规范和科学的施工组织设计，合理的施工平面布置，现场施工管理制度健全、文明施工措施落实，责任明确，定人定岗，检查考核项目明确。

② 严格遵守社会公德、职业道德、职业纪律，妥善处理施工现场周围的公共关系，现场施工对外界的干扰、影响要小。

③ 做好现场施工的文明管理。

2. 形象规范

（1）项目部、施工班组形象规范要求

① 项目经理应认真贯彻公司的各项管理方针和目标，落实工程各阶段的工作。及时完成工程施工过程中规定的各类计划、文字报告、记录、报表的填写和编制工作。

② 项目经理要落实工程进度、安全生产、质量管理、文明施工、标准化管理等工作，并检查执行情况，保证工程施工体系的正常运转。

③ 项目设立安全生产管理网络，由项目经理全面负责，并落实到班组、个人，项目部设立专职检查员，负责施工现场及材料库存、加工的检查，发现隐患及时清除。

④ 建立项目安全总结例会制，每周五下午，召开一次项目全体人员的安全例会，做到每周一次大检查，每天班组检查，在项目施工生产管理中，着力强化安全生产意识，切实落实安全管理规章制度。

⑤ 各施工班组应每日举行例会，教育工人注意安全，遵守各项规章制度。进行工作总结及下一步工作安排，并做好记录。

⑥ 各班组材料员应配合公司材料员做好材料管理工作，在施工过程中填写配料表、工地材料日记账等，使材料管理数字化。

⑦ 各项目组应及时做好施工日志及各项检查表，并按照公司项目部的要求做好拍照及检查工作。

⑧ 现场施工管理人员穿着统一工作服饰，佩戴胸卡。保持服饰清洁，文明礼让，注重自身形象。

（2）施工人员形象规范要求

① 要求施工人员文明礼貌，态度积极，对管理人员提出的问题应及时做出回应。

② 施工人员必须服从公司现场管理人员的指挥。

③ 现场施工人员穿着统一工作服饰，佩戴出入证及操作许可证。

④ 施工人员应保持服饰清洁，经常换洗，并搞好个人卫生。

⑤ 不允许损坏和污染现场任何物品，不允许损坏、践踏绿化，更不允许将物品或工具等放在绿化上。

⑥ 施工人员应节约用料，不允许有浪费现象。

⑦ 高空作业人员应戴好安全帽及安全带，并将安全带的另一端扣在登高脚手架或吊篮护栏上。

⑧ 如果作业人员发现吊篮、升降机存在安全隐患及不安全因素，作业人员有权拒绝登乘，并说明情况，但不允许无理取闹。

⑨ 每一吊篮上，必须要有一人有吊篮操作证，至少有一人懂操作程序及存在问题的处理方法。

⑩ 施工人员应注意防毒污染，施工中戴口罩，下班时和吃饭前应洗手。

⑪ 施工人员必须执行正常施工工序，不得擅自减少或更改。如有特殊情况需书面通知，做技术交底后方可施工。

十、文档管理

1. 文档管理的目的和意义

我们在项目管理中经常会遇到这样的问题：自己想要的文件东找西找也找不到。或者文件不全，或者一些重要的信息没有记录或记录不全，完工后，没有资料可以反映当时施工的状况。这就是项目管理中缺乏文档管理的表现。通过文档管理，会便于历史资料查询，提高工作效率，更可以有效落实责任制度，提高管理水平。所以说，文档是一个公司的重要资源。条理清晰，记录准确的文档可以为以后的维修提供基础数据的支持，亦可以作为人员培训的最佳素材。

2. 文档系统的建立

工程项目中常常要建立如下的文档：

(1) 合同文本及其附件。

(2) 合同分析资料。

(3) 往来信函。

(4) 会谈纪要。

(5) 各种原始工程文件，工程日记，备忘录。

(6) 记工单、用料单。

(7) 各种工程报表，如月报、周报、成本报表、进度报表。

(8) 索赔文件、变更记录。

(9) 工程的检查验收，技术鉴定报告。

3. 文档的检查

文档是施工及管理过程的记录，它的真实性是其最根本的要求，经常的检查是保证真实性的重要手段，所以我们应对文档进行定期和不定期的检查。

十一、综合性管理

工程项目的组织都是按照工程的要求进行组建的，内部资源的熟悉了解程度不同，在具体工作配合中会有一个磨合的过程，这就需要沟通和协调。而且对外业主、总包、监理、其他分包在不少情况下是第一次配合，彼此之间不熟悉，更需要沟通和协调。组织协调工作是保证工程顺利完工的重要环节。

1. 工程管理中的沟通

（1）与业主的沟通

业主代表项目的所有者对项目具有特殊权利，而工程管理者（项目经理）代表业主管理项目，必须服从业主的决策、指令和对工程项目的干预，工程管理者最重要的职责是保证业主的满意，要取得项目的成功，必须获得业主的支持。

（2）与总包的沟通

总包在项目中起着总体管理的协调的作用，我们作为分项承包人，必须接受总包的领导、组织、协调和监督。

（3）与监理的沟通

工程建设监理是指针对工程项目建设社会化、专业化的建设监理单位接受业主的委托和授权，根据国家批准的工程项目建设文件、有关工程建设法规和工程建设监理合同即工程建设合同所进行的宗旨在实现项目投资目的的微观监管活动，同监理沟通的原则是：

① 尊重监理的工作，积极配合。

② 同监理搞好关系，争取监理的理解，为我们做好协调工作。

（4）项目管理组与公司内部的沟通

项目管理者是公司派驻工程现场的代表，负责全面的管理，处理工程中的各方面关系。由于现场情况复杂多变，在问题处理时应善用公司制度和资源，及时解决问题。

2. 项目沟通中的问题及原因

（1）常见的沟通问题

① 项目管理组责任不明确，总体目标不明确，内部管理混乱。

② 信息未能在正确的时间内，以正确的内容和详细程度传达到正确的位置，人们抱怨信息不够，不及时，不正确，不得要领或不同渠道得到的信息相反。

③ 项目实施总出现混乱，各按照自己的理解或不同的上级指令行事。

④ 项目经理得不到职能部门的支持，无法获得资源和管理服务；项目经理花大量的时间精力在外部，没有向内部提供足够信息。

⑤ 项目经理忙于内部优化和协调，与外界的信息沟通不能正常进行。

（2）原因分析

上述问题在许多项目中都普遍存在，其原因在于：

① 开始项目时或当某些参加者加入项目组织时，缺少对目标、责任、组织规划和过程统一的认识和理解。在项目制订计划方案时，未听取基层实施者的意见，做出的计划不符合实际。此外项目经理与业主之间缺乏了解，对目标、对项目任务有不完整的，甚至无效的理解。

② 投标过程中，业主提供的信息不全或无法提供完全信息，在中标后及实施过程中，才逐步发现问题，而且解决措施不及时或不当。

③ 缺乏对项目管理组成员工作的明确的结构划分和定义；人们不清楚他们的职责范围，项目经理内部工作含混不清，职责冲突。

④ 对项目组织的管理，有双重或多重领导，造成混乱。

⑤ 项目管理人员与职能部门人员之间有人际关系冲突，工程经理与职能部门经理之间互相不信任，互不买账。

⑥ 不愿意向上司汇报坏消息，不愿意听取那些与自己事先形成的观点不同的意见，采用封锁的办法处理争执和问题，相信问题会自行解决。

⑦ 项目经理缺乏管理技能、技术判断力，或缺少与项目相应的经验，没有威信。

⑧ 业主或企业经理不断改变项目的范围、目标、资源、条件和项目的优先级。

第五节　涂装工程竣工验收及总结

一、涂装工程竣工验收

1. 工程项目的竣工与交工

（1）工程的竣工

工程项目的竣工是指工程项目按照要求和甲、乙双方签订的工程合同所规定的装饰施工内容全部完成，经验收鉴定合格，达到交付使用的条件。竣工日期是指由业主或监理单位核验为合格工程的签字日期。

（2）工程的交工

工程交工是指竣工工程正式交付业主使用。交工日期是指竣工程办理手续，交付业主使用的签字日期。

（3）交工验收的准备工作

① 完成收尾工作；

② 收集整理竣工验收资料；

③ 交工工程的预验收。

（4）工程的收尾工作

工程接近交工阶段，不可避免会存在一些零星、分散、量小、面广的未完成项目。这些项目的总和与竣工准备工作、善后工作共称为收尾工作。收尾工作主要有：

① 组织有关人员逐层、逐段、逐部位、逐房间地进行查项，检查施工中有无丢项、漏项。一旦发现丢项、漏项，必须立即确定专人定期解决，并在事后按期进行检查。

② 保护成品和进行封闭。

对已经全部完成的部位或查项后修补完成的部位，要立即组织清理，保护好成品，依可能和需要，按房间或层段锁门封闭，严禁无关人员进入，防止损坏成品或丢失零件（这项工作实际上从涂装工程完毕之时即应进行）。尤其是高标准、高级装修的建筑工程（如高级宾馆、饭店、医院、使馆、公共建筑等），每一个房间的涂装一旦完毕，就要立即加以封闭。

③ 计划地拆除施工现场的各种临时设施和暂设工程，拆除各种临时管线，清扫施工现场，组织清运垃圾和杂物。

④ 有步骤地组织材料、工具以及各种物资的回收、退库或向其他施工现场转移和进

行处理工作。

⑤ 修补工作。工程在频繁交叉施工的过程中，必然会造成一些成品损坏或污染；在不同工程施工中，它们各自工作之间的“结合部”也会出现一些不完善的缝隙。在工程收尾时，必须进行修补。

⑥ 清理工作。工程的目的之一，就是给业主以美的感观，清洁、整齐就是美感的要素，因此清理工作也是工程项目收尾工作的重要内容之一。

2. 竣工验收的依据与程序

（1）工程竣工验收的依据

工程竣工验收的依据，除了必须符合国家规定的竣工标准之外，在进行工程竣工验收和办理工程移交手续时，还应以下列文件为依据：

① 建设单位同施工单位签订的工程承包合同。

② 工程设计文件（包括：工程施工图纸、设计文件、图纸会审记录，设计变更洽商记录、各种材料说明书、技术核定单、设计施工要求等）。

③ 国家现行的工程施工及验收规范。

④ 相关的国家现行施工验收规范。

⑤ 拟双方特别约定的装修施工守则或质量手册。

⑥ 分部分项工程的质量检验评定表。

⑦ 有关施工记录和组件、材料合格证明文件。

⑧ 引进技术或进口材料、设备的项目还应按照签订的合同和国外提供的设计文件等资料进行验收。

⑨ 上级主管部门的有关工程竣工的文件和规定。

⑩ 凡属施工新技术，还应按照双方签订的合同书和提供的设计文件进行验收。

（2）工程竣工验收资料

工程竣工验收资料包括：

① 竣工工程项目一览表，包括竣工工程名称、位置、结构、层次、面积和设备、装置等。

② 图纸会审记录。

③ 材料代用核定单。

④ 施工组织方案和技术交底资料。

⑤ 材料、半成品、成品出厂证明和检验报告。

⑥ 施工记录。

⑦ 装饰施工试验报告。

⑧ 预检记录。

⑨ 隐检记录。

⑩ 工程质量检验评定资料。

⑪ 交竣工验收书。

⑫ 设计变更、洽商记录。

⑬ 施工日记。

二、涂装工程竣工总结

1. 工程总结

涂装工程竣工完毕后，需进行详细的工程总结，主要包括以下几个方面：

（1）用工用料的总结。

（2）期间费用的总结。

（3）其他事宜的总结，如涂装工艺改进、安全文明施工的注意事项等。

（4）工程质量及效率。

（5）成本及利润的核算。

（6）综合统计全面分析。

（7）计划与实际不符的原因。

（8）注意事项。

（9）改进措施。

2. 总结具体数据分析

（1）计划量与实际量的比较（包括工期、用工、用料、费用等）成本。

（2）单位面积用量。

（3）单位面积的成本及利润。

第六节　工程回访及保修

一、工程回访

1. 回访方式

（1）技术性回访

主要了解在施工过程中采取新材料、新工艺、新技术等的技术性能和使用后的效果，发现问题及时加以补救和解决，这种回访可定期进行、可不定期进行。

（2）制度性回访

按照合同的要求或公司制度的要求，每季度或每半年或每年对完工的工程进行回访，目的在于对已完成的工程的质量进行检查，同时加强甲乙双方的感情和联系，便于以后工作的开展。

（3）保修期满之前的回访

这种回访一般是在保修期即将届满之前进行，既可以解决出现的问题，又标志着保修期即将结束，使业主注意维护和使用。

2. 回访方法

应由专门的人员负责回访工作，回访应认真并解决问题，应做好回访记录，必要时应写出回访纪要。

二、工程保修

1. 保修范围

（1）国家规定和协议条款约定的项目。

（2）合同约定的保修范围。

（3）由于材料或施工原因造成的质量问题。

（4）由于用户使用不当而造成的破坏，不属于保修范围。

2. 保修时间

（1）自竣工验收完毕之日的第二天计算，除特殊约定外，涂装工程保修期一般为一年。

（2）合同中有规定的按照合同规定的期限给予保修。

3. 保修的费用

（1）保修金一般为合同价款的一定比例（根据工程的大小、类型不同，由甲乙双方自行商定，一般为工程总造价的3%左右），在业主应付工程款内预留。业主在保修期满后20天内结算，将剩余保修金和按协议条款约定的利率计算的利息一起退还给施工单位。

（2）保修期间，工程施工单位在接到修理通知之日后10天（或约定的期间内）必须派人修理。否则，业主可委托其他施工单位或人员修理，其费用在保修金内扣除。

（3）因施工单位原因造成返修费用，业主在保修金内扣除，不足部分由施工单位支付。因业主原因造成返修的经济损失由业主承担。

4. 保修做法

（1）在工程竣工验收同时，向业主提供保修证书。主要内容包括：工程简况、保修范围。此外应附有单位名称、联系地址、电话、联系部门及联系人。

（2）施工企业应做好保修的准备工作。

思考题

第一章

1. 请简要地概括什么是建筑涂料？建筑涂料的特征是什么？
2. 涂料的基本组成包括哪些？简要说明这些组成的作用。
3. 液体涂料的生产过程是加工过程还是复杂的化学反应过程？请简述生产过程。
4. 涂料分类有哪些方法？可分为哪几类？
5. 水性建筑涂料和溶剂型建筑涂料各有哪些特征？试比较。
6. 功能性建筑涂料有哪些特征？
7. 建筑涂装中所需使用到的辅助性材料有哪些？请举出5种材料。
8. 目前新型建筑涂料有哪些？试举出3例。
9. 硅藻泥装饰涂料具有哪些特点？
10. 人工目测配色法在实际应用中存在着哪些局限性？
11. 现代调色技术生产涂料具有哪些基本特点？
12. 请简述配方数据法的特点。
13. 使颜色配置达到调和有哪些方法？

第二章

1. 为什么建筑涂装在建筑物的施工中占有重要地位？对于涂装工人有什么样的要求？
2. 建筑涂料施工分类可以分为哪几类？
3. 建筑墙面涂料施工中常见的基层材料有哪些？各有什么特点？
4. 国家建工行业标准JGJ/T 29—2003《建筑涂饰工程施工及验收规程》规定，基层质量应符合哪些要求？
5. 墙面条件对涂装质量有什么影响？涂装的条件要求是什么？
6. 请分别阐述温度、空气相对湿度、风力、降雨、降雪、出雾和太阳光的照射等自然环境对涂装质量的影响。
7. 建筑涂装设计主要包括哪些内容？具体步骤是什么？
8. 涂料施工前为什么要进行基层处理？基层处理的目的是什么？
9. 墙面基层处理包括哪几道工序？具体工作内容是什么？
10. 请列举3种常见的墙面基层缺陷，并写出其正确的处理方法。
11. 涂膜干燥的环境条件要求有哪些？
12. 涂料在涂装前可能需进行的预处理有哪些内容？

第三章

1. 涂料属于易燃易爆品，在进行涂装时如何注意安全用电，防止火灾的发生？
2. 溶剂有哪些毒害作用？在涂装施工时，涂装工应该做哪些防护工作？
3. 涂装施工时着火，应该怎样灭火？有哪些方法？
4. 涂装施工出现“三废”应如何处理？

第四章

1. 墙面基层处理时，需要用到哪些工具？分别有什么作用？
2. 手工施工用基本工具有哪些？应该如何使用？
3. 请简述无气喷涂施工的操作方法。
4. 试说明脚手架有哪些种类及相应的用途。
5. 涂料顶处理器具有哪些？

第五章

1. 底漆有哪些作用？对封闭底漆的性能要求包括哪些？
2. 对于水性外墙底漆的施工，具体的步骤及要求包括哪些内容？
3. 溶剂型底漆如何施工？请分类说明。
4. 碱性偏大的基层如何进行处理？
5. 对于基层为损坏较轻的旧涂料墙面的翻新涂装，应如何操作？
6. 基层为老化较严重的旧涂料墙面应如何翻新涂装？
7. 基层为老化和损坏严重的旧涂料墙面怎么进行翻新涂装？
8. 外墙外保温对其饰面涂料性能有哪些影响？
9. 请简述涂料饰面的胶粉聚苯颗粒外墙外保温系统施工技术。
10. 简述外保温工程中拉毛弹性乳胶漆的涂装的施工工序和操作技术要点。
11. 请概括膨胀聚苯板薄抹灰外墙外保温系统中真石漆施工技术。
12. 复层涂料施工工艺有哪些内容？请简要概括。
13. 施工完成后，若发现涂膜有气泡，请分析产生这一现象的原因及处理措施。
14. 施工完成后，若发现有针孔，请分析产生这一现象的原因及处理措施。
15. 合成树脂幕墙有哪些性能特征？
16. 请简要概括合成树脂幕墙施工技术。
17. 合成树脂幕墙施工中可能出现一些质量缺陷（也称涂膜病态），请说明出现的原因及预防方法。
18. 外墙面因施工保温层会产生哪些问题？应怎样处理？
19. 反射隔热涂料应怎样施工？请写出具体步骤。

第六章

1. 选用内墙涂料有哪些基本原则？可考虑哪些因素？
2. 乳胶漆及薄质水性涂料在施工时有时会出现施工质量问题，这些问题在施工时采取哪些适当的措施可以避免?

3. 请简述内墙防霉涂料的施工过程。
4. 请简述仿大理石涂料施工技术。
5. 怎样对乳胶漆的质量进行直观判断?有哪些方法?
6. 内墙涂料施工时使用底漆具有哪些功能与作用?
7. 透明隔热玻璃涂料有怎样的功能?适用于哪些范围?
8. 请简述透明隔热玻璃涂料施工方法。

第七章

1. 地坪涂料具有哪些功能特性?
2. 水泥地面的涂料施工时,请说明施工步骤。
3. 请概括用清漆涂装木地板时的涂装方法。
4. 请说明环氧耐磨地面涂料从前期准备到质量验收的整个过程。
5. 请介绍一下防静电环氧自流平地坪的施工技术。
6. 请分别说明各种水性地坪涂料的施工技术。

第八章

1. 木质基层涂装有哪些特征?
2. 金属基层的涂装应如何进行基层处理?
3. 木质基层涂装时,若涂装基层凹凸不平应如何处理?
4. 进行木质基层涂装时,常见的需处理的基层问题有哪些?
5. 请简述刷涂施工的工作过程。
6. 请简述用溶剂型混色涂料涂装木门窗和木地板的施工过程。
7. 溶剂型涂料涂装施工中容易出现哪些质量问题?应如何防治?
8. 请概括金属基层涂装溶剂型涂料的基本工序。
9. 请简述塑料制品的涂装过程。

第九章

1. 什么是防水涂料?防水涂料如何分类?
2. 环氧树脂防水涂料如何施工?请简要说明。
3. 请说明丙烯酸酯类防水涂料的适用范围及选用要点。
4. 水泥基渗透结晶型防水涂料是如何施工的?
5. 举例说明哪些是沥青类防水涂料?

第十章

1. 什么是艺术涂料?目前行业主流技术分哪几类?
2. 艺术涂料施工用的涂装工具、辅料都有哪些?请各举出 3 例。
3. 仿真工法包括哪几种类型?
4. 请简述拖笔刷法(布纹)的施工流程。

5. 简要说说什么是马来漆涂料及其施工方法。

6. 硅藻泥装饰壁材应如何施工?

第十一章

1. 我们国家的产品标准分为哪几类?

2. 目前建筑涂料主要对哪两类性能进行考察?

3. 在建筑涂料的产品标准中，不同类型的涂料检测内容不同，但某些主要技术性能的检测方法相同，请举出5种检测方法及相应的检测内容。

4. 请分类说明如何用检测手段加强质量管理。

5. 我国涂料现行标准有哪几种类型?

6. 什么是强制性标准? 什么是推荐性标准，如何区分?

7. 目前建筑涂料主要对哪两类性能进行考察?

8. 涂料的“黏度”性能指标对哪些方面有影响?

9. 涂料的“干燥时间”性能指标对哪些方面有影响?

10. 涂料的“耐洗刷性”表示了它的什么能力?

11. 目前对涂料的环保性能主要检测哪些项目?

第十二章

1. 工程项目管理的特点有哪些?

2. 工程项目管理的工作内容大致包括哪些内容? 请简要说明。

3. 请概括招投标文件及技术交底主要内容。

4. 建筑涂装施工前需要做哪些准备?

5. 施工组织设计包括哪些内容? 请简要说明。

6. 施工过程中如何进行质量控制? 请分点说明。

7. 简要说明成本控制的特点及需要做怎样的工作。

8. 工程竣工验收包括哪些验收资料?

9. 对于工程回访，有哪些回访方式?

参考文献

[1] 瞿云才．涂装工技师鉴定培训教材[M]．北京：机械工业出版社，2013.

[2] 刘永海．涂装工(中级)鉴定培训教材[M]．北京：机械工业出版社，2012.

[3] 石玉梅，徐峰，张宝利．建筑涂料与涂装技术 400 问(第 3 版)[M]．北京：化学工业出版社．2008.

[4] 赵石林，段予忠．新型涂料手册——多彩涂料[M]．北京：科学技术文献出版社，1994.

[5] 刘国杰．纳米材料改性涂料[M]．北京：化学工业出版社，2008.

[6] 咸才军．纳米建材[M]．北京：化学工业出版社，2003.

[7] 徐峰，周先林，张金忠．建筑油漆工[M]．北京：化学工业出版社．2010.

[8] 刘永海．涂装工(高级)鉴定培训教材[M]．北京：机械工业出版社，2012.

[9] 周子鹄，刘汉杰．地坪涂料与涂装工[M]．北京：化学工业出版社．2006.